博碩文化

博碩文化

博碩文化

蔣金楠————著
廖信彥————審校

ASP.NET Core 6 框架揭秘

跨平台Web開發全面解析

本書提供200多個實例，精心設計了許多圖表
詳細的程式碼片段，揭示設計原理和實作邏輯

下冊

蔣金楠——著
廖信彥——審校

ASP.NET Core 6 框架揭秘

跨平台Web開發全面解析

本書提供200多個實例，精心設計了許多圖表
詳細的程式碼片段，揭示設計原理和實作邏輯

下冊

本書如有破損或裝訂錯誤，請寄回本公司更換

作　　者：蔣金楠
責任編輯：林楷倫

董 事 長：陳來勝
總 編 輯：陳錦輝

出　　版：博碩文化股份有限公司
地　　址：221 新北市汐止區新台五路一段 112 號 10 樓 A 棟
　　　　　電話 (02) 2696-2869　傳真 (02) 2696-2867

發　　行：博碩文化股份有限公司
郵撥帳號：17484299　　　戶名：博碩文化股份有限公司
博碩網站：http://www.drmaster.com.tw
讀者服務信箱：dr26962869@gmail.com
訂購服務專線：(02) 2696-2869 分機 238、519
（週一至週五 09:30 ～ 12:00；13:30 ～ 17:00）

版　　次：2023 年 1 月初版一刷
　　　　　2023 年 2 月初版二刷

建議零售價：新台幣 860 元
ＩＳＢＮ：978-626-333-344-4
律師顧問：鳴權法律事務所 陳曉鳴

國家圖書館出版品預行編目資料

ASP.NET Core 6 框架揭秘：跨平台 Web 開發全
面解析 / 蔣金楠著 . -- 初版 . -- 新北市：博碩文化
股份有限公司 , 2023.01
　　冊；　公分
ISBN 978-626-333-343-7 (上冊：平裝). --
ISBN 978-626-333-344-4 (下冊：平裝)

1.CST: 網頁設計 2.CST: 全球資訊網

312.1695　　　　　　　　　　　111020265
Printed in Taiwan

博碩粉絲團　歡迎團體訂購，另有優惠，請洽服務專線
　　　　　　(02) 2696-2869 分機 238、519

寫作源起

.NET Core 的發展印證了那句老話「合久必分，分久必合」。.NET 的誕生追溯到 1999 年，當年微軟正式啟動 .NET 專案。大約六、七年前，當 .NET 似乎快要走到盡頭時，.NET Core 作為一個分支獨立出來。經過 3 個主要版本的迭代，.NET Core 儼然已經長成一棵參天大樹。隨著 .NET 5 的推出，.NET Framework 和 .NET Core 又重新整合在一起。與其說 .NET Core 再次回到 .NET 的懷抱，還不如說 .NET Core「收編」了原來的「殘餘勢力」，自己成為「正統」。一統江湖的 .NET 5 的根基，在下一個版本（.NET 6）得到進一步鞏固，今後的 .NET Core 將以每年更新一個版本的節奏，穩步向前推進。

目前，還沒有哪個技術平台像 .NET Core 這般提供如此完備的技術堆疊，桌面、Web、雲端、行動、遊戲、IoT 和 AI 相關開發，都能在這個平台完成。在上述七大領域中，針對應用程式的 Web 開發依然佔據市場的半壁江山，為其提供支撐的 ASP.NET Core 的重要性就毋庸置疑了。Web 應用允許採用不同的開發模式，如 MVC、gRPC、Actor Model、GraphQL、Pub/Sub 等，它們都有對應的開發框架。雖然程式設計模式千差萬別，開發框架也琳瑯滿目，但是底層都需要解決一個核心問題，亦即請求的接收、處理和回應，而這個基礎功能就是在 ASP.NET Core 中完成。從這個角度來講，ASP.NET Core 是介於 .NET 基礎框架和各種 Web 開發框架之間的中間框架。

在前 .NET 時代（.NET Core 誕生之前），電腦圖書市場存在一系列介紹 ASP.NET Web Forms、ASP.NET MVC、ASP.NET Web API 的書籍，但是找不到一本專門介紹 ASP.NET 本身框架的圖書。作為一名擁有近 20 年工作經驗的 .NET 開發者，個人對此感到十分困惑。上述這些 Web 開發框架都是建立於 ASP.NET 框架之上，底層的 ASP.NET 框架才是根基所在。過去曾接觸過很多資深的 ASP.NET 開發人員，發現他們對 ASP.NET 框架都沒有更深入的瞭解。2014 年，出版《ASP.NET MVC 5 框架揭秘》之後，原本打算撰寫《ASP.NET 框架揭秘》。後來 .NET Core 橫空出世，研究方向也隨之轉移，於是便有了 2019 年出版的《ASP.NET Core 3 框架揭秘》。

.NET 5 發佈之前，筆者準備將這本書進行相關的升級。按照微軟公佈的版本差異，感覺升級到《ASP.NET 5 框架揭秘》應該不會花費太多的時間和精力，但後來證明這種想法太天真了。由於本書主要介紹 ASP.NET 框架的內部設計和實作，版本之間涉及的許多變化並未「登記在案」，只能透過閱讀原始碼的方式去發掘。本著寧缺毋濫的原則，因而放棄《ASP.NET 5 框架揭秘》的撰寫。現在看來這是一個明智的決定，因為 ASP.NET Core 6 是穩定的長期支援版本。另外，個人也有了相對充裕的時間，逐個確認書中涉及的每個特性在新版本是否發生變化，然後進行修改，刪除陳舊的內容、增加新的特性。

對於升級後的《ASP.NET Core 6 框架揭秘》，較大幅的改動就是全面切換到基於 Minimal API 的程式設計模式。升級後的版本增加一系列新的章節，如「第 10 章 物件池」、「第 12 章 HTTP 呼叫」、「第 13 章 資料保護」、「第 18 章 伺服器」、「第 24 章 HTTPS 策略」、「第 25 章 重定向」、「第 26 章 限流」等。礙於篇幅有限，因此不得不刪除一些「不那麼重要」的章節。

本書內容

《ASP.NET Core 6 框架揭秘》只關注 ASP.NET Core 框架最核心的部分，亦即由一個伺服器和若干中介軟體建構的管道，除了「第 1 章 程式設計體驗」外，基本上其他章節都不會涉及上層的設計框架。本書共分為以下 5 篇內容。

- 初始程式設計

  第 1 章提供了 20 個極簡的 Hello World 應用程式，帶領讀者感受一下 ASP.NET Core 的程式設計體驗。這些實例包括基於命令列的應用程式建立，以及 Minimal API 的設計模式；還涉及多種中介軟體的定義，以及組態選項和診斷日誌的應用。本章還展示如何利用路由、MVC 和 gRPC 開發 Web 應用程式和 API，4 種針對 Dapr 的應用開發模型也包含於 20 個實例中。

- 基礎框架

  ASP.NET Core 建立在一系列基礎框架之上，日常的應用開發同樣廣泛地使用這些獨立的框架。第 2 篇提供的若干章節對這些基礎框架進行系統而詳細的介紹，其中包括「第 2 ～ 3 章 依賴注入」、「第 4 章 檔案系統」、「第 5 ～ 6 章 組態選項」、「第 7 ～ 9 章 診斷日誌」、「第 10 章 物件池」、「第 11 章 快取」、「第 12 章 HTTP 呼叫」、「第 13 章 資料保護」。

- 承載系統

  ASP.NET Core 應用程式作為一個後台服務，寄宿於服務承載系統，「第 14 章 服務承載」主要對該承載系統進行詳細説明。ASP.NET Core 應用程式的承載是本書最核心的部分，「第 15 ～ 17 章 應用程式承載（上、中、下）」不僅對 ASP.NET Core 請求處理管道的建構，以及應用程式承載的內部流程進行詳細介紹，還包括 Minimal API 的設計模型與底層的實作原理。

● **伺服器概述**

本書所有內容都圍繞著 ASP.NET Core 請求處理管道，該管道由一個伺服器和若干中介軟體組成。第 18 章主要介紹伺服器的系統，除了詳細解說 Kestrel 伺服器的使用和實作原理外，還有基於 IIS 的兩種部署模式和 HTTP. SYS 的應用，以及如何自訂伺服器類型。

● **中介軟體**

伺服器接收的請求會分發給中介軟體管道來處理。本篇解說大部分中介軟體的使用和實作原理，其中包括「第 19 章 靜態檔案」、「第 20 章 路由」、「第 21 章 異常處理」、「第 22 章 回應快取」、「第 23 章 工作階段」、「第 24 章 HTTPS 策略」、「第 25 章 重定向」、「第 26 章 限流」、「第 27 章 認證」、「第 28 章 授權」、「第 29 章 跨來源資源共享」、「第 30 章 健康檢查」。

寫作特點

《ASP.NET Core 6 框架揭秘》是揭秘系列的第 6 本書。在此之前得到很多熱心讀者的回饋，大部分對書中的內容都持正面評價，但對寫作技巧和表達方式的評價則不盡相同。每個作者都有屬於自己的寫作風格，而每位讀者的學習思維方式也不盡相同，兩者很難出現百分之百的契合，但我還是決定在《ASP.NET Core 3 框架揭秘》的基礎上修改後續作品。從收到的回饋意見來看，此點改變得到讀者的認可，因此《ASP.NET Core 6 框架揭秘》沿用這樣的寫作方式。

本書的寫作風格可以概括為「體驗先行、設計貫通、應用擴展」12 個字。大部分章節開頭都會提供一些簡單的實例，目的是讓讀者對 ASP.NET Core 的基本功能特性和設計模式有一個大致的瞭解。之後便提供背後的故事，亦即程式設計模型的設計和原理。融會貫通開頭的實例和架構設計之後，基本上讀者就能夠將學到的知識正確應用到事件中，各章節對此會提供一些最佳實踐。秉持「對擴展開放，對改變關閉」的「開關原則」，每個功能模組都提供相關的擴展點，能夠精準地找到並運用適合的擴展解決真實專案開發的問題，才是最終極的目標。相關章節將介紹可用的擴展點，並列出一些解決方案和實例。

本書綜合運用「文字」、「圖表」、「程式設計」3 種不同的「語言」介紹每個技術主題。一圖勝千言，每章都精心設計了許多圖表，這些具象的圖表能夠協助讀者理解技術模組的整體設計、執行流程和對話模式。除了利用程式語言描述應用程式設計介面（API），本書還提供 200 多個實例，這些實例具有不同的作用，有的是為了展示某個實用的設計技巧或者最佳實踐，有的是為了強調一些容易忽視但很重要的技術細節，有的是為了探測和證明描述的論點。

本書在多處展示一些類型的程式碼，但是絕大部分程式碼和真正的原始碼之間是有差異的，差異有以下幾個原因：第一，原始碼在版本更迭中一直發生改變；第二，由於篇幅的限制，於是刪除一些細枝末節的程式碼，如針對參數的驗證、診斷日誌的輸出和異常處理等；第三，很多原始碼其實都有最佳化的空間。本書提供的程式碼旨在揭示設計原理和實作邏輯，不是為了純粹展示原始碼。

目標讀者

雖然本書關注的是 ASP.NET Core 本身框架提供的請求處理管道，而不是具體某個應用程式設計框架，但是本書適合大多數 .NET 技術從業人員閱讀。任何好的設計應該都是簡單的，唯有簡單的設計才能應付後續版本更替出現的複雜問題。ASP.NET Core 框架就是好的設計，自正式推出的那一刻起，基本上框架的整體設計沒有發生改變。既然設計是簡單的，對大部分從業人員來說，針對框架的學習也就沒有什麼門檻。本書採用漸進式的寫作方式，對於完全沒有接觸過 ASP.NET Core 的開發人員，也能透過學習本書內容深入、系統地掌握這門技術。由於本書提供的大部分內容都是獨一無二，即使是資深的 .NET 開發人員，也能在書裡找到許多不甚瞭解的盲點。

關於作者

蔣金楠既是同程旅行架構師，又是知名 IT Blogger，過去十多年一直排名博客園第一位，擁有個人微信公眾號「大內老 A」，2007 年至今連續十多次被評為微軟 MVP（最有價值專家）。身為暢銷 IT 圖書作者，先後出版了《WCF 全面解析》、《ASP.NET MVC 4 框架揭秘》、《ASP.NET MVC 5 框架揭秘》、《ASP.NET Web API 2 框架揭秘》與《ASP.NET Core 3 框架揭秘》等著作。

致謝

　　本書得以順利出版，離不開博文視點張春雨團隊的辛勤努力，他們的專業水準和責任心，為本書提供了品質保證。此外，徐妍妍在本書寫作期間做了大量的校對工作，在此表示衷心感謝。

本書支援

　　由於本書是隨著 ASP.NET Core 5/6 一起成長過來，並且跟著 ASP.NET Core 的版本更替進行多次「迭代」，所以書中某些內容最初是根據舊版本編寫，新版本的內容發生變化後，可能沒有即時更新相關的內容。針對 ASP.NET Core 的每次版本升級，基本上都會盡可能地修正書中的內容，但其中難免有所疏漏。由於作者的能力和時間有限，書中難免存在不足之處，懇請廣大讀者批評指正。

- 作者部落格：http://www.cnblogs.com/artech。
- 作者微博：http://www.weibo.com/artech。
- 作者電子郵箱：jinnan@outlook.com。
- 作者微信公眾號：大內老 A。

目　錄

以下 1、2 篇為上冊介紹篇幅。

第 2 篇　基礎框架

第6章　組態選項（下）

第 9 章　診斷日誌（下）

第 10 章　物件池

第13章　資料保護

附A錄

第 3 篇　承載系統

第 4 篇　伺服器概述

第18章　伺服器

第 5 篇　中介軟體

第 19 章　靜態檔案

第 20 章　路由

第23章　工作階段

第24章　HTTPS 策略

第25章　重定向

第28章　授權

第29章　跨來源資源共享

第30章　健康檢查

附錄

承載系統

服務承載

藉助 .NET 提供的服務承載（Hosting）系統，可以將一個或者多個長時間運行的後台服務，寄宿或者承載於建立的應用程式中。這類長時間運行的操作，都能定義成標準化的服務，並利用該系統來承載，ASP.NET 應用程式最終也體現為一個承載服務。本章主要介紹「泛化」的服務承載系統，不會涉及任何關於 ASP.NET 的內容。

14.1 服務承載

本質上，一個 ASP.NET 應用程式是一個需要長時間在後台運行的服務，除了這種典型的承載服務，還有很多其他的服務承載需求。接下來就透過一個簡單的實例，展示如何承載一個服務，以收集目前執行環境的效能指標。

14.1.1 效能指標收集服務

承載服務的專案一般會採用「Microsoft.NET.Sdk.Worker」的 SDK。服務承載模型涉及的介面和類型，基本上定義於「Microsoft.Extensions.Hosting.Abstractions」NuGet 套件，而具體實作則由「Microsoft.Extensions.Hosting」NuGet 套件負責。下面展示的承載服務會定時採集目前處理序的效能指標，並將其分發出去。此處只關注處理器使用率、記憶體使用量和網路吞吐量這 3 種典型的指標，為此定義了如下 PerformanceMetrics 類型。下文並不會實作真正的效能指標收集，定義的 Create 靜態方法將利用隨機產生的指標建立 PerformanceMetrics 物件。

```
public class PerformanceMetrics
{
    private static readonly Random _random = new();

    public int        Processor { get; set; }
    public long       Memory { get; set; }
```

```
public long        Network { get; set; }

public override string ToString()
   => @$"CPU: {Processor * 100}%; Memory: {Memory/ (1024* 1024)}M;
   Network: {Network / (1024 * 1024)}M/s";

public static PerformanceMetrics Create() => new()
{
   Processor      = _random.Next(1, 8),
   Memory         = _random.Next(10, 100) * 1024 * 1024,
   Network        = _random.Next(10, 100) * 1024 * 1024
};
}
```

承載服務透過 IHostedService 介面表示，該介面定義的 StartAsync 方法和 StopAsync 方法用來啟動與關閉服務。定義效能指標採集服務為如下 PerformanceMetricsCollector 類型。在實作的 StartAsync 方法中，一個計時器每隔 5 秒呼叫 Create 靜態方法，以便建立一個 PerformanceMetrics 物件，並將它承載的效能指標輸出到控制台。作為計時器的 Timer 物件，將於 StopAsync 方法釋放。

```
public sealed class PerformanceMetricsCollector : IHostedService
{
   private IDisposable? _scheduler;
   public Task StartAsync(CancellationToken cancellationToken)
   {
      _scheduler = new Timer(Callback, null, TimeSpan.FromSeconds(5),
         TimeSpan.FromSeconds(5));
      return Task.CompletedTask;

      static void Callback(object? state)=>
         Console.WriteLine($"[{DateTimeOffset.Now}]{PerformanceMetrics.Create()}");
   }

   public Task StopAsync(CancellationToken cancellationToken)
   {
      _scheduler?.Dispose();
      return Task.CompletedTask;
   }
}
```

服務承載系統透過 IHost 介面表示承載服務的宿主，在應用程式啟動過程中，IHost 物件以 Builder 模式由對應的 IHostBuilder 物件來建構。HostBuilder 類型是對 IHostBuilder 介面的預設實作，所以採用下列方式建立一個 HostBuilder 物件，並以其 Build 方法作為宿主的 IHost 物件。呼叫 Build 方法建置 IHost 物件之前,先以 ConfigureServices 方法將 PerformanceMetricsCollector 註冊成針對 IHostedService 介面的服務,並將生命週期模式設成 Singleton。

```
using App;
new HostBuilder()
    .ConfigureServices(svcs => svcs
        .AddSingleton<THostedService, PerformanceMetricsCollector>())
    .Build()
    .Run();
```

再利用 Run 方法啟動以 IHost 物件表示的承載服務宿主,進而啟動由它承載的 PerformanceMetricsCollector 服務。該服務每隔 5 秒在控制台輸出「採集」的效能指標,如圖 14-1 所示。(S1401)[1]

圖 14-1　承載指標採集服務

除了一般的服務註冊方式,還可以按照下列方式呼叫 IServiceCollection 介面的 AddHostedService<THostedService> 擴展方法,好對承載服務 PerformanceMetricsCollector 進行註冊。一般也不會透過建構函數產生 IHostBuilder 物件,而是使用定義於 Host 類型的 CreateDefaultBuilder 工廠方法建立 IHostBuilder 物件。

```
using App;
Host.CreateDefaultBuilder(args)
    .ConfigureServices(svcs => svcs.AddHostedService<PerformanceMetricsCollector>())
    .Build()
    .Run();
```

1　解釋詳附錄 B。

14.1.2 依賴注入

服務承載系統整合依賴注入框架。實際上，針對承載服務的註冊，就是將它註冊到依賴注入框架中。既然承載服務實例最終是由依賴注入容器提供，那麼它本身所依賴的服務，當然也可以進行註冊。接下來將 PerformanceMetricsCollector 提供的效能指標收集功能，分解到由 4 個介面表示的服務。IProcessorMetricsCollector 介面、IMemoryMetricsCollector 介面和 INetworkMetricsCollector 介面分別收集 3 種對應的效能指標，而 IMetricsDeliverer 介面則用來將收集的效能指標傳送出去。

```
public interface IProcessorMetricsCollector
{
    int GetUsage();
}
public interface IMemoryMetricsCollector
{
    long GetUsage();
}
public interface INetworkMetricsCollector
{
    long GetThroughput();
}


public interface IMetricsDeliverer
{
    Task DeliverAsync(PerformanceMetricscounter);
}
```

定義的 MetricsCollector 類型實作 3 個效能指標採集介面，效能指標直接來自於透過 Create 靜態方法建立的 PerformanceMetrics 物件。MetricsDeliverer 類型實作 IMetricsDeliverer 介面，其內的 DeliverAsync 方法將 PerformanceMetrics 物件承載的效能指標，直接輸出到控制台上。

```
public class MetricsCollector :
    IProcessorMetricsCollector,
    IMemoryMetricsCollector,
    INetworkMetricsCollector
{
    long INetworkMetricsCollector.GetThroughput()
    =>PerformanceMetrics.Create().Network;

    int IProcessorMetricsCollector.GetUsage()
    => PerformanceMetrics.Create().Processor;

    long IMemoryMetricsCollector.GetUsage()
```

```
    => PerformanceMetrics.Create().Memory;
}

public class MetricsDeliverer: IMetricsDeliverer
{
    public Task DeliverAsync(PerformanceMetricscounter)
    {
        Console.WriteLine($"[{DateTimeOffset.UtcNow}]{counter}");
        return Task.CompletedTask;
    }
}
```

由於整個效能指標的採集工作分解到 4 個介面表示的服務，因此可以採用如下方式重新定義承載服務類型 PerformanceMetricsCollector。建構函數注入 4 個依賴服務，StartAsync 方法利用注入的 IProcessorMetricsCollector 物件、IMemoryMetricsCollector 物件和 INetworkMetricsCollector 物件採集對應的效能指標，並利用 IMetricsDeliverer 物件將其傳送出去。

```
public sealed class PerformanceMetricsCollector : IHostedService
{
    private readonly IProcessorMetricsCollector    _processorMetricsCollector;
    private readonly IMemoryMetricsCollector       _memoryMetricsCollector;
    private readonly INetworkMetricsCollector      _networkMetricsCollector;
    private readonly IMetricsDeliverer             _MetricsDeliverer;
    private IDisposable? _scheduler;

    public PerformanceMetricsCollector(
        IProcessorMetricsCollector processorMetricsCollector,
        IMemoryMetricsCollector memoryMetricsCollector,
        INetworkMetricsCollector networkMetricsCollector,
        IMetricsDeliverer MetricsDeliverer)
    {
        _processorMetricsCollector  = processorMetricsCollector;
        _memoryMetricsCollector     = memoryMetricsCollector;
        _networkMetricsCollector    = networkMetricsCollector;
        _MetricsDeliverer           = MetricsDeliverer;
    }

    public Task StartAsync(CancellationToken cancellationToken)
    {
        _scheduler = new Timer(Callback, null, TimeSpan.FromSeconds(5),
            TimeSpan.FromSeconds(5));
        return Task.CompletedTask;

        async void Callback(object?state)
```

```
        {
            var counter = new PerformanceMetrics
            {
                Processor  = _processorMetricsCollector.GetUsage(),
                Memory     = _memoryMetricsCollector.GetUsage(),
                Network    = _networkMetricsCollector.GetThroughput()
            };
            await _MetricsDeliverer.DeliverAsync(counter);
        }
    }

    public Task StopAsync(CancellationToken cancellationToken)
    {
        _scheduler?.Dispose();
        return Task.CompletedTask;
    }
}
```

以 IHostBuilder 介面的 Build 方法建立 IHost 物件之前，包括承載服務在內的所有服務，都能透過它的 ConfigureServices 方法進行註冊。啟動修改後的程式之後，同樣會在控制台輸出圖 14-1 的結果。（S1402）

```
using App;
var collector = new MetricsCollector();
Host.CreateDefaultBuilder(args)
    .ConfigureServices(svcs => svcs
        .AddHostedService<PerformanceMetricsCollector>()
        .AddSingleton<IProcessorMetricsCollector>(collector)
        .AddSingleton<IMemoryMetricsCollector>(collector)
        .AddSingleton<INetworkMetricsCollector>(collector)
        .AddSingleton<IMetricsDeliverer, MetricsDeliverer>())
    .Build()
    .Run();
```

14.1.3 組態選項

基本上，真正的應用程式開發都會使用組態選項，例如上述效能指標採集的時間間隔，就應該以組態選項來指定。由於涉及效能指標資料的發送，所以最好將發送的目標位址定義於組態選項。如果有多種傳輸協定可供選擇，便可定義相關的組態選項。.NET 應用程式推薦以 Options 模式使用組態選項，因此可定義下列 MetricsCollectionOptions 類型承載 3 種組態選項。

```
public class MetricsCollectionOptions
{
    public TimeSpan          CaptureInterval { get; set; }
    public TransportType     Transport { get; set; }
    public Endpoint          DeliverTo { get; set; }
}

public enum TransportType
{
    Tcp,
    Http,
    Udp
}

public class Endpoint
{
    public string Host { get; set; }
    public int Port { get; set; }
    public override string ToString() => $"{Host}:{Port}";
}
```

　　傳輸協定和目標位址使用於 MetricsDeliverer 服務，所以做了一些修改。如下面的程式碼所示，建構函數利用注入的 IOptions<MetricsCollectionOptions> 服務提供上面的兩個組態選項。在實作的 DeliverAsync 方法中，將採用的傳輸協定和目標位址輸出到控制台。

```
public class MetricsDeliverer: IMetricsDeliverer
{
    private readonly TransportType _transport;
    private readonly Endpoint      _deliverTo;

    public MetricsDeliverer(IOptions<MetricsCollectionOptions> optionsAccessor)
    {
        var options    = optionsAccessor.Value;
        _transport     = options.Transport;
        _deliverTo     = options.DeliverTo;
    }

    public Task DeliverAsync(PerformanceMetricscounter)
    {
        Console.WriteLine($"[{DateTimeOffset.Now}]Deliver performance counter
            {counter} to {_deliverTo} via {_transport}");
        return Task.CompletedTask;
    }
}
```

承載服務類型 PerformanceMetricsCollector 同樣應該採用這種方式，以取得表示效能指標採集頻率的組態選項。如下所示的程式碼為 PerformanceMetricsCollector 採用組態選項後的完整定義。

```csharp
public sealed class PerformanceMetricsCollector : IHostedService
{
    private readonly IProcessorMetricsCollector    _processorMetricsCollector;
    private readonly IMemoryMetricsCollector       _memoryMetricsCollector;
    private readonly INetworkMetricsCollector      _networkMetricsCollector;
    private readonly IMetricsDeliverer             _metricsDeliverer;
    private readonly TimeSpan                      _captureInterval;
    private IDisposable? _scheduler;

    public PerformanceMetricsCollector(
        IProcessorMetricsCollector processorMetricsCollector,
        IMemoryMetricsCollector memoryMetricsCollector,
        INetworkMetricsCollector networkMetricsCollector,
        IMetricsDeliverer metricsDeliverer,
        IOptions<MetricsCollectionOptions> optionsAccessor)
    {
        _processorMetricsCollector    = processorMetricsCollector;
        _memoryMetricsCollector       = memoryMetricsCollector;
        _networkMetricsCollector      = networkMetricsCollector;
        _metricsDeliverer             = metricsDeliverer;
        _captureInterval = optionsAccessor.Value.CaptureInterval;
    }

    public Task StartAsync(CancellationToken cancellationToken)
    {
        _scheduler = new Timer(Callback, null, TimeSpan.FromSeconds(5),
            _captureInterval);
        return Task.CompletedTask;

        async void Callback(object?state)
        {
            var counter = new PerformanceMetrics
            {
                Processor = _processorMetricsCollector.GetUsage(),
                Memory = _memoryMetricsCollector.GetUsage(),
                Network = _networkMetricsCollector.GetThroughput()
            };
            await _metricsDeliverer.DeliverAsync(counter);
        }
    }

    public Task StopAsync(CancellationToken cancellationToken)
```

```
    {
        _scheduler?.Dispose();
        return Task.CompletedTask;
    }
}
```

由於設定檔是組態選項的常用來源，因此在根目錄下增加一個名為 appsettings.
json 的設定檔，並於其中定義如下內容提供上述 3 個組態選項。由 Host 類型的
CreateDefaultBuilder 工廠方法建立的 IHostBuilder 物件，將自動載入這個設定檔。

```
{
    "MetricsCollection": {
        "CaptureInterval": "00:00:05",
        "Transport": "Udp",
        "DeliverTo": {
            "Host": "192.168.0.1",
            "Port": 3721
        }
    }
}
```

接下來修改展示程式。之前針對依賴服務的註冊是呼叫 IHostBuilder 物件
的 ConfigureServices 方法，利用作為參數的 Action<IServiceCollection> 物件完
成，IHostBuilder 介面還有一個 ConfigureServices 多載方法，其參數類型為 Action
HostBuilderContext, IServiceCollection>，作為輸入的 HostBuilderContext 上下文，可
以提供表示應用組態的 IConfiguration 物件。

```
using App;
var collector = new MetricsCollector();
Host.CreateDefaultBuilder(args)
    .ConfigureServices((context, svcs) => svcs
        .AddHostedService<PerformanceMetricsCollector>()
        .AddSingleton<IProcessorMetricsCollector>(collector)
        .AddSingleton<IMemoryMetricsCollector>(collector)
        .AddSingleton<INetworkMetricsCollector>(collector)
        .AddSingleton<IMetricsDeliverer, MetricsDeliverer>()
        .Configure<MetricsCollectionOptions>(context.Configuration
            .GetSection("MetricsCollection")))
    .Build()
    .Run();
```

利用 Action<HostBuilderContext, IServiceCollection> 委託物件，呼叫 IServiceCollection
介面的 Configure<TOptions> 擴展方法，從提供的 HostBuilderContext 物件取得組態，

並對 MetricsCollectionOptions 組態選項進行繫結。啟動修改後的程式之後，控制台的輸出結果如圖 14-2 所示。（S1403）

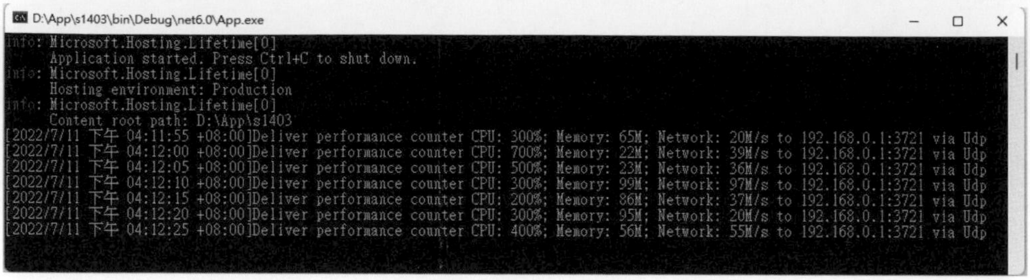

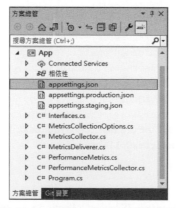

圖 14-2　引入組態選項

14.1.4　承載環境

應用程式總是針對某個具體環境進行部署，開發（Development）、預發（Staging）和正式（Production）是 3 種典型的部署環境。這裡的部署環境在服務承載系統中，統稱為「承載環境」（Hosting Environment）。一般來説，不同的承載環境往往具有不同的組態選項。下面將展示如何為不同的承載環境提供對應的組態選項。「第 5 章 組態選項（上）」已經示範過如何提供針對實際環境的設定檔，具體的做法很簡單：將共用或者預設的組態定義於基礎設定檔（如 appsettings.json），差異化的部分則定義在具體環境的設定檔（如 appsettings.staging. json 和 appsettings. production.json）。對於展示的實例來説，可以採用圖 14-3 所示的方式加入額外的兩個設定檔，以提供針對預發環境和正式環境的差異化組態。

圖 14-3　針對承載環境的設定檔

對於展示實例提供的 3 個組態選項來說，假設承載環境的差異化組態僅限於傳送的目標終節點（IP 位址和埠），便可採用下列方式將其定義於針對預發環境的 appsettings.staging.json，以及針對正式環境的 appsettings.production.json 中。

appsettings.staging.json：

```
{
  "MetricsCollection": {
    "DeliverTo": {
      "Host": "192.168.0.2",
      "Port": 3721
    }
  }
}
```

appsettings.production.json：

```
{
  "MetricsCollection": {
    "DeliverTo": {
      "Host": "192.168.0.3",
      "Port": 3721
    }
  }
}
```

呼叫 Host 的 CreateDefaultBuilder 方法時，由於傳入了命令列參數（args），所以預設建立的 IHostBuilder 會將其作為組態來源。正因為如此，便可採用命令列參數的形式設定目前的承載環境（對應的組態名稱為「environment」）。如圖 14-4 所示，分別以不同的承載環境先後 4 次執行應用程式，從輸出的 IP 位址得知，應用程式確實是根據目前承載環境載入對應的設定檔。輸出結果還體現出另一個細節，就是預設採用的是正式環境。（S1404）

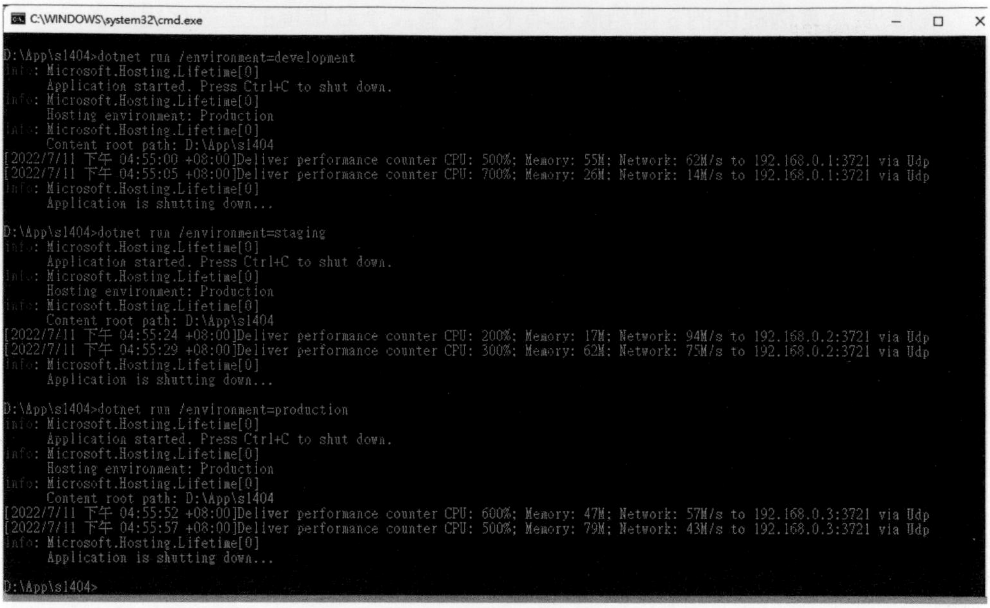

圖 14-4　針對承載環境載入設定檔

14.1.5　日誌

開發應用程式時，不可避免會涉及很多關於「診斷日誌」的應用，第 7～9 章已對這個主題進行系統而詳細的介紹。接下來展示承載服務如何記錄日誌。對於展示實例來說，用於傳送效能指標的 MetricsDeliverer 物件，會把收集的指標資料輸出到控制台。下面將這段文字以日誌的形式輸出，為此修改了如下類型。

```
public class MetricsDeliverer: IMetricsDeliverer
{
    private readonly TransportType _transport;
    private readonly Endpoint     _deliverTo;
    private readonly ILogger      _logger;
    private readonly Action<ILogger, DateTimeOffset, PerformanceMetrics, Endpoint,
        TransportType, Exception?> _logForDelivery;

    public MetricsDeliverer(
        IOptions<MetricsCollectionOptions>           optionsAccessor,
        ILogger<MetricsDeliverer>             logger)
    {
        var options        = optionsAccessor.Value;
        _transport        = options.Transport;
        _deliverTo        = options.DeliverTo;
```

```
        _logger          = logger;
        _logForDelivery  = LoggerMessage.Define<DateTimeOffset, PerformanceMetrics,
            Endpoint, TransportType>(LogLevel.Information, 0,
            "[{0}]Deliver performance counter {1} to {2} via {3}");
    }

    public Task DeliverAsync(PerformanceMetricscounter)
    {
        _logForDelivery(_logger, DateTimeOffset.Now, counter, _deliverTo, _transport,
            null);
        return Task.CompletedTask;
    }
}
```

如上面的程式碼所示，利用建構函數注入的 ILogger<MetricsDeliverer> 物件記錄日誌。「第 8 章 診斷日誌（中）」曾提及，為了避免對同一個訊息範本的重複解析，可以使用 LoggerMessage 類型定義的委託物件輸出日誌，這也是 MetricsDeliverer 採用的設計模式。執行上述程式後，會在控制台輸出圖 14-5 所示的結果。由輸出結果得知，這些文字是由註冊的 ConsoleLoggerProvider 提供的 ConsoleLogger 物件輸出到控制台。由於承載系統本身在進行服務承載過程也會輸出一些日誌，所以也會一併輸出到控制台上。（S1405）

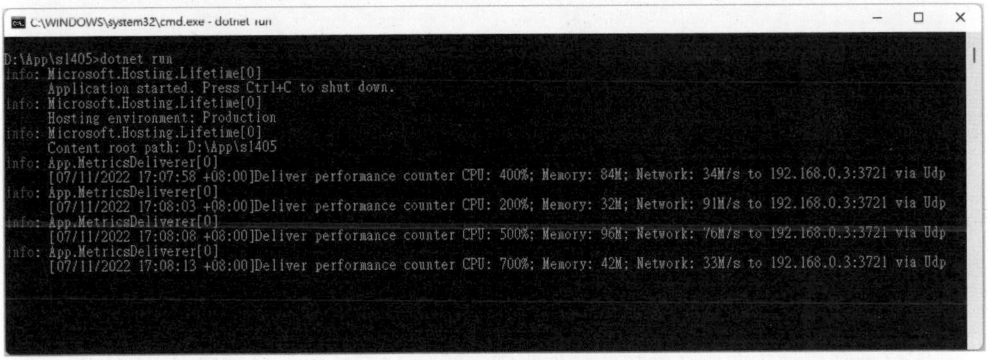

圖 14-5　將日誌輸出到控制台

如果需要過濾輸出的日誌，可將過濾規則定義於設定檔。為了避免在正式環境因輸出過多的日誌影響效能，可在 appsettings.production.json 設定檔以下列形式，將類型前綴為「Microsoft.」的日誌（最低）等級設為 Warning。

```
{
  "MetricsCollection": {
    "DeliverTo": {
```

```
      "Host": "192.168.0.3",
      "Port": 3721
    }
  },
  "Logging": {
    "LogLevel": {
      "Microsoft": "Warning"
    }
  }
}
```

如果此時針對開發環境和正式環境，分別以命令列的形式執行修改後的程式，則可發現前者的控制台會輸出類型前綴為「Microsoft.」的日誌，但是後者的控制台卻找不到其蹤影，如圖 14-6 所示。（S1406）

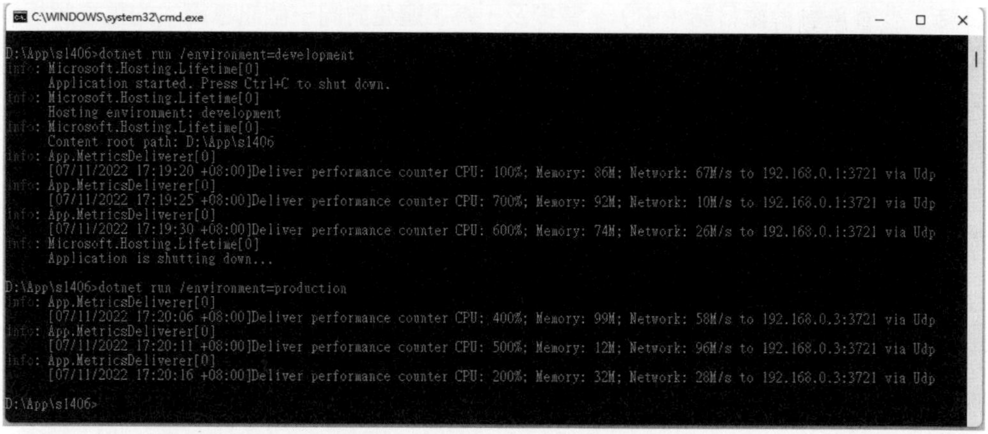

圖 14-6　根據承載環境過濾日誌

14.2　服務承載模型

服務承載模型主要由 3 個核心物件組成，如圖 14-7 所示。多個透過 IHostedService 介面表示的服務，承載（或者寄宿、託管）於由 IHost 介面表示的宿主上，IHostBuilder 介面表示 IHost 物件的建構者。

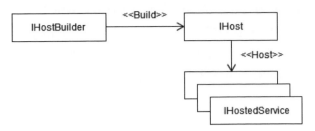

圖 14-7　服務承載模型

14.2.1 IHostedService

承載的服務總是會定義成 IHostedService 介面的實作類型。如下面的程式碼所示，該介面僅定義兩個用來啟動和關閉本身服務的方法。當啟動作為宿主的 IHost 物件時，它會啟動每個註冊的 IHostedService 服務實例，方式是透過 StartAsync 方法。關閉服務承載應用程式之前，也會關閉作為服務宿主的 IHost 物件，然後呼叫承載的每個 IHostedService 服務物件的 StopAsync 方法。

```
public interface IHostedService
{
    Task StartAsync(CancellationToken cancellationToken);
    Task StopAsync(CancellationToken cancellationToken);
}
```

承載系統無縫整合了依賴注入框架，服務承載所需的依賴服務，包括承載服務和它所依賴的服務，均由此依賴注入容器提供。承載服務註冊的本質，就是註冊 IHostedService 服務的過程。由於承載服務大多需要長時間運行，直到關閉應用程式，對應服務註冊一般會採用 Singleton 生命週期模式。如下所示的 AddHostedService<THostedService> 擴展方法，它透過呼叫 TryAddEnumerable 擴展方法對承載服務進行註冊，所以不會出現服務重複註冊的問題。

```
public static class ServiceCollectionHostedServiceExtensions
{
    public static IServiceCollection AddHostedService<THostedService>(
        this IServiceCollection services) where THostedService: class, IHostedService
    {
        services.TryAddEnumerable(
            ServiceDescriptor.Singleton<IHostedService, THostedService>());
        return services;
    }
}
```

　　自訂的承載服務除了直接實作 IHostedService 介面，也可以繼承 BackgroundService 抽象類型。如下面的程式碼所示，BackgroundService 實作了 IHostedService 介面，其中的 StartAsync 方法會呼叫本身定義的 ExecuteAsync 抽象方法，所以 BackgroundService 的子類別只需要將具體的承載操作，定義於重寫的 ExecuteAsync 方法即可。

```csharp
public abstract class BackgroundService : IHostedService, IDisposable
{
    private Task                     _executeTask;
    private CancellationTokenSource  _stoppingCts;

    public virtual Task ExecuteTask => _executeTask;

    protected abstract Task ExecuteAsync(CancellationToken stoppingToken);

    public virtual Task StartAsync(CancellationToken cancellationToken)
    {
        _stoppingCts = CancellationTokenSource
          .CreateLinkedTokenSource(cancellationToken);
        _executeTask = ExecuteAsync(_stoppingCts.Token);
        if (_executeTask.IsCompleted)
        {
            return _executeTask;
        }
        return Task.CompletedTask;
    }

    public virtual async Task StopAsync(CancellationToken cancellationToken)
    {
        if (_executeTask == null)
        {
            return;
        }

        try
        {
            _stoppingCts.Cancel();
        }
        finally
        {
            await Task.WhenAny(_executeTask,
                Task.Delay(Timeout.Infinite, cancellationToken)).ConfigureAwait(false);
        }
    }

    public virtual void Dispose() => _stoppingCts?.Cancel();
}
```

14.2.2 IHost

以 IHostedService 介面表示的服務，最終會承載於 IHost 介面表示的宿主上。一般來說，在整個生命週期內，一個服務承載應用只會建立一個 IHost 物件。本質上，啟動和關閉應用程式，就是啟動和關閉作為宿主的 IHost 物件。如下面的程式碼所示，IHost 繼承 IDisposable 介面，一旦關閉之後，應用程式還會呼叫其 Dispose 方法，以進行一些額外的資源釋放工作。

```
public interface IHost : IDisposable
{
    IServiceProvider Services { get; }
    Task StartAsync(CancellationToken cancellationToken = default);
    Task StopAsync(CancellationToken cancellationToken = default);
}
```

IHost 介面的 Services 屬性，返回作為依賴注入容器的 IServiceProvider 物件，該物件提供服務承載過程中所需的服務實例，其中就包括待承載的 IHostedService 服務。定義於 IHost 介面的 StartAsync 方法和 StopAsync 方法，完成了針對服務宿主的啟動與關閉。

1. IHostApplicationLifetime

上述實例透過 HostBuilder 物件建構 IHost 物件之後，並沒有利用 StartAsync 方法啟動，而是呼叫另一個名為 Run 的擴展方法，此方法涉及服務承載應用程式的生命週期管理。如果要充分理解該擴展方法的本質，就得先瞭解表示承載應用程式生命週期的 IHostApplicationLifetime 物件。如下面的程式碼所示，IHostApplicationLifetime 介面提供 3 個 CancellationToken 類型的屬性，它們都用來接收應用程式開啟與關閉的通知。該介面還提供一個 StopApplication 方法關閉應用程式。

```
public interface IHostApplicationLifetime
{
    CancellationToken ApplicationStarted { get; }
    CancellationToken ApplicationStopping { get; }
    CancellationToken ApplicationStopped { get; }

    void StopApplication();
}
```

如下所示的 ApplicationLifetime 類型是對 IHostApplicationLifetime 介面的預設實作。可以看到 3 個屬性返回的 CancellationToken 物件，來自於 3 個對應的 CancellationTokenSource 物件，後者的 Cancle 方法分別在 NotifyStarted 方法、

StopApplication 方法和 NotifyStopped 方法中被呼叫。也就是說，當這 3 個方法將應用程式啟動和關閉的通知傳送出去後，該通知就能透過 3 個對應的 CancellationToken 物件接收。

```
public class ApplicationLifetime : IHostApplicationLifetime
{
    private readonly ILogger<ApplicationLifetime>          _logger;
    private readonly CancellationTokenSource               _startedSource;
    private readonly CancellationTokenSource               _stoppedSource;
    private readonly CancellationTokenSource               _stoppingSource;

    public ApplicationLifetime(ILogger<ApplicationLifetime> logger)
    {
        _startedSource       = new CancellationTokenSource();
        _stoppedSource       = new CancellationTokenSource();
        _stoppingSource      = new CancellationTokenSource();
        _logger = logger;
    }

    private void ExecuteHandlers(CancellationTokenSource cancel)
    {
        if (!cancel.IsCancellationRequested)
        {
            cancel.Cancel(false);
        }
    }

    public void NotifyStarted()
    {
        try
        {
            ExecuteHandlers(_startedSource);
        }
        catch (Exception exception)
        {
            _logger.ApplicationError(6, "An error occurred starting the application",
                exception);
        }
    }

    public void NotifyStopped()
    {
        try
        {
            ExecuteHandlers(_stoppedSource);
        }
```

```
        catch (Exception exception)
        {
            _logger.ApplicationError(8,
                "An error occurred stopping the application", exception);
        }
    }

    public void StopApplication()
    {
        lock (_stoppingSource)
        {
            try
            {
                ExecuteHandlers(_stoppingSource);
            }
            catch (Exception exception)
            {
                _logger.ApplicationError(7,
                    "An error occurred stopping the application", exception);
            }
        }
    }

    public CancellationToken ApplicationStarted  =>_startedSource.Token;
    public CancellationToken ApplicationStopped  =>_stoppedSource.Token;
    public CancellationToken ApplicationStopping =>_stoppingSource.Token;
}
```

　　接下來透過一個簡單的實例，展示如何利用 IHostApplicationLifetime 服務關閉整個承載應用程式。首先在一個控制台程式定義如下承載服務類型 FakeHostedService，並於建構函數注入 IHostApplicationLifetime 服務。在得到 3 個屬性返回的 CancellationToken 物件之後，分別在它們上面註冊一個回呼，並在控制台輸出對應的文字。

```
public sealed class FakeHostedService : IHostedService
{
    private readonly IHostApplicationLifetime    _lifetime;
    private IDisposable?                         _tokenSource;

    public FakeHostedService(IHostApplicationLifetime lifetime)
    {
        _lifetime = lifetime;
        _lifetime.ApplicationStarted.Register(() => Console.WriteLine(
            "[{0}]Application started", DateTimeOffset.Now));
        _lifetime.ApplicationStopping.Register(() => Console.WriteLine(
```

```
            "[{0}]Application is stopping.", DateTimeOffset.Now));
        _lifetime.ApplicationStopped.Register(() => Console.WriteLine(
            "[{0}]Application stopped.", DateTimeOffset.Now));
    }

    public Task StartAsync(CancellationToken cancellationToken)
    {
        _tokenSource = new CancellationTokenSource(TimeSpan.FromSeconds(5))
            .Token.Register(_lifetime.StopApplication);
        return Task.CompletedTask;
    }

    public Task StopAsync(CancellationToken cancellationToken)
    {
        _tokenSource?.Dispose();
        return Task.CompletedTask;
    }
}
```

在實作的 StartAsync 方法中，便採用上述方式在等待 5 秒之後呼叫 IHostApplicationLifetime 物件的 StopApplication 方法關閉應用程式。FakeHostedService 服務最後是以下列方式承載於目前的應用程式。

```
using App;
Host.CreateDefaultBuilder(args)
    .ConfigureServices(svcs => svcs.AddHostedService<FakeHostedService>())
    .Build()
    .Run();
```

執行程式之後，控制台輸出的結果如圖 14-8 所示。從 3 筆訊息輸出的時間間隔，便可確定目前應用程式正是承載 FakeHostedService，以呼叫 IHostApplicationLifetime 服務的 StopApplication 方法關閉。（S1407）

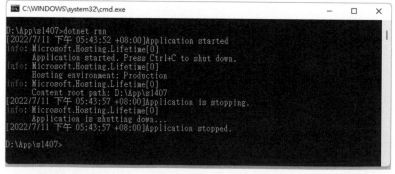

圖 14-8　呼叫 IHostApplicationLifetime 服務關閉應用程式

2. Run 方法

IHost 介面的 Run 方法會在內部呼叫 IHost 物件的 StartAsync 方法，並持續等待。直到接收來自 IHostApplicationLifetime 服務發出關閉應用程式的通知後，IHost 物件才會執行本身的 StopAsync 方法，此時才會返回 Run 方法的呼叫。啟動 IHost 物件直到應用程式關閉，體現於下列的 WaitForShutdownAsync 方法。

```
public static class HostingAbstractionsHostExtensions
{
    public static async Task WaitForShutdownAsync(this IHost host,
        CancellationToken token = default)
    {
        var applicationLifetime = host.Services.GetService<IHostApplicationLifetime>();
        token.Register(state => ((IHostApplicationLifetime)state).StopApplication(),
            applicationLifetime);

        var waitForStop = new TaskCompletionSource<object>(
            TaskCreationOptions.RunContinuationsAsynchronously);
        applicationLifetime.ApplicationStopping.Register(state=>
        {
            var tcs = (TaskCompletionSource<object>)state;
            tcs.TrySetResult(null);
        }, waitForStop);

        await waitForStop.Task;
        await host.StopAsync();
    }
}
```

如下所示的 WaitForShutdown 方法，是上面 WaitForShutdownAsync 方法的同步版本。同步的 Run 方法和非同步的 RunAsync 方法的實作，也體現於下面的程式碼。其中還包括 Start 方法和 StopAsync 方法的定義，前者作為 StartAsync 方法的同步版本，後者可在關閉 IHost 物件時指定一個逾時時限。

```
public static class HostingAbstractionsHostExtensions
{
    public static void WaitForShutdown(this IHost host)
        => host.WaitForShutdownAsync().GetAwaiter().GetResult();

    public static void Run(this IHost host)
        => host.RunAsync().GetAwaiter().GetResult();

    public static async Task RunAsync(this IHost host, CancellationToken token = default)
    {
        try
```

```
        {
            await host.StartAsync(token);
            await host.WaitForShutdownAsync(token);
        }
        finally
        {
            host.Dispose();
        }
    }

    public static void Start(this IHost host)
        => host.StartAsync().GetAwaiter().GetResult();

    public static Task StopAsync(this IHost host, TimeSpan timeout)
        => host.StopAsync(new CancellationTokenSource(timeout).Token);
}
```

14.2.3 IHostBuilder

瞭解作為服務宿主的 IHost 物件之後，下面介紹作為建構者的 IHostBuilder 物件。如下面的程式碼所示，IHostBuilder 介面的核心方法 Build，用來提供由它建置的 IHost 物件。它還有一個字典類型的唯讀屬性 Properties，目的是作為一個共用的資料字典。

```
public interface IHostBuilder
{
    IDictionary<object, object> Properties { get; }
    IHost Build();
    ...
}
```

作為一個典型的設計模式，Builder 模式在最終提供給由它建構的物件之前，一般允許進行相關的前期設定，所以 IHostBuilder 介面提供一系列的方法，好為最終建置的 IHost 物件進行配置。具體的設定主要涵蓋兩個方面：針對組態和針對依賴注入框架。

1. 組態

IHostBuilder 介面對組態的設定體現於 ConfigureHostConfiguration 方法和 ConfigureAppConfiguration 方法，前者涉及的組態主要應用於服務承載過程，所以是針對服務「宿主（Host）」的組態；後者涉及的組態主要應用於提供承載的

IHostedService 服務，因此是針對「應用程式（App）」的組態。針對宿主的組態會
被針對應用的組態「繼承」，應用程式最終得到的組態，實際上是兩者合併的結果。

```
public interface IHostBuilder
{
    IHostBuilder ConfigureHostConfiguration(
        Action<IConfigurationBuilder> configureDelegate);
    IHostBuilder ConfigureAppConfiguration(
        Action<HostBuilderContext, IConfigurationBuilder> configureDelegate);
    ...
}
```

　　ConfigureHostConfiguration 方 法 提 供 一 個 Action<IConfigurationBuilder> 委
託物件作為參數，可以利用它註冊不同的組態來源，或者實施其他相關的設定
（如指定設定檔所在目錄的基礎路徑）。ConfigureAppConfiguration 方法的參
數 則 是 Action<HostBuilderContext, IConfigurationBuilder>， 作 為 第 一 個 參 數 的
HostBuilderContext 物件，攜帶了與服務承載相關的上下文資訊。可以利用上下文資
訊，對組態系統進行針對性設定。

　　HostBuilderContext 內含的上下文資訊主要包含兩部分：一是透過 Configuration
屬性表示針對宿主的組態；二是透過 HostingEnvironment 屬性表示的承載環境。
HostBuilderContext 類型同樣具有一個作為共用資料字典的 Properties 屬性。

```
public class HostBuilderContext
{
    public IConfiguration                      Configuration { get; set; }
    public IHostEnvironment                    HostingEnvironment { get; set; }
    public IDictionary<object, object>         Properties { get; }

    public HostBuilderContext(IDictionary<object, object> properties);
}
```

　　ConfigureAppConfiguration 方法允許我們就目前承載的上下文，對應用程式
組態進行設定，例如針對前期提供承載組態，或者之前加到 Properties 字典的某個
屬性，以及最常見的目前的承載環境。如果對於組態系統的設定，與目前承載的
上下文無關，則可呼叫下列這個同名的擴展方法，該方法提供的參數依舊是一個
Action<IConfigurationBuilder> 物件。

```
public static class HostingHostBuilderExtensions
{
    public static IHostBuilder ConfigureAppConfiguration(this IHostBuilder hostBuilder,
        Action<IConfigurationBuilder> configureDelegate)
```

```
    =>hostBuilder.ConfigureAppConfiguration((context, builder) =>
        configureDelegate(builder));
}
```

2. 承載環境

承載環境透過 IHostEnvironment 介面表示，HostBuilderContext 類型的 HostingEnvironment 屬性返回的就是一個 IHostEnvironment 物件。如下面的程式碼所示，除了表示環境名稱的 EnvironmentName 屬性外，IHostEnvironment 介面還定義一個表示目前應用程式名稱的 ApplicationName 屬性。

```
public interface IHostEnvironment
{
    string EnvironmentName { get; set; }
    string ApplicationName { get; set; }
    string ContentRootPath { get; set; }
    IFileProvider ContentRootFileProvider { get; set; }
}
```

很多的應用程式會涉及一些靜態檔，比較典型的有 Web 應用程式的 JavaScript、CSS 和圖片等，這些靜態檔稱為「內容檔」（Content File）。IHostEnvironment 介面的 ContentRootPath 屬性表示存放這些內容檔的根目錄路徑。ContentRootFileProvider 屬性對應的是指向該路徑的 IFileProvider 物件，可以利用它取得目錄的層級結構，或者直接以它讀取檔案的內容。

開發、預發和正式是 3 種典型的承載環境，如果嚴格採用「Development」、「Staging」、「Production」進行命名，針對這 3 種承載環境的判斷，就可以利用 IsDevelopment、IsStaging 和 IsProduction 這 3 個擴展方法來完成。如果需要判斷 IHostEnvironment 物件是否屬於某個指定的環境，便可直接呼叫 IsEnvironment 擴展方法。針對環境名稱的比較不區分字母大小寫。

```
public static class HostEnvironmentEnvExtensions
{
    public static bool IsDevelopment(this IHostEnvironment hostEnvironment)
        =>hostEnvironment.IsEnvironment(Environments.Development);
    public static bool IsStaging(this IHostEnvironment hostEnvironment)
        =>hostEnvironment.IsEnvironment(Environments.Staging);
    public static bool IsProduction(this IHostEnvironment hostEnvironment)
        =>hostEnvironment.IsEnvironment(Environments.Production);

    public static bool IsEnvironment(this IHostEnvironment hostEnvironment,
```

```
        string environmentName)
        =>string.Equals(hostEnvironment.EnvironmentName, environmentName,
        StringComparison.OrdinalIgnoreCase);
}

public static class Environments
{
    public static readonly string Development      = "Development";
    public static readonly string Production       = "Production";
    public static readonly string Staging          = "Staging";
}
```

　　IHostEnvironment 物件承載的 3 個屬性，都是透過組態的形式提供，對應的組態項目名稱為「environment」、「contentRoot」、「applicationName」，它們對應至 HostDefaults 類型的 3 個靜態唯讀欄位。可以呼叫 IHostBuilder 介面的 UseEnvironment 方法和 UseContentRoot 方法，以便設定環境名稱與內容檔的根目錄路徑。從下面的程式碼得知，UseEnvironment 方法使用的依舊是 ConfigureHostConfiguration 方法。如果沒有明確設定應用程式名稱，入口程式集的名稱就會作為其名稱。由於一些元件或者框架會假定目前應用程式名稱就是它所在專案編譯後的程式集名稱，因此一般不會設定應用程式名稱。

```
public static class HostDefaults
{
    public static readonly string EnvironmentKey = "environment";
    public static readonly string ContentRootKey = "contentRoot";
    public static readonly string ApplicationKey = "applicationName";
}

public static class HostingHostBuilderExtensions
{
    public static IHostBuilder UseEnvironment(this IHostBuilder hostBuilder,
        string environment)
    {
        return hostBuilder.ConfigureHostConfiguration(configBuilder =>
        {
            configBuilder.AddInMemoryCollection(new[]
            {
                new KeyValuePair<string, string>(HostDefaults.EnvironmentKey,environment)
            });
        });
    }
    public static IHostBuilder UseContentRoot(this IHostBuilder hostBuilder,
```

```
            string contentRoot)
    {
        returnhostBuilder.ConfigureHostConfiguration(configBuilder =>
        {
            configBuilder.AddInMemoryCollection(new[]
            {
                new KeyValuePair<string, string>(HostDefaults.ContentRootKey,
                    contentRoot)
            });
        });
    }
}
```

3. 依賴注入

由於包括承載服務（IHostedService）在內的所有依賴服務，都是由依賴注入框架提供，所以 IHostBuilder 介面提供更多的方法註冊依賴服務。絕大部分用來註冊服務的方法，最終都會呼叫 IHostBuilder 介面的 ConfigureServices 方法，由於該方法提供的參數是一個 Action<HostBuilderContext, IServiceCollection> 委託物件，意謂著服務可以就目前承載的上下文進行針對性註冊。如果註冊的服務與目前承載的上下文無關，便可呼叫下列同名的擴展方法，該方法提供的參數是一個 Action<IServiceCollection> 委託物件。

```
public interface IHostBuilder
{
    IHostBuilder ConfigureServices(
        Action<HostBuilderContext, IServiceCollection> configureDelegate);
    ...
}

public static class HostingHostBuilderExtensions
{
    public static IHostBuilder ConfigureServices(this IHostBuilder hostBuilder,
        Action<IServiceCollection> configureDelegate)
        =>hostBuilder.ConfigureServices((context, collection) =>
            configureDelegate(collection));
}
```

IHostBuilder 介面提供如下兩個 UseServiceProviderFactory<TContainerBuilder> 多載方法。可以利用第一個多載方法註冊的 IServiceProviderFactory<TContainerBuilder> 物件，達到對合作廠商依賴注入框架的整合。IHostBuilder 介面還定義 ConfigureContainer <TContainerBuilder> 方法，以進一步設定提供的依賴注入容器。

```
public interface IHostBuilder
{
    IHostBuilder UseServiceProviderFactory<TContainerBuilder>(
        IServiceProviderFactory<TContainerBuilder> factory);
    IHostBuilder UseServiceProviderFactory<TContainerBuilder>(
        Func<HostBuilderContext, IServiceProviderFactory<TContainerBuilder>> factory);
    IHostBuilder ConfigureContainer<TContainerBuilder>(
        Action<HostBuilderContext, TContainerBuilder> configureDelegate);
}
```

　　原生依賴注入框架已經能夠滿足絕大部分專案的需求，與合作廠商依賴注入框架的整合，其實並沒有太大的必要。原生的依賴注入框架利用 DefaultServiceProviderFactory，以提供作為依賴注入容器的 IServiceProvider 物件，針對它的註冊由底下兩個 UseDefaultServiceProvider 擴展方法完成。

```
public static class HostingHostBuilderExtensions
{
    public static IHostBuilder UseDefaultServiceProvider(this IHostBuilder hostBuilder,
        Action<ServiceProviderOptions> configure)
        => hostBuilder.UseDefaultServiceProvider((context, options) =>
configure(options));

    public static IHostBuilder UseDefaultServiceProvider(this IHostBuilder hostBuilder,
        Action<HostBuilderContext, ServiceProviderOptions> configure)
    {
        return hostBuilder.UseServiceProviderFactory(context =>
        {
            var options = new ServiceProviderOptions();
            configure(context, options);
            return new DefaultServiceProviderFactory(options);
        });
    }
}
```

　　定義在 IHostBuilder 介面的 ConfigureContainer<TContainerBuilder> 方法，其內提供的參數是一個 Action<HostBuilderContext, TContainerBuilder> 委託物件。如果針對 TContainerBuilder 的設定與目前承載的上下文無關，則可呼叫下列簡化的 ConfigureContainer<TContainerBuilder> 擴展方法，它提供一個 Action<TContainerBuilder> 委託物件作為參數。

```
public static class HostingHostBuilderExtensions
{
    public static IHostBuilder ConfigureContainer<TContainerBuilder>(
```

```
            this IHostBuilder hostBuilder, Action<TContainerBuilder> configureDelegate)
    {
        return hostBuilder.ConfigureContainer<TContainerBuilder>((context, builder) =>
            configureDelegate(builder));
    }
}
```

4. 建立並啓動宿主

IHostBuilder 介面還定義了 StartAsync 擴展方法，該方法同時完成 IHost 物件的建立和啟動工作。IHostBuilder 介面的另一個 Start 方法是 StartAsync 方法的同步版本。

```
public static class HostingAbstractionsHostBuilderExtensions
{
    public static async Task<IHost> StartAsync(this IHostBuilder hostBuilder,
        CancellationToken cancellationToken = default)
    {
        var host = hostBuilder.Build();
        await host.StartAsync(cancellationToken);
        return host;
    }

    public static IHost Start(this IHostBuilder hostBuilder)
        => hostBuilder.StartAsync().GetAwaiter().GetResult();
}
```

14.3 服務承載流程

上一節著重介紹組成服務承載模型的 3 個核心物件，接下來從抽象轉為具體，說明如何實作服務承載系統模型。若想瞭解服務承載模型的預設實作，只需瞭解 IHost 介面和 IHostBuilder 介面的預設實作類型。由圖 14-9 得知，IHost 介面和 IHostBuilder 介面的預設實作類型分別是 Host 與 HostBuilder，這兩個類型是本節介紹的重點。

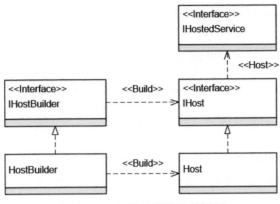

圖 14-9 完整的服務承載模型

14.3.1 服務宿主

Host 是對 IHost 介面的預設實作，它僅僅是定義於「Microsoft.Extensions. Hosting」這個 NuGet 套件的一個內部類型。由於承載系統還提供另一個同名的公共靜態類型，在容易出現混淆的地方，文中會將它稱為「實例類型 Host」以示區別。正式介紹 Host 類型的具體實作之前，先來認識兩個與之相關的類型，其中一個是與承載相關的組態選項 HostOptions，另一個是 IHostLifetime 介面。

如下所示的 HostOptions 類型僅包含 ShutdownTimeout 和 BackgroundServiceExceptionBehavior 兩個屬性。ShutdownTimeout 屬性表示關閉 Host 物件的逾時時限，該屬性可以透過組態提供，對應的組態項目名稱為「shutdownTimeoutSeconds」。BackgroundServiceExceptionBehavior 屬性表示返回一個同名的列舉，當某個承載服務於執行過程拋出未被處理的異常時，該屬性用來決定目前承載應用是忽略此異常並繼續執行（Ignore），還是立即終止。

```
public class HostOptions
{
    public TimeSpan                                    ShutdownTimeout { get; set; }
    public BackgroundServiceExceptionBehavior          BackgroundServiceExceptionBehavior
        { get; set; }

    internal void Initialize(IConfiguration configuration)
    {
        varstr = configuration["shutdownTimeoutSeconds"];
        if (!string.IsNullOrEmpty(str) && int.TryParse(
            str, NumberStyles.None, CultureInfo.InvariantCulture, out int num))
        {
```

```
                ShutdownTimeout = TimeSpan.FromSeconds(num);
        }
    }
}

public enum BackgroundServiceExceptionBehavior
{
    StopHost,
    Ignore
}
```

前文已經介紹一個與承載應用程式生命週期相關的 IHostApplicationLifetime 介面，Host 類型還包含另一個與生命週期相關的 IHostLifetime 介面。以 StartAsync 方法啟動 Host 物件之後，該方法會先呼叫 IHostLifetime 服務的 WaitForStartAsync 方法。Host 物件的 StopAsync 方法在執行過程中，如果成功關閉了所有承載的服務，也會呼叫註冊 IHostLifetime 服務的 StopAsync 方法。

```
public interface IHostLifetime
{
    Task WaitForStartAsync(CancellationToken cancellationToken);
    Task StopAsync(CancellationToken cancellationToken);
}
```

前面展示的日誌實例中，程式執行後控制台會輸出 3 筆級別為 Information 的日誌。其中第 1 筆日誌的內容為「Application started. Press Ctrl+C to shut down.」，後面兩筆日誌的內容，則是目前承載環境的資訊和存放內容檔的根目錄路徑。關閉應用程式之前，控制台還會出現一筆內容為「Application is shutting down...」的日誌。上述 4 筆日誌在控制台的輸出結果，如圖 14-10 所示。

圖 14-10 由 ConsoleLifetime 物件輸出的日誌

圖 14-10 所示的 4 筆日誌都是透過如下的 ConsoleLifetime 物件輸出，ConsoleLifetime 類型是對 IHostLifetime 介面的實作。除了以日誌形式輸出與目前承載應用程式相關的狀態資訊外，針對 Cancel 按鍵（Ctrl+C 複合鍵）的捕捉及隨後關閉目前應用程式的功能，也實作於 ConsoleLifetime 類型。ConsoleLifetime 採用的組態

選項定義於 ConsoleLifetimeOptions 類型，該類型唯一的屬性 SuppressStatusMessages 用來決定上述 4 筆日誌是否需要輸出，如果不需要，則可直接將此屬性設為 True。

```
public class ConsoleLifetime : IHostLifetime, IDisposable
{
    public ConsoleLifetime(IOptions<ConsoleLifetimeOptions> options,
        IHostEnvironment environment, IHostApplicationLifetime applicationLifetime);
    public ConsoleLifetime(IOptions<ConsoleLifetimeOptions> options,
        IHostEnvironment environment, IHostApplicationLifetime applicationLifetime,
        ILoggerFactory loggerFactory);

    public Task StopAsync(CancellationToken cancellationToken);
    public Task WaitForStartAsync(CancellationToken cancellationToken);
    public void Dispose();
}

public class ConsoleLifetimeOptions
{
    public bool SuppressStatusMessages { get; set; }
}
```

　　下面的程式碼展示經過簡化的 Host 類型的定義（如忽略針對承載服務的異常處理）。Host 類型的建構函數注入一系列依賴服務，包括作為依賴注入容器的 IServiceProvider 物件、記錄日誌的 ILogger<Host> 物件、提供組態選項的 IOptions <HostOptions> 物件，以及兩個與生命週期相關的 IHostApplicationLifetime 物件和 IHostLifetime 物件。這裡提供的 IHostApplicationLifetime 物件類型必須是 ApplicationLifetime，因為它需要呼叫 NotifyStarted 方法和 NotifyStopped 方法，好在應用程式啟動與關閉之後向訂閱者發送通知，這兩個方法並未定義於 IHostApplicationLifetime 介面。

```
internal class Host : IHost
{
    private readonly ILogger<Host>           _logger;
    private readonly IHostLifetime           _hostLifetime;
    private readonly ApplicationLifetime     _applicationLifetime;
    private readonly HostOptions             _options;
    private IEnumerable<IHostedService>      _hostedServices;

    public IServiceProvider Services { get; }

    public Host(IServiceProvider services, IHostApplicationLifetime applicationLifetime,
        ILogger<Host> logger, IHostLifetime hostLifetime, IOptions<HostOptions> options)
    {
        Services = services;
```

```
        _applicationLifetime        = (ApplicationLifetime)
applicationLifetime;
        _logger                     = logger;
        _hostLifetime               = hostLifetime;
        _options                    = options.Value);
    }

    public async Task StartAsync(CancellationToken cancellationToken = default)
    {
        await _hostLifetime.WaitForStartAsync(cancellationToken);
        cancellationToken.ThrowIfCancellationRequested();
        _hostedServices = Services.GetService<IEnumerable<IHostedService>>();
        foreach (var hostedService in _hostedServices)
        {
            await hostedService.StartAsync(cancellationToken).ConfigureAwait(false);
        }

        _applicationLifetime?.NotifyStarted();
    }

    public sync Task StopAsync(CancellationToken cancellationToken = default)
    {
        using (var cts = new CancellationTokenSource(_options.ShutdownTimeout))
        using (var linkedCts = CancellationTokenSource.CreateLinkedTokenSource(
            cts.Token, cancellationToken))
        {
            var token = linkedCts.Token;
            _applicationLifetime?.StopApplication();
            foreach (var hostedService in _hostedServices.Reverse())
            {
                await hostedService.StopAsync(token).ConfigureAwait(false);
            }

            token.ThrowIfCancellationRequested();
            await _hostLifetime.StopAsync(token);
            _applicationLifetime?.NotifyStopped();
        }
    }
    public void Dispose()=>(Services as IDisposable)?.Dispose();
}
```

　　實作的 StartAsync 方法先呼叫 IHostLifetime 物件的 WaitForStartAsync 方法。
如果註冊的服務類型為 ConsoleLifetime，便輸出前面提及的 3 筆日誌。與此同時，
ConsoleLifetime 物件還會註冊控制台的按鍵事件，目的是確保在使用者按下 Ctrl+C
複合鍵後，能夠正常關閉應用程式。

　　Host 物件會利用作為依賴注入容器的 IServiceProvider 物件，以取得表示承載服務的所有 IHostedService 物件，並透過 StartAsync 方法來啟動。一旦正常啟動所有承載的服務之後，便呼叫 ApplicationLifetime 物件的 NotifyStarted 方法，此時訂閱者會接收到應用程式啟動的通知。請注意，表示承載服務的 IHostedService 物件是「逐個」（不是並行）啟動，而且只有等待所有承載服務全部啟動之後，應用程式才算是啟動成功。在整個啟動過程中，如果利用作為參數的 CancellationToken 接收取消請求，就中止啟動操作。

　　呼叫 Host 物件的 StopAsync 方法時，它利用 ApplicationLifetime 物件的 StopApplication 方法，對外發出應用程式即將關閉的通知，此後再呼叫每個 IHostedService 物件的 StopAsync 方法。當成功關閉所有承載服務之後，該方法便依序呼叫 IHostLifetime 物件的 StopAsync 方法和 ApplicationLifetime 物件的 NotifyStopped 方法。在關閉 Host 過程中，如果超出以 HostOptions 組態選項設定的逾時時限，或者利用作為參數的 CancellationToken 物件接收到取消請求，便立即中止整個過程。

14.3.2　服務承載設定

　　HostBuilder 類型是對 IHostBuilder 介面的預設實作，上述的 Host 物件就是由它建構。實作時旨在對組態進行設定的 ConfigureHostConfiguration 方法和 ConfigureAppConfiguration 方法中，HostBuilder 將提供的委託物件暫存於 _configureHostConfigActions 欄位和 _configureAppConfigActions 欄位表示的集合，它們都會在 Build 方法啟用。

```
public class HostBuilder : IHostBuilder
{
    private List<Action<IConfigurationBuilder>> _configureHostConfigActions
        =new List<Action<IConfigurationBuilder>>();
    private List<Action<HostBuilderContext, IConfigurationBuilder>>
        _configureAppConfigActions = new
        List<Action<HostBuilderContext, IConfigurationBuilder>>();

    public IDictionary<object, object> Properties { get; }
        = new Dictionary<object, object>();

    public IHostBuilder ConfigureHostConfiguration(
        Action<IConfigurationBuilder> configureDelegate)
    {
        _configureHostConfigActions.Add(configureDelegate);
```

```
        return this;
    }

    public IHostBuilder ConfigureAppConfiguration(
        Action<HostBuilderContext, IConfigurationBuilder> configureDelegate)
    {
        _configureAppConfigActions.Add(configureDelegate);
        return this;
    }
    ...
}
```

與針對組態的設定一樣，在 HostBuilder 類型實作的 ConfigureServices 方法中，用來註冊依賴服務的 Action<HostBuilderContext, IServiceCollection> 委託物件，將暫存於 _configureServicesActions 欄位表示的集合中。

```
public class HostBuilder : IHostBuilder
{
    private List<Action<HostBuilderContext, IServiceCollection>> _configureServicesActions
        = new List<Action<HostBuilderContext, IServiceCollection>>();

    public IHostBuilder ConfigureServices(
        Action<HostBuilderContext, IServiceCollection> configureDelegate)
    {
        _configureServicesActions.Add(configureDelegate);
        return this;
    }

    ...
}
```

除了直接以 IHostBuilder 介面的 ConfigureServices 方法註冊服務，還能透過下列擴展方法，完成某些特殊服務的註冊。兩個 ConfigureLogging 多載擴展方法用於註冊與日誌框架相關的服務，兩個 UseConsoleLifetime 多載擴展方法增加的是針對 ConsoleLifetime 服務的註冊，兩個 RunConsoleAsync 多載擴展方法在此基礎上，進一步建構與啟動作為宿主的 IHost 物件。兩個 ConfigureHostOptions 多載擴展方法完成針對 HostOptions 組態選項的設定。

```
public static class HostingHostBuilderExtensions
{
    public static IHostBuilder ConfigureLogging(this IHostBuilder hostBuilder,
        Action<HostBuilderContext, ILoggingBuilder> configureLogging)
    {
        return hostBuilder.ConfigureServices((context, collection) =>
```

```
                collection.AddLogging(builder => configureLogging(context, builder)));
}

public static IHostBuilder ConfigureLogging(this IHostBuilder hostBuilder,
    Action<ILoggingBuilder> configureLogging)
{
    return hostBuilder.ConfigureServices((context, collection) =>
        collection.AddLogging(builder => configureLogging(builder)));
}

public static IHostBuilder UseConsoleLifetime(this IHostBuilder hostBuilder)
{
    return hostBuilder.ConfigureServices((context, collection) =>
        collection.AddSingleton<IHostLifetime, ConsoleLifetime>());
}

public static IHostBuilder UseConsoleLifetime(this IHostBuilder hostBuilder,
    Action<ConsoleLifetimeOptions> configureOptions)
{
    return hostBuilder.ConfigureServices((context, collection) =>
    {
        collection.AddSingleton<IHostLifetime, ConsoleLifetime>();
        collection.Configure(configureOptions);
    });
}

public static Task RunConsoleAsync(this IHostBuilder hostBuilder,
    CancellationToken cancellationToken = default)
{
    return hostBuilder.UseConsoleLifetime().Build().RunAsync(cancellationToken);
}

public static Task RunConsoleAsync(this IHostBuilder hostBuilder,
    Action<ConsoleLifetimeOptions> configureOptions,
    CancellationToken cancellationToken = default)
{
    return hostBuilder.UseConsoleLifetime(configureOptions).Build()
        .RunAsync(cancellationToken);
}

public static IHostBuilder ConfigureHostOptions(this IHostBuilder hostBuilder,
    Action<HostBuilderContext, HostOptions> configureOptions) => hostBuilder
    .ConfigureServices((context, collection) => collection.Configure<HostOptions>(
    options => configureOptions(context, options)));

public static IHostBuilder ConfigureHostOptions(this IHostBuilder hostBuilder,
    Action<HostBuilderContext, HostOptions> configureOptions)
```

```
            => hostBuilder.ConfigureServices((context, collection)=>collection
                .Configure<HostOptions>(options =>configureOptions(context, options)));
}
```

作為依賴注入容器的 IServiceProvider 物件，總是由 IServiceProviderFactory <TContainerBuilder> 工廠建立。由於這是一個泛型物件，所以 HostBuilder 會將它轉換成 IServiceFactoryAdapter 介面作為適配。從該介面的定義得知，TContainerBuilder 物件僅僅轉換成 Object 類型。ServiceFactoryAdapter<TContainerBuilder> 類型是對 IServiceFactoryAdapter 介面的預設實作。

```
internal interface IServiceFactoryAdapter
{
    object CreateBuilder(IServiceCollection services);
    IServiceProvider CreateServiceProvider(object containerBuilder);
}

internal class ServiceFactoryAdapter<TContainerBuilder> : IServiceFactoryAdapter
{
    private IServiceProviderFactory<TContainerBuilder> _serviceProviderFactory;
    private readonly Func<HostBuilderContext>           _contextResolver;
    private Func<HostBuilderContext, IServiceProviderFactory<TContainerBuilder>>
        _factoryResolver;

    public ServiceFactoryAdapter(
        IServiceProviderFactory<TContainerBuilder> serviceProviderFactory)
        =>_serviceProviderFactory = serviceProviderFactory;

    public ServiceFactoryAdapter(Func<HostBuilderContext> contextResolver,
        Func<HostBuilderContext, IServiceProviderFactory<TContainerBuilder>>
        factoryResolver)
    {
        _contextResolver = contextResolver;
        _factoryResolver = factoryResolver;
    }

    public object CreateBuilder(IServiceCollection services)
        =>_serviceProviderFactory??_factoryResolver(_contextResolver())
          .CreateBuilder(services);

    public IServiceProvider CreateServiceProvider(object containerBuilder)
        =>_serviceProviderFactory
          .CreateServiceProvider((TContainerBuilder)containerBuilder);
}
```

如下所示是 HostBuilder 實作、用來註冊 IServiceProviderFactory<TContainer Builder> 的兩個 UseServiceProviderFactory<TContainerBuilder> 方法，它們提供的 IServiceProviderFactory <TContainerBuilder> 委託物件和 Func<HostBuilderContext, IServiceProviderFactory <TContainerBuilder>> 委託物件，當轉換成上面定義的 Service FactoryAdapter<TContainerBuilder> 類型後，便透過 _serviceProviderFactory 欄位暫存起來。如果未呼叫這兩個方法，那麼 _serviceProviderFactory 欄位返回的，將是根據 DefaultServiceProviderFactory 物件建立的 ServiceFactoryAdapter <IServiceCollection> 物件，服務承載系統預設使用原生的依賴注入框架，便體現於此。

```
public class HostBuilder : IHostBuilder
{
    private List<IConfigureContainerAdapter> _configureContainerActions =
        new List<IConfigureContainerAdapter>();
    private IServiceFactoryAdapter _serviceProviderFactory =
        new ServiceFactoryAdapter<IServiceCollection>(new DefaultServiceProviderFactory());

    public IHostBuilder UseServiceProviderFactory<TContainerBuilder>(
        IServiceProviderFactory<TContainerBuilder> factory)
    {
        _serviceProviderFactory = new ServiceFactoryAdapter<TContainerBuilder>(factory);
        return this;
    }

    public IHostBuilder UseServiceProviderFactory<TContainerBuilder>(
        Func<HostBuilderContext, IServiceProviderFactory<TContainerBuilder>> factory)
    {
        _serviceProviderFactory = new ServiceFactoryAdapter<TContainerBuilder>(
          () => _hostBuilderContext, factory );
        return this;
    }
}
```

註冊的 IServiceProviderFactory<TContainerBuilder> 工廠提供的 TContainerBuilder 物件，可以透過 ConfigureContainer<TContainerBuilder> 方法，由 Action<HostBuilderContext, TContainerBuilder> 委託物件進一步設定。這個泛型的委託物件採用類似的方式轉換成 IConfigureContainerAdapter 物件，以進行適配，如下所示的 ConfigureContainerAdapter <TContainerBuilder> 類型是對此介面的實作。

```
internal interface IConfigureContainerAdapter
{
    void ConfigureContainer(HostBuilderContext hostContext, object containerBuilder);
```

```
}

internal class ConfigureContainerAdapter<TContainerBuilder> : IConfigureContainerAdapter
{
    private Action<HostBuilderContext, TContainerBuilder> _action;

    public ConfigureContainerAdapter(Action<HostBuilderContext, TContainerBuilder> action)
        => _action = action;
    public void ConfigureContainer(HostBuilderContext hostContext, object containerBuilder)
        =>_action(hostContext, (TContainerBuilder)containerBuilder);
}
```

如下所示的程式碼為 ConfigureContainer<TContainerBuilder> 方法的實作，該方法會把提供的 Action<HostBuilderContext, TContainerBuilder> 物件轉換成 ConfigureContainerAdapter <TContainerBuilder> 物件，並加到 _configureContainerActions 欄位表示的集合中暫存起來。

```
public class HostBuilder : IHostBuilder
{
    private List<IConfigureContainerAdapter> _configureContainerActions =
        new List<IConfigureContainerAdapter>();

    public IHostBuilder ConfigureContainer<TContainerBuilder>(
        Action<HostBuilderContext, TContainerBuilder> configureDelegate)
    {
        _configureContainerActions.Add(
            new ConfigureContainerAdapter<TContainerBuilder>(configureDelegate));
        return this;
    }
    ...
}
```

「第 2 章 依賴注入（上）」建立一個名為 Cat 的簡易版依賴注入框架，並於「第 3 章 依賴注入（下）」為其建立一個 IServiceProviderFactory<TContainerBuilder> 實作類型，具體類型為 CatServiceProvider。接下來展示如何透過註冊 CatServiceProvider 實作，以及與 Cat 這個合作廠商依賴注入框架的整合。展示程式定義了 3 個服務（Foo、Bar 和 Baz）和對應的介面（IFoo、IBar 和 IBaz），並在服務類型標註 MapToAttribute 特性，以定義服務註冊資訊。

```
public interface IFoo { }
public interface IBar { }
public interface IBaz { }
```

```
[MapTo(typeof(IFoo), Lifetime.Root)]
public class Foo :  IFoo { }

[MapTo(typeof(IBar), Lifetime.Root)]
public class Bar :  IBar { }

[MapTo(typeof(IBaz), Lifetime.Root)]
public class Baz :  IBaz { }
```

底下的 FakeHostedService 類型表示承載的服務。建構函數注入 IFoo 物件、IBar
物件和 IBaz 物件，建構函數提供的偵錯斷言，用來驗證是否成功註冊上述 3 個服務。

```
public sealed class FakeHostedService: IHostedService
{
    public FakeHostedService(IFoo foo, IBar bar, IBaz baz)
    {
        Debug.Assert(foo != null);
        Debug.Assert(bar != null);
        Debug.Assert(baz != null);
    }
    public Task StartAsync(CancellationToken cancellationToken) => Task.CompletedTask;
    public Task StopAsync(CancellationToken cancellationToken) => Task.CompletedTask;
}
```

下列程式建立一個 IHostBuilder 物件，首先以 ConfigureServices 方法註冊需
要承載的 FakeHostedService 服務後，再利用 UseServiceProviderFactory 方法完成
CatServiceProvider 的註冊。隨後呼叫 CatBuilder 的 Register 方法，以完成入口程式集
的批量服務註冊。以 IHostBuilder 的 Build 方法建構作為宿主的 IHost 物件，並且啟
動之後，將自動建立與啟動承載的 FakeHostedService 服務。（S1408）

```
using App;
using System.Reflection;

Host.CreateDefaultBuilder()
    .ConfigureServices(svcs => svcs.AddHostedService<FakeHostedService>())
    .UseServiceProviderFactory(new CatServiceProviderFactory())
    .ConfigureContainer<CatBuilder>(
        builder => builder.Register(Assembly.GetEntryAssembly()!))
    .Build()
    .Run();
```

14.3.3 建立宿主

HostBuilder 物件並沒有在實作的 Build 方法中，以建構函數建立 Host 物件，而是由作為依賴注入容器的 IServiceProvider 物件建立。為了採用依賴注入容器提供建構的 Host 物件，HostBuilder 物件必須完成前期的服務註冊工作。HostBuilder 物件針對 Host 物件的建立，大致可以劃分為下列 4 個步驟。

- 建立 HostBuilderContext 上下文物件：首先建立宿主組態的 IConfiguration 物件和表示承載環境的 IHostEnvironment 物件，然後利用兩者建立表示承載上下文的 HostBuilderContext 物件。

- 建立應用程式的組態：建立表示應用程式組態的 IConfiguration 物件，並用它替換 HostBuilderContext 上下文物件的組態。

- 註冊依賴服務：註冊依賴服務包括應用程式透過 ConfigureServices 方法提供的服務註冊，以及其他一些確保服務承載正常執行的預設服務註冊。

- 建構 IServiceProvider 物件，並利用它提供 Host 物件：利用註冊的 IServiceProviderFactory <TContainerBuilder> 工廠建立作為依賴注入容器的 IServiceProvider 物件，並利用此物件提供作為宿主的 Host 物件。

1. 建立 HostBuilderContext 上下文物件

一個 HostBuilderContext 上下文物件由承載宿主組態的 IConfiguration 物件，以及描述目前承載環境的 IHostEnvironment 物件組成，後者提供的環境名稱、應用程式名稱和內容檔根目錄路徑，可以藉由前者來指定，具體的組態項名稱定義在下列的 HostDefaults 靜態類型。

```
public static class HostDefaults
{
    public static readonly string EnvironmentKey = "environment";
    public static readonly string ContentRootKey = "contentRoot";
    public static readonly string ApplicationKey = "applicationName";
}
```

下面以一個簡單的實例展示如何利用組態的方式，以指定上述 3 個與承載環境相關的屬性。首先定義一個名為 FakeHostedService 的承載服務，並於建構函數注入 IHostEnvironment 物件。FakeHostedService 繼承自抽象類別 BackgroundService，在 ExecuteAsync 方法將與承載環境相關的環境名稱、應用名稱和內容檔根目錄路徑輸出到控制台。

```
public class FakeHostedService : BackgroundService
{
    private readonly IHostEnvironment _environment;
    public FakeHostedService(IHostEnvironment environment)
        => _environment = environment;
    protected override Task ExecuteAsync(CancellationToken stoppingToken)
    {
        Console.WriteLine("{0,-15}:{1}", nameof(_environment.EnvironmentName),
            _environment.EnvironmentName);
        Console.WriteLine("{0,-15}:{1}", nameof(_environment.ApplicationName),
            _environment.ApplicationName);
        Console.WriteLine("{0,-15}:{1}", nameof(_environment.ContentRootPath),
            _environment.ContentRootPath);
        return Task.CompletedTask;
    }
}
```

FakeHostedService 採用如下形式進行承載。為了避免輸出日誌的「干擾」，可呼叫 IHostBuilder 介面的 ConfigureLogging 擴展方法，將註冊的 ILoggerProvider 物件全部清除。如果呼叫 Host 靜態類型的 CreateDefaultBuilder 方法傳入目前的命令列參數，則建立的 IHostBuilder 物件會將其作為組態來源，並以命令列參數的形式指定承載上下文物件的 3 個屬性。

```
using App;
Host.CreateDefaultBuilder(args)
    .ConfigureLogging(logging=>logging.ClearProviders())
    .ConfigureServices(svcs => svcs.AddHostedService<FakeHostedService>())
    .Build()
    .Run();
```

此處採用命令列的方式啟動應用程式，並利用傳入的參數指定環境名稱、應用程式名稱和內容檔根目錄路徑（確保路徑確實存在）。圖 14-11 的輸出結果表明，應用程式目前的承載環境與基於宿主的組態是一致的。（S1409）

圖 14-11　利用組態初始化承載環境

　　HostBuilder 針 對 HostBuilderContext 上 下 文 物 件 的 建 立，體 現 於 下
列 的 CreateBuilderContext 方 法。如 下 面 的 程 式 碼 所 示，該 方 法 建 立 一 個
ConfigurationBuilder 物 件，並 以 AddInMemoryCollection 擴 展 方 法 註 冊 記 憶 體
變 數 的 組 態 來 源。接 下 來 它 會 將 這 個 ConfigurationBuilder 物 件 作 為 參 數 呼 叫
ConfigureHostConfiguration 方法提供的所有 Action <IConfigurationBuilder> 委託物件。
ConfigurationBuilder 物件產生的 IConfiguration 物件，將作為 HostBuilderContext 上下
文物件的組態。

```
public class HostBuilder: IHostBuilder
{
    private List<Action<IConfigurationBuilder>> _configureHostConfigActions ;
    private IConfiguration _hostConfiguration;

    public IHost Build()
    {
        var buildContext = CreateBuilderContext();
        ...
    }

    private HostBuilderContext CreateBuilderContext()
    {
        //Create Configuration
        var configBuilder = new ConfigurationBuilder().AddInMemoryCollection();
        foreach (var buildAction in _configureHostConfigActions)
        {
            buildAction(configBuilder);
        }
        _hostConfiguration= configBuilder.Build();

        //Create HostingEnvironment
        var contentRoot = hostConfig [HostDefaults.ContentRootKey];
        var contentRootPath = string.IsNullOrEmpty(contentRoot)
            ? AppContext.BaseDirectory
            : Path.IsPathRooted(contentRoot)
            ? contentRoot
            : Path.Combine(Path.GetFullPath(AppContext.BaseDirectory), contentRoot);
        var hostingEnvironment = new HostingEnvironment()
        {
            ApplicationName = hostConfig [HostDefaults.ApplicationKey],
            EnvironmentName = hostConfig [HostDefaults.EnvironmentKey]
                ?? Environments.Production,
            ContentRootPath = contentRootPath,
        };
        if (string.IsNullOrEmpty(hostingEnvironment.ApplicationName))
        {
```

```
        hostingEnvironment.ApplicationName =
            Assembly.GetEntryAssembly()?.GetName().Name;
    }
    hostingEnvironment.ContentRootFileProvider =
        new PhysicalFileProvider(hostingEnvironment.ContentRootPath);

    //Create HostBuilderContext
    return new HostBuilderContext(Properties)
    {
        HostingEnvironment      = hostingEnvironment,
        Configuration           = _hostConfiguration
    };
    }
    ...
}
```

建立 HostBuilderContext 上下文物件的組態後，CreateBuilderContext 方法會根據該組態產生表示承載環境的 HostingEnvironment 物件。如果應用程式名稱的組態不存在，則入口程式集名稱將被設定為應用程式名稱。如果內容檔根目錄路徑對應的組態不存在，目前應用程式的基礎路徑就會作為內容檔根目錄路徑。如果指定的是一個相對路徑，HostBuilder 就會根據基礎路徑產生一個絕對路徑，以作為內容檔根目錄路徑。CreateBuilderContext 方法最終會根據建立的 HostingEnvironment 物件和之前建立的 IConfiguration 物件，建構出 Host BuilderContext 上下文物件。

2. 建構應用程式的組態

到目前為止，作為承載上下文的 Host BuilderContext 物件，內含的是透過呼叫 ConfigureHostConfiguration 方法初始化的組態。接下來以 ConfigureAppConfiguration 方法初始化的組態將與其合併，具體邏輯體現於 BuildAppConfiguration 方法。

如下面的程式碼所示，BuildAppConfiguration 方法會建立一個 ConfigurationBuilder 物件，並以其 AddConfiguration 方法合併現有的組態。與此同時，內容檔根目錄的路徑會做為設定檔所在目錄的基礎路徑。BuildAppConfiguration 方法最後會將之前建立的 HostBuilderContext 物件和 ConfigurationBuilder 物件作為參數，以呼叫在 ConfigureAppConfiguration 方法提供的每一個 Action<HostBuilderContext, IConfigurationBuilder> 委託物件，它們共同完成應用程式組態的初始化工作。利用 ConfigurationBuilder 物件最終建立的 IConfiguration 物件，將成為 HostBuilderContext 上下文物件的新組態。

```
public class HostBuilder: IHostBuilder
{
    private List<Action<HostBuilderContext, IConfigurationBuilder>>
        _configureAppConfigActions;

    public IHost Build()
    {
        var buildContext = CreateBuilderContext();
        buildContext.Configuration = BuildAppConfiguration(buildContext);
        ...
    }

    private IConfiguration BuildAppConfiguration(HostBuilderContext buildContext)
    {
        var configBuilder = new ConfigurationBuilder()
            .SetBasePath(buildContext.HostingEnvironment.ContentRootPath)
            .AddConfiguration(buildContext.Configuration,true);
        foreach (var action in _configureAppConfigActions)
        {
            action(_hostBuilderContext, configBuilder);
        }
        return configBuilder.Build();
    }
}
```

3. 註冊依賴服務

　　一旦建立與初始化 HostBuilderContext 上下文物件後，HostBuilder 需要完成服務
註冊，其實該服務註冊現體現於 ConfigureAllServices 方法。如下面的程式碼所示，
ConfigureAllServices 方法在將 HostBuilderContext 上下文物件和 ServiceCollection 物
件作為參數，以呼叫 ConfigureServices 方法提供的每一個 Action<HostBuilderContext,
IServiceCollection> 委 託 物 件 之 前，它 還 會 註 冊 一 些 額 外 的 系 統 服 務。
ConfigureAllServices 方法最終返回包含所有服務註冊的 IServiceCollection 物件。

```
public class HostBuilder: IHostBuilder
{
    private List<Action<HostBuilderContext,IServiceCollection>> _configureServicesActions;
    private IConfiguration                                        _hostConfiguration;

    public IHost Build()
    {
        var buildContext = CreateBuilderContext();
        buildContext.Configuration = BuildAppConfiguration(buildContext);
        var services = ConfigureAllServices (buildContext);
```

```
        ...
    }

    private IServiceCollection ConfigureAllServices(HostBuilderContext buildContext)
    {
        var services = new ServiceCollection();
        services.AddSingleton(buildContext);
        services.AddSingleton(buildContext.HostingEnvironment);
        services.AddSingleton(_ => buildContext.Configuration);
        services.AddSingleton<IHostApplicationLifetime, ApplicationLifetime>();
        services.AddSingleton<IHostLifetime, ConsoleLifetime>();
        services.AddSingleton<IHost,Host>();
        services.AddOptions();services.Configure<HostOptions>(
            options => options.Initialize(_hostConfiguration));
        services.AddLogging();

        foreach (var configureServicesAction in _configureServicesActions)
        {
            configureServicesAction(_hostBuilderContext, services);
        }
        return services;
    }
}
```

對於 ConfigureAllServices 方法預設註冊的服務，可以直接注入承載服務進行消費。由於其中包含 IHost/Host 的服務註冊，所以最終建構的 IServiceProvider 物件，便可作為服務宿主的 Host 物件。

4. 建立 IServiceProvider 物件，並利用它提供 Host 物件

目前，我們已經擁有所有的服務註冊，接下來的任務就是利用它們建立作為依賴注入容器的 IServiceProvider 物件，並由該物件提供建構的 Host 物件。IServiceProvider 物件的建立，體現於下列所示的 CreateServiceProvider 方法。

如下面的程式碼所示，使用 CreateServiceProvider 方法會先得到 _serviceProviderFactory 欄位表示的 IServiceFactoryAdapter 物件，該物件是根據 UseServiceProviderFactory<T ContainerBuilder> 方法提供的 IServiceProviderFactory <TContainerBuilder> 工廠建立，呼叫其 CreateBuilder 方法，便可得到由註冊的 IServiceProviderFactory<TContainerBui lder> 工廠建立的 TContainerBuilder 物件。

```
public class HostBuilder: IHostBuilder
{
    private List<IConfigureContainerAdapter> _configureContainerActions;
```

```
    private IServiceFactoryAdapter _serviceProviderFactory

    public IHost Build()
    {
        var buildContext             = CreateBuilderContext();
        buildContext.Configuration = BuildAppConfiguration(buildContext);
        var services                 = ConfigureServices(buildContext);
        var serviceProvider          = CreateServiceProvider(buildContext, services);
        return serviceProvider.GetRequiredService<IHost>();
    }

    private IServiceProvider CreateServiceProvider(
        HostBuilderContext builderContext,IServiceCollection services)
    {
        var containerBuilder = _serviceProviderFactory.CreateBuilder(services);
        foreach (var containerAction in _configureContainerActions)
        {
            containerAction.ConfigureContainer(builderContext, containerBuilder);
        }
        return _serviceProviderFactory.CreateServiceProvider(containerBuilder);
    }
}
```

利用 CreateServiceProvider 方法，提取出 _configureContainerActions 欄位集合的每個 IConfigureContainerAdapter 物件，該物件是根據 ConfigureContainer<TContainer Builder> 方法提供的 Action<HostBuilderContext, TContainerBuilder> 物件建立。此方法先將這個 TContainerBuilder 物件作為參數，呼叫其 ConfigureContainer 方法進行初始化之後，再將它作為參數呼叫 IServiceFactoryAdapter 物件的 CreateServiceProvider 方法，以便建立表示依賴注入容器的 IServiceProvider 物件。Build 方法最後利用 IServiceProvider 提供作為宿主的 Host 物件。

14.3.4 靜態類型 Host

如果直接利用 Visual Studio 的專案範本建立一個 ASP.NET Core 應用程式，就會發現程式採用如下所示的服務承載方式。用來建立宿主的 IHostBuilder 物件，乃是間接呼叫靜態類型 Host 的 CreateDefaultBuilder 方法建立。那麼，這個方法究竟會提供什麼樣的 IHostBuilder 物件呢？

```
public class Program
{
    public static void Main(string[] args)
    {
```

```
        CreateHostBuilder(args).Build().Run();
    }

    public static IHostBuilder CreateHostBuilder(string[] args) =>
        Host.CreateDefaultBuilder(args)
            .ConfigureWebHostDefaults(webBuilder =>
            {
                webBuilder.UseStartup<Startup>();
            });
}
```

　　如下所示的程式碼，是位於靜態類型 Host 中兩個 CreateDefaultBuilder 多載方法的定義。它們最終提供的仍然是一個 HostBuilder 物件，但是在返回該物件之前，先以 ConfigureDefaults 擴展方法完成一些預設的初始化工作。

```
public static class Host
{
    // Methods

    public static IHostBuilder CreateDefaultBuilder() =>
        CreateDefaultBuilder(null);

    public static IHostBuilder CreateDefaultBuilder(string[] args) =>
        new HostBuilder().ConfigureDefaults(args);
}
```

　　靜態類型 Host 呼叫的 ConfigureDefaults 擴展方法定義如下，該方法會自動將目前的目錄作為內容檔根目錄。接著以 HostBuilder 物件的 ConfigureHostConfiguration 方法註冊環境變數的組態來源，並將環境變數名稱的前綴設為「DOTNET_」。如果提供了命令列參數，則 ConfigureDefaults 方法還會註冊命令列參數的組態來源。

```
public static class HostingHostBuilderExtensions
{
    public static IHostBuilder ConfigureDefaults(this IHostBuilder builder,
      string[] args)
    {
        builder.UseContentRoot(Directory.GetCurrentDirectory());

        // 宿主組態
        builder.ConfigureHostConfiguration(config =>
        {
            config.AddEnvironmentVariables(prefix: "DOTNET_");
            if (args is { Length: > 0 })
            {
                config.AddCommandLine(args);
```

```
        }
    });

    // 應用程式組態
    builder.ConfigureAppConfiguration((hostingContext, config) =>
    {
        IHostEnvironment env = hostingContext.HostingEnvironment;
        bool reloadOnChange = GetReloadConfigOnChangeValue(hostingContext);

        config
            .AddJsonFile("appsettings.json", optional: true,
                reloadOnChange: reloadOnChange)
            .AddJsonFile($"appsettings.{env.EnvironmentName}.json", optional: true,
                reloadOnChange: reloadOnChange);

        if (env.IsDevelopment() && env.ApplicationName is { Length: > 0 })
        {
            var appAssembly = Assembly.Load(new AssemblyName(env.ApplicationName));
            if (appAssembly is not null)
            {
                config.AddUserSecrets(appAssembly, optional: true,
                    reloadOnChange: reloadOnChange);
            }
        }

        config.AddEnvironmentVariables();

        if (args is { Length: > 0 })
        {
            config.AddCommandLine(args);
        }
    });

    // 日誌
    builder.ConfigureLogging((hostingContext, logging) =>
    {
        bool isWindows =OperatingSystem.IsWindows();
        if (isWindows)
        {
            logging.AddFilter<EventLogLoggerProvider>(
                level => level >= LogLevel.Warning);
        }

        logging.AddConfiguration(hostingContext.Configuration
          .GetSection("Logging"));
        if (!OperatingSystem.IsBrowser())
        {
```

```
            logging.AddConsole();
        }
        logging.AddDebug();
        logging.AddEventSourceLogger();

        if (isWindows)
        {
            logging.AddEventLog();
        }

        logging.Configure(options =>
        {
            options.ActivityTrackingOptions =
                ActivityTrackingOptions.SpanId |
                ActivityTrackingOptions.TraceId |
                ActivityTrackingOptions.ParentId;
        });
    });

    // 依賴注入
    builder.UseDefaultServiceProvider((context, options) =>
    {
        bool isDevelopment = context.HostingEnvironment.IsDevelopment();
        options.ValidateScopes = isDevelopment;
        options.ValidateOnBuild = isDevelopment;
    });

    return builder;

    static bool GetReloadConfigOnChangeValue(HostBuilderContext hostingContext)
        => hostingContext.Configuration.GetValue(
            "hostBuilder:reloadConfigOnChange", defaultValue: true);
    }
}
```

　　設 定「 宿 主 」 組 態 後，ConfigureDefaults 方 法 以 HostBuilder 物 件 的
ConfigureAppConfiguration 方法設定「應用程式」組態，組態來源包括 JSON 設定檔
（appsettings.json 和 appsettings.{environment}.json）、環境變數（沒有前綴限制）
和命令列參數（如果提供表示命令列參數的字串陣列）。註冊 JSON 設定檔時，
ConfigureDefaults 方法會利用宿主組態「hostBuilder:reloadConfigOnChange」，以決
定是否在檔案發生變化之後自動載入新的組態。如果沒有提供此項組態，則自動開
啟此項特性。

完成組態設定後，ConfigureDefaults 方法還會以 HostBuilder 物件的 ConfigureLogging 擴展方法進行一些與日誌相關的設定，其中包括與應用程式日誌相關的組態（對應組態項目名稱為「Logging」），以及註冊針對控制台（如果不是以「Web Assemby」方式執行）、偵錯器和 EventSource 與 EventLog（針對 Windows）的日誌輸出管道。ConfigureDefaults 方法還透過 ActivityTrackingOptions 組態選項，對基於活動追蹤的日誌範圍進行相關設定。作為日誌範圍被捕捉的內容，包括 Activity 的 SpanId、TraceId 和 ParentId。

ConfigureDefaults 方法最後以 HostBuilder 物件的 UseDefaultServiceProvider 擴展方法註冊 DefaultServiceProviderFactory。如果目前為開發環境，則開啟 ServiceProviderOptions 組態選項的 ValidateScopes 屬性和 ValidateOnBuild 屬性。所以在開發環境中，當建立作為依賴注入容器的 IServiceProvider 物件之後，系統不僅會驗證服務範圍，還會驗證服務註冊最終能否有效地提供具體的實例。由於這兩項驗證是以犧牲效能作為代價，因此僅限於開發環境。

第 **15** 章
應用程式承載（上）

ASP.NET Core 是一個 Web 開發平台，而非單純的開發框架。這是因為 ASP.NET Core 的目的在提供極具擴展功能的請求處理管道，通常可以利用管道在其上建構與使用不同設計模式的開發框架。由於這部分內容是本書的核心，所以分為 3 章（第 15 ～ 17 章）對請求處理管道進行全方面的介紹。

15.1 管道式的請求處理

HTTP 協定本身的特性決定任何一個 Web 應用程式的工作模式，都是監聽、接收與處理 HTTP 請求，最終對請求給予回應。HTTP 請求處理是管道式設計典型的應用場景：根據具體的需求建構一個管道，接收的 HTTP 請求像水一樣流入管道，組成管道的各個環節，並依序進行相關的處理。從設計上來說，雖然 ASP.NET Core 的請求處理管道非常簡單，但是具體的實作則涉及很多細節。為了讓讀者對此有深刻的理解，首先從程式設計的角度，瞭解 ASP.NET Core 管道式的請求處理方式。

15.1.1 承載方式的變遷

本質上，ASP.NET Core 應用程式就是一個由中介軟體構成的管道，承載系統將應用程式承載於一個託管處理序中運行，其核心任務便是建構這個管道。從設計模式的角度來說，「管道」是建立器（Builder）模式最典型的應用場景，所以 ASP. NET Core 先後採用的 3 種承載方式都是應用這種模式。

1. IWebHostBuilder/IWebHost

ASP.NET Core 1.X/2.X 採用的承載模型以 IWebHostBuilder 和 IWebHost 為核心，如圖 15-1 所示。IWebHost 物件表示承載 Web 應用程式的宿主（Host），管道隨著

IWebHost 物件的啟動被建構。IWebHostBuilder 物件作為宿主物件的建立器，針對建構管道的設定都應用於該物件上面。

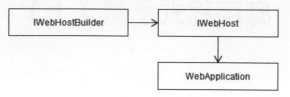

圖 15-1　基於 IWebHostBuilder 和 IWebHost 的承載方式

　　這種「原始」的應用承載方式依然保留了下來，下列 Hello World 應用程式就是採用這種承載方式。先建立一個實作 IWebHostBuilder 介面的 WebHostBuilder 物件，再呼叫 UseKestrel 擴展方法註冊一個 Kestrel 伺服器。接下來透過 Configure 方法利用其 Action<IApplicationBuilder> 委託物件註冊一個中介軟體，並將指定的「Hello World」文字作為回應內容。呼叫 IWebHostBuilder 物件的 Build 方法，建構作為宿主的 IWebHost 物件後，呼叫 Run 方法啟動。此時就開始建置註冊的伺服器和中介軟體組成的管道，伺服器開始監聽、接收請求，當請求交給後續的中介軟體處理後，便將回應返回用戶端。（S1501）

```
new WebHostBuilder()
   .UseKestrel()
   .Configure(app =>app.Run(context => context.Response.WriteAsync("Hello World!")))
   .Build()
   .Run();
```

　　按照「介面程式設計導向」的原則，其實不應該呼叫建構函數產生一個「空」的 WebHostBuilder 物件，並自行完成該物件的所有設定，而是按照下列方式呼叫定義於靜態類型 WebHost 的 CreateDefaultBuilder 工廠方法，以建立一個具有預設設定的 IWebHostBuilder 物件。由於 Kestrel 伺服器的組態就屬於「預設設定」的一部分，因此不需要呼叫 UseKestrel 擴展方法。

```
using Microsoft.AspNetCore;

WebHost.CreateDefaultBuilder()
   .Configure(app => app.Run(context => context.Response.WriteAsync("Hello World!")))
   .Build()
   .Run();
```

　　如果管道涉及過多的中介軟體需要註冊，還能將「中介軟體註冊」這部分工作，實作於一個按照約定定義的 Startup 類型。由於 ASP.NET Core 建立在依賴注入框架上，所以應用程式往往需要註冊很多服務，一般也會將「服務註冊」的工作放在 Startup 類型中。最終只需要按照下列方式，將 Startup 註冊到建立的 IWebHostBuilder 物件。（S1502）

```
using Microsoft.AspNetCore;

WebHost.CreateDefaultBuilder()
    .UseStartup<Startup>()
    .Build()
    .Run();

public class Startup
{
    public void ConfigureServices(IServiceCollection services)
        => services.AddSingleton<IGreeter, Greeter>();
    public void Configure(IApplicationBuilder app, IGreeter greeter)
        => app.Run(context => context.Response.WriteAsync(greeter.Greet()));
}

public interface IGreeter
{
    string Greet();
}

public class Greeter : IGreeter
{
    public string Greet() => "Hello World!";
}
```

2. IHostBuilder/IHost

除了承載 Web 應用程式，還有很多針對後台服務（如很多批次處理任務）的承載需求。為此微軟推出以 IHostBuilder/IHost 為核心的服務承載系統，「第 14 章 服務承載」已經詳細介紹了該系統。實際上，Web 應用程式本身就是一個長時間運行的後台服務，完全可以將應用程式定義成一個 IHostedService 服務，該類型就是圖 15-2 的 GenericWebHostService。若將前文介紹的稱為第一代應用程式承載方式，此處介紹的就是第二代承載方式。

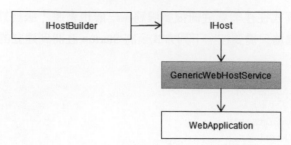

圖 15-2　基於 IHostBuilder/IHost 的承載方式

　　IHostBuilder 介面定義的許多方法（其中很多是擴展方法），旨在完成兩個方面的設定：第一，為建立的 IHost 物件及承載的 IHostedService 服務註冊依賴服務；第二，為服務承載和應用程式提供相關的組態。如果採用基於 IWebHostBuilder/IWebHost 的承載方式，則上述這兩個方面的設定由 IWebHostBuilder 物件完成，後者於此基礎上還提供針對中介軟體的註冊。

　　IWebHostBuilder 介面除了中介軟體註冊外，雖然其他設定基本上可以呼叫 IHostBuilder 介面對應的方法完成，但由於 IWebHostBuilder 承載的很多組態都是以擴展方法的形式提供，因此有必要兼具 IWebHostBuilder 介面的相容性。基於 IHostBuilder/IHost 的承載系統對 IWebHostBuilder 介面的相容性，乃是透過下列所示的 ConfigureWebHost 擴展方法完成，同時也是在這個方法註冊 GenericWebHostService 承載服務。ConfigureWebHostDefaults 擴展方法會在此基礎上進行一些預設設定（如 KestrelServer）。

```
public static class GenericHostWebHostBuilderExtensions
{
    public static IHostBuilder ConfigureWebHost(this IHostBuilder builder,
        Action<IWebHostBuilder> configure);
    public static IHostBuilder ConfigureWebHost(this IHostBuilder builder,
        Action<IWebHostBuilder> configure,
        Action<WebHostBuilderOptions> configureWebHostBuilder);
    public static IHostBuilder ConfigureWebHostDefaults(this IHostBuilder builder,
        Action<IWebHostBuilder> configure)
}
```

　　如果採用基於 IHostBuilder/IHost 的承載方式，則上面展示的「Hello World」應用程式便可修改成下列形式。一旦呼叫 Host 的 CreateDefaultBuilder 工廠方法建立具有預設設定的 IHostBuilder 物件之後，再以 ConfigureWebHostDefaults 擴展方法，針對承載 ASP.NET Core 應用程式的 GenericWebHostService 做進一步設定。該擴展方法提供的 Action<IApplicationBuilder> 委託物件，完成了 Startup 類型的註冊。（S1503）

```
Host.CreateDefaultBuilder()
    .ConfigureWebHostDefaults(webHostBuilder => webHostBuilder.UseStartup<Startup>())
    .Build()
    .Run();

public class Startup
{
    public void ConfigureServices(IServiceCollection services)
        => services.AddSingleton<IGreeter, Greeter>();
    public void Configure(IApplicationBuilder app, IGreeter greeter)
        => app.Run(context => context.Response.WriteAsync(greeter.Greet()));
}

public interface IGreeter
{
    string Greet();
}

public class Greeter : IGreeter
{
    public string Greet() => "Hello World!";
}
```

3. Minimal API

ASP.NET Core 應用程式透過 GenericWebHostService 承載服務，整合到基於 IHostBuilder/IHost 的服務承載系統之後，也許微軟意識到 Web 應用程式和後台服務的承載方式，還是應該加以區分，而且它們採用的 SDK 都不一樣（ASP.NET Core 應用程式採用「Microsoft.NET.Sdk.Web」，後台服務一般是採用「Microsoft.NET.Sdk.Worker」），於是推出基於 WebApplicationBuilder/ WebApplication 的承載方式。但這一次並非又回到起點，因為底層的承載方式其實沒有改變，只是在上面再封裝一層。

新的應用程式承載方式依然採用「建立器（Builder）」模式，核心的兩個物件分別為 WebApplication 和 WebApplicationBuilder，表示承載應用程式的 WebApplication 物件由 WebApplicationBuilder 物件建構。可將其稱為「第三代應用程式承載方式」或「Minimal API」。第二代承載方式需要提供 IWebHostBuilder 介面的相容性，作為第三代承載方式的 Minimal API，則需要同時提供 IWebHostBuilder 介面和 IHostBuilder 介面的相容性，方法是透過這兩個介面的實作類型 ConfigureWebHostBuilder 和 ConfigureHostBuilder 來完成。

WebApplicationBuilder 類型的 WebHost 屬性和 Host 屬性返回 ConfigureWebHostBuilder 和 ConfigureHostBuilder 兩個物件，之前定義於 IWebHostBuilder 介面和 IHostBuilder 介面的絕大部分 API（並非所有 API），都藉助它們得以重用。正因為如此，一般會發現相同的功能具有兩到三種不同的程式設計方式。例如，IWebHostBuilder 介面和 IHostBuilder 介面都提供註冊服務的方法，而 WebApplicationBuilder 類型則利用 Services 屬性，直接開放儲存服務註冊的 IServiceCollection 物件，因此任何的服務註冊都能利用這個屬性來完成。

```
public sealed class WebApplicationBuilder
{
    public ConfigureWebHostBuilder    WebHost { get; }
    public ConfigureHostBuilder       Host { get; }

    public IServiceCollection         Services { get; }
    public ConfigurationManager       Configuration { get; }
    public ILoggingBuilder            Logging { get; }

    public IWebHostEnvironment        Environment { get; }

    public WebApplication Build();
}

public sealed class ConfigureWebHostBuilder : IWebHostBuilder, ISupportsStartup
public sealed class ConfigureHostBuilder : IHostBuilder, ISupportsConfigureWebHost
```

IWebHostBuilder 介面和 IHostBuilder 介面都提供設定組態與日誌的方法，這兩個方面的設定都可利用 WebApplicationBuilder 的 Configuration 和 Logging 開放出來的 ConfigurationManager 和 ILoggingBuilder 物件來實作。既然這裡採用 Minimal API，應該盡可能使用 WebApplicationBuilder 類型提供的 API。

如果採用這種全新的承載方式，則前面展示的 Hello World 應用程式便可修改成下列形式。呼叫定義於 WebApplication 類型的 CreateBuilder 靜態工廠方法，根據指定的命令列參數（args）建立一個 WebApplicationBuilder 物件，並呼叫其 Build 方法建構表示承載 Web 應用程式的 WebApplication 物件。（S1504）

```
var builder = WebApplication.CreateBuilder(args);
var app = builder.Build();
app.Run(context => context.Response.WriteAsync("Hello World！"));
app.Run();
```

接下來呼叫兩個 Run 方法，第一個 Run 方法是 IApplicationBuilder 介面
（WebApplication 類型實作了該介面）的擴展方法，其目的是註冊中介軟體；
第二個 Run 方法才是啟動 WebApplication 物件表示的應用程式。由於並未
在 WebApplicationBuilder 物件進行任何設定，所以可以按照下列方式，呼叫
WebApplication 的 Create 靜態方法建立 WebApplication 物件。

```
var app= WebApplication.Create(args);
app.Run(context => context.Response.WriteAsync("Hello World！"));
app.Run();
```

值得一提的是，之前兩種承載方式都傾向於將初始化操作定義於註冊的 Startup
類型，但 Mininal API 不再支援這種設計方式。雖然下列應用程式可以成功編譯，但
是在執行時會拋出異常。由於 Minima API 是本書推薦的程式設計方式，因此後續不
再介紹 Startup 類型的設計模式。

```
var builder = WebApplication.CreateBuilder(args);
builder.WebHost.UseStartup<Startup>();
var app = builder.Build();
app.Run();
```

15.1.2 中介軟體

ASP.NET Core 的請求處理管道由一個伺服器和一組中介軟體組成，位於「龍頭」
的伺服器負責請求的監聽、接收、分發和最終的回應，中介軟體則用來完成請求的
處理。如果希望對請求處理管道有一個深刻的認識，就需要對中介軟體有一定程度
的瞭解。

1. RequestDelegate

概念上可以將請求處理管道，理解為「請求訊息」和「回應訊息」流通的「雙
工」管道。伺服器將接收的請求訊息注入管道，並由對應的中介軟體處理，產生的
回應訊息反向流入管道，經過對應中介軟體的處理後，由伺服器分發給請求者。
但從實作的角度來講，管道中流通的並不是什麼請求與回應訊息，而是一個透過
HttpContext 表示的上下文物件。藉由這個上下文物件，不僅可以取得目前請求的所
有資訊，還能直接完成目前請求的所有回應工作。

```
public abstract class HttpContext
{
    public abstract HttpRequest       Request { get; set; }
```

```
    public abstract HttpResponse        Response { get; }
    ...
}
```

　　既然流入管道的只有一個共用的 HttpContext 上下文物件，那麼一個 Func<HttpContext,Task> 委託物件便可表示處理 HttpContext 的操作，或者用於處理 HTTP 請求的處理器（Handler）。由於這個委託物件非常重要，所以 ASP.NET Core 專門定義下列一個名為 RequestDelegate 的委託類型。既然有一個專門的委託物件表示「針對請求的處理」，那麼中介軟體能否透過該委託物件來呈現呢？

```
public delegate Task RequestDelegate(HttpContext context);
```

2. Func<RequestDelegate, RequestDelegate>

　　實際上，組成請求處理管道的中介軟體，體現為一個 Func<RequestDelegate, RequestDelegate> 委託物件，但初學者很難理解這一點，所以下文進行簡單的解釋。由於 RequestDelegate 可以表示一個請求處理器，因此由一個或多個中介軟體組成的管道，最終也能表示為一個 RequestDelegate 委託物件。對於圖 15-3 的中介軟體 Foo 來說，後續中介軟體（Bar 和 Baz）組成的管道體現為一個 RequestDelegate 委託物件，該委託物件會作為中介軟體 Foo 的輸入。中介軟體 Foo 藉助此委託物件將目前 HttpContext 分發給後續管道，以進行進一步處理。中介軟體的輸出依然是一個 RequestDelegate 委託物件，它表示將目前中介軟體與後續管道進行「對接」後構成的新管道。對於表示中介軟體 Foo 的委託物件來說，返回的 RequestDelegate 委託物件，體現的就是由 Foo、Bar 和 Baz 組成的請求處理管道。

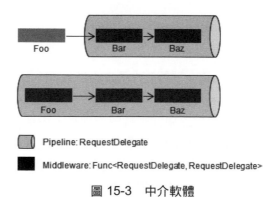

圖 15-3　中介軟體

　　既然原始的中介軟體是透過一個 Func<RequestDelegate, RequestDelegate> 委託物件來表示，於是可以直接註冊一個委託物件作為中介軟體。將下列 IApplicationBuilder

介面定義、Use 方法提供的 Func<RequestDelegate, RequestDelegate> 委託物件註冊
為中介軟體。表示承載應用程式的 WebApplication 類型，實作的一系列介面中就有
IApplicationBuilder 介面，這表示可以將中介軟體直接註冊到 WebApplication 物件。

```
public interface IApplicationBuilder
{
    IApplicationBuilder Use(Func<RequestDelegate, RequestDelegate> middleware);
    ...
}


public sealed class WebApplication :
    IHost,
    IDisposable,
    IApplicationBuilder,
    IEndpointRouteBuilder,
    IAsyncDisposable
{
    IApplicationBuilder IApplicationBuilder.Use(
        Func<RequestDelegate, RequestDelegate> middleware);
    ...
}
```

IApplicationBuilder 介面還定義了下列兩個 Use 方法，這裡註冊的中介軟體表示
成 Func<HttpContext, Func<Task>, Task> 和 Func<HttpContext, RequestDelegate, Task>
類型的委託物件。從兩個 Use 方法的實作來看，傳入的委託物件最終還是轉換成
Func<RequestDelegate, RequestDelegate> 物件。

```
public static class UseExtensions
{
    public static IApplicationBuilder Use(this IApplicationBuilder app,
        Func<HttpContext, Func<Task>, Task> middleware)
    {
        return app.Use(next =>
        {
            return context =>
            {
                Func<Task> simpleNext = () => next(context);
                return middleware(context, simpleNext);
            };
        });
    }

    public static IApplicationBuilder Use(this IApplicationBuilder app,
        Func<HttpContext, RequestDelegate, Task> middleware)
    {
```

```
        return app.Use(next => context => middleware(context, next));
    }
}
```

如下所示的程式中，首先建立兩個 Func<RequestDelegate, RequestDelegate> 委託物件，它們會在回應寫入兩個字串（「Hello」和「World!」）。建立表示承載應用程式的 WebApplication 物件，並將其轉換成 IApplicationBuilder 介面（IApplicationBuilder 介面的 Use 方法明確實作於 WebApplication 類型，所以不得不做這樣的類型轉換）後，呼叫其 Use 方法將這兩個委託物件註冊為中介軟體。

```
var app = WebApplication.Create(args);
IApplicationBuilder applicationBuilder = app;
applicationBuilder
    .Use(Middleware1)
    .Use(Middleware2);
app.Run();

static RequestDelegate Middleware1(RequestDelegate next)
    => async context =>
    {
        await context.Response.WriteAsync("Hello");
        await next(context);
    };
static RequestDelegate Middleware2(RequestDelegate next)
    => context => context.Response.WriteAsync(" World!");
```

執行程式後，利用瀏覽器對應用程式監聽網址（http://localhost:5000）發送請求，兩個中介軟體寫入的字串，會以圖 15-4 的形式呈現出來。（S1505）

圖 15-4　利用註冊的中介軟體處理請求

對於前兩代應用程式承載方式來說，針對中介軟體的註冊允許呼叫 IWebHostBuilder 介面的 Configure 擴展方法完成。但是 Minimal API 不再支援這種方式，如果修改上面展示的程式為如下形式，則針對 Configure 擴展方法的呼叫將拋出異常。

```
var builder = WebApplication.CreateBuilder();
builder.WebHost.Configure(app => app
    .Use(Middleware1)
    .Use(Middleware2));
builder.Build().Run();
```

雖然可以直接採用原始的 Func<RequestDelegate, RequestDelegate> 委託物件定義中介軟體，但是在大部分情況下，依然傾向於將自訂的中介軟體定義成一個具體的類型。至於中介軟體類型的定義，ASP.NET Core 提供下列兩種不同的形式。

● 強型別定義：自訂的中介軟體類型明確實作 IMiddleware 介面，並於其內的 InvokeAsync 方法完成針對請求的處理。

● 基於約定的定義：不需要實作任何介面或者繼承某個基礎類別，只需要按照約定定義中介軟體類型。

3. Run 方法的本質

在展示的 Hello World 應用程式中，首先以 IApplicationBuilder 介面的 Run 方法註冊一個 RequestDelegate 物件處理請求，該方法僅僅是按照下列方式註冊一個中介軟體。由於註冊的中介軟體並不會將請求「向後傳遞」，如果呼叫 IApplicationBuilder 介面的 Run 方法後，又註冊了其他的中介軟體，則後續中介軟體的註冊將毫無意義。

```
public static class RunExtensions
{
    public static void Run(this IApplicationBuilder app, RequestDelegate handler)
        => app.Use(_ => handler);
}
```

15.1.3 定義強型別中介軟體

如果採用強型別中介軟體類型定義方式，則只需要實作如下 IMiddleware 介面。該介面定義唯一的 InvokeAsync 方法處理請求。這個 InvokeAsync 方法有兩個參數，前者表示目前 HttpContext 上下文物件，後者表示一個 RequestDelegate 委託物件，它也代表後續中介軟體組成的管道。如果目前中介軟體打算將請求分發給後續中介軟體處理，便只要呼叫這個委託物件，否則會停止請求的處理。

```
public interface IMiddleware
{
```

```
    Task InvokeAsync(HttpContext context, RequestDelegate next);
}
```

　　下列程式定義一個實作 IMiddleware 介面的 StringContentMiddleware 中介軟體
類型，其內的 InvokeAsync 方法將建構函數指定的字串作為回應的內容。由於中介
軟體最終是以依賴注入的方式來提供，所以需要預先註冊為服務。用於儲存服務
註冊的 IServiceCollection 物件可以透過 WebApplicationBuilder 的 Services 屬性取
得，展示程式利用它完成 StringContentMiddleware 的服務註冊。由於表示承載應
用程式的 WebApplication 類型實作了 IApplicationBuilder 介面，因此直接呼叫它的
UseMiddleware<TMiddleware> 方法註冊中介軟體類型。（S1506）

```
var builder = WebApplication.CreateBuilder();
builder.Services.AddSingleton<StringContentMiddleware>(
    new StringContentMiddleware("Hello World!"));
var app = builder.Build();
app.UseMiddleware<StringContentMiddleware>();
app.Run();

public sealed class StringContentMiddleware : IMiddleware
{
    private readonly string _contents;
    public StringContentMiddleware(string contents)
        => _contents = contents;
    public Task InvokeAsync(HttpContext context, RequestDelegate next)
        => context.Response.WriteAsync(_contents);
}
```

　　如下面的程式碼所示，註冊中介軟體類型時，可以將中介軟體類型設為泛型參
數，或者呼叫另一個非泛型的 UseMiddleware 方法，再將中介軟體類型作為參數。這
兩個方法均提供一個 args 參數，但是該參數是為註冊「基於約定的中介軟體」而設
計，當註冊一個實作 IMiddleware 介面的強型別中介軟體時，並不能指定該參數。執
行程式後，利用瀏覽器連結監聽網址，依然可以得到圖 15-4 所示的輸出結果。

```
public static class UseMiddlewareExtensions
{
    public static IApplicationBuilder UseMiddleware<TMiddleware>(
        this IApplicationBuilder app, params object[] args);
    public static IApplicationBuilder UseMiddleware(this IApplicationBuilder app,
        Type middleware, params object[] args);
}
```

15.1.4　按照約定定義中介軟體

一般都習慣透過實作某個介面或者繼承某個抽象類別的擴展方式，其實這種方式有時顯得約束過重，不夠靈活，因此更常使用基於約定定義中介軟體類型。這種定義方式比較自由，因為它不要求實作某個預定義的介面或者繼承某個基礎類別，而只需要遵循下列這些約定。

- 中介軟體類型要有一個有效的公共實例建構函數，該建構函數必須包含一個 RequestDelegate 類型的參數。一旦建立中介軟體實例時，表示後續中介軟體管道的 RequestDelegate 物件，將繫結至這個參數。建構函數允許包含其他任意參數，RequestDelegate 參數出現的位置也沒有限制。

- 針對請求的處理實作於返回類型為 Task 的 InvokeAsync 方法或者 Invoke 方法，它們的第一個參數為 HttpContext 上下文物件。約定並未限制後續的參數，但因為這些參數最終由依賴注入框架提供，因此必須存在對應的服務註冊。

利用這種方式定義的中介軟體，依然透過前面介紹的 UseMiddleware 方法和 UseMiddleware <TMiddleware> 方法進行註冊。由於這兩個方法會利用依賴注入框架提供指定類型的中介軟體物件，所以它會以註冊的服務提供傳入建構函數的參數。如果這些參數沒有對應的服務註冊，便得在呼叫這個方法時明確指定。

展示實例定義下列 StringContentMiddleware 類型，它的 InvokeAsync 方法會把預先指定的字串作為回應內容。StringContentMiddleware 的建構函數定義了 contents 參數和 forwardToNext 參數，前者表示回應內容，後者表示是否需要將請求分發給後續的中介軟體處理。呼叫 UseMiddleware<TMiddleware> 方法註冊這個中介軟體時，此處明確指定了回應的內容，至於參數 forewardToNext 之所以沒有每次都指定，主要是因為預設值的存在。（S1507）

```
var app = WebApplication.CreateBuilder().Build();
app
    .UseMiddleware<StringContentMiddleware>("Hello")
    .UseMiddleware<StringContentMiddleware>(" World!", false);
app.Run();

public sealed class StringContentMiddleware
{
    private readonly RequestDelegate _next;
    private readonly string _contents;
    private readonly bool _forwardToNext;
```

```csharp
    public StringContentMiddleware(RequestDelegate next, string contents,
        bool forewardToNext = true)
    {

        _next                   = next;
        _forewardToNext         = forewardToNext;
        _contents               = contents;
    }


    public async Task Invoke(HttpContextcontext)
    {
        await context.Response.WriteAsync(_contents);
        if (_forewardToNext)
        {
            await _next(context);
        }
    }
}
```

　　執行程式後，利用瀏覽器連結監聽網址，依然可以得到圖 15-4 所示的輸出結果。
針對前文介紹的定義中介軟體的方式，其差異之處除了體現於定義和註冊方式外，
還包括本身的生命週期。以強型別方式定義的中介軟體，其生命週期取決於對應的
服務註冊；但是按照約定定義的中介軟體，則總是一個單例物件。

15.2 依賴注入

　　基於 IHostBuilder/IHost 的服務承載系統建立於依賴注入框架，它在服務承
載過程依賴的服務（包括作為宿主的 IHost 物件），都由表示依賴注入容器的
IServiceProvider 物件提供。定義承載服務時，也可以採用依賴注入方式消費它所依
賴的服務。依賴注入容器能否提供所需的服務實例，取決於必要的服務註冊是否存
在。

15.2.1 服務註冊

　　服 務 註 冊 有 3 種 方 式。WebApplicationBuilder 的 Host 屬 性 和 WebHost 屬
性，分別用於返回 IHostBuilder 物件和 IWebHostBuilder 物件，可以利用它們的
ConfigureServices 方法進行服務註冊。IHostBuilder 介面和 IWebHostBuilder 介面還定
義很多用於服務註冊的擴展方法，它們對於 Minimal API 來說，絕大部分都是可用的。
針對 IHostBuilder 介面的服務註冊，已經於「第 14 章 服務承載」做過詳細的介紹，

如下所示為 ConfigureServices 方法在 IWebHostBuilder 介面的定義。但是，既然推薦採用 Minimal API，為什麼不直接利用 WebApplicationBuilder 的 Services 屬性進行服務註冊呢？

```
public interface IWebHostBuilder
{
    IWebHostBuilder ConfigureServices(Action<IServiceCollection> configureServices);
    IWebHostBuilder ConfigureServices(Action<WebHostBuilderContext, IServiceCollection>
        configureServices);
    ...
}

public class WebHostBuilderContext
{
    public IConfiguration          Configuration { get;  set; }
    public IWebHostEnvironment     HostingEnvironment { get; set; }
}
```

除了採用上述 3 種方式為應用程式註冊所需的服務，ASP.NET Core 框架本身在建構請求處理管道之前，也會註冊一些必要的服務。這些公共服務除了供框架使用外，也能提供給應用程式。那麼，應用程式執行後究竟預先註冊哪些服務？下列簡單的程式可回答這個問題。

```
using System.Text;

var builder = WebApplication.CreateBuilder();
var app = builder.Build();
app.Run(InvokeAsync);
app.Run();

Task InvokeAsync(HttpContext httpContext)
{
    var sb = new StringBuilder();
    foreach (var service in builder.Services)
    {
        var serviceTypeName = GetName(service.ServiceType);
        var implementationType =service.ImplementationType
            ?? service.ImplementationInstance?.GetType()
            ?? service.ImplementationFactory
            ?.Invoke(httpContext.RequestServices)?.GetType();
        if (implementationType != null)
        {
            sb.AppendLine(@$"{service.Lifetime,-15} {GetName(service.ServiceType),-60}
                { GetName(implementationType) }");
        }
    }
```

```
    }
    return httpContext.Response.WriteAsync(sb.ToString());
}


static string GetName(Type type)
{
    if (!type.IsGenericType)
    {
        return type.Name;
    }
    var name = type.Name.Split('`')[0];
    var args = type.GetGenericArguments().Select(it => it.Name);
    return @$"{name}<{string.Join(",", args)}>";
}
```

展示程式呼叫 WebApplication 物件的 Run 方法註冊一個中介軟體，它會將每個服務對應的宣告類型、實作類型和生命週期作為回應內容，然後輸出。執行程式後，系統註冊的所有公共服務，會以圖 15-5 所示的方式輸出請求。

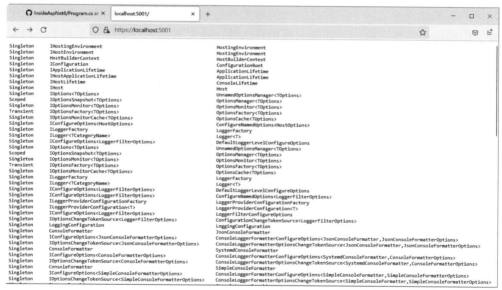

圖 15-5　ASP.NET Core 框架註冊的公共服務

15.2.2 服務注入

在建構函數或者約定的方法注入依賴服務物件，可說是主要的服務消費方式。對於以處理管道為核心的 ASP.NET Core 框架來說，依賴注入主要體現於中介軟體的定義。由於 ASP.NET Core 框架在建立中介軟體物件，並利用它們建置整個管道時，所有的服務都已經註冊完畢，所以任何一個服務都能採用下列方式注入建構函數。（S1509）

```
using System.Diagnostics;

var builder = WebApplication.CreateBuilder(args);
builder.Services
    .AddSingleton<FoobarMiddleware>()
    .AddSingleton<Foo>()
    .AddSingleton<Bar>();
var app = builder.Build();
app.UseMiddleware<FoobarMiddleware>();
app.Run();

public class FoobarMiddleware : IMiddleware
{
    public FoobarMiddleware(Foo foo, Bar bar)
    {
        Debug.Assert(foo != null);
        Debug.Assert(bar != null);
    }

    public Task InvokeAsync(HttpContext context, RequestDelegate next)
    {
        Debug.Assert(next != null);
        return Task.CompletedTask;
    }
}
public class Foo {}
public class Bar {}
```

　　上面展示的是強型別中介軟體的定義方式，如果改用約定方式來定義，則依賴服務還可以採用下列方式，以注入用於處理請求的 InvokeAsync 方法或者 Invoke 方法。（S1510）

```
using System.Diagnostics;

var builder = WebApplication.CreateBuilder(args);
builder.Services
    .AddSingleton<Foo>()
    .AddSingleton<Bar>();
var app = builder.Build();
app.UseMiddleware<FoobarMiddleware>();
app.Run();
```

```
public class FoobarMiddleware
{
    private readonly RequestDelegate _next;
    public FoobarMiddleware(RequestDelegate next) => _next = next;
    public Task InvokeAsync(HttpContext context, Foo foo, Bar bar)
    {
        Debug.Assert(context != null);
        Debug.Assert(foo != null);
        Debug.Assert(bar != null);
        return _next(context);
    }
}

public class Foo {}
public class Bar {}
```

中介軟體類型的 InvokeAsync 方法或 Invoke 方法還有一個約定，那就是 HttpContext 上下文物件必須作為方法的第一個參數，所以底下中介軟體類型 FoobarMiddleware 是錯誤的定義。與其說是一個約定，不如說是一種限制，但這限制看來毫無意義。針對基於約定的中介軟體來說，建構函數注入與方法注入在生命週期存在巨大的差異。由於中介軟體是一個單例物件，因此不應該在其建構函數注入 Scoped 服務。Scoped 服務只能注入中介軟體類型的 InvokeAsync 方法或者 Invoke 方法。因為依賴服務是在針對目前請求的服務範圍中提供，所以能夠確保 Scoped 服務在請求處理結束之後被釋放。

```
public class FoobarMiddleware
{
    public FoobarMiddleware(RequestDelegate next);
    public Task InvokeAsync(IFoo foo, IBar bar,HttpContext context);
}

public class Startup
{
    public void Configure(IFoo foo, IBar bar, IApplicationBuilder app);
}
```

15.2.3 生命週期

當呼叫 IServiceCollection 相關方法註冊服務時，總是會指定一種生命週期。由「第 3 章 依賴注入（下）」的介紹得知，作為依賴注入容器的多個 IServiceProvider 物件，透過 IServiceScope 物件表示的服務範圍構成一種層級化結構。Singleton 服務實例保存於作為根容器的 IServiceProvider 物件，而 Scoped 服務實例與需要回收釋放的 Transient 服務實例，則存放於目前 IServiceProvider 物件，只有不需要回收的 Transient 服務，才會用完後就丟棄。

至於服務實例是否需要回收釋放，取決於服務實例的類型是否實作 IDisposable 介面，服務實例的回收釋放，由保存它的 IServiceProvider 物件負責。當 IServiccProvider 物件呼叫本身的 Dispose 方法時，它會呼叫維護的所有待釋放實例的 Dispose 方法。對於一個非根容器的 IServiceProvider 物件來說，其生命週期依賴於目前的服務範圍物件，表示服務範圍的 IServiceScope 物件的 Dispose 方法，將完成目前範圍內 IServiceProvider 物件的釋放。

1. 兩個 IServiceProvider 物件

在一個具體的 ASP.NET Core 應用程式中，討論服務生命週期會更加易於理解。Singleton 採用針對應用程式的生命週期，而 Scoped 採用針對請求的生命週期。Singleton 服務的生命週期會一直延續到關閉應用程式的那一刻，而 Scoped 服務的生命週期僅僅與目前請求繫結在一起，那麼如何實作這樣的生命週期模式呢？

應用程式正常運行後，會建立一個作為根容器的 IServiceProvider 物件，稱為 ApplicationServices。如果應用程式在處理請求的過程中，需要採用依賴注入的方式啟動某個服務實例，便會利用此 IServiceProvider 物件建立一個表示服務範圍的 IServiceScope 物件，後者會產生一個 IServiceProvider 物件作為子容器。請求處理過程所需的服務實例均由子容器提供，稱為 RequestServices。

完成請求處理之後，將呼叫針對目前請求的 IServiceScope 物件的 Dispose 方法，然後釋放與目前請求繫結的 RequestServices。此時由它保存的 Scoped 服務實例和實作 IDisposable 介面的 Transient 服務實例，將變得「無所依託」。在它們變成垃圾物件供 GC 回收之前，實作 IDisposable 介面的 Scoped 和 Transient 服務實例的 Dispose 方法，將於釋放 RequestServices 時被呼叫。如下面的程式碼所示，HttpContext 上下文物件的 RequestServices 屬性，返回的就是這個針對目前請求的 IServiceProvider 物件。

```
public abstract class HttpContext
{
    public abstract IServiceProvider RequestServices { get; set; }
    ...
}
```

　　下面的實例協助讀者對注入服務的生命週期具有更加深刻的認識。首先，定義
Foo、Bar 和 Baz 這 3 個服務類別，它們的基礎類別 Base 實作了 IDisposable 介面。
然後，分別在 Base 的建構函數和 Dispose 方法輸出相關的文字，以確定建立和釋放
服務實例的時機。

```csharp
var builder = WebApplication.CreateBuilder(args);
builder.Logging.ClearProviders();
builder.Services
    .AddSingleton<Foo>()
    .AddScoped<Bar>()
    .AddTransient<Baz>();

var app = builder.Build();
app.Run(InvokeAsync);
app.Run();

static Task InvokeAsync(HttpContext httpContext)
{
    var path = httpContext.Request.Path;
    var requestServices = httpContext.RequestServices;
    Console.WriteLine($"Receive request to {path}");

    requestServices.GetRequiredService<Foo>();
    requestServices.GetRequiredService<Bar>();
    requestServices.GetRequiredService<Baz>();

    requestServices.GetRequiredService<Foo>();
    requestServices.GetRequiredService<Bar>();
    requestServices.GetRequiredService<Baz>();

    if (path == "/stop")
    {
        requestServices.GetRequiredService<IHostApplicationLifetime>()
            .StopApplication();
    }
    return httpContext.Response.WriteAsync("OK");
}

public class Base : IDisposable
{
    public Base() => Console.WriteLine($"{GetType().Name} is created.");
    public void Dispose() => Console.WriteLine($"{GetType().Name} is disposed.");
}
public class Foo : Base {}
public class Bar : Base {}
public class Baz : Base {}
```

前文採用不同的生命週期，對這 3 個服務進行註冊，並將請求處理實作於 InvokeAsync 本地方法。該方法會從 HttpContext 上下文物件取得 RequestServices，並利用它「兩次」提取 3 個服務對應的實例。如果請求路徑為「/stop」，便採用相同的方式取得 IHostApplicationLifetime 物件，再呼叫 StopApplication 方法關閉應用程式。

首先採用命令列形式執行應用程式，然後利用瀏覽器依序向該程式發送兩個請求，路徑分別為「/index」和「/stop」，控制台的輸出結果如圖 15-6 所示。由於 Foo 服務採用的生命週期模式為 Singleton，所以在整個應用程式的生命週期內，只會建立一次 Foo 物件。對於每個接收的請求，雖然 Bar 和 Baz 都使用了兩次，但是採用 Scoped 模式的 Bar 物件只會建立一次，而採用 Transient 模式的 Baz 物件則建立了兩次。再來查看釋放服務相關的輸出，採用 Singleton 模式的 Foo 物件，會在關閉應用程式時釋放；而生命週期模式分別為 Scoped 和 Transient 的 Bar 物件與 Baz 物件，都會在應用程式處理完目前請求之後釋放。（S1511）

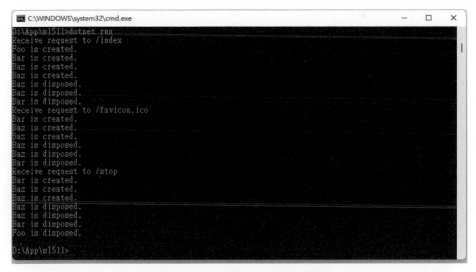

圖 15-6　服務實例的生命週期

2. 基於服務範圍的驗證

由「第 3 章 依賴注入（下）」的介紹得知，Scoped 服務既不應該由 ApplicationServices 提供，也不能注入一個 Singleton 服務，否則它將無法在請求結束之後即時釋放。如果忽視這個問題，就容易造成記憶體洩漏。下面是一個典型的實例。

下列程式使用的 FoobarMiddleware 中介軟體，需要從資料庫載入由 Foobar 類型表示的資料。這裡採用 Entity Framework Core 從 SQL Server 取得資料，所以為實體類型 Foobar 定義 DbContext（FoobarDbContext），呼叫 IServiceCollection 介面的 AddDbContext<TDbContext> 擴展方法，對它以 Scoped 生命週期模式進行註冊。

```
using Microsoft.EntityFrameworkCore;
using System.ComponentModel.DataAnnotations;

var builder = WebApplication.CreateBuilder(args);
builder.Host.UseDefaultServiceProvider(options => options.ValidateScopes =
    false);
builder.Services.AddDbContext<FoobarDbContext>(
    options => options.UseSqlServer("{yourconnection string}"));
var app = builder.Build();
app.UseMiddleware<FoobarMiddleware>();
app.Run();

public class FoobarMiddleware
{
    private readonly RequestDelegate _next;
    private readonly Foobar? _foobar;
    public FoobarMiddleware(RequestDelegate next, FoobarDbContext dbContext)
    {
        _next = next;
        _foobar = dbContext.Foobar.SingleOrDefault();
    }

    public Task InvokeAsync(HttpContext context)
    {
        return _next(context);
    }
}

public class Foobar
{
    [Key]
    public string Foo { get; set; }
    public string Bar { get; set; }
}

public class FoobarDbContext : DbContext
{
    public DbSet<Foobar> Foobar { get; set; }
    public FoobarDbContext(DbContextOptions options) : base(options) { }
}
```

實際上，採用約定方式定義的中介軟體是一個單例物件，而且它是在應用程式執行時由 ApplicationServices 建立。由於 FoobarMiddleware 的建構函數注入了 FoobarDbContext 物件，所以該物件自然也成為一個單例物件，這表示FoobarDbContext 物件的生命週期會延續到關閉目前應用程式的那一刻，造成的後果就是不能即時釋放資料庫連接。

```
using Microsoft.EntityFrameworkCore;
using System.ComponentModel.DataAnnotations;

var builder = WebApplication.CreateBuilder(args);
builder.Host.UseDefaultServiceProvider(options => options.ValidateScopes = true);
builder.Services.AddDbContext<FoobarDbContext>(
    options => options.UseSqlServer("{yourconnection string}"));
var app = builder.Build();
app.UseMiddleware<FoobarMiddleware>();
app.Run();
...
```

在一個 ASP.NET Core 應用程式中，如果將服務的生命週期註冊為 Scoped 模式，則希望服務實例真正採用基於請求的生命週期模式。可以透過啟用針對服務範圍的驗證，避免採用作為根容器的 IServiceProvider 物件來提供 Scoped 服務實例。由「第14 章 服務承載」的介紹得知，針對服務範圍的檢驗開關，允許利用 IHostBuilder 介面的 UseDefaultServiceProvider 擴展方法進行設定。如果採用上面的方式開啟針對服務範圍的驗證，執行該程式之後會出現圖 15-7 所示的異常。由於此驗證會影響效能，所以在預設情況下，此開關只有在開發環境才會開啟。（S1512）

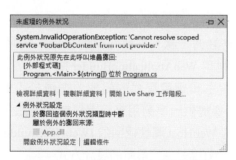

圖 15-7　針對 Scoped 服務的驗證

如果確實需要在中介軟體注入 Scoped 服務，則可採用強型別定義方式，並對中介軟體類型以 Scoped 模式進行註冊。倘若採用基於約定的中介軟體定義方式，則有兩種方案解決這個問題。第一種解決方案就是按照下列方式，在 InvokeAsync 方法利用 RequestServices 提供依賴服務。

```
public class FoobarMiddleware
{
    private readonly RequestDelegate _next;
    public FoobarMiddleware(RequestDelegate next)=> _next = next;
    public Task InvokeAsync(HttpContext context)
    {
        var dbContext = context.RequestServices.GetRequiredService<FoobarDbContext>();
        Debug.Assert(dbContext != null);
        return _next(context);
    }
}
```

第二種解決方案是按照下列方式，直接在 InvokeAsync 方法注入依賴的服務。前文介紹兩種中介軟體定義方式時曾提及，以 InvokeAsync 方法注入的服務，就是由基於目前請求的 RequestServices 提供，因此這兩種解決方案其實是等效的。

```
public class FoobarMiddleware
{
    private readonly RequestDelegate _next;
    public FoobarMiddleware(RequestDelegate next) => _next = next;
    public Task InvokeAsync(HttpContext context, FoobarDbContext dbContext)
    {
        debug.assert(Context != null);
        return _next(context);
    }
}
```

15.3 組態

與前文介紹的服務註冊一樣，針對組態的設定，同樣可以採用 3 種不同的設計模式。第一種是利用 WebApplicationBuilder 的 Host 屬性返回的 IHostBuilder 物件，以便設定針對宿主和應用程式的組態，詳述於「第 14 章 服務承載」。IWebHostBuilder 介面同樣提供一系列用來設定組態的方法，可將這些方法應用至 WebApplicationBuilder 的 WebHost 屬性返回的 IWebHostBuilder 物件。請注意，既然推薦使用 Mininal API，最好還是採用最新的設計方式。

```
public sealed class WebApplicationBuilder
{
    public ConfigurationManagerConfiguration { get; }
    ...
}
```

```
public sealed class WebApplication :
    IHost, IDisposable, IApplicationBuilder, IEndpointRouteBuilder, IAsyncDisposable
{
    public IConfiguration Configuration { get; }
    ...
}
```

　　WebApplicationBuilder 的 Configuration 屬性用來返回一個 ConfigurationManager 物件。透過「第 5 章 組態選項（上）」針對組態系統的介紹，已知 ConfigurationManager 類型同時實作了 IConfigurationBuilder 介面和 IConfiguration 介面。作為一個 IConfigurationBuilder 物件，它用來註冊組態來源。作為一個 IConfiguration 物件，它也反映了目前即時的組態狀態。一旦 WebApplicationBuilder 建構 WebApplication 物件後，便將完整的組態固定下來，並轉移到它的 Configuration 屬性。

15.3.1　初始化組態

　　當應用程式執行時，會把目前的環境變數作為組態來源，以建立承載最初組態資料的 IConfiguration 物件，但它只會選擇以「ASPNETCORE_」為前綴的環境變數（透過 Host 靜態類型的 CreateDefaultBuilder 方法建立的 HostBuilder，預設選擇的是以「DOTNET_」為前綴的環境變數）。展示環境變數的初始化組態之前，需要先解決組態的使用問題，亦即如何取得組態資料。

　　如下面的程式碼所示，首先設定兩個環境變數，名稱分別為「ASPNETCORE_FOO」和「ASPNETCORE_BAR」。呼叫 WebApplication 的 CreateBuilder 方法建立 WebApplicationBuilder 物件後，讀取它的 Configuration 屬性。經過偵錯斷言後得知，這兩個環境變數已成功轉移到組態中。建構出表示承載應用程式的 WebApplication 後，其 Configuration 屬性返回的 IConfiguration 物件同樣包含相同的組態。（S1513）

```
using System.Diagnostics;

Environment.SetEnvironmentVariable("ASPNETCORE_FOO", "123");
Environment.SetEnvironmentVariable("ASPNETCORE_BAR", "456");

var builder = WebApplication.CreateBuilder(args);
IConfiguration configuration = builder.Configuration;
Debug.Assert(configuration["foo"] == "123");
Debug.Assert(configuration["bar"] == "456");

var app = builder.Build();
```

```
configuration = app.Configuration;
Debug.Assert(configuration["foo"] == "123");
Debug.Assert(configuration["bar"] == "456");
```

15.3.2 以「鍵 - 值」對形式讀取和修改組態

「第 5 章 組態選項（上）」已經深入介紹組態模型。已知 IConfiguration 物件是以字典的結構儲存組態資料，於是利用該物件提供的索引，以「鍵 - 值」對的形式讀取和修改組態。在 ASP.NET Core 應用程式中，可以透過呼叫定義於 IWebHostBuilder 介面的 GetSetting 方法和 UseSetting 方法，以達到相同的目的。

```
public interface IWebHostBuilder
{
    string GetSetting(string key);
    IWebHostBuilder UseSetting(string key, string value);
    ...
}
```

如下面的程式碼所示，首先利用 WebApplicationBuilder 的 WebHost 屬性，取得對應的 IWebHostBuilder 物件；接著呼叫其 GetSetting 方法，取出以環境變數設定的組態；再呼叫 UseSetting 方法，將提供的「鍵 - 值」對存放到應用程式的組態中。固定組態最終的狀態後，便轉移到建構的 WebApplication 物件。（S1514）

```
using System.Diagnostics;

var builder = WebApplication.CreateBuilder(args);
builder.WebHost.UseSetting("foo", "abc");
builder.WebHost.UseSetting("bar", "xyz");

Debug.Assert(builder.WebHost.GetSetting("foo") == "abc");
Debug.Assert(builder.WebHost.GetSetting("bar") == "xyz");

IConfiguration configuration = builder.Configuration;
Debug.Assert(configuration["foo"] == "abc");
Debug.Assert(configuration["bar"] == "xyz");

var app = builder.Build();
configuration = app.Configuration;
Debug.Assert(configuration["foo"] == "abc");
Debug.Assert(configuration["bar"] == "xyz");
```

15.3.3　註冊組態來源

　　組態系統最大的特點是：可以註冊不同的組態來源。針對組態來源的註冊，同樣能夠利用不同的設計方式來完成，其中一種就是使用 WebApplicationBuilder 的 Host 屬性返回的 IHostBuilder 物件，並呼叫其 ConfigureHostConfiguration 方法和 ConfigureAppConfiguration 方法，以完成宿主和應用程式的組態，其中包含組態來源的註冊。IWebHostBuilder 介面也提供下列等效的 ConfigureAppConfiguration 方法。該方法提供的參數是一個 Action<WebHostBuilderContext, IConfigurationBuilder> 委託物件，意謂著可以承載上下文物件，並對組態進行針對性設定。如果提供的設定與目前承載的上下文物件無關，便可呼叫另一個參數類型為 Action <IConfigurationBuilder> 的 ConfigureAppConfiguration 多載方法。

```
public interface IWebHostBuilder
{
    IWebHostBuilder ConfigureAppConfiguration(Action<WebHostBuilderContext,
        IConfigurationBuilder> configureDelegate);
}

public static class WebHostBuilderExtensions
{
    public static IWebHostBuilder ConfigureAppConfiguration(this
        IWebHostBuilder hostBuilder, Action<IConfigurationBuilder> configureDelegate);
}
```

　　接著利用 WebApplicationBuilder 的 WebHost 屬性返回對應的 IWebHostBuilder 物件，並採用下列方式以 IWebHostBuilder 物件註冊組態來源。（S1515）

```
using System.Diagnostics;

var builder = WebApplication.CreateBuilder(args);
builder.WebHost.ConfigureAppConfiguration(config
    => config.AddInMemoryCollection(new Dictionary<string, string>
    {
        ["foo"] = "123",
        ["bar"] = "456"
    }));
var app = builder.Build();
Debug.Assert(app.Configuration["foo"] == "123");
Debug.Assert(app.Configuration["bar"] == "456");
```

　　由於 WebApplicationBuilder 的 Configuration 屬性返回的 ConfigurationManager，本身就是一個 IConfigurationBuilder 物件，所以直接按照下列方式將組態來源註冊

於其上，這也是推薦的設計方式。值得一提的是，如果呼叫 WebApplication 類型的 CreateBuilder 方法或者 Create 方法時，傳入了命令列參數，便會自動增加命令列參數的組態來源。（S1516）

```
using System.Diagnostics;

var builder = WebApplication.CreateBuilder(args);
builder.Configuration.AddInMemoryCollection(new Dictionary<string, string>
{
    ["foo"] = "123",
    ["bar"] = "456"
});
var app = builder.Build();
Debug.Assert(app.Configuration["foo"] == "123");
Debug.Assert(app.Configuration["bar"] == "456");
```

15.4 承載環境

基於 IHostBuilder/IHost 的服務承載系統以 IHostEnvironment 介面表示承載環境。透過它不僅可以得到目前部署環境的名稱，還能得知目前應用程式的名稱，以及儲存內容檔的根目錄路徑。Web 應用程式需要更多的承載環境資訊，額外的資訊定義於 IWebHostEnvironment 介面。

15.4.1 IWebHostEnvironment

如下面的程式碼所示，繼承 IHostEnvironment 介面的 IWebHostEnvironment 介面，定義了 WebRootPath 屬性和 WebRootFileProvider 屬性，前者表示存放 Web 資源檔根目錄的路徑，後者表示返回該路徑對應的 IFileProvider 物件。如果希望外部能以 HTTP 請求的方式直接存取某個靜態檔（如 JavaScript、CSS 和圖片檔等），則只需將它儲存至 WebRootPath 屬性表示的目錄下。目前承載環境反映在 WebApplicationBuilder 類型的 Environment 屬性。表示承載應用程式的 WebApplication 類型，同樣具有這個屬性。

```
public interface IWebHostEnvironment : IHostEnvironment
{
    string          WebRootPath { get; set; }
    IFileProvider   WebRootFileProvider { get; set; }
}
```

```
public sealed class WebApplicationBuilder
{
    public IWebHostEnvironment Environment { get; }
    ...
}

public sealed class WebApplication
{
    public IWebHostEnvironment Environment { get; }
    ...
}
```

　　簡單介紹如何設定與承載環境相關的 6 個屬性（包含定義於 IHostEnvironment 介面的 4 個屬性）。IHostEnvironment 介面的 ApplicationName 屬性表示目前應用程式的名稱，預設值為入口程式集的名稱。EnvironmentName 屬性表示目前應用程式所處部署環境的名稱，其中開發（Development）、預發（Staging）和正式（Production）是 3 種典型的部署環境。根據不同的目的，可將同一個應用程式部署到不同的環境；而在不同環境部署的應用程式，往往具有不同的設定。預設情況下，環境的名稱為「Production」。ASP.NET Core 應用程式會將所有的內容檔存放到同一個目錄下，該目錄的絕對路徑透過 IWebHostEnvironment 介面的 ContentRootPath 屬性來表示，而 ContentRootFileProvider 屬性則返回針對這個目錄的 PhysicalFileProvider 物件。部分內容檔允許直接作為 Web 資源（如 JavaScript、CSS 和圖片等），好供用戶端以 HTTP 請求的方式取得，儲存此類型內容檔的絕對路徑，可透過 IWebHostEnvironment 介面的 WebRootPath 屬性來表示，而針對該目錄的 PhysicalFileProvider，自然便可透過對應的 WebRootFileProvider 屬性取得。

　　預設情況下，由 ContentRootPath 屬性表示的內容檔根目錄，就是目前的工作目錄。如果該目錄存在一個名為「wwwroot」的子目錄，便將用來存放 Web 資源，WebRootPath 屬性將返回此目錄。如果這個子目錄不存在，那麼 WebRootPath 屬性就返回 Null。針對這兩個目錄的預設設定，體現於下列所示的程式碼片段。（S1517）

```
using System.Diagnostics;
using System.Reflection;

var builder = WebApplication.CreateBuilder();
var environment = builder.Environment;

Debug.Assert(Assembly.GetEntryAssembly()?.GetName().Name ==
  environment.ApplicationName);
var currentDirectory = Directory.GetCurrentDirectory();
```

```
Debug.Assert(Equals( environment.ContentRootPath,  currentDirectory));
Debug.Assert(Equals(environment.ContentRootPath, currentDirectory));

var wwwRoot = Path.Combine(currentDirectory, "wwwroot");
if (Directory.Exists(wwwRoot))
{
    Debug.Assert(Equals(environment.WebRootPath, wwwRoot));
}
else
{
    Debug.Assert(environment.WebRootPath == null);
}

static bool Equals(string path1, string path2)
    =>string.Equals(path1.Trim(Path.DirectorySeparatorChar),
    path2.Trim(Path.DirectorySeparatorChar),StringComparison.OrdinalIgnoreCase);
```

15.4.2 透過組態制定承載環境

　　IWebHostEnvironment 物件存放與承載環境相關的屬性（ApplicationName、EnvironmentName、ContentRootPath 和 WebRootPath），可透過組態的方式進行制定，對應組態項目的名稱分別為「applicationName」、「environment」、「contentRoot」、「webroot」。靜態類別 WebHostDefaults 為它們定義了對應的屬性。透過「第 14 章 服務承載」得知，前 3 個組態項目的名稱，同樣以靜態唯讀欄位的形式定義於 HostDefaults 類型。

```
public static class WebHostDefaults
{
    public static readonly string EnvironmentKey    = "environment";
    public static readonly string ContentRootKey    = "contentRoot";
    public static readonly string ApplicationKey     = "applicationName";
    public static readonly string WebRootKey         = "webroot";;
}

public static class HostDefaults
{
    public static readonly string EnvironmentKey = "environment";
    public static readonly string ContentRootKey = "contentRoot";
    public static readonly string ApplicationKey = "applicationName";
}
```

　　由於應用程式初始化過程的很多操作都與目前的承載環境有關，所以承載環境
必須在執行之初就確定下來，並且整個生命週期內都不能改變。如果希望採用組態的
方式控制目前應用程式的承載環境，則相關的設定必須在建立 WebApplicationBuilder
物件之前執行，之後試圖修改相關的組態都會拋出異常。按照此原則，便可採用命
令列參數的方式設定承載環境。

```
var app = WebApplication.Create(args);
var environment = app.Environment;

Console.WriteLine($"ApplicationName:{environment.ApplicationName}");
Console.WriteLine($"ContentRootPath:{environment.ContentRootPath}");
Console.WriteLine($"WebRootPath:{environment.WebRootPath}");
Console.WriteLine($"EnvironmentName:{environment.EnvironmentName}");
```

　　展示程式利用命令列參數的方式，控制承載環境的 4 個屬性。首先將命令列參
數傳入 WebApplication 類型的 Create 方法，以建立一個 WebApplication 物件，然後
從中取得表示承載環境的 IWebHostEnvironment 物件，並將其訊息輸出到控制台。利
用命令列參數的方式執行程式，並指定與承載環境相關的 4 個參數，如圖 15-8 所示。
（S1518）

圖 15-8　利用命令列參數定義承載環境

　　除了命令列參數，透過環境變數同樣能達到相同的目的，當時應用程式的名稱
無法以對應的組態進行設定。針對上面建立的展示程式，現在換一種方式執行。如
圖 15-9 所示，以「dotnet run」命令執行程式之前，先為承載環境的 4 個屬性設定對
應的環境變數。從輸出的結果得知，除了應用程式名稱依然是入口程式集名稱外，
承載環境的其他 3 個屬性與設定的環境變數一致。

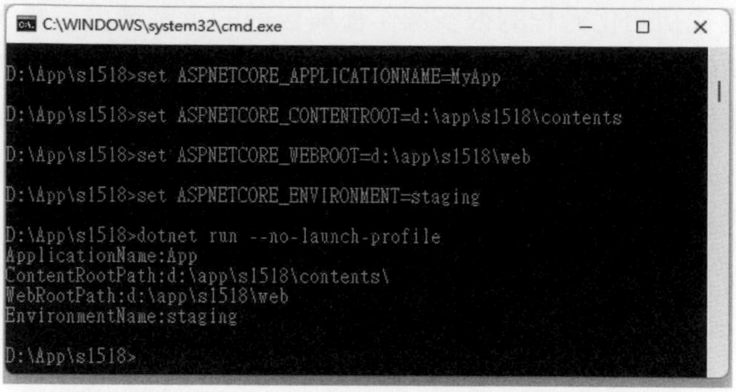

圖 15-9　利用環境變數定義承載環境

　　承載環境除了以上面展示的兩種方式設定外，也可以改用 WebApplicationOptions 組態選項。如下面的程式碼所示，WebApplicationOptions 定義 4 個屬性，分別表示命令列參數陣列、環境名稱、應用程式名稱和內容根目錄路徑。WebApplicationBuilder 具有參數類型為 WebApplicationOptions 的 CreateBuilder 方法。

```csharp
public class WebApplicationOptions
{
    public string[]   Args { get; set; }
    public string     EnvironmentName { get; set; }
    public string     ApplicationName { get; set; }
    public string     ContentRootPath { get; set; }
}

public sealed class WebApplication
{
    public static WebApplicationBuilder CreateBuilder(WebApplicationOptions options);
    ...
}
```

　　如果利用 WebApplicationOptions 設定應用程式所在的承載環境，則可修改上述程式為如下形式。由於 IWebHostEnvironment 服務提供的應用程式名稱被視為一個程式集名稱，針對它的設定會影響類型的載入，因此基本上不會修改其名稱。（S1519）

```csharp
var options = new WebApplicationOptions
{
    Args = args,
    ApplicationName   = "MyApp",
    ContentRootPath   = Path.Combine(Directory.GetCurrentDirectory(), "contents"),
    WebRootPath       = Path.Combine(Directory.GetCurrentDirectory(), "contents","wwwroot"),
    EnvironmentName   = "staging"
};
var app = WebApplication.CreateBuilder(options).Build();
```

```
var environment = app.Environment;
Console.WriteLine($"ApplicationName:{environment.ApplicationName}");
Console.WriteLine($"ContentRootPath:{environment.ContentRootPath}");
Console.WriteLine($"WebRootPath:{environment.WebRootPath}");
Console.WriteLine($"EnvironmentName:{environment.EnvironmentName}");
```

IWebHostBuilder 介面有下列 3 個對應的擴展方法，用來對承載環境的環境名稱、內容檔根目錄和 Web 資源根目錄進行設定。透過「第 14 章 服務承載」的介紹得知，IHostBuilder 介面也有類似的擴展方法，但是在 Minima API 無法使用這些擴展方法。

```
public static class HostingAbstractionsWebHostBuilderExtensions
{
    public static IWebHostBuilder UseEnvironment(this IWebHostBuilder hostBuilder,
        string environment);
    public static IWebHostBuilder UseContentRoot(this IWebHostBuilder hostBuilder,
        string contentRoot);
    public static IWebHostBuilder UseWebRoot(this IWebHostBuilder hostBuilder,
        string webRoot);
}

public static class HostingHostBuilderExtensions
{
    public static IHostBuilder UseContentRoot(this IHostBuilder hostBuilder,
        string contentRoot);
    public static IHostBuilder UseEnvironment(this IHostBuilder hostBuilder,
        string environment);
}
```

需要注意的是，針對承載環境的設定，必須在建立 WebApplicationBuilder 物件之前。由於 IWebHostBuilder 物件是透過 WebApplicationBuilder 物件的 WebHost 屬性提供，所以自然無法利用它改變已經固定的環境設定。如果試圖這樣做，則程式會拋出一個類型為 NotSupportedException 的異常。圖 15-10 所示為試圖再次修改環境名稱時，Visual Studio 出現的異常。

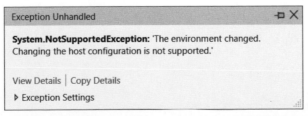

圖 15-10　建立 WebApplicationBuilder 物件後修改環境設定出現的異常

15.4.3 設定監聽位址

前一小節介紹了 IWebHostBuilder 設定承載環境的 3 個擴展方法，下面說明為伺服器設定監聽位址的 UseUrls 方法。和上述方法一樣，利用 UseUrls 方法設定的 URL 列表，會以「;」作為分隔符號連接成一個字串，並寫入組態。對應組態項目的名稱為「urls」，WebHostDefaults 類型同樣定義了對應的靜態唯讀 ServerUrlsKey 屬性。應用程式最終採用的監聽位址，將保存於建立的 WebApplication 物件的 Urls 屬性。由於設定的監聽位址位於組態中，因此可以利用命令列參數、環境變數，或者直接修改對應組態項目的方式加以指定。

```
public static class HostingAbstractionsWebHostBuilderExtensions
{
    public static IWebHostBuilder UseUrls(this IWebHostBuilder hostBuilder,
        params string[] urls);
}

public static class WebHostDefaults
{
    public static readonly string ServerUrlsKey     = "urls";
}

public sealed class WebApplication
{
    public ICollection<string> Urls { get;}
}
```

Minimal API 提供兩種設定監聽位址的方式，一種是將監聽位址加到 WebApplication 物件的 Urls 屬性；另一種是直接將監聽位址作為參數，以傳入 WebApplication 物件的 Run 方法或 RunAsync 方法。下面的程式碼展示這兩種設計方式。如果以這兩種方式註冊監聽位址，則上面透過組態形式執行的監聽位址將被忽略。由於監聽終節點允許直接註冊到伺服器，這裡還涉及其間的取捨問題，具體的策略將於「第 18 章 伺服器」詳細介紹。

```
var app = WebApplication.Create();
app.Urls.Add("http://0.0.0.0:80/");
...
app.Run();

var app = WebApplication.Create();
...
app.Run("http://0.0.0.0:80/");
```

15.4.4　針對環境的程式設計

對於同一個 ASP.NET Core 應用程式來說，增加的服務註冊、提供的組態和註冊的中介軟體，可能會因部署環境的不同而有差異。有了這個可以隨意注入的 IWebHostEnvironment 服務，便能很方便地知道目前的部署環境，藉以進行針對性的差異化程式設計。IHostEnvironment 介面提供下列 IsEnvironment 擴展方法，用來確定目前是否為指定的部署環境。IHostEnvironment 介面還有額外的 3 個擴展方法，以便判斷 3 種典型部署環境（開發、預發和正式），這 3 種環境採用的名稱分別為 Development、Staging 和 Production，對應靜態類型 EnvironmentName 的 3 個唯讀欄位。

```
public static class HostEnvironmentEnvExtensions
{
    public static bool IsDevelopment(this IHostEnvironment hostEnvironment);
    public static bool IsProduction(this IHostEnvironment hostEnvironment);
    public static bool IsStaging(this IHostEnvironment hostEnvironment);
    public static bool IsEnvironment(this IHostEnvironment hostEnvironment,
        string environmentName);
}

public static class EnvironmentName
{
    public static readonly string Development    = "Development";
    public static readonly string Staging        = "Staging";
    public static readonly string Production     = "Production";
}
```

1. 註冊服務

前文曾提及，ASP.NET Core 目前支援 3 種服務註冊形式，它們都提供承載環境的動態選擇機制。由於可以直接透過 WebApplicationBuilder 的 Environment 屬性取得目前的承載環境，因此採用下列方式，在不同的環境下，為同一個介面註冊不同的實作類型，這也是最為簡單直接的設計方式。

```
var builder = WebApplication.CreateBuilder(args);
if (builder.Environment.IsDevelopment())
{
    builder.Services.AddSingleton<IFoobar, Foo>();
}
else
{
    builder.Services.AddSingleton<IFoobar, Bar>();
```

```
}

var app = builder.Build();
...
app.Run();
```

如果以 IHostBuilder 介面的 ConfigureServices 方法進行服務註冊，則可按照底下
的服務註冊方式達到相同目的。「第 14 章 服務承載」已經詳細介紹過這種承載環境
的服務註冊方式。IWebHostBuilder 介面也有一個類似的 ConfigureServices 方法，所
以將 WebApplicationBuilder 的 Host 屬性替換成 WebHost 屬性，最終也是一樣的效果。

```
var builder = WebApplication.CreateBuilder(args);
builder.Host.ConfigureServices((context, services) =>
{
    if (context.HostingEnvironment.IsDevelopment())
    {
        services.AddSingleton<IFoobar, Foo>();
    }
    else
    {
        services.AddSingleton<IFoobar, Bar>();
    }
});

var app = builder.Build();
...
app.Run();
```

```
var builder = WebApplication.CreateBuilder(args);
builder.WebHost.ConfigureServices((context, services) =>
{
    if (context.HostingEnvironment.IsDevelopment())
    {
        services.AddSingleton<IFoobar, Foo>();
    }
    else
    {
        services.AddSingleton<IFoobar, Bar>();
    }
});

var app = builder.Build();
...
app.Run();
```

2. 註冊中介軟體

針對不同的環境註冊對應的中介軟體，也是一個常見的需求。如果採用之前的應用程式承載方式，則可呼叫 IWebHostBuilder 介面的 Configure 方法，或者利用註冊的 Startup 類型完成中介軟體的註冊，它們均提供基於承載環境針對中介軟體註冊的功能。由於 Minimal API 均不再支援這兩種設計模式，因此本書便不介紹這部分的內容。因為 WebApplicationBuilder 的 Environment 屬性直接提供目前的承載環境，所以針對不同環境註冊對應的中介軟體，就變得簡單而直接。

```
var app = WebApplication.Create(args);
if (app.Environment.IsDevelopment())
{
    app.UseMiddleware<FooMiddleware>();
}
else
{
    app
        .UseMiddleware<BarMiddleware>()
        .UseMiddleware<BazMiddleware>();
}
app.Run();
```

3. 組態

與前文介紹的服務註冊一樣，針對應用程式組態的設定，同樣具有 3 種不同的設計模式，而且它們都支援針對不同承載環境的設定。JSON 檔是承載組態最常見的形式。可以將組態內容分配到多個檔案。如圖 15-11 所示，把與承載環境無關的組態定義於 Appsettings.json 檔案，針對環境的差異化組態，則定義在以「Appsettings.{EnvironmentName}.json」形式命名（Appsettings.Development.json、Appsettings.Staging.json 和 Appsettings.Production.json）的檔案。

圖 15-11　針對承載環境的設定檔

由於 WebApplicationBuilder 利用其 Configuration 屬性和 Environment 屬性，直接
提供了建構組態的 ConfigurationManager 物件和目前的承載環境，因此可以直接採用
下列方式註冊這些設定檔。這也是建議的設計方式。

```
var builder = WebApplication.CreateBuilder(args);
builder.Configuration
    .AddJsonFile(path: "AppSettings.json", optional: false)
    .AddJsonFile(path: $"AppSettings.{builder.Environment.EnvironmentName}.json",
        optional: true);
var app = builder.Build();

...
app.Run();
```

透過「第 14 章 服務承載」得知，IHostBuilder 介面的 ConfigureAppConfiguration
方法也實作了類似的功能，因此可以按照下列方式，以 WebApplicationBuilder 的
Host 屬性返回的 IHostBuilder 物件，將這個方法「借用」過來。IWebHostBuilder 介
面同樣定義了類似的方式，所以將 Host 屬性替換成 WebHost 屬性，最終也會達到一
樣的效果。

```
var builder = WebApplication.CreateBuilder(args);
builder.Host.ConfigureAppConfiguration((context, configBuilder)=>
configBuilder
    .AddJsonFile(path: "AppSettings.json", optional: false)
    .AddJsonFile(path:
$"AppSettings.{context.HostingEnvironment.EnvironmentName}.json",
        optional: true));
var app = builder.Build();
...
app.Run();
```

```
var builder = WebApplication.CreateBuilder(args);
builder.WebHost.ConfigureAppConfiguration((context, configBuilder)=>
configBuilder
    .AddJsonFile(path: "AppSettings.json", optional: false)
    .AddJsonFile(path: $"AppSettings.{context.HostingEnvironment.
EnvironmentName}.json",
        optional: true));
var app = builder.Build();
...
app.Run();
```

第 16 章

應用程式承載（中）

「第 15 章 應用程式承載（上）」利用一系列實例展示 ASP.NET Core 應用程式的設計模式，並藉此體驗基於管道的請求處理流程。管道由一個伺服器和多個有序排列的中介軟體組成，這點看似簡單，實際隱藏了很多細節。將管道對於 ASP.NET Core 框架的地位拉得多高都不過分，為了使讀者有深刻的認識，在介紹真實管道的建構之前，先引進一個 Mini 版的 ASP.NET Core 框架。

16.1 中介軟體委託鏈

「第 17 章 應用程式承載（下）」將詳細介紹 ASP.NET 請求處理管道的建構，以及它對請求的處理流程。作為這部分內容的鋪墊，筆者擷取管道最核心的部分，並建構一個 Mini 版的 ASP.NET Core 框架。與真正的框架相比，雖然模擬框架要簡單得多，但是它們採用完全一致的設計，定義介面或者類型時採用真實的名稱，而在 API 的定義和實作上，則進行最大程度的簡化。（S1601）

16.1.1 HttpContext

對於由一個伺服器和多個中介軟體組成的管道來說，面向傳輸層的伺服器負責請求的監聽、接收和最終的回應，當它接收用戶端發送的請求後，必須將請求分發給後續的中介軟體處理。對於某個中介軟體來說，完成本身的請求處理任務之後，大部分情況下需要將請求分發給後續的中介軟體。請求在伺服器與中介軟體之間，以及在中介軟體之間的分發，乃是透過共用上下文物件的方式實現。HttpContext 就是這個共用的上下文物件。

如圖 16-1 所示，當伺服器接收請求之後，它會建立一個 HttpContext 上下文物件，所有中介軟體都在此物件完成請求的處理工作。那麼，這個 HttpContext 上下文物件究竟會攜帶什麼樣的資訊呢？已知一個 HTTP 交易（Transaction）具有非常清晰的界定，如果從伺服器的角度來說，就是始於請求的接收，而終於回應的返回，所以請求和回應是兩個基本的要素，也是 HttpContext 上下文物件承載的最核心的上下文資訊。

圖 16-1　中介軟體共用上下文物件

可以將請求和回應理解為一個 Web 應用程式的輸入與輸出，既然 HttpContext 上下文物件是針對請求和回應的封裝，那麼應用程式就可利用它得到目前請求所有的輸入資訊，也能藉助它完成所需的輸出工作。此處為 ASP.NET Core 模擬框架定義如下極簡版本的 HttpContext 類型。

```
public class HttpContext
{
    public HttpRequest                      Request { get; }
    public HttpResponse                     Response { get; }
}


public class HttpRequest
{
    public Uri                              Url { get;  }
    public NameValueCollection              Headers { get; }
    public Stream                           Body { get;  }
}


public class HttpResponse
{
    public int                              StatusCode { get; set; }
    public NameValueCollection              Headers { get; }
    public Stream                           Body { get; }
}
```

如上面的程式碼所示，可以利用 Request 屬性返回的 HttpRequest 物件，以得到目前請求的位址、標頭集合和主體內容。透過 Response 屬性返回的 HttpResponse 物件，不僅可以設定回應的狀態碼，還能增加任意的回應標頭，以及寫入任意的主體內容。

16.1.2　中介軟體

　　所有針對請求的處理，皆是在目前 HttpContext 上下文物件完成，所以一個 Action <HttpContext> 委託物件可用來表示請求處理器（Handler）。但 Action<HttpContext> 委託物件僅僅是請求處理器針對「同步」設計模式的呈現形式，Task 導向的非同步設計模式的處理器，應該表示為 Func<HttpContext,Task> 委託物件。由於這個委託物件具有非常廣泛的應用，因此專門定義如下 RequestDelegate 類型，它就是對 Func<HttpContext,Task> 委託物件的表達。由於管道（排除伺服器）本質上就是一個請求處理器，自然可以透過一個 RequestDelegate 委託物件來表示，那麼組成管道的中介軟體又該如何表示呢？

```
public delegate Task RequestDelegate(HttpContext context);
```

　　組成管道的中介軟體體現為一個 Func<RequestDelegate, RequestDelegate> 委託物件，它的輸入與輸出都是一個 RequestDelegate 委託物件。可以這樣理解：對於管道的某個中介軟體（圖 16-2 的第一個中介軟體），後續中介軟體組成的管道，體現為一個 RequestDelegate 委託物件，目前中介軟體在完成本身的請求處理任務之後，往往需要將請求分發給後續管道，以進行進　步處理，因此需要將後續管道的 RequestDelegate 作為輸入物件。

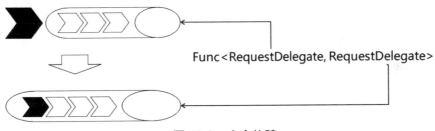

圖 16-2　中介軟體

　　當表示目前中介軟體的委託物件執行之後，會將自己「納入」作為輸入的管道，那麼表示新管道的 RequestDelegate，就成為中介軟體委託的輸出物件，所以中介軟體自然就表示成輸入和輸出類型均為 RequestDelegate 的 Func<RequestDelegate, RequestDelegate> 委託物件。如果依序註冊多個中介軟體，則只需按照它們在管道的相反順序，依序執行對應的委託物件，最終建立作為管道的 RequestDelegate 委託物件。

16.1.3 中介軟體管道的建構

從事軟體行業近 20 年，作者對框架設計越來越具有這樣的認識：好的設計一定是「簡單」的。所以在設計某個開發框架時，總是會不斷地詢問自己一個問題「還能再簡單點嗎」。上面介紹的請求處理管道的設計，就具有「簡單」的特質：Pipeline = Server + Middlewares。但是「能否再簡單點嗎」，其實是可以的，因為中介軟體管道本質上就是一個透過 RequestDelegate 委託物件表示的請求處理器，因此圖 16-3 所示的請求處理管道，將具有更加簡單的運算式「Pipeline = Server + Handler（RequestDelegate）」。

Server

Middleware

圖 16-3　Pipeline = Server + Handler(RequestDelegate)

表示中介軟體的多個 Func<RequestDelegate, RequestDelegate> 委託物件向 RequestDelegate 委託物件的轉換，乃是透過 IApplicationBuilder 物件完成。從介面命名得知，IApplicationBuilder 物件用來建構「應用程式」（Application）。由於 Web 應用程式的本質就是一個請求處理器，所以將中介軟體管道視為「應用程式」，使用 IApplicationBuilder 物件建構的「應用程式」，就是由註冊中介軟體構成的管道，最終體現為一個 RequestDelegate 委託物件。

```
public interface IApplicationBuilder
{
    RequestDelegate Build();
    IApplicationBuilder Use(Func<RequestDelegate, RequestDelegate> middleware);
}
```

上述程式碼是模擬框架對 IApplicationBuilder 介面的簡化定義。Use 方法用來註冊中介軟體，而 Build 方法則將所有的中介軟體按照註冊的順序，組裝成一個 RequestDelegate 委託物件。如下所示的 ApplicationBuilder 類型是對 IApplicationBuilder 介面的預設實作，它採用「逆序」執行中介軟體委託的方式，以便建構 RequestDelegate 委託物件。程式碼片段還體現出一個細節：管道的尾端額外增加一個返回 404 回應的處理器。這意謂著如果沒有註冊任何的中介軟體，或者註冊的所有中介軟體都將請求分發給後續管道，那麼應用程式會返回一個狀態碼為 404 的回應。

```
public class ApplicationBuilder : IApplicationBuilder
{
    private readonly IList<Func<RequestDelegate, RequestDelegate>> _middlewares
        = new List<Func<RequestDelegate, RequestDelegate>>();

    public RequestDelegate Build()
    {
        RequestDelegate next = context =>
        {
            context.Response.StatusCode = 404;
            return Task.CompletedTask;
        };
        foreach (var middleware in _middlewares.Reverse())
        {
            next = middleware.Invoke(next);
        }
        return next;
    }

    public IApplicationBuilder Use(Func<RequestDelegate, RequestDelegate> middleware)
    {
        _middlewares.Add(middleware);
        return this;
    }
}
```

16.2 伺服器

　　伺服器在管道的功能非常明確，便是負責 HTTP 請求的監聽、接收和最終的回應。啟動伺服器後會繫結到指定的一個或多個終節點，以監聽請求。伺服器接收請求後，便拿來建立 HttpContext 上下文物件，此物件將作為參數，呼叫表示中介軟體管道的 RequestDelegate 委託物件，以便完成該請求的處理，最後伺服器將產生的回應返回用戶端。

16.2.1 IServer

　　在模擬的 ASP.NET Core 框架中，伺服器定義成極度簡化的 IServer 介面。如下面的程式碼所示，該介面定義唯一的 StartAsync 方法用來啟動自身的伺服器。伺服器最終需要將接收的請求分發給表示中介軟體管道的 RequestDelegate 委託物件，該委託物件體現為 handler 參數。

```
public interface IServer
{
    Task StartAsync(RequestDelegate handler);
}
```

16.2.2 針對伺服器的適配

　　應用層導向的 HttpContext 上下文物件是對請求和回應的封裝與抽象，但是請求最初是由面向傳輸層的伺服器接收而來，最終的回應也會由伺服器返回用戶端。所有 ASP.NET Core 應用程式都是使用同一個抽象的 HttpContext 上下文物件，但是卻能註冊不同類型的伺服器，如何解決兩者之間的適配問題呢？電腦領域有一段話：「任何問題都可以透過增加一個抽象層的方式來解決，如果解決不了，那就再加一層。」抽象的 HttpContext 上下文物件與不同伺服器類型之間的適配問題，自然也允許透過增加一個抽象層來解決。

　　HttpContext 上下文物件與伺服器之間的這層抽象，體現為定義的一系列「特性」（Feature）。如圖 16-4 所示，HttpContext 上下文物件提供的狀態和呈現，能夠以特性的方式抽象出來，實體伺服器為這些抽象特性提供具體的實作。抽象的特性一般都對應一個介面，在系統提供的眾多特性介面中，最重要的莫過於提供請求和完成回應的 IRequestFeature 介面和 IResponseFeature 介面。

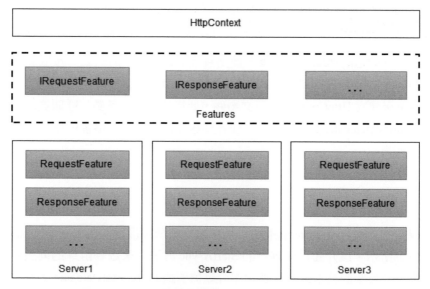

圖 16-4　利用特性實現對不同伺服器類型的適配

底下定義 IFeatureCollection 介面用來表示儲存特性的集合。這是一個將 Type 和 Object 作為 Key 與 Value 的字典，Key 表示註冊 Feature 所採用的類型，而 Value 表示 Feature 物件本身。也就是說，提供的特性最終是以對應類型（一般為介面類別）進行註冊。為了便於程式設計，因此定義 Set<T> 擴展方法和 Get<T> 擴展方法，以便設定與取得特性物件。

```
public interface IFeatureCollection : IDictionary<Type, object?> { }

public class FeatureCollection : Dictionary<Type, object?>, IFeatureCollection
{ }

public static partial class Extensions
{
    public static T? Get<T>(this IFeatureCollection features) where T : class
        => features.TryGetValue(typeof(T), out var value) ? (T?)value : default;

    public static IFeatureCollection Set<T>(this IFeatureCollection features,
      T? feature)
        where T : class
    {
        features[typeof(T)] = feature;
        return features;
    }
}
```

接著為提供請求和完成回應的特性定義 IHttpRequestFeature 介面和 IHttpResponseFeature 介面。如下面的程式碼所示，這兩個介面與前面定義的 HttpRequest 類型和 HttpResponse 類型具有一致的成員。

```
public interface IHttpRequestFeature
{
    Uri?                   Url { get; }
    NameValueCollection    Headers { get; }
    Stream                 Body { get; }
}

public interface IHttpResponseFeature
{
    Int                    StatusCode { get; set; }
    NameValueCollection    Headers { get; }
    Stream                 Body { get; }
}
```

前面給出 HttpContext 類型的成員定義，現在提供具體的實作。如下面的程式碼所示，表示請求和回應的 HttpRequest 物件與 HttpResponse 物件，分別是由對應的特性（IHttpRequestFeature 物件和 IHttpResponseFeature 物件）建立。HttpContext 上下文物件本身是透過一個表示特性集合的 IFeatureCollection 物件產生，它會在初始化過程從這個集合擷取對應的特性，以建立 HttpRequest 物件和 HttpResponse 物件。

```
public class HttpContext
{
    public HttpRequest        Request { get; }
    public HttpResponse       Response { get; }

    public HttpContext(IFeatureCollection features)
    {
        Request = new HttpRequest(features);
        Response = new HttpResponse(features);
    }
}

public class HttpRequest
{
    private readonly IHttpRequestFeature _feature;
    public Uri?Url => _feature.Url;
    public NameValueCollection Headers => _feature.Headers;
    public Stream Body => _feature.Body;
    public HttpRequest(IFeatureCollection features)
        => _feature = features.Get<IHttpRequestFeature>()
        ?? throw new InvalidOperationException("IHttpRequestFeature does not exist.");
}

public class HttpResponse
{
    private readonly IHttpResponseFeature _feature;

    public NameValueCollection Headers=> _feature.Headers;
    public Stream Body=> _feature.Body;
    public int StatusCode
    {
        get => _feature.StatusCode;
        set => _feature.StatusCode = value;
    }

    public HttpResponse(IFeatureCollection features)
        => _feature = features.Get<IHttpResponseFeature>()
        ?? throw new InvalidOperationException("IHttpResponseFeature does not exist.");
}
```

利用 HttpContext 上下文物件的 Request 屬性取得的請求資訊，最初來自於 IHttpRequestFeature 特性，它的 Response 屬性針對回應所做的任意操作，最終都會落到 IHttpResponseFeature 特性。這兩個特性由註冊的伺服器提供，這正是同一個 ASP.NET Core 應用程式可以自由選擇不同伺服器類型的根源所在。

16.2.3 HttpListenerServer

對伺服器的功能和它與 HttpContext 的適配原理，有了清晰的認識之後，便可嘗試定義一個伺服器。將其命名為 HttpListenerServer，因為它對請求的監聽、接收和回應，都是由一個 HttpListener 物件來完成。由於伺服器接收請求之後，需要藉助「特性」的適配建構統一的 HttpContext 上下文物件，所以提供對應的特性實作，可說是自訂服務類型的關鍵所在。

當 HttpListener 物件接收請求之後，同樣會建立一個 HttpListenerContext 物件表示請求上下文。如果以 HttpListener 物件作為 ASP.NET Core 應用程式的監聽器，意謂著所有的請求資訊都來自於這個原始的 HttpListenerContext 上下文物件。該物件用來完成請求的回應。HttpListenerServer 對應特性扮演的作用，實際上就是在 HttpListenerContext 和 HttpContext 兩個上下文物件之間搭建一座橋樑，如圖 16-5 所示。

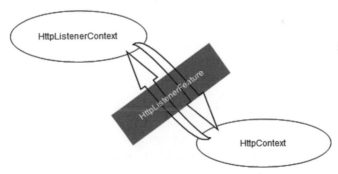

圖 16-5 利用 HttpListenerFeature 適配 HttpListenerContext 和 HttpContext

圖 16-5 用來在 HttpListenerContext 和 HttpContext 兩個上下文物件之間完成適配的特性類型，命名為 HttpListenerFeature。如下面的程式碼所示，HttpListenerFeature 類型同時實作了 IHttpRequestFeature 介面和 IHttpResponseFeature 介面。建立 HttpListenerFeature 特性時，需要提供一個 HttpListenerContext 上下文物件。IHttpRequestFeature 介面的實作成員提供的請求資訊來自於此上下文物件，IHttpResponseFeature 介面的實作成員針對回應的操作，最終也轉移到此上下文物件。

```
public class HttpListenerFeature : IHttpRequestFeature, IHttpResponseFeature
{
    private readonly HttpListenerContext _context;
    public HttpListenerFeature(HttpListenerContext context)
        => _context = context;

    Uri?IHttpRequestFeature.Url
        => _context.Request.Url;
    NameValueCollection IHttpRequestFeature.Headers
        => _context.Request.Headers;
    NameValueCollection IHttpResponseFeature.Headers
        => _context.Response.Headers;
    Stream IHttpRequestFeature.Body
        => _context.Request.InputStream;
    Stream IHttpResponseFeature.Body
        => _context.Response.OutputStream;
    int IHttpResponseFeature.StatusCode
    {
        get => _context.Response.StatusCode;
        set => _context.Response.StatusCode = value;
    }
}
```

　　如下所示的程式碼提供 HttpListenerServer 類型的完整定義。建立 HttpListenerServer
物件時，可以明確提供一組監聽位址，如果沒有提供，則監聽位址預設為
「localhost:5000」。在實作的 StartAsync 方法中，啟動了建構函數建立的 HttpListener
物件，並於一個無窮迴圈呼叫其 GetContextAsync 方法，以實現請求的監聽和接收。

```
public class HttpListenerServer : IServer
{
    private readonly HttpListener    _httpListener;
    private readonly string[]        _urls;

    public HttpListenerServer(params string[] urls)
    {
        _httpListener = new HttpListener();
        _urls = urls.Any() ? urls : new string[] { "http://localhost:5000/" };
    }

    public Task StartAsync(RequestDelegate handler)
    {
        Array.ForEach(_urls, url => _httpListener.Prefixes.Add(url));
        _httpListener.Start();
        while (true)
```

```
        {
            _ = ProcessAsync(handler);
        }

        async Task ProcessAsync(RequestDelegate handler)
        {
            var listenerContext = await _httpListener.GetContextAsync();
            var feature = new HttpListenerFeature(listenerContext);
            var features = new FeatureCollection()
                .Set<IHttpRequestFeature>(feature)
                .Set<IHttpResponseFeature>(feature);
            var httpContext = new HttpContext(features);
            await handler(httpContext);
            listenerContext.Response.Close();
        }
    }
}
```

　　當 HttpListener 監聽到請求後，便會得到一個 HttpListenerContext 上下文物件，此時只需要利用它建立一個 HttpListenerFeature 特性，並且分別以 IHttpRequestFeature 介面和 IHttpResponseFeature 介面的形式，將其註冊至產生的 FeatureCollection 集合。最終利用 FeatureCollection 集合建立 HttpContext 上下文物件，將它作為參數呼叫表示中介軟體管道的 RequestDelegate 委託物件，中介軟體管道將接管並處理該請求。

16.3　承載服務

　　由於 ASP.NET Core 應用程式最終是作為一個長時間運行的後台服務，然後承載於「服務承載」系統中，所以還需要為它定義一個 IHostedService 介面的實作類型，這就是接下來著重介紹的 WebHostedService 類型。

16.3.1 WebHostedService

　　伺服器是整個請求處理管道的「龍頭」，啟動一個 ASP.NET Core 應用程式，便是為了啟動伺服器，這項工作實作於作為承載服務的 WebHostedService 類型。如下面的程式碼所示，建立一個 WebHostedService 物件時，必須提供表示伺服器的 IServer 物件和表示中介軟體管道的 RequestDelegate 物件，伺服器的啟動由實作的 StartAsync 方法完成。簡單來說，StopAsync 方法什麼都沒做。

```csharp
public class WebHostedService : IHostedService
{
    private readonly IServer          _server;
    private readonly RequestDelegate _handler;

    public WebHostedService(IServer server, RequestDelegate handler)
    {
        _server = server;
        _handler = handler;
    }

    public Task StartAsync(CancellationToken cancellationToken)
        => _server.StartAsync(_handler);
    public Task StopAsync(CancellationToken cancellationToken)
        => Task.CompletedTask;
}
```

　　基本上已完成所有的核心工作，如果能夠將一個 WebHostedService 實例註冊到服務承載系統，它就能夠啟動一個 ASP.NET Core 應用程式。為了使這個過程在程式設計上變得更加「便利」和「優雅」，因此定義一個輔助的 WebHostBuilder 類型。

16.3.2 WebHostBuilder

　　若想建立一個 WebHostedService 物件，必須明確地提供一個表示伺服器的 IServer 物件，以及表示中介軟體管道的 RequestDelegate 物件。WebHostBuilder 提供更加「便利」和「優雅」的方法完成 IServer 物件和 RequestDelegate 物件的註冊。如下面的程式碼所示，WebHostBuilder 是對額外兩個 Builder 物件的封裝，一個是用來建構服務宿主的 IHostBuilder 物件，另一個則是用來註冊中介軟體並建構管道的 IApplicationBuilder 物件。

```csharp
public class WebHostBuilder
{
    public WebHostBuilder(IHostBuilder hostBuilder, IApplicationBuilder applicationBuilder)
    {
        HostBuilder        = hostBuilder;
        ApplicationBuilder = applicationBuilder;
    }

    public IHostBuilder                HostBuilder { get; }
    public IApplicationBuilder         ApplicationBuilder { get; }
}
```

為 WebHostBuilder 類型定義 UseHttpListenerServer 和 Configure 兩個擴展方法，前者用來註冊 HttpListenerServer，後者利用提供的 Action<IApplicationBuilder> 委託物件，以註冊任意的中介軟體。

```
public static partial class Extensions
{
    public static WebHostBuilder UseHttpListenerServer(
        this WebHostBuilder builder, params string[] urls)
    {
        builder.HostBuilder.ConfigureServices(svcs => svcs
            .AddSingleton<IServer>(new HttpListenerServer(urls)));
        return builder;
    }

    public static WebHostBuilder Configure(this WebHostBuilder builder,
        Action<IApplicationBuilder> configure)
    {
        configure?.Invoke(builder.ApplicationBuilder);
        return builder;
    }
}
```

ASP.NET Core 應用程式是以 WebHostedService 承載服務的形式，註冊到服務承載系統中，針對 WebHostedService 物件建立和註冊，實作於 ConfigureWebHost 擴展方法。如下面的程式碼所示，該方法定義一個 Action<WebHostBuilder> 類型的參數，透過它可以註冊伺服器、中介軟體及其他相關服務。

```
public static partial class Extensions
{
    public static IHostBuilder ConfigureWebHost(this IHostBuilder builder,
        Action<WebHostBuilder> configure)
    {
        var webHostBuilder = new WebHostBuilder(builder, new ApplicationBuilder());
        configure?.Invoke(webHostBuilder);
        builder.ConfigureServices(svcs => svcs.AddSingleton<IHostedService>(provider => {
            var server = provider.GetRequiredService<IServer>();
            var handler = webHostBuilder.ApplicationBuilder.Build();
            return new WebHostedService(server, handler);
        }));
        return builder;
    }
}
```

首先利用 ConfigureWebHost 擴展方法建立一個 ApplicationBuilder 物件，利用它和目前的 IHostBuilder 物件建立一個 WebHostBuilder 物件，將這個 WebHostBuilder 物件作為參數呼叫指定的 Action<WebHostBuilder> 委託物件。該擴展方法隨後以 IHostBuilder 介面的 ConfigureServices 方法，註冊建構 WebHostedService 物件的工廠，對於由該工廠建立的 WebHostedService 物件來說，其伺服器來自於依賴注入容器。表示中介軟體管道的 RequestDelegate 物件，則由 ApplicationBuilder 物件根據註冊的中介軟體建立。

16.3.3 應用程式建構

到目前為止，這個用來模擬 ASP.NET Core 請求處理管道的 Mini 版框架已經完成，接下來嘗試在它上面開發一個簡單的應用。如下面的程式碼所示，首先呼叫靜態類型 Host 的 CreateDefaultBuilder 方法，以建立一個 IHostBuilder 物件；然後呼叫 ConfigureWebHost 擴展方法，並利用提供的 Action<WebHostBuilder> 委託物件註冊 HttpListenerServer 伺服器和 3 個中介軟體。一旦以 Build 方法建立作為服務宿主的 IHost 物件之後，便呼叫 Run 方法啟動所有承載的 IHostedSerivce 服務。

```
Host.CreateDefaultBuilder()
    .ConfigureWebHost(builder => builder
        .UseHttpListenerServer()
        .Configure(app => app
            .Use(FooMiddleware)
            .Use(BarMiddleware)
            .Use(BazMiddleware)))
    .Build()
    .Run();

public static RequestDelegate FooMiddleware(RequestDelegate next)
    => async context =>
    {
        await context.Response.WriteAsync("Foo=>");
        await next(context);
    };

public static RequestDelegate BarMiddleware(RequestDelegate next)
    => async context =>
    {
        await context.Response.WriteAsync("Bar=>");
        await next(context);
    };
```

```
public static RequestDelegate BazMiddleware(RequestDelegate next)
    => context => context.Response.WriteAsync("Baz");
```

　　由於中介軟體最終體現為一個 Func<RequestDelegate, RequestDelegate> 委託物件，因此可以利用與之搭配的 FooMiddleware 方法、BarMiddleware 方法和 BazMiddleware 方法，以定義對應的中介軟體，它們呼叫下列的 WriteAsync 擴展方法，好於回應輸出一段文字。

```
public static partial class Extensions
{
    public static Task WriteAsync(this HttpResponse response, string contents)
    {
        var buffer = Encoding.UTF8.GetBytes(contents);
        return response.Body.WriteAsync(buffer, 0, buffer.Length);
    }
}
```

　　如果利用瀏覽器向應用程式預設的監聽位址（http://localhost:5000）傳送一個請求，則輸出結果如圖 16-6 所示。瀏覽器呈現的文字，正是由註冊的 3 個中介軟體寫入。

圖 16-6　在模擬框架上建構的 ASP.NET Core 應用程式

第 17 章
應用程式承載（下）

在「第 16 章 應用程式承載（中）」，我們利用極少的程式模擬 ASP.NET Core 框架的實作，相當於搭建了一副「骨架」，現在將餘下的「筋肉」補上，還原一個完整的框架體系。本章主要介紹真實管道的建構流程和應用程式承載的原理，以及 Minimal API 背後的「故事」。

17.1 共用上下文物件

ASP.NET Core 請求處理管道由一個伺服器和一組有序排列的中介軟體組成，所有中介軟體都在由伺服器建構的 HttpContext 上下文物件中完成請求的處理。若説 HttpContext 是整個 ASP.NET Core 體系最重要的一個類型，相信沒有人會有異議。

17.1.1 HttpContext

第 16 章建立的模擬框架定義一個簡易版的 HttpContext 類型，它只包含表示請求和回應的兩個屬性，實際上真正的 HttpContext 類型擁有更加豐富的成員。除了描述請求和回應的 Request 屬性與 Response 屬性外，還可以從 HttpContext 上下文物件取得與目前請求相關的若干資訊，例如用來表示目前請求使用者的 ClaimsPrincipal 物件、描述目前 HTTP 連接的 ConnectionInfo 物件，以及用來控制 Web Socket 的 WebSocketManager 物件等。此外還能透過 Session 屬性取得與控制目前工作階段、利用 TraceIdentifier 屬性取得或設定偵錯追蹤的 ID。

```
public abstract class HttpContext
{
    public abstract HttpRequest                    Request { get; }
    public abstract HttpResponse                   Response { get; }

    public abstract ClaimsPrincipal                User { get; set; }
    public abstract ConnectionInfo                 Connection { get; }
    public abstract WebSocketManager               WebSockets { get; }
    public abstract ISession                       Session { get; set; }
    public abstract string                         TraceIdentifier { get; set; }

    public abstract IDictionary<object, object>    Items { get; set; }
    public abstract CancellationToken              RequestAborted { get; set; }
    public abstract IServiceProvider               RequestServices { get; set; }
    ...
}
```

當用戶端中止請求（如請求逾時）時，便可透過 HttpContext 上下文物件
的 RequestAborted 屬性返回的 CancellationToken 物件接收通知。如果需要在請
求範圍內共享某些資料，則能將它保存於 Items 屬性。HttpContext 上下文物件的
RequestServices 屬性，返回的是目前請求的 IServiceProvider 物件。表示請求和回應
的 Request 屬性與 Response 屬性，依然是 HttpContext 上下文物件兩個重要的成員，
前者由下列 HttpRequest 抽象類別表示。

```
public abstract class HttpRequest
{
    public abstract HttpContext                    HttpContext { get; }
    public abstract string                         Method { get; set; }
    public abstract string                         Scheme { get; set; }
    public abstract bool                           IsHttps { get; set; }
    public abstract HostString                     Host { get; set; }
    public abstract PathString                     PathBase { get; set; }
    public abstract PathString                     Path { get; set; }
    public abstract QueryString                    QueryString { get; set; }
    publicabstract IQueryCollection                Query { get; set; }
    public abstract string                         Protocol { get; set; }
    public abstract IHeaderDictionary              Headers { get; }
    public abstract IRequestCookieCollection       Cookies { get; set; }
    public abstract string                         ContentType { get; set; }
    public abstract long?                          ContentLength { get; set; }
    public abstract Stream                         Body { get; set; }
    public virtual PipeReader                      BodyReader { get; set; }
    public abstract bool                           HasFormContentType { get; set; }
    public abstract IFormCollection                Form { get; set; }
    public virtual RouteValueDictionary            RouteValues { get; }
```

```
public abstract Task<IFormCollection> ReadFormAsync(
    CancellationToken cancellationToken);
}
```

　　如上面的程式碼所示，透過 HttpRequest 物件可取得與目前請求相關的各種資訊，例如請求的協定（HTTP 或者 HTTPS）、HTTP 方法、網址等，也可取得表示請求的 HTTP 訊息的標頭和主體。表 17-1 詳細描述定義於 HttpRequest 類型的主要屬性 / 方法的涵義。

表 17-1　定義於 HttpRequest 類型的主要屬性 / 方法的涵義

屬性 / 方法	涵義
Body	讀取請求主體內容的輸入串流物件
ContentLength	請求訊息主體內容的長度（位元組）
ContentType	請求主體內容的媒體類型（如 text/xml、text/json 等）
Cookies	請求攜帶的 Cookie 清單，對應 HTTP 請求訊息的 Cookie 標頭。該屬性的返回類型為 IRequestCookieCollection 介面，它具有與字典類似的資料結構，其 Key 和 Value 分別表示 Cookie 的名稱與值
Form	請求提交的表單。該屬性的返回類型為 IFormCollection，它具有一個與字典類似的資料結構，其 Key 和 Value 分別表示表單元素的名稱與值。由於同一個表單允許包含多個同名元素，所以 Value 是一個字串清單
HasFormContentType	請求主體是否具有一個針對表單的媒體類型，一般來說，表單內容採用的媒體類型為 application/x-www-form-urlencoded 或者 multipart/form-data
Headers	請求標頭列表。該屬性的返回類型為 IHeaderDictionary，它具有一個與字典類似的資料結構，其 Key 和 Value 分別表示標頭的名稱與值。由於同一個請求允許包含多個同名標頭，所以 Value 是一個字串清單
Host	請求目標網址的主機名稱（含埠）。該屬性返回的是一個 HostString 物件，它是對主機名稱和埠的封裝
IsHttps	是否為一個採用 TLS/SSL 的 HTTPS 請求
Method	請求採用的 HTTP 方法
PathBase	請求的基礎路徑，一般體現為應用程式網站所在的路徑
Path	請求相對於 PathBase 的路徑。如果目前請求的 URL 為「http://www.artech.com/webapp/home/index」（PathBase 為「/webapp」），那麼 Path 屬性返回「/home/index」

屬性 / 方法	涵義
Protocol	請求採用的協定及其版本，如 HTTP/1.1 表示針對 1.1 版本的 HTTP 協定
Query	請求攜帶的查詢字串。該屬性的返回類型為 IQueryCollection，它具有一個與字典類似的資料結構，其 Key 和 Value 分別表示以查詢字串形式定義的變數名稱與值。由於查詢字串允許定義多個同名變數（如「?foobar=123&foobar=456」），所以 Value 是一個字串清單
QueryString	請求攜帶的查詢字串。該屬性返回一個 QueryString 物件，它的 Value 屬性值表示整個查詢字串的原始呈現形式，如「{?foo=123&bar=456}」
Scheme	請求採用的協定前綴（http 或者 https）
Body/BodyReader	用來讀取請求主體內容的 Stream 和 PipeReader
RouteValues	用來儲存路由參數的字典
ReadFormAsync	從請求的主體部分讀取表單內容。該屬性的返回類型為 IFormCollection，它具有一個與字典類似的資料結構，其 Key 和 Value 分別表示表單元素的名稱與值。由於同一個表單允許包含多個同名元素，所以 Value 是一個字串清單

瞭解表示請求的抽象類別 HttpRequest 之後，接下來介紹另一個與之相對、用來描述回應的 HttpResponse 類型。如下面的程式碼所示，HttpResponse 依然是一個抽象類別，可以透過它定義的屬性和方法控制對請求的回應。從原則上來講，任何形式的回應都能利用它來實作。

```
public abstract class HttpResponse
{
    public abstract HttpContext          HttpContext { get; }
    public abstract int                  StatusCode { get; set; }
    public abstract IHeaderDictionary    Headers { get; }
    public abstract Stream               Body { get; set; }
    public virtual PipeWriter            BodyWriter { get; }
    public abstract long?                ContentLength { get; set; }
    public abstract IResponseCookies     Cookies { get; }
    public abstract bool                 HasStarted { get; }

    public abstract void OnStarting(Func<object, Task> callback, object state);
    public virtual void OnStarting(Func<Task> callback);
    public abstract void OnCompleted(Func<object, Task> callback, object state);
    public virtual void RegisterForDispose(IDisposable disposable);
    public virtual void RegisterForDisposeAsync(IAsyncDisposable disposable);
```

```
    public virtual void OnCompleted(Func<Task> callback);
    public virtual void Redirect(stringlocation);
    public abstract void Redirect(string location, bool permanent);
}
```

　　利用 HttpContext 上下文物件得到表示回應的 HttpResponse 物件之後，便可完成各種類型的回應工作，例如設定回應狀態碼、增加回應標頭和寫入主體內容等。表 17-2 詳細描述定義於 HttpResponse 類型的主要屬性 / 方法的涵義。

表 17-2　定義於 HttpResponse 類型的主要屬性 / 方法的涵義

屬性 / 方法	涵義
Body	回應主體輸出串流
BodyWriter	將主體內容寫入輸出串流的 PipeWriter 物件
ContentLength	回應訊息主體內容的長度（位元組）
ContentType	回應內容採用的媒體類型 /MIME 類型
Cookies	返回一個用來設定（增加或者刪除）回應 Cookie（對應回應訊息的 Set-Cookie 標頭）的 ResponseCookies 物件
HasStarted	表示是否已經開始發送回應。由於 HTTP 回應訊息總是從標頭開始傳送，所以這個屬性表示是否開始發送回應標頭
Headers	回應訊息的標頭集合。該屬性的返回類型為 IHeaderDictionary，它具有一個與字典類似的資料結構，其 Key 和 Value 分別表示標頭的名稱與值。由於同一個回應訊息允許包含多個同名標頭，所以 Value 是一個字串清單
StatusCode	回應的狀態碼
OnCompleted	註冊一個回呼操作，以便在回應訊息發送結束時自動執行
OnStarting	註冊一個回呼操作，以便在回應訊息開始發送時自動執行
Redirect	傳送一個針對指定目標網址的重定向回應訊息。permanent 參數表示重定向類型，例如狀態碼「302」表示暫時重定向，或者狀態碼「301」表示永久重定向
RegisterForDispose/ RegisterForDisposeAsync	註冊一個需要回收釋放的物件，該物件對應的類型必須實作 IDisposable 介面或者 IAsyncDisposable 介面，所謂的釋放體現於對其 Dispose/DisposeAsync 方法的呼叫

17.1.2 伺服器適配

中介軟體管道總是藉助抽象的 HttpContext 上下文物件，以提取請求和完成回應，但是請求的接收和回應的返回則是由伺服器完成，所以必須解決統一抽象的 HttpContext 上下文物件，以及不同伺服器類型之間的適配問題。透過「第 16 章 應用程式承載（中）」提供的模擬框架，已知這裡的適配是透過「特性」（Feature）完成。如圖 17-1 所示，不僅利用特性提供對應的請求狀態，也賦予特性對請求予以回應的功能。HttpContext 上下文物件建立於一系列抽象的特性之上，伺服器為特性提供具體的實作。

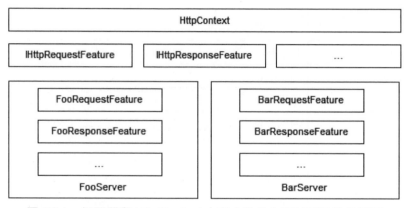

圖 17-1 伺服器與 HttpContext 上下文物件之間針對特性的適配

由伺服器提供的特性集合透過 IFeatureCollection 介面表示。如下面的程式碼所示，本質上，一個 IFeatureCollection 物件是一個 KeyValuePair<Type, object> 物件的集合，由於作為 Key 的類型基本上不會重複，因此它實際上就是一個字典。特性的讀 / 寫，分別透過 Get<TFeature> 方法和 Set<TFeature> 方法或者索引完成。如果 IsReadOnly 屬性返回 True，意謂著集合被「凍結」，不能覆蓋或者修改特性。可將整數類型的唯讀屬性 Revision 視為 IFeatureCollection 物件的版本，針對特性的更動都會改變該屬性的值。

```
public interface IFeatureCollection : IEnumerable<KeyValuePair<Type, object>>
{
    TFeature Get<TFeature>();
    void Set<TFeature>(TFeature instance);

    bool        IsReadOnly { get; }
    object      this[Type key] { get; set; }
    int         Revision { get; }
}
```

如下定義的 FeatureCollection 類型，是對 IFeatureCollection 介面的預設實作。它
具有兩個多載的建構函數，預設無參建構函數用來建立一個空的特性集合，另一個
建構函數則需指定一個 IFeatureCollection 物件，以作為後備儲存。FeatureCollection
類型的 IsReadOnly 屬性總是返回 False，所以它永遠是可讀可寫。以無參建構函數產
生的 FeatureCollection 物件的 Revision 屬性，內定返回零，根據指定後備儲存建立的
FeatureCollection 物件，則將提供的 IFeatureCollection 物件的版本作為初始版本。無
論採用何種形式改變註冊的特性，此 Revision 屬性都會自動遞增。

```
public classFeatureCollection : IFeatureCollection
{
    // 其他成員
    public FeatureCollection();
    public FeatureCollection(IFeatureCollection defaults);
}
```

伺服器提供的 IFeatureCollection 物件體現於 HttpContext 類型的 Features 屬性。
雖然特性最初是為了解決不同的伺服器類型，以及抽象 HttpContext 上下文物件之間
的適配而設計，但是它的作用不僅於此。由於註冊的特性採用基於請求的生命週期，
因此可將任何基於請求的狀態和功能，以特性的方式「附著」於 HttpContext 上下文
物件，其實達到與 Items 屬性類似的作用。由於特性一般都被定義成介面，與相對「隨
意」的 Items 欄位相比，特性更加「正式」一點。

```
public abstract class HttpContext
{
    public abstract IFeatureCollection        Features { get; }
    ...
}

public class DefaultHttpContext : HttpContext
{
    public DefaultHttpContext(IFeatureCollection features);
    ...
}
```

DefaultHttpContext 物件是 HttpContext 抽象類別的預設實作。如上面的
程式碼所示，該物件就是由指定的 IFeatureCollection 物件建構。對於定義於
DefaultHttpContext 的所有屬性，它們幾乎都具有一個對應的特性。表 17-3 列出這些
屬性和對應特性介面之間的映射關係。

表 17-3　屬性和對應特性介面之間的映射關係 Feature

特性	屬性	涵義
IHttpRequestFeature	Request	取得描述請求的基本資訊
IHttpResponseFeature	Response	控制對請求的回應
IHttpResponseBody	Response.Body/ BodyWriter	回應主體內容輸出串流和對應的 PipeWriter
IHttpConnectionFeature	Connection	提供描述目前 HTTP 連接的基本資訊
IItemsFeature	Items	提供使用者儲存針對目前請求的物件容器
IHttpRequestLifetimeFeature	RequestAborted	傳遞請求處理取消通知和中止目前請求處理
IServiceProvidersFeature	RequestServices	提供根據服務註冊建立的 ServiceProvider
ISessionFeature	Session	提供描述目前工作階段的 Session 物件
IHttpRequestIdentifierFeature	TraceIdentifier	為追蹤日誌（Trace）提供目前請求的唯一標識
IHttpWebSocketFeature	WebSockets	管理 Web Socket

後續章節將涉及表 17-3 列出的眾多特性介面，目前只關心表示請求和回應的 IHttpRequestFeature 介面和 IHttpResponseBodyFeature 介面。從下面的程式碼得知，這兩個介面具有與抽象類別 HttpRequest 和 HttpResponse 一致的定義。DefaultHttpContext 的 Request 屬性和 Response 屬性返回的真實類型，分別為 DefaultHttpRequest 與 DefaultHttpResponse，它們分別利用上述兩個特性，完成對定義於基礎類別（HttpRequest 和 HttpResponse）所有抽象成員的實作。但是，表示回應主體的輸出串流（Body 屬性）和對應的 PipeWriter（BodyWriter），則來源於 IHttpResponseBodyFeature 特性。

```
public interface IHttpRequestFeature
{
    IHeaderDictionary        Headers { get; set; }
    string                   Method { get; set; }
    string                   Path { get; set; }
    string                   PathBase { get; set; }
    string                   Protocol { get; set; }
    string                   QueryString { get; set; }
    string                   Scheme { get; set; }
}


public interface IHttpResponseFeature
{
```

```
    Stream                  Body { get; set; }
    bool                    HasStarted { get; }
    IHeaderDictionary       Headers { get; set; }
    string                  ReasonPhrase { get; set; }
    int                     StatusCode { get; set; }

    void OnCompleted(Func<object, Task> callback, object state);
    void OnStarting(Func<object, Task> callback, object state);
}

public interface IHttpResponseBodyFeature
{
    Stream          Stream { get; }
    PipeWriter      Writer { get; }

    void DisableBuffering();
    Task StartAsync(CancellationToken cancellationToken = default(CancellationToken));
    Task SendFileAsync(string path, long offset, long? count,
        CancellationToken cancellationToken = default(CancellationToken));
    Task CompleteAsync();
}
```

17.1.3 取得上下文物件

目前請求的 HttpContext 上下文物件，可以利用注入 IHttpContextAccessor 物件取得。如下面的程式碼所示，這個上下文物件體現於 IHttpContextAccessor 介面的 HttpContext 屬性，並且這個屬性是可讀可寫。

```
public interface IHttpContextAccessor
{
    HttpContext HttpContext { get; set; }
}
```

HttpContextAccessor 類型是對 IHttpContextAccessor 介面的預設實作。從下面的程式碼得知，它將 HttpContext 上下文物件儲存於一個 AsyncLocal<HttpContext> 物件，因此在整個請求處理的非同步處理流程中，都能利用它得到目前請求的 HttpContext 上下文物件。

```
public class HttpContextAccessor : IHttpContextAccessor
{
    private static AsyncLocal<HttpContext> _httpContextCurrent
        = new AsyncLocal<HttpContext>();
```

```
    public HttpContext HttpContext
    {
        get => _httpContextCurrent.Value;
        set => _httpContextCurrent.Value=value;
    }
}
```

IHttpContextAccessor/HttpContextAccessor 的服務註冊，由如下 AddHttpContext Accessor 擴展方法完成。由於它透過 TryAddSingleton<TService, TImplementation> 擴展方法註冊服務，所以不用擔心多次呼叫該擴展方法，因而出現服務的重複註冊問題。

```
public static class HttpServiceCollectionExtensions
{
    public static IServiceCollection AddHttpContextAccessor(
        this IServiceCollection services)
    {
        services.TryAddSingleton<IHttpContextAccessor, HttpContextAccessor>();
        return services;
    }
}
```

17.1.4 上下文物件的建立與釋放

ASP.NET Core 應用程式在開始處理請求前對 HttpContext 上下文物件的建立，以及請求處理完成後對它的回收釋放，都是透過 IHttpContextFactory 工廠完成。IHttpContextFactory 介面定義 Create 和 Dispose 兩個方法，前者根據提供的特性集合產生 HttpContext 上下文物件，後者負責釋放與回收提供的 HttpContext 上下文物件。

```
public interface IHttpContextFactory
{
    HttpContext Create(IFeatureCollection featureCollection);
    void Dispose(HttpContext httpContext);
}
```

DefaultHttpContextFactory 類型是對 IHttpContextFactory 介面的預設實作，DefaultHttpContext 物件就是由它建立。如下面的程式碼所示，DefaultHttpContextFactory 利用注入的 IServiceProvider 物件得到 IHttpContextAccessor 物件、用來建立服務範圍的 IServiceScopeFactory 工廠，以及與表單相關的 FormOptions 組態選項。實作的 Create 方法根據提供的特性集合建立 DefaultHttpContext 物件，並將其複製到

IHttpContextAccessor 物件的 HttpContext 屬性，此後在目前請求的非同步呼叫鏈中，便可利用 IHttpContextAccessor 物件得到 HttpContext 上下文物件。

```csharp
public class DefaultHttpContextFactory : IHttpContextFactory
{
    private readonly IHttpContextAccessor   _httpContextAccessor;
    private readonly FormOptions            _formOptions;
    private readonly IServiceScopeFactory   _serviceScopeFactory;

    public DefaultHttpContextFactory(IServiceProvider serviceProvider)
    {
        _httpContextAccessor = serviceProvider.GetService<IHttpContextAccessor>();
        _formOptions = serviceProvider.GetRequiredService<IOptions<FormOptions>>().Value;
        _serviceScopeFactory = serviceProvider.GetRequiredService<IServiceScopeFactory>();
    }

    public HttpContext Create(IFeatureCollection featureCollection)
    {
        var httpContext = CreateHttpContext(featureCollection);
        if (_httpContextAccessor != null)
        {
            _httpContextAccessor.HttpContext = httpContext;
        }
        httpContext.FormOptions = _formOptions;
        httpContext.ServiceScopeFactory = _serviceScopeFactory;
        return httpContext;
    }

    private static DefaultHttpContext CreateHttpContext(
        IFeatureCollection featureCollection)
    {
        if (featureCollection is IDefaultHttpContextContainer container)
        {
            return container.HttpContext;
        }
        return new DefaultHttpContext(featureCollection);
    }

    public void Dispose(HttpContext httpContext)
    {
        if (_httpContextAccessor != null)
        {
            _httpContextAccessor.HttpContext = null;
        }
    }
}
```

如上面的程式碼所示，Create 方法在返回建立的 DefaultHttpContext 物件之前，還會設定 DefaultHttpContext 物件的 FormOptions 屬性和 ServiceScopeFactory 屬性。一旦執行 Dispose 方法時，便將 IHttpContextAccessor 物件的 HttpContext 屬性設為 Null。

17.1.5 RequestServices

ASP.NET Core 框架存在兩個用於提供所需服務的依賴注入容器，一個針對應用程式，另一個針對目前請求。繫結到 HttpContext 上下文物件 RequestServices 屬性的容器，來自於 IServiceProvidersFeature 特性。如下面的程式碼所示，該特性介面定義唯一的 RequestServices 屬性。

```
public interface IServiceProvidersFeature
{
    IServiceProvider RequestServices { get; set; }
}
```

RequestServicesFeature 類型是對 IServiceProvidersFeature 介面的預設實作。如下面的程式碼所示，當建立一個 RequestServicesFeature 物件時，需要提供目前的 HttpContext 上下文物件和建立服務範圍的 IServiceScopeFactory 工廠。第一次從 RequestServicesFeature 物件的 RequestServices 取出基於目前請求的依賴注入容器時，它會利用 IServiceScopeFactory 工廠建立一個服務範圍，並返回該範圍內的 IServiceProvider 物件。前文已經多次強調依賴注入的服務範圍，在 ASP.NET Core 應用程式下，是指基於請求的「範圍」，其本質便體現於此。

```
public class RequestServicesFeature :
    IServiceProvidersFeature, IDisposable, IAsyncDisposable
{
    private readonly IServiceScopeFactory    _scopeFactory;
    private IServiceProvider                 _requestServices;
    private IServiceScope                    _scope;
    private bool                             _requestServicesSet;
    private readonly HttpContext _context;

    public RequestServicesFeature(HttpContext context, IServiceScopeFactory scopeFactory)
    {
        _context       = context;
        _scopeFactory  = scopeFactory;
    }

    public IServiceProvider RequestServices
```

```
{
    get
    {
        if (!_requestServicesSet && _scopeFactory != null)
        {
            _context.Response.RegisterForDisposeAsync(this);
            _scope                = _scopeFactory.CreateScope();
            _requestServices      = _scope.ServiceProvider;
            _requestServicesSet   = true;
        }
        return _requestServices;
    }

    set
    {
        _requestServices         = value;
        _requestServicesSet      = true;
    }
}

public ValueTask DisposeAsync()
{
    switch (_scope)
    {
        case IAsyncDisposable asyncDisposable:
            var vt = asyncDisposable.DisposeAsync();
            if (!vt.IsCompletedSuccessfully)
            {
                return Awaited(this, vt);
            }
            vt.GetAwaiter().GetResult();
            break;
        case IDisposable disposable:
            disposable.Dispose();
            break;
    }

    _scope               = null;
    _requestServices     = null;
    return default;

    static async ValueTask Awaited(RequestServicesFeature servicesFeature,
        ValueTask vt)
    {
        await vt;
        servicesFeature._scope= null;
        servicesFeature._requestServices = null;
```

```
        }
    }

    public void Dispose() => DisposeAsync().ConfigureAwait(false).GetAwaiter().GetResult();
}
```

為了在完成請求處理之後釋放所有非 Singleton 服務實例，必須即時釋放建立的服務範圍。針對服務範圍的釋放實作於 DisposeAsync 方法，該方法是針對 IAsyncDisposable 介面的實作。讀取 RequestServices 屬性時，如果涉及相關服務範圍的建立，則 RequestServicesFeature 物件會呼叫表示目前回應的 HttpResponse 物件的 RegisterForDisposeAsync，將 DisposeAsync 方法註冊為回呼，這段註冊確保建立的服務範圍在完成回應之後被終結。除了建立返回的 DefaultHttpContext 物件外，DefaultHttpContextFactory 物件還會設定建立服務範圍的工廠（對應 ServiceScopeFactory 屬性）。用來提供基於目前請求依賴注入容器的 RequestServicesFeature 特性，正是根據 IServiceScopeFactory 物件而產生。

17.2 IServer + IHttpApplication

ASP.NET Core 的請求處理管道由一個伺服器和一組中介軟體組成，但對於面向傳輸層的伺服器來說，它其實沒有中介軟體的概念，而是面對一個 IHttpApplication<TContext> 物件。因此管道可以視為由 IServer 和 IHttpApplication<TContext> 物件組成，如圖 17-2 所示。

圖 17-2　由 IServer 和 IHttpApplication<TContext> 物件組成的管道

17.2.1 IServer

由 IServer 介面表示的伺服器是整個請求處理管道的「龍頭」，所以啟動和關閉應用程式的最終目的，便是啟動和關閉伺服器。該介面具有 3 個成員，由伺服器提供的特性，便保存於其 Features 屬性返回的 IFeatureCollection 集合，StartAsync<TContext> 方法與 StopAsync 方法分別用來啟動和關閉伺服器。

```
public interface IServer : IDisposable
{
    IFeatureCollection Features { get; }
```

```
    Task StartAsync<TContext>(IHttpApplication<TContext> application,
        CancellationToken cancellationToken);

    TaskStopAsync(CancellationToken cancellationToken);
}
```

伺服器在開始監聽請求之前，總會繫結一個或者多個監聽位址，這個位址是從外部指定。具體來說，伺服器採用的監聽位址將封裝成一個 IServerAddressesFeature 特性，並於啟動伺服器之前加到它的特性集合。如下面的程式碼所示，該特性介面除了定義一個表示位址清單的 Addresses 屬性，還有一個布林類型的 PreferHostingUrls 屬性，該屬性表示如果監聽位址同時設定至承載系統組態和伺服器時，那麼是否優先使用前者。

```
public interface IServerAddressesFeature
{
    ICollection<string>         Addresses { get; }
    bool                        PreferHostingUrls { get; set; }
}
```

對伺服器而言，IHttpApplication<TContext> 物件就是將要接管與處理請求的整個應用程式，從介面命名也能夠看出來。當呼叫 IServer 物件的 StartAsync<TContext> 方法啟動伺服器時，必須提供此 IHttpApplication<TContext> 物件。IHttpApplication<TContext> 介面的泛型參數 TContext，表示整個請求處理建構的上下文類型，此類型由 IHttpApplication<TContext> 物件的 CreateContext 方法產生。該類型針對請求的處理體現於 ProcessRequestAsync 方法，上下文類型在請求處理結束後，由 DisposeContext 方法釋放。

```
public interface IHttpApplication<TContext>
{
    TContext CreateContext(IFeatureCollection contextFeatures);
    void DisposeContext(TContext context, Exception exception);
    Task ProcessRequestAsync(TContext context);
}
```

17.2.2 HostingApplication

如下 HostingApplication 類型是 IHttpApplication<TContext> 介面的預設實作，它使用一個內建的 Context 類型表示處理請求的上下文。Context 是對一個 HttpContext 上下文物件的封裝，同時提供一些額外的「診斷」資訊。

```
public class HostingApplication : IHttpApplication<HostingApplication.Context>
{
    ...
    public struct Context
    {
        public HttpContext      HttpContext { get;  set; }

        public IDisposable      Scope { get;  set; }
        public long             StartTimestamp { get;set; }
        public bool             EventLogEnabled { get;  set; }
        public Activity         Activity { get;  set; }
        ...
    }
}
```

　　HostingApplication 物件會在開始和完成請求，以及在請求過程出現異常時，以不同的形式（DiagnosticSource 診斷日誌、EventSource 事件日誌和 .NET 日誌系統）輸出一些診斷日誌。Context 除 HttpContext 外的其他屬性都與診斷日誌有關。它的 Scope 屬性返回為目前請求建立的日誌範圍，此範圍會攜帶請求的唯一 ID。如果註冊的 ILoggerProvider 物件支援日誌範圍，那麼 ILogger 物件就能記錄這個請求的 ID，意謂著可以根據此 ID 取出同一個請求的多筆日誌，以組成一組完整的追蹤記錄。

　　HostingApplication 物件會在請求結束之後記錄目前請求的處理時間，所以在開始處理請求時就會記錄目前的時間戳記，該時間戳記體現於 Context 的 StartTimestamp 屬性。它的 EventLogEnabled 屬性表示是否開啟 EventSource 事件日誌，而 Activity 屬性返回表示整個請求處理操作的 Activity 物件。

　　如下所示為 HostingApplication 類型的完整定義，建立此物件時需要提供表示中介軟體管道的 RequestDelegate 物件和 IHttpContextFactory 工廠。ILogger 物件、DiagnosticListener 物件和 ActivitySource 物件，則用來建立輸出診斷資訊的 HostingApplicationDiagnostics 物件。

```
public class HostingApplication : IHttpApplication<HostingApplication.Context>
{
    private readonly RequestDelegate        _application;
    private HostingApplicationDiagnostics   _diagnostics;
    private readonly IHttpContextFactory    _httpContextFactory;

    public HostingApplication(RequestDelegate application, ILogger logger,
        DiagnosticListener diagnosticSource,
        ActivitySource activitySource,IHttpContextFactory httpContextFactory)
    {
```

```
        _application= application;
        _diagnostics = new HostingApplicationDiagnostics(logger, diagnosticSource,
            activitySource);
        _httpContextFactory = httpContextFactory;
    }

    public Context CreateContext(IFeatureCollection contextFeatures)
    {
        varcontext = new Context();
        varhttpContext = _httpContextFactory.Create(contextFeatures);
        _diagnostics.BeginRequest(httpContext, ref context);
        context.HttpContext = httpContext;
        return context;
    }

    public Task ProcessRequestAsync(Context context)
        =>_application(context.HttpContext);

    public void DisposeContext(Context context, Exception exception)
    {
        var httpContext = context.HttpContext;
        _diagnostics.RequestEnd(httpContext, exception, context);
        _httpContextFactory.Dispose(httpContext);
        _diagnostics.ContextDisposed(context);
    }
}
```

HostingApplication 的 CreateContext 方法利用 IHttpContextFactory 工廠建立目前 HttpContext 上下文物件，並將它封裝成 Context 物件。返回這個物件之前，它會呼叫 HostingApplicationDiagnostics 物件的 BeginRequest 方法，以輸出「開始處理請求」 事件的日誌。ProcessRequestAsync 方法僅呼叫表示中介軟體管道的 RequestDelegate 物件，便能完成請求的處理。用來釋放上下文的 DisposeContext 方法，會直接呼叫 IHttpContextFactory 工廠的 Dispose 方法釋放 HttpContext 上下文物件。由此得知， HttpContext 上下文物件的生命週期是由 HostingApplication 控制。釋放 HttpContext 上下文物件之後，HostingApplication 利用 HostingApplicationDiagnostics 物件輸出 「完成請求處理」時間的日誌。Context 物件的 Scope 屬性表示的日誌範圍，就是 在呼叫 HostingApplicationDiagnostics 物件的 ContextDisposed 方法時釋放。如果將 HostingApplication 物件引入 ASP.NET Core 的請求處理管道，則完整的管道體現為圖 17-3 所示的結構。

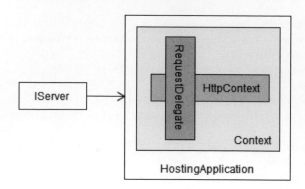

圖 17-3　由 IServer 和 HostingApplication 組成的管道

17.2.3　診斷日誌

很多人並不關心 ASP.NET Core 框架記錄的診斷日誌，其實這些日誌對偵錯、排錯和效能監控，都提供很有用的資訊。如果需要建立一個 APM（Application Performance Management）系統，以便監控 ASP.NET Core 應用程式處理請求的效能及出現的異常，則完全可以將 HostingApplication 物件記錄的日誌作為原始資料。實際上，目前很多 APM 系統（如 OpenTelemetry.NET 、Elastic APM 和 SkyWalking APM 等）都是利用這種方式收集分散式追蹤日誌。

1. 日誌系統

為了確定什麼樣的資訊會被視為診斷日誌而記錄下來，底下透過一個簡單的實例，好將 HostingApplication 物件寫入的診斷日誌輸出到控制台。HostingApplication 物件會把相同的診斷資訊以 3 種不同的方式進行記錄，其中包含「第 8 章 診斷日誌（中）」介紹的日誌系統。下列程式利用 WebApplicationBuilder 的 Logging 屬性得到返回的 ILoggingBuilder 物件，並呼叫它的 AddSimpleConsole 擴展方法，為預設註冊的 ConsoleLoggerProvider 開啟針對日誌範圍的支援。最後呼叫 IApplicationBuilder 介面的 Run 方法註冊一個中介軟體，該中介軟體在處理請求時會利用依賴注入容器擷取用來發送日誌事件的 ILogger<Program> 物件，並透過它寫入一筆 Information 等級的日誌。如果請求路徑為「/error」，那麼該中介軟體將拋出一個 InvalidOperationException 類型的異常。

```
var builder = WebApplication.CreateBuilder(args);
builder.Logging.AddSimpleConsole(options => options.IncludeScopes = true);
var app = builder.Build();
app.Run(HandleAsync);
```

```
app.Run();

static Task HandleAsync(HttpContext httpContext)
{
    var logger = httpContext.RequestServices.GetRequiredService<ILogger<Program>>();
    logger.LogInformation($"Log for event Foobar");
    if (httpContext.Request.Path == new PathString("/error"))
    {
        throw new InvalidOperationException("Manually throw exception.");
    }
    return Task.CompletedTask;
}
```

　　執行程式之後，利用瀏覽器以不同的路徑（/foobar 和 /error）向應用程式傳送兩次請求，控制台會輸出 7 筆日誌，如圖 17-4 所示。由於開啟日誌範圍的支援，所以輸出的日誌都會攜帶日誌範圍的資訊，日誌範圍提供很多有用的分散式追蹤資訊，如 Trace ID、Span ID、Parent Span ID，以及請求的 ID 和路徑等。請求 ID（Request ID）由目前的連接 ID 和一個序號組成。從圖 17-4 得知，兩次請求的 ID 分別是「0HMJ5V85LRRN4:00000002」和「0HMJ5V85LRRN4:00000003」。由於採用的是長連接，並且兩次請求共用同一個連接，因此它們具有相同的連接 ID（0HMJ5V85LRRN4）。同一個連接的多次請求，會將一個自增的序號（00000002 和 00000003）作為唯一標識。（S1701）

　　對於兩次請求輸出的 7 筆日誌，類別為「Program」的日誌是由應用程式自行寫入，HostingApplication 寫入日誌的類別為「Microsoft.AspNetCore.Hosting. Diagnostics」。第一次請求的 3 筆日誌訊息，第 1 筆是在開始處理請求時寫入，這筆日誌包含請求的 HTTP 版本（HTTP/1.1）、HTTP 方法（GET）和請求 URL。對於包含主體內容的請求，也會一併記錄請求主體內容的媒體類型（Content-Type）和大小（Content-Length）。當請求處理結束後輸出第 3 筆日誌，日誌承載的資訊包括請求處理耗時（56.6433 毫秒）和回應狀態碼（200）。如果回應具有主體內容，則同樣會記錄對應的媒體類型。

　　對於第二次請求，由於人為拋出了異常，所以異常訊息會寫入日誌。如果足夠仔細的話，就會發現這筆等級為 Error 的日誌並不是由 HostingApplication 物件寫入，而是作為伺服器的 KestrelServer 寫入，因為該日誌採用的類別為「Microsoft. AspNetCore.Server.Kestrel」。

圖 17-4　捕捉 HostingApplication 記錄的診斷日誌

2. DiagnosticSource 診斷日誌

HostingApplication 採用的 3 種日誌形式，還包括基於 DiagnosticSource 物件的診斷日誌，因此可以透過註冊診斷監聽器收集診斷資訊。如果以這種方式取得診斷資訊，就得預先知道診斷日誌事件的名稱和內容負載的資料結構。查看 HostingApplication 類型的原始碼，便會發現它針對「開始請求」、「結束請求」、「未處理異常」這 3 類診斷日誌事件採用下列的命名方式。

- 開始請求：Microsoft.AspNetCore.Hosting.BeginRequest。

- 結束請求：Microsoft.AspNetCore.Hosting.EndRequest。

- 未處理異常：Microsoft.AspNetCore.Hosting.UnhandledException。

　　至於診斷日誌訊息的內容負載（Payload）結構，上述 3 類診斷事件具有兩個相同的成員，分別是表示目前請求上下文物件的 HttpContext，以及透過一個 Int64 整數表示的時間戳記，對應的資料成員名稱分別為「httpContext」和「timestamp」。對於未處理異常診斷事件，它承載的內容負載還包括拋出異常，對應的成員名稱為「exception」。下列程式定義 DiagnosticCollector 類型作為診斷監聽器，再透過它定義上述 3 類診斷事件的監聽方法。

```
public class DiagnosticCollector
{
    [DiagnosticName("Microsoft.AspNetCore.Hosting.BeginRequest")]
    public void OnRequestStart(HttpContext httpContext, long timestamp)
    {
        var request = httpContext.Request;
        Console.WriteLine($"\nRequest starting {request.Protocol} {request.Method}
            {request.Scheme}://{request.Host}{request.PathBase}{request.Path}");
        httpContext.Items["StartTimestamp"] = timestamp;
    }


    [DiagnosticName("Microsoft.AspNetCore.Hosting.EndRequest")]
    public void OnRequestEnd(HttpContext httpContext, long timestamp)
    {
        var startTimestamp = long.Parse(httpContext.Items["StartTimestamp"]!.ToString());
        var timestampToTicks = TimeSpan.TicksPerSecond / (double)Stopwatch.Frequency;
        var elapsed = new TimeSpan((long)(timestampToTicks *
            (timestamp -startTimestamp)));
        Console.WriteLine($"Request finished in {elapsed.TotalMilliseconds}ms
            {httpContext.Response.StatusCode}");
    }


    [DiagnosticName("Microsoft.AspNetCore.Hosting.UnhandledException")]
    public void OnException(HttpContext httpContext, long timestamp, Exception exception)
    {
        OnRequestEnd(httpContext, timestamp);
        Console.WriteLine(
            $"{exception.Message}\nType:{exception.GetType()}\nStacktrace:
            {exception.StackTrace}");
    }
}
```

　　「開始請求」事件的 OnRequestStart 方法輸出目前請求的 HTTP 版本、HTTP 方法和 URL。為了計算整個請求處理的耗時，它將當前時間戳記保存於 HttpContext 上下文物件的 Items 集合。「結束請求」事件的 OnRequestEnd 方法，將這個時間戳記從 HttpContext 上下文物件取出，結合目前時間戳記計算請求處理耗時，耗時和回應的狀態碼最終會寫入控制台。「未處理異常」診斷事件的 OnException 方法，在呼叫 OnRequestEnd 方法之後，會把異常的訊息、類型和追蹤堆疊輸出至控制台。下列程式利用 WebApplication 的 Services 提供的依賴注入容器，以取出註冊的 DiagnosticListener 物件，並呼叫它的 SubscribeWithAdapter 擴展方法將 DiagnosticCollector 物件註冊為訂閱者。呼叫 Run 方法註冊一個中介軟體，該中介軟體將於請求路徑為「/error」的情況下拋出異常。

```
using App;
using System.Diagnostics;

var builder = WebApplication.CreateBuilder(args);
builder.Logging.ClearProviders();
var app = builder.Build();
var listener = app.Services.GetRequiredService<DiagnosticListener>();
listener.SubscribeWithAdapter(new DiagnosticCollector());
app.Run(HandleAsync);
app.Run();

static Task HandleAsync(HttpContext httpContext)
{
    var listener =
      httpContext.RequestServices.GetRequiredService<DiagnosticListener>();
    if (httpContext.Request.Path == new PathString("/error"))
    {
        throw new InvalidOperationException("Manually throw exception.");
    }
    return Task.CompletedTask;
}
```

　　正常啟動展示實例後，便可採用不同的路徑（/foobar 和 /error）對應用程式傳送兩個請求，控制台會輸出 DiagnosticCollector 物件收集的診斷資訊，如圖 17-5 所示。（S1702）

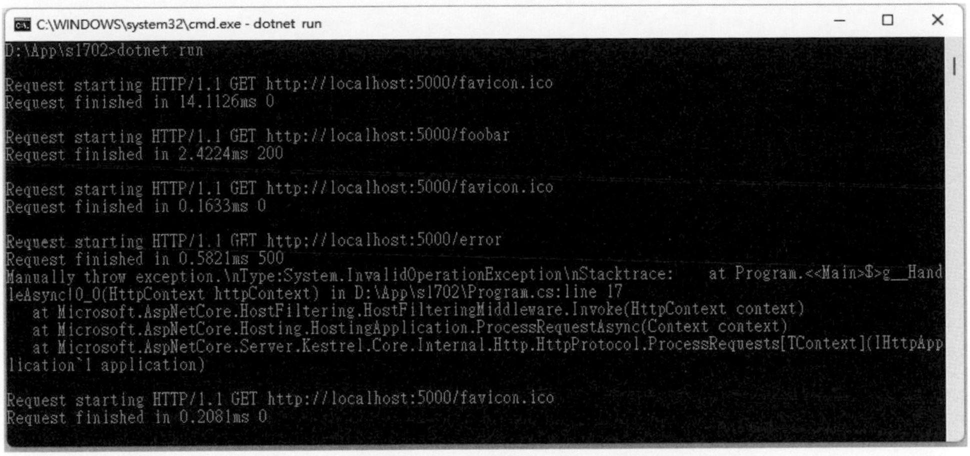

圖 17-5　利用註冊的診斷監聽器取得診斷日誌

3. EventSource 事件日誌

HostingApplication 在處理每個請求的過程中，還會利用名稱為「Microsoft. AspNetCore. Hosting」的 EventSource 物件發出相關的日誌事件。這個 EventSource 物件來回在啟動和關閉應用程式時送出對應的事件，該物件涉及 5 個日誌事件，對應的名稱如下。

- 啟動應用程式：HostStart。

- 開始處理請求：RequestStart。

- 請求處理結束：RequestStop。

- 未處理異常：UnhandledException。

- 關閉應用程式：HostStop。

程式利用建立的 EventListener 物件監聽上述 5 個日誌事件。如下面的程式碼所示，首先定義繼承抽象類別 EventListener 的 DiagnosticCollector 類型，並在啟動應用程式前建立 EventListener 物件，透過註冊該物件的 EventSourceCreated 事件開啟上述 EventSource 的監聽。註冊的 EventWritten 事件會將監聽到的事件名稱的負載內容輸出到控制台。

```
using System.Diagnostics.Tracing;

var listener = new DiagnosticCollector();
listener.EventSourceCreated += (sender, args) =>
```

```
{
    if (args.EventSource?.Name == "Microsoft.AspNetCore.Hosting")
    {
        listener.EnableEvents(args.EventSource, EventLevel.LogAlways);
    }
};
listener.EventWritten += (sender, args) =>
{
    Console.WriteLine(args.EventName);
    for (int index = 0; index < args.PayloadNames?.Count; index++)
    {
        Console.WriteLine($"\t{args.PayloadNames[index]} = {args.Payload?[index]}");
    }
};

var builder = WebApplication.CreateBuilder(args);
builder.Logging.ClearProviders();
varapp = builder.Build();
app.Run(HandleAsync);
app.Run();

static Task HandleAsync(HttpContext httpContext)
{
    if (httpContext.Request.Path == new PathString("/error"))
    {
        throw new InvalidOperationException("Manually throw exception.");
    }
    return Task.CompletedTask;
}

public class DiagnosticCollector : EventListener { }
```

　　首先以命令列的形式啟動展示程式後，從圖 17-6 的輸出結果得知，名為 HostStart 的事件被發送。然後採用目標位址「http://localhost:5000/foobar」和「http://localhost:5000/error」，對應用程式傳送兩個請求。從輸出結果看出，應用程式針對前者的處理過程會發送 RequestStart 事件和 RequestStop 事件，而針對後者的處理則因為拋出的異常，而再發送額外的事件 UnhandledException。按 Ctrl+C 組合鍵關閉應用程式後，便傳送名為 HostStop 的事件。對於透過 EventSource 發送的 5 個事件，只有 RequestStart 事件會將請求的 HTTP 方法（GET）和路徑（/foobar 和 /error）作為負載內容，其他事件都不會攜帶任何負載內容。（S1703）

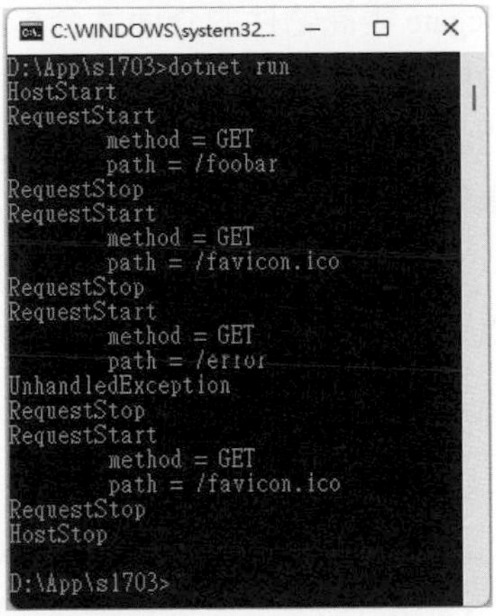

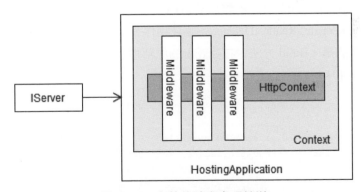

圖 17-6　利用註冊 EventListener 監聽器取得診斷日誌

17.3 中介軟體委託鏈

ASP.NET Core 應用程式預設的請求處理管道，是由註冊的 IServer 物件和 HostingApplication 物件組成，後者利用一個 RequestDelegate 委託物件處理 IServer 物件分發過來的請求。這個 RequestDelegate 委託物件由所有的中介軟體按照註冊順序建構，它是對中介軟體委託鏈的體現。如果將 RequestDelegate 委託物件替換成原始的中介軟體，則 ASP.NET Core 應用程式的請求處理管道體現為圖 17-7 所示的結構。

圖 17-7　完整的請求處理管道

17.3.1 IApplicationBuilder

ASP.NET Core 應用程式對請求的處理，完全體現於註冊的中介軟體，因此從某種意義上，「應用程式」是指由註冊中介軟體建構的 RequestDelegate 委託物件。正因為如此，建置 RequestDelegate 委託物件的介面才命名為「IApplicationBuilder」。
IApplicationBuilder 是 ASP.NET Core 框架的一個核心物件，可將中介軟體註冊
於其上，並且利用它建立表示中介軟體委託鏈的 RequestDelegate 委託物件。
IApplicationBuilder 介面定義下列 3 個屬性，ApplicationServices 屬性表示針對目前
應用程式的依賴注入容器，ServerFeatures 屬性表示返回伺服器提供的特性集合，
Properties 屬性表示提供一個用來儲存任意屬性的字典。

```
public interface IApplicationBuilder
{
    IServiceProvider                           ApplicationServices { get; set; }
    IFeatureCollection                         ServerFeatures { get; }
    IDictionary<string, object>                Properties { get; }

    IApplicationBuilder Use(Func<RequestDelegate, RequestDelegate> middleware);
    RequestDelegate Build();
    IApplicationBuilder New();
}
```

Func<RequestDelegate, RequestDelegate> 委 託 物 件 的 中 介 軟 體，透 過 呼 叫
IApplicationBuilder 介面的 Use 方法進行註冊。RequestDelegate 委託物件的建構體
現於 Build 方法，另一個 New 方法用來建立一個新的 IApplicationBuilder 物件。下
列這個作為 IApplicationBuilder 介面預設實作的 ApplicationBuilder 類型，便利用
一個 List<Func<RequestDelegate, RequestDelegate>> 物件保存註冊的中介軟體，所
以 Use 方法只需將指定的中介軟體加到這個列表中，Build 方法採用逆序呼叫這些
Func<RequestDelegate, RequestDelegate> 委託物件，便建構出 RequestDelegate 委託物
件。值得注意的是，Build 方法會在委託鏈的尾部增加一個額外的中介軟體，並將回
應狀態碼設為 404。

```
public class ApplicationBuilder : IApplicationBuilder
{
    private readonly IList<Func<RequestDelegate, RequestDelegate>> middlewares
        = new List<Func<RequestDelegate, RequestDelegate>>();

    public IDictionary<string, object>         Properties { get; }
    public IServiceProvider                    ApplicationServices
    {
        get { return GetProperty<IServiceProvider>("application.Services"); }
        set { SetProperty<IServiceProvider>("application.Services", value); }
    }

    public IFeatureCollection ServerFeatures
```

```
{
    get { return GetProperty<IFeatureCollection>("server.Features"); }
}

public ApplicationBuilder(IServiceProvider serviceProvider)
{
    Properties = new Dictionary<string, object>();
    ApplicationServices = serviceProvider;
}

public ApplicationBuilder(IServiceProvider serviceProvider, object server)
    : this(serviceProvider)
    =>SetProperty("server.Features", server);

public IApplicationBuilder Use(Func<RequestDelegate, RequestDelegate> middleware)
{
    middlewares.Add(middleware);
    return this;
}

public IApplicationBuilder New()
    =>new ApplicationBuilder(this);

public RequestDelegate Build()
{
    RequestDelegate app = context =>
    {
        context.Response.StatusCode = 404;
        return Task.FromResult(0);
    };
    foreach (var component in middlewares.Reverse())
    {
        app = component(app);
    }
    return app;
}

private ApplicationBuilder(ApplicationBuilder builder)
{
    Properties = new CopyOnWriteDictionary<string, object>(
        builder.Properties, StringComparer.Ordinal);
}

private T GetProperty<T>(string key)
{
    object value;
```

```
        return Properties.TryGetValue(key, out value) ? (T)value : default(T);
    }

    private void SetProperty<T>(string key, T value)
    {
        Properties[key] = value;
    }
}
```

從上面的程式碼得知，無論是透過 ApplicationServices 屬性返回的 IServiceProvider 物件，還是透過 ServerFeatures 屬性返回的 IFeatureCollection 物件，實際上它們都保存於以 Properties 屬性返回的字典。ApplicationBuilder 具有兩個多載公共建構函數，其中一個函數定義一個名為「server」的參數（Object 類型），但這個參數並不是表示伺服器，而是伺服器提供的特性集合。New 方法直接呼叫私有建構函數，以建立一個新的 ApplicationBuilder 物件，屬性字典的所有元素將複製到該物件中。

ASP.NET Core 框架使用的 IApplicationBuilder 物件，是由 IApplicationBuilderFactory 工廠建立。如下面的程式碼所示，IApplicationBuilderFactory 介面定義唯一的 CreateBuilder 方法，它會根據提供的特性集合建立對應的 IApplicationBuilder 物件。ApplicationBuilderFactory 類型是對該介面的預設實作，前面介紹的 ApplicationBuilder 物件正是由它所建立。

```
public interface IApplicationBuilderFactory
{
    IApplicationBuilder CreateBuilder(IFeatureCollection serverFeatures);
}

public class ApplicationBuilderFactory : IApplicationBuilderFactory
{
    private readonly IServiceProvider _serviceProvider;

    public ApplicationBuilderFactory(IServiceProvider serviceProvider)
        =>_serviceProvider = serviceProvider;

    public IApplicationBuilder CreateBuilder(IFeatureCollection serverFeatures)
        => new ApplicationBuilder(this._serviceProvider, serverFeatures);
}
```

17.3.2　弱型別中介軟體

雖然中介軟體最終體現為一個 Func<RequestDelegate, RequestDelegate> 委託物件，但在大部分情況下總是傾向於將中介軟體定義成一個具體的類型。中介軟體類型的定義有兩種形式：一種是按照預定的約定規則定義中介軟體類型，稱為「弱型別中介軟體」；另一種是直接實作 IMiddleware 介面，稱為「強型別中介軟體」。弱型別中介軟體會以下列約定來定義。

- 中介軟體類型要有一個有效的公共實例建構函數，其內必須包含一個 RequestDelegate 類型的參數，ASP.NET Core 框架在建立中介軟體物件時，會將表示後續中介軟體管道的 RequestDelegate 委託物件繫結至這個參數。建構函數不僅可以包含其他任意參數，而且還不會約束參數 RequestDelegate 出現的位置。

- 請求的處理實作於返回類型為 Task 的 Invoke 方法或 InvokeAsync 方法。這兩個方法的第一個參數類型必須是 HttpContext，將自動繫結至目前 HttpContext 上下文物件。對於後續的參數，雖然約定並未對此進行限制，但由於這些參數最終是由依賴注入容器提供，因此必須存在相關的服務註冊。

下列 FoobarMiddleware 類型就是採用約定定義的弱型別中介軟體，建構函數注入了後續中介軟體管道的 RequestDelegate 物件和 IFoo 物件。用於請求處理的 InvokeAsync 方法，除了定義與目前 HttpContext 上下文物件綁定的參數外，還注入一個 IBar 物件。該方法在完成本身請求處理操作後，透過在建構函數注入的 RequestDelegate 委託物件，將請求分發給後續的中介軟體。

```
public class FoobarMiddleware
{
    private readonly RequestDelegate      _next;
    private readonly IFoo                  _foo;
    public FoobarMiddleware(RequestDelegate next, IFoo foo)
    {
        _next = next;
        _foo = foo;
    }

    public async Task InvokeAsync(HttpContext context, IBar bar)
    {
        ...
        await _next(context);
    }
}
```

中介軟體類型透過呼叫下列 **IApplicationBuilder** 介面的兩個擴展方法進行註冊。當呼叫這兩個擴展方法時，除了指定具體的中介軟體類型外，還能傳入一些必要的參數，它們都將作為呼叫建構函數的輸入參數。由於中介軟體實例是由依賴注入容器建構，容器會盡可能地利用註冊的服務提供所需的參數，因此指定的參數列表用來作為無法由容器提供或者需要明確指定的參數。

```
public static class UseMiddlewareExtensions
{
    public static IApplicationBuilder UseMiddleware<TMiddleware>(
        this IApplicationBuilder app, params object[] args);
    public static IApplicationBuilder UseMiddleware(this IApplicationBuilder app,
        Type middleware, params object[] args);
}
```

由於 ASP.NET Core 應用程式的請求處理管道總是採用 Func<RequestDelegate, RequestDelegate> 委託物件，以表示中介軟體，因此無論採用什麼樣的中介軟體定義方式，中介軟體總是會轉換成一個委託物件。如下 UseMiddleware 方法模擬中介軟體類型轉換成 Func<RequestDelegate, RequestDelegate> 類型的邏輯。

```
public static class UseMiddlewareExtensions
{
    private static readonly MethodInfo GetServiceMethod = typeof(IServiceProvider)
        .GetMethod("GetService", BindingFlags.Public | BindingFlags.Instance);

    public static IApplicationBuilder UseMiddleware(this IApplicationBuilder app,
        Type middlewareType, params object[] args)
    {
        ...
        var invokeMethod = middlewareType
            .GetMethods(BindingFlags.Instance | BindingFlags.Public)
            .Where(it => it.Name == "InvokeAsync" || it.Name == "Invoke")
            .Single();
        Func<RequestDelegate, RequestDelegate> middleware = next =>
        {
            var arguments = (object[])Array.CreateInstance(typeof(object),
                args.Length + 1);
            arguments[0] = next;
            if (args.Length > 0)
            {
                Array.Copy(args, 0, arguments, 1, args.Length);
            }
            var instance = ActivatorUtilities.CreateInstance(app.ApplicationServices,
                middlewareType, arguments);
            var factory = CreateFactory(invokeMethod);
```

```
            return context => factory(instance, context, app.ApplicationServices);
        };

        return app.Use(middleware);
    }

    private static Func<object, HttpContext, IServiceProvider, Task>
        CreateFactory(MethodInfo invokeMethod)
    {
        var middleware = Expression.Parameter(typeof(object), "middleware");
        var httpContext = Expression.Parameter(typeof(HttpContext), "httpContext");
        var serviceProvider = Expression.Parameter(typeof(IServiceProvider),
            "serviceProvider");

        var parameters = invokeMethod.GetParameters();
        var arguments = new Expression[parameters.Length];
        arguments[0] = httpContext;
        for (int index = 1; index < parameters.Length; index++)
        {
            var parameterType = parameters[index].ParameterType;
            var type = Expression.Constant(parameterType, typeof(Type));
            var getService = Expression.Call(serviceProvider, GetServiceMethod, type);
            arguments[index] = Expression.Convert(getService, parameterType);
        }
        var converted = Expression.Convert(middleware, invokeMethod.DeclaringType);
        var body = Expression.Call(converted, invokeMethod, arguments);
        var lambda = Expression.Lambda<
            Func<object, HttpContext, IServiceProvider, Task>>(
            body, middleware, httpContext, serviceProvider);

        return lambda.Compile();
    }
}
```

　　由於請求處理實作於中介軟體類型的 Invoke 方法或 InvokeAsync 方法，所以註冊這類中介軟體必須解決兩個核心問題：其一，建立對應的中介軟體實例；其二，將中介軟體實例的 Invoke 方法或 InvokeAsync 方法呼叫，轉換成 Func<RequestDelegate, RequestDelegate> 委託物件。藉由依賴注入框架，第一個問題很好解決，上面的 UseMiddleware 方法，便是呼叫 ActivatorUtilities 類型的 CreateInstance 方法建立中介軟體實例。

　　中介軟體類型的 Invoke 方法和 InvokeAsync 方法，要求其返回類型和第一個參數類型分別是 Task 和 HttpContext，針對這兩個方法的呼叫比較繁瑣。若想呼叫某個方法，首先得傳入相符的參數列表，有了依賴注入容器的幫助，初始化輸入參數就變得非常容易。只需要從表示方法的 MethodInfo 物件解析出對應的參數類型，就能根據該類型從容器取得對應的參數實例。

如果有表示目標方法的 MethodInfo 物件，以及與之相符的輸入參數列表，就能採用反射方式呼叫對應的方法。但是反射並不是一種有效的手段，所以 ASP.NET Core 框架採用運算式樹的方式實作 Invoke 方法或 InvokeAsync 方法的呼叫。基於運算式樹這類型的方法呼叫，實作於前文提供的 CreateFactory 方法。

17.3.3 強型別中介軟體

應用程式初始化時就建立弱型別中介軟體物件，所以它是一個與目前應用程式具有相同生命週期的 Singleton 物件。但有時希望中介軟體物件採用 Scoped 模式的生命週期，亦即要求在開始處理請求時建立中介軟體物件，完成請求處理後回收釋放，這種情況下只能定義強型別中介軟體。強型別中介軟體要求實作 IMiddleware 介面，該介面定義唯一的 InvokeAsync 方法用來處理請求。中介軟體可以利用該方法的輸入參數，以得到目前的 HttpContext 上下文物件，以及表示後續中介軟體管道的 RequestDelegate 委託物件。

```
public interface IMiddleware
{
    Task InvokeAsync(HttpContext context, RequestDelegate next);
}
```

強型別中介軟體是在處理請求時，由目前請求對應的依賴注入容器（RequestServices）提供，因此必須將中介軟體類型註冊為服務，並於註冊時指定生命週期模式。一般只會在使用 Scoped 生命週期模式時，才會採用這種方式來定義中介軟體，當然設定成 Singleton 生命週期模式也未嘗不可。讀者可能會問：能否採用 Transient 生命週期模式呢？實際上這與 Scoped 生命週期模式沒有區別，因為中介軟體針對同一個請求只會使用一次。強型別中介軟體物件的建立與釋放，乃是透過 IMiddlewareFactory 工廠完成。如下面的程式碼所示，IMiddlewareFactory 介面提供 Create 和 Release 兩個方法，前者根據指定的中介軟體類型建立對應的實例，後者負責釋放指定的中介軟體物件。

```
public interface IMiddlewareFactory
{
    IMiddleware Create(Type middlewareType);
    void Release(IMiddleware middleware);
}
```

　　MiddlewareFactory 是 IMiddlewareFactory 介面的預設實作。如下面的程式碼所示，它直接利用指定的 IServiceProvider 物件，以便根據中介軟體類型提供對應的實例。由於依賴注入框架具有針對提供服務實例的生命週期管理策略，因此實作的 Release 方法不需要執行任何操作。

```csharp
public class MiddlewareFactory : IMiddlewareFactory
{
    private readonly IServiceProvider _serviceProvider;

    public MiddlewareFactory(IServiceProvider serviceProvider)
        => _serviceProvider = serviceProvider;
    public IMiddleware Create(Type middlewareType)
        => _serviceProvider.GetRequiredService(this._serviceProvider, middlewareType)
        as IMiddleware;
    public void Release(IMiddleware middleware) {}
}
```

　　UseMiddleware 方法模擬強 / 弱型別中介軟體的註冊。如下面的程式碼所示，如果註冊的中介軟體類型實作了 IMiddleware 介面，則 UseMiddleware 方法會直接建立一個 Func<RequestDelegate, RequestDelegate> 委託物件，以作為註冊的中介軟體。一旦執行委託物件時，便從目前 HttpContext 上下文物件的 RequestServices 屬性取得目前請求的依賴注入容器，並由它提供 IMiddlewareFactory 工廠。根據中介軟體類型建立對應實例後，可直接呼叫 InvokeAsync 方法處理請求。請求處理結束後，IMiddlewareFactory 工廠的 Release 方法就能釋放此中介軟體。

```csharp
public static class UseMiddlewareExtensions
{
    public static IApplicationBuilder UseMiddleware(this IApplicationBuilder app,
        Type middlewareType, params object[] args)
    {
        if (typeof(IMiddleware).IsAssignableFrom(middlewareType))
        {
            if (args.Length > 0)
            {
                throw new NotSupportedException(
                    "Types that implement IMiddleware do not support explicit arguments.");
            }
            app.Use(next =>
            {
                return async context =>
                {
                    var middlewareFactory = context.RequestServices
                        .GetRequiredService<IMiddlewareFactory>();
```

```
                        var middleware = middlewareFactory.Create(middlewareType);
                        try
                        {
                            await middleware.InvokeAsync(context, next);
                        }
                        finally
                        {
                            middlewareFactory.Release(middleware);
                        }
                    };
                });
            }
        }
        ...
    }
```

UseMiddleware 方法之所以從目前 HttpContext 的 RequestServices 屬性，而不是 IApplicationBuilder 的 ApplicationServices 屬性取得依賴注入容器，主要是因為生命週期方面的考慮。由於後者是與應用程式具有相同生命週期的根容器，無論中介軟體服務註冊的生命週期模式是 Singleton 還是 Scoped，提供的中介軟體實例都是一個 Singleton 物件，因此無法滿足針對請求建立和釋放中介軟體物件的初衷。如果註冊了實作 IMiddleware 介面的中介軟體類型，則不允許指定任何參數。

17.3.4 註冊中介軟體

中介軟體總是註冊到 IApplicationBuilder 物件。對於推薦的 Minimal API 應用程式承載方式來說，表示承載應用程式的 WebApplication 類型實作了 IApplicationBuilder 介面，所以只需要直接將中介軟體註冊到該物件。中介軟體還允許以 IStartupFilter 物件的方式註冊。如下面的程式碼所示，IStartupFilter 介面定義唯一的 Configure 方法，它返回的 Action<IApplicationBuilder> 物件用來註冊所需的中介軟體。作為該方法唯一輸入參數的 Action<IApplicationBuilder> 物件，便用來完成後續的中介軟體註冊工作。倘若希望將某個中介軟體置於管道首尾兩端時，往往會採用這種方式。

```
public interface IStartupFilter
{
    Action<IApplicationBuilder> Configure(Action<IApplicationBuilder> next);
}
```

17.4　應用程式的承載

ASP.NET Core 應用程式最終會作為一個長時間運行的後台服務，並託管於服務承載系統，它採用的承載服務類型為 GenericWebHostService，然後與前文介紹的整合在一起。解說這個承載服務類型之前，先認識一下對應的 GenericWebHostServiceOptions 組態選項。

17.4.1　GenericWebHostServiceOptions

如下 GenericWebHostServiceOptions 組態選項類型定義 3 個屬性，核心組態選項集中於 WebHostOptions 屬性。其中 ConfigureApplication 屬性返回一個 Action<IApplicationBuilder> 委託物件，應用程式初始化過程中，針對中介軟體的註冊，最終都會轉移到這個委託物件。可以採用「Hosting Startup」的形式註冊一個外部程式集，以完成一些初始化的工作。HostingStartupExceptions 屬性返回的 AggregateException，便是對這些初始化任務執行過程拋出異常的封裝。

```
internal class GenericWebHostServiceOptions
{
    public WebHostOptions                WebHostOptions { get; set; }
    public Action<IApplicationBuilder>   ConfigureApplication { get; set; }
    public AggregateException            HostingStartupExceptions { get; set; }
}
```

WebHostOptions 物件承載了與 IWebHost 相關的組態選項，「第 15 章 應用程式承載（上）」介紹的「三代」承載方式中，IWebHost 物件在初代承載方式中，表示承載 Web 應用程式的「宿主」（Host）。雖然在基於 IHost/IHostBuilder 的承載系統，IWebHost 介面已經沒有任何意義，但是依然保留 WebHostOptions 組態選項。

```
public class WebHostOptions
{
    public string                  ApplicationName { get; set; }
    public string                  Environment { get; set; }
    public string                  ContentRootPath { get; set; }
    public string                  WebRoot { get; set; }
    public string                  StartupAssembly { get; set; }
    public bool                    PreventHostingStartup { get; set; }
    public IReadOnlyList<string>   HostingStartupAssemblies { get; set; }
    public IReadOnlyList<string>   HostingStartupExcludeAssemblies { get; set; }
    public bool                    CaptureStartupErrors { get; set; }
    public bool                    DetailedErrors { get; set; }
```

```
    public TimeSpan                      ShutdownTimeout { get; set; }

    public WebHostOptions() =>ShutdownTimeout = TimeSpan.FromSeconds(5.0);
    public WebHostOptions(IConfiguration configuration);
    public WebHostOptions(IConfiguration configuration, string applicationNameFallback);
}
```

　　WebHostOptions 物件可以根據一個 IConfiguration 物件來建立，當呼叫
WebHostOptions 建構函數時，便根據預定義的組態鍵，從 IConfiguration 物件
取得對應的值初始化屬性。這些預定義的組態鍵作為靜態唯讀欄位，定義於
WebHostDefaults 靜態類別，其中大部分在第 16 章已有相關介紹，本節只對此進行總
結。

```
public static class WebHostDefaults
{
    public static readonly string ApplicationKey          = "applicationName";
    public static readonly string StartupAssemblyKey      = "startupAssembly";
    public static readonly string DetailedErrorsKey       = "detailedErrors";
    public static readonly string EnvironmentKey          = "environment";
    public static readonly string WebRootKey              = "webroot";
    public static readonly string CaptureStartupErrorsKey = "captureStartupErrors";
    public static readonly string ServerUrlsKey           = "urls";
    public static readonly string ContentRootKey          = "contentRoot";
    public static readonly string PreferHostingUrlsKey    = "preferHostingUrls";
    public static readonly string PreventHostingStartupKey = "preventHostingStartup";
    public static readonly string ShutdownTimeoutKey      = "shutdownTimeoutSeconds";

    public static readonly string HostingStartupAssembliesKey
        ="hostingStartupAssemblies";
    public static readonly string HostingStartupExcludeAssembliesKey
        = "hostingStartupExcludeAssemblies";
}
```

　　表 17-4 列出定義於 WebHostOptions 組態選項的屬性。請注意，對於布林類型的
屬性值（如 PreventHostingStartup 和 CaptureStartupErrors），組態鍵的值「True」（不
區分字母大小寫）和「1」都將轉換為 True，其他的值則轉換成 False。前述邏輯實
作於 WebHostUtilities 的 ParseBool 靜態方法，如果有類似的需求，也可直接呼叫這
個靜態方法。

表 17-4　定義於 WebHostOptions 組態選項的屬性

屬性	組態鍵	說明
ApplicationName	applicationName	應用程式名稱。如果呼叫 IWebHostBuilder 介面的 Configure 方法註冊中介軟體，則提供的 Action <IApplicationBuilder> 物件指向的目標方法，其所在的程式集名稱將作為應用程式名稱。 如果呼叫 IWebHostBuilder 介面的 UseStartup 擴展方法，則指定的 Startup 類型所在的程式集名稱，便將作為應用程式名稱
Environment	environment	應用程式目前的部署環境。如果未明確指定，則預設的環境名稱為 Production
ContentRootPath	contentRoot	儲存靜態內容檔的根目錄。如果未明確設定，則預設為目前工作目錄
WebRoot	webroot	儲存靜態 Web 資源檔的根目錄。如果未明確設定，並且 ContentRootPath 目錄存在一個名為 wwwroot 的子目錄，則該目錄將作為 Web 資源檔的根目錄
StartupAssembly	startupAssembly	註冊的 Startup 類型所在的程式集名稱。如果呼叫 IWebHostBuilder 介面的 UseStartup 擴展方法，則指定的 Startup 類型所在的程式集名稱，將作為該屬性的值
PreventHostingStartup	preventHostingStartup	是否允許執行其他程式集的初始化程式。如果未明確關閉這個開關，便可在一個單獨的程式集中，以 HostingStartupAttribute 特性註冊一個實作 IHosting Startup 介面的類型，以便在應用程式啟動時執行一些初始化操作
HostingStartupAssemblies	hostingStartupAssemblies	承載初始化程式的程式集清單，組態中的程式集名稱之間以分號隔開。ApplicationName 屬性表示的程式集名稱，預設會加到此列表

屬性	組態鍵	說明
HostingStartupExclude Assemblies	hostingStartupExclude Assemblies	初始化程式的程式集清單中，HostingStartupAssemblies 屬性表示需要排除的程式集
CaptureStartupErrors	captureStartupErrors	是否需要捕捉應用程式啟動過程中出現的未處理異常。如果明確設定該屬性為 True，則出現的未處理異常並不會阻止應用程式的正常啟動，但是它在接收請求之後，將返回一個狀態碼為 500 的回應
DetailedErrors	detailedErrors	如果明確設定 CaptureStartupErrors 屬性為 True，則該屬性表示是否需要在回應訊息輸出詳細的錯誤資訊
ShutdownTimeout	shutdownTimeoutSeconds	應用程式關閉時的逾時時限，預設為 5 秒

17.4.2 GenericWebHostService

如下面的程式碼所示，在 GenericWebHostService 類型的建構函數注入一系列的依賴服務或者物件，其中包括用來提供組態選項的 IOptions<GenericWebHostService Options> 物件、作為管道「龍頭」的伺服器、建立 ILogger 物件的 ILoggerFactory 工廠、觸發診斷事件的 DiagnosticListener 物件、建立 Activity 的 ActivitySource 物件、建立 HttpContext 上下文物件的 IHttpContextFactory 工廠、建立 IApplicationBuilder 物件的 IApplicationBuilderFactory 工廠、註冊的所有 IStartupFilter 物件、承載目前應用程式組態的 IConfiguration 物件，以及表示目前承載環境的 IWebHostEnvironment 物件等。

```
internal class GenericWebHostService : IHostedService
{
    public GenericWebHostServiceOptions        Options { get; }
    public IServer                             Server { get; }
    public ILogger                             Logger { get; }
    public ILogger                             LifetimeLogger { get; }
    public DiagnosticListener                  DiagnosticListener { get; }
    public IHttpContextFactory                 HttpContextFactory { get; }
    public IApplicationBuilderFactory          ApplicationBuilderFactory { get; }
    public IEnumerable<IStartupFilter>         StartupFilters { get; }
    public IConfiguration                      Configuration { get; }
    public IWebHostEnvironment                 HostingEnvironment { get; }
    public ActivitySource                      ActivitySource { get; }
```

```
    public GenericWebHostService(IOptions<GenericWebHostServiceOptions> options,
        IServer server, ILoggerFactoryloggerFactory,
        DiagnosticListener diagnosticListener, ActivitySource activitySource,
        IHttpContextFactory httpContextFactory,
        IApplicationBuilderFactory applicationBuilderFactory,
        IEnumerable<IStartupFilter> startupFilters, IConfiguration configuration,
        IWebHostEnvironment hostingEnvironment);

    public Task StartAsync(CancellationToken cancellationToken);
    public Task StopAsync(CancellationToken cancellationToken);
}
```

由於 ASP.NET Core 應用程式是作為一個後台服務，並由 GenericWebHostService 承載，本質上，啟動應用程式就是啟動這個承載服務。啟動過程中，承載 GenericWebHostService 的處理流程基本上體現於如下所示的 StartAsync 方法，該方法刻意省略了一些細枝末節的實作，如輸入驗證、異常處理和日誌輸出等。 StartAsync 方法開啟作為伺服器的 IServer 物件後，又被 StopAsync 方法關閉。

```
internal class GenericWebHostService : IHostedService
{
    public Task StartAsync(CancellationToken cancellationToken)
    {
        //1. 設定監聽位址
        var serverAddressesFeature = Server.Features?.Get<IServerAddressesFeature>();
        var addresses = serverAddressesFeature?.Addresses;
        if (addresses != null && !addresses.IsReadOnly && addresses.Count == 0)
        {
            var urls = Configuration[WebHostDefaults.ServerUrlsKey];
            if (!string.IsNullOrEmpty(urls))
            {
                serverAddressesFeature.PreferHostingUrls = WebHostUtilities.ParseBool(
                    Configuration, WebHostDefaults.PreferHostingUrlsKey);

                foreach (var value in urls.Split(new[] { ';' },
                    StringSplitOptions.RemoveEmptyEntries))
                {
                    addresses.Add(value);
                }
            }
        }

        //2. 建構中介軟體管道
        var builder = ApplicationBuilderFactory.CreateBuilder(Server.Features);
        Action<IApplicationBuilder> configure = Options.ConfigureApplication;
```

```
        foreach (var filter in StartupFilters.Reverse())
        {
            configure = filter.Configure(configure);
        }
        configure(builder);
        var handler = builder.Build();

        //3. 建立 HostingApplication 物件
        var application = new HostingApplication(handler, Logger, DiagnosticListener,
            HttpContextFactory);

        //4. 啟動伺服器
        return Server.StartAsync(application, cancellationToken);
    }
    public async Task StopAsync(CancellationToken cancellationToken)
        => Server.StopAsync(cancellationToken);
}
```

底下將實作 GenericWebHostService 類型的 StartAsync 方法，它將用來啟動應用
程式的流程劃分為下列 4 個步驟。

- 設定監聽位址：伺服器的監聽位址透過 IServerAddressesFeature 特性來提供，
  所以得將組態提供的監聽位址清單，以及相關的 PreferHostingUrls 選項（是
  否優先使用承載系統提供位址）轉移到該特性。

- 建構中介軟體管道：兩種針對中介軟體的註冊（呼叫 IWebHostBuilder
  物件的 Configure 方法，以及註冊 Startup 類型的 Configure 方法）
  會轉換成一個 Action<IApplicationBuilder> 委託物件，並將其作為
  GenericWebHostServiceOptions 組態選項的 ConfigureApplication 屬性。
  GenericWebHostService 會利用註冊的 IApplicationBuilderFactory 工
  廠，以建立對應的 IApplicationBuilder 物件，再以該物件作為參數呼叫
  Action<IApplicationBuilder> 委託物件，就能把註冊的中介軟體轉移到
  IApplicationBuilder 物件。在此之前，會優先呼叫註冊 IStartupFilter 物件的
  Configure 方法。表示註冊中介軟體管道的 RequestDelegate 委託物件，最終
  透過 IApplicationBuilder 物件的 Build 方法建構。

- 建立 HostingApplication 物件：取得表示中介軟體管道的 RequestDelegate 之
  後，GenericWebHostService 進一步利用它建立 HostingApplication 物件。

- 啟動伺服器：將 HostingApplication 物件作為參數，呼叫作為伺服器的
  IServer 物件的 StartAsync 方法後，便隨之啟動伺服器。

17.4.3　GenericWebHostBuilder

　　GenericWebHostService 服務具有針對其他一系列服務的依賴，所以在註冊該承載服務之前，必須先完成這些依賴服務的註冊。GenericWebHostService 及其依賴服務的註冊，主要是藉助 GenericWebHostBuilder 物件來完成。在第一代基於 IWebHost/IWebHostBuilder 的承載系統中，IWebHost 物件表示承載 Web 應用程式的宿主，它由對應的 IWebHostBuilder 物件透過 Build 方法建構。IWebHostBuilder 介面定義兩個 ConfigureServices 多載方法，以便註冊服務。

```
public interface IWebHostBuilder
{
    IWebHost Build();

    string GetSetting(string key);
    IWebHostBuilder UseSetting(string key, string value);
    IWebHostBuilder ConfigureAppConfiguration(Action<WebHostBuilderContext,
        IConfigurationBuilder> configureDelegate);

    IWebHostBuilder ConfigureServices(Action<IServiceCollection> configureServices);
    IWebHostBuilder ConfigureServices(
        Action<WebHostBuilderContext, IServiceCollection> configureServices);
}
```

　　GenericWebHostBuilder 同時實作了 IWebHostBuilder 介面和 ISupportsUseDefaultServiceProvider 介面。後者定義一個唯一的 UseDefaultServiceProvider 方法，可以利用作為參數的 Action <WebHostBuilderContext, ServiceProviderOptions> 委託物件，對預設使用的依賴注入容器進行設定。

```
internal interface ISupportsUseDefaultServiceProvider
{
    IWebHostBuilder UseDefaultServiceProvider(
    Action<WebHostBuilderContext, ServiceProviderOptions> configure);
}
```

1. 服務註冊

　　接下來利用簡單的程式碼模擬 GenericWebHostBuilder 針對 IWebHostBuilder 介面的實作。首先看一下如何實作註冊依賴服務的 ConfigureServices 方法。如下面的程式碼所示，實際上 GenericWebHostBuilder 是對 IHostBuilder 物件的封裝，依賴服務的註冊，乃是透過呼叫 IHostBuilder 介面的 ConfigureServices 方法完成。IHostBuilder 介面的 ConfigureServices 方法提供目前承載上下文的服務註冊，上下文由承載上下文類型來表示，ASP.NET Core 應用程式的承載上下文則體現為一個 WebHostBuilderContext 物件。兩者的不同之處在於承載環境的描述，對應的介面分別為 IHostEnvironment 和 IWebHostEnvironment。ConfigureServices 方法需要呼叫 GetWebHostBuilderContext 方法，以便將提供的 WebHostBuilderContext 上下文物件轉換成 HostBuilderContext 類型。

```
internal class GenericWebHostBuilder :
    IWebHostBuilder,
    ISupportsUseDefaultServiceProvider
    ...
{
    private readonly IHostBuilder _builder;

    public GenericWebHostBuilder(IHostBuilder builder)
    {
        _builder = builder;
        ...
    }

    public IWebHostBuilder ConfigureServices(Action<IServiceCollection> configureServices)
        => ConfigureServices((_, services) => configureServices(services));

    public IWebHostBuilder ConfigureServices(
        Action<WebHostBuilderContext, IServiceCollection> configureServices)
    {
        _builder.ConfigureServices((context, services)
            => configureServices(GetWebHostBuilderContext(context), services));
        return this;
    }

    private WebHostBuilderContext GetWebHostBuilderContext(HostBuilderContext context)
    {
        if (!context.Properties.TryGetValue(typeof(WebHostBuilderContext), out var value))
        {
            var options = new WebHostOptions(context.Configuration,
                Assembly.GetEntryAssembly()?.GetName().Name);
            var webHostBuilderContext = new WebHostBuilderContext
            {
                Configuration       = context.Configuration,
                HostingEnvironment  = new HostingEnvironment(),
            };
            webHostBuilderContext.HostingEnvironment
                .Initialize(context.HostingEnvironment.ContentRootPath, options);
            context.Properties[typeof(WebHostBuilderContext)] = webHostBuilderContext;
            context.Properties[typeof(WebHostOptions)] = options;
```

```
                return webHostBuilderContext;
        }

        var webHostContext = (WebHostBuilderContext)value;
        webHostContext.Configuration = context.Configuration;
        return webHostContext;
    }
}
```

建立 GenericWebHostBuilder 物件時，會以如下方式呼叫 ConfigureServices 方法，以註冊一系列預設的服務，其中包括表示承載環境的 IWebHostEnvironment 服務、用來發送診斷日誌事件的 DiagnosticSource 服務和 DiagnosticListener 服務（它們都返回同一個服務實例）、與分散式追蹤有關的 ActivitySource 服務和 DistributedContextPropagator 服務（前者建立表示追蹤操作的 Activity，後者會在應用程式之間傳遞追蹤上下文），以及分別用來建立 HttpContext 上下文物件、IApplicationBuilder 物件和中介軟體物件的 IHttpContextFactory、IApplicationBuilderFactory 和 IMiddlewareFactory。建構函數還完成了 GenericWebHostServiceOptions 組態選項的設定，承載 ASP.NET Coer 應用程式的 GenericWebHostService 服務，也是在這裡註冊。

```
internal class GenericWebHostBuilder :
    IWebHostBuilder,
    ISupportsUseDefaultServiceProvider
    ...
{
    private readonly IHostBuilder      _builder;
    private AggregateException         _hostingStartupErrors;

    public GenericWebHostBuilder(IHostBuilder builder)
    {
        _builder = builder;
        _builder.ConfigureServices((context,  services)=>
        {
            var webHostBuilderContext = GetWebHostBuilderContext(context);
            services.AddSingleton(webHostBuilderContext.HostingEnvironment);
            services.AddHostedService<GenericWebHostService>();

            services.TryAddSingleton(
                sp => new DiagnosticListener("Microsoft.AspNetCore"));
            services.TryAddSingleton<DiagnosticSource>(
                sp => sp.GetRequiredService<DiagnosticListener>());
            services.TryAddSingleton(sp => new ActivitySource("Microsoft.AspNetCore"));
            services.TryAddSingleton(DistributedContextPropagator.Current);
```

```
        services.TryAddSingleton<IHttpContextFactory, DefaultHttpContextFactory>();
        services.TryAddScoped<IMiddlewareFactory, MiddlewareFactory>();
        services.TryAddSingleton
            <IApplicationBuilderFactory, ApplicationBuilderFactory>();

        var webHostOptions = (WebHostOptions)context
            .Properties[typeof(WebHostOptions)];
        services.Configure<GenericWebHostServiceOptions>(options=>
        {
            otions = webHostOptions;
            options.HostingStartupExceptions = _hostingStartupErrors;
        });
        ...
    });
    ...
  }
}
```

2. 組態的讀 / 寫

IWebHostBuilder 介面的其他方法均與組態有關。基於 IHost/IHostBuilder 的承載系統涉及兩種類型的組態，一種是在服務承載過程作為宿主 IHost 物件使用的組態，另一種是供承載的服務或者應用程式消費的組態。這兩種類型的組態，分別由 IHostBuilder 介面的 ConfigureHostConfiguration 方法和 ConfigureAppConfiguration 方法進行設定。GenericWebHostBuilder 針對組態的設定，最終會利用這兩個方法來完成。

GenericWebHostBuilder 提供的組態體現於 _config 欄位返回的 IConfiguration 物件，以「鍵 - 值」對形式設定和讀取組態的 UseSetting 方法與 GetSetting 方法，操作的都是這個物件。由靜態 Host 類型的 CreateDefaultBuilder 方法建立的 HostBuilder 物件，預設會將前綴為「DOTNET_」的環境變數作為組態來源，ASP.NET Core 應用程式則選擇將前綴為「ASPNETCORE_」的環境變數作為組態來源，這一點體現在下列所示的程式碼。

```
internal class GenericWebHostBuilder :
    IWebHostBuilder,
    ISupportsStartup,
    ISupportsUseDefaultServiceProvider
{
    private readonly IHostBuilder                  _builder;
    private readonly IConfiguration                _config;
```

```
public GenericWebHostBuilder(IHostBuilder builder)
{
    _builder = builder;
    _config = new ConfigurationBuilder()
        .AddEnvironmentVariables(prefix: "ASPNETCORE_")
        .Build();
    _builder.ConfigureHostConfiguration(config => config.AddConfiguration(_config));
    ...
}

public string GetSetting(string key) => _config[key];

public IWebHostBuilder UseSetting(string key, string value)
{
    _config[key] = value;
    return this;
}
}
```

在建構過程中，GenericWebHostBuilder 物件會建立一個 ConfigurationBuilder 物件，並將前綴為「ASPNETCORE_」的環境變數註冊為組態來源。利用 ConfigurationBuilder 物件建立 IConfiguration 物件後，呼叫 IHostBuilder 物件的 ConfigureHostConfiguration 方法將其合併到承載系統的組態。GenericWebHostBuilder 類型的 ConfigureAppConfiguration 方法直接呼叫 IHostBuilder 的同名方法。

```
internal class GenericWebHostBuilder :
    IWebHostBuilder,
    ISupportsStartup,
    ISupportsUseDefaultServiceProvider
{

    private readonly IHostBuilder _builder;

    public IWebHostBuilder ConfigureAppConfiguration(
        Action<WebHostBuilderContext, IConfigurationBuilder> configureDelegate)
    {
        _builder.ConfigureAppConfiguration((context, builder)
            => configureDelegate(GetWebHostBuilderContext(context), builder));
        return this;
    }
}
```

3. 預設依賴注入框架組態

GenericWebHostBuilder 透 過 對 ISupportsUseDefaultServiceProvider 介 面 的 實作，將依賴注入框架整合到 ASP.NET Core 應用程式。如下面的程式碼所示，實作的 UseDefaultServiceProvider 方法會根據 ServiceProviderOptions 組態選項，以完成對 DefaultServiceProviderFactory 工廠的註冊。

```
internal class GenericWebHostBuilder :
    IWebHostBuilder,
    ISupportsStartup,
    ISupportsUseDefaultServiceProvider
{
    public IWebHostBuilder UseDefaultServiceProvider(
        Action<WebHostBuilderContext, ServiceProviderOptions> configure)
    {
        _builder.UseServiceProviderFactory(context =>
        {
            var webHostBuilderContext = GetWebHostBuilderContext(context);
            var options = new ServiceProviderOptions();
            configure(webHostBuilderContext, options);
            return new DefaultServiceProviderFactory(options);
        });
        return this;
    }
}
```

4. Hosting Startup

Hosting Startup 是 ASP.NET Core 提供的有用功能，它允許註冊一個獨立的程式集，以便完成一些初始化的工作。具體來説，註冊的程式集提供下列 IHostingStartup 介面的實作類型，並將初始化工作定義於實作的 Configure 方法。此程式集透過標註 HostingStartupAttribute 特性，對該類型進行註冊。

```
public interface IHostingStartup
{
    void Configure(IWebHostBuilder builder);
}

[AttributeUsage(AttributeTargets.Assembly, Inherited = false, AllowMultiple = true)]
public sealed class HostingStartupAttribute : Attribute
{
    public Type HostingStartupType { get; }
    public HostingStartupAttribute(Type hostingStartupType);
}
```

WebHostOptions 組 態 選 項 提 供 如 下 3 個 與 Hosting Startup 相 關 的 屬 性。第 一 個 布 林 類 型 的 PreventHostingStartup 屬性是此功能的總開關，若想關閉 Hosting Startup 功能，只需將此屬性設為 True 即可。註冊的程式集名稱必須加到 HostingStartupExcludeAssemblies 屬性，另一個 HostingStartupExcludeAssemblies 屬性 則提供需要排除的程式集。

```
public class WebHostOptions
{
    public bool                   PreventHostingStartup { get; set; }
    public IReadOnlyList<string>  HostingStartupAssemblies { get; set; }
    public IReadOnlyList<string>  HostingStartupExcludeAssemblies { get; set; }
    ...
}
```

當 呼 叫 IHostingStartup 物 件 的 Configure 方 法 時，必 須 傳 入 一 個 IWebHostBuilder 物件作為參數，該物件的類型並非 GenericWebHostBuilder，而是 HostingStartupWebHostBuilder 類型。實際上，HostingStartupWebHostBuilder 物件是 對 GenericWebHostBuilder 物件的進一步封裝，針對它的方法呼叫，最終還是會轉移 到封裝的 GenericWebHostBuilder 物件。

```
internal class HostingStartupWebHostBuilder :
    IWebHostBuilder,
    ISupportsUseDefaultServiceProvider,
    ...
{
    private readonly GenericWebHostBuilder _builder;
    private Action<WebHostBuilderContext, IConfigurationBuilder> _configureConfiguration;
    private Action<WebHostBuilderContext, IServiceCollection> _configureServices;

    public HostingStartupWebHostBuilder(GenericWebHostBuilder builder)
        => _builder = builder;

    public IWebHost Build()
        => throw new NotSupportedException();

    public IWebHostBuilder ConfigureAppConfiguration(
        Action<WebHostBuilderContext, IConfigurationBuilder> configureDelegate)
    {
        _configureConfiguration += configureDelegate;
        return this;
    }

    public IWebHostBuilder ConfigureServices(
        Action<IServiceCollection> configureServices)
```

```
    => ConfigureServices((context, services) => configureServices(services));

public IWebHostBuilder ConfigureServices(
    Action<WebHostBuilderContext, IServiceCollection> configureServices)
{
    _configureServices += configureServices;
    return this;
}

public string GetSetting(string key) => _builder.GetSetting(key);

public IWebHostBuilder UseSetting(string key, string value)
{
    _builder.UseSetting(key, value);
    return this;
}

public void ConfigureServices(WebHostBuilderContext context,
    IServiceCollection services) => _configureServices?.Invoke(context, services);

public void ConfigureAppConfiguration(WebHostBuilderContext context,
    IConfigurationBuilder builder)=> _configureConfiguration?.Invoke(context, builder);

public IWebHostBuilder UseDefaultServiceProvider(
    Action<WebHostBuilderContext, ServiceProviderOptions> configure)
    => _builder.UseDefaultServiceProvider(configure);

public IWebHostBuilder Configure(
    Action<WebHostBuilderContext, IApplicationBuilder> configure)
    => _builder.Configure(configure);
...
}
```

　　Hosting Startup 的實作體現於如下所示的 ExecuteHostingStartups 方法，該方
法會根據目前的組態和作為應用程式名稱的入口程式集名稱，以建立一個新的
WebHostOptions 物件。如果這個組態選項的 PreventHostingStartup 屬性返回 True，
意謂著關閉此特性。倘若未關閉 Hosting Startup 特性，則該方法會利用組態選項
的 HostingStartupAssemblies 屬性和 HostingStartupExcludeAssemblies 屬性解析出啟
動程式集名稱，並得到註冊的 IHostingStartup 實作類型。透過反射方式建立對應的
IHostingStartup 物件之後，便產生上面介紹的 HostingStartupWebHostBuilder 物件，並
作為參數呼叫這些 IHostingStartup 物件的 Configure 方法。

```
internal class GenericWebHostBuilder :
    IWebHostBuilder,
    ISupportsStartup,
    ISupportsUseDefaultServiceProvider
{
    private readonly IHostBuilder          _builder;
    private readonly IConfiguration         _config;

    public GenericWebHostBuilder(IHostBuilder builder)
    {
        _builder      = builder;
        _config       = new ConfigurationBuilder()
            .AddEnvironmentVariables(prefix: "ASPNETCORE_")
            .Build();

        _builder.ConfigureHostConfiguration(config =>
        {
            config.AddConfiguration(_config);
            ExecuteHostingStartups();
        });


    private void ExecuteHostingStartups()
    {
        var options = new WebHostOptions(
            _config, Assembly.GetEntryAssembly()?.GetName().Name);
        if (options.PreventHostingStartup)
        {
            return;
        }

        var exceptions = new List<Exception>();
        _hostingStartupWebHostBuilder = new HostingStartupWebHostBuilder(this);

        var assemblyNames = options.HostingStartupAssemblies
                .Except(options.HostingStartupExcludeAssemblies,
                    StringComparer.OrdinalIgnoreCase)
                .Distinct(StringComparer.OrdinalIgnoreCase);
        foreach (var assemblyName in assemblyNames)
        {
            try
            {
                var assembly = Assembly.Load(new AssemblyName(assemblyName));
                foreach (var attribute in
                    assembly.GetCustomAttributes<HostingStartupAttribute>())
```

```
            {
                var hostingStartup = (IHostingStartup)Activator
                    .CreateInstance(attribute.HostingStartupType);
                hostingStartup.Configure(_hostingStartupWebHostBuilder);
            }
        }
        catch (Exception ex)
        {
            exceptions.Add(new InvalidOperationException(
                $"Startup assembly {assemblyName} failed to execute. See the inner
                exception for more details.", ex));
        }
    }
    if (exceptions.Count > 0)
    {
        _hostingStartupErrors = new AggregateException(exceptions);
    }
    }
}
```

　　由於呼叫 IHostingStartup 物件的 Configure 方法時，傳入的 HostingStartupWebHost
Builder 物件是對目前 GenericWebHostBuilder 物件的封裝，而此物件又是對
IHostBuilder 的封裝，因此以 Hosting Startup 註冊的初始化操作，最終還是應用到
以 IHost/IHostBuilder 為核心的承載系統。雖然 GenericWebHostBuilder 類型實作了
IWebHostBuilder 介面，但它僅僅是 IHostBuilder 物件的代理，本身針對 IWebHost 物
件的建構需求不復存在，所以它的 Build 方法會直接拋出異常。

```
internal class GenericWebHostBuilder :
    IWebHostBuilder,
    ISupportsStartup,
    ISupportsUseDefaultServiceProvider
{
    public IWebHost Build()=> throw new NotSupportedException(
        $"Building this implementation of {nameof(IWebHostBuilder)} is not supported.");
    ...
}
```

17.4.4　ConfigureWebHostDefaults

　　雖然 ASP.NET Core 6 推薦 Minimal API 的方式承載 ASP.NET 應用程式，但是底
層採用的依舊是基於 IHost/IHostBuilder 的承載系統。如果利用 Visual Studio 以傳統
的範本建立一個 ASP.NET Core 應用程式，則產生如下所示的程式碼。呼叫靜態類

型 Host 的 CreateDefaultBuilder 方法，建立具有預設組態的 IHostBuilder 物件之後，
便呼叫後者的 ConfigureWebHostDefaults 擴展方法，那麼這個擴展方法究竟做了什麼
呢？

```
public class Program
{
    public static void Main(string[] args)
    {
        CreateHostBuilder(args).Build().Run();
    }

    public static IHostBuilder CreateHostBuilder(string[] args) =>
        Host.CreateDefaultBuilder(args)
            .ConfigureWebHostDefaults(webBuilder =>
            {
                webBuilder.UseStartup<Startup>();
            });
}
```

ConfigureWebHostDefaults 擴 展 方 法 內 部 會 呼 叫 ConfigureWebHost 擴
展 方 法，針 對 承 載 的 ASP.NET Core 應 用 程 式 所 做 的 設 定，全 部 由 提 供 的
Action<IWebHostBuilder> 完成，執行委託物件傳入的參數，就是上面介紹的
GenericWebHostBuilder 物件。該物件相當於 IHostBuilder 物件的代理，因此執行
Action<IWebHostBuilder> 委託物件產生的結果，全部都會轉移到 IHostBuilder 物件。

```
public static class GenericHostWebHostBuilderExtensions
{
    public static IHostBuilder ConfigureWebHost(
        this IHostBuilder builder, Action<IWebHostBuilder> configure)
    {
        var webhostBuilder = new GenericWebHostBuilder(builder);
        configure(webhostBuilder);
        return builder;
    }
}
```

顧名思義，ConfigureWebHostDefaults 擴展方法會協助產生預設設定，這些設定
實作於靜態類型 WebHost 的 ConfigureWebDefaults 擴展方法。註冊 KestrelServer、組
態關於主機過濾（Host Filter）和 Http Overrides 相關選項、註冊路由中介軟體，以及
對用來整合 IIS 的 AspNetCoreModule 模組的組態，都是在 ConfigureWebDefaults 擴
展方法中完成。

```
public static class GenericHostBuilderExtensions
{
    public static IHostBuilder ConfigureWebHostDefaults(this IHostBuilder builder,
        Action<IWebHostBuilder> configure)
        =>builder.ConfigureWebHost(webHostBuilder =>
        {
            WebHost.ConfigureWebDefaults(webHostBuilder);
            configure(webHostBuilder);
        });
}

public static class WebHost
{
    internal static void ConfigureWebDefaults(IWebHostBuilder builder)
    {
        builder.ConfigureAppConfiguration((ctx, cb) =>
        {
            if (ctx.HostingEnvironment.IsDevelopment())
            {
                StaticWebAssetsLoader.UseStaticWebAssets(
                    ctx.HostingEnvironment, ctx.Configuration);
            }
        });
        builder.UseKestrel((builderContext, options) =>
        {
            options.Configure(builderContext.Configuration.GetSection("Kestrel"),
                reloadOnChange: true);
        })
        .ConfigureServices((hostingContext, services) =>
        {
            services.PostConfigure<HostFilteringOptions>(options =>
            {
                if (options.AllowedHosts == null || options.AllowedHosts.Count == 0)
                {
                    var hosts = hostingContext.Configuration["AllowedHosts"]
                        ?.Split(new[] { ';' }, StringSplitOptions.RemoveEmptyEntries);
                    options.AllowedHosts = (hosts?.Length > 0 ? hosts : new[]
                        { "*" });
                }
            });
            services.AddSingleton<IOptionsChangeTokenSource<HostFilteringOptions>>(
                new ConfigurationChangeTokenSource<HostFilteringOptions>(
                hostingContext.Configuration));

            services.AddTransient<IStartupFilter, HostFilteringStartupFilter>();
            services.AddTransient<IStartupFilter, ForwardedHeadersStartupFilter>();
            services.AddTransient<IConfigureOptions<ForwardedHeadersOptions>,
```

```
                ForwardedHeadersOptionsSetup>();

        services.AddRouting();
    })
    .UseIIS()
    .UseIISIntegration();
    }
}
```

17.5 Minimal API

Minimal API 只是在基於 IHost/IHostBuilder 的服務承載系統進行封裝，它利用 WebApplication 和 WebApplicationBuilder 兩個類型提供更加簡潔的 API，同時保證與現有 API 的相容性。對於由 WebApplication 和 WebApplicationBuilder 建構的承載模型，沒有必要瞭解其實作的每個細節，只需要知道大致的設計和實作原理，所以本節會採用最簡潔的程式碼模擬這兩個類型的實作。

如圖 17-8 所示，表示承載應用程式的 WebApplication 物件是對一個 IHost 物件的封裝，而且該類型本身也實作了 IHost 介面，WebApplication 物件還是作為一個 IHost 物件被啟動。作為建構 WebApplicationBuilder 而言，則是對一個 IHostBuilder 物件的封裝，它對 WebApplication 物件的建構，在於利用封裝的 IHostBuilder 物件建立一個對應的 IHost 物件，最終利用 IHost 物件產生 WebApplication 物件。

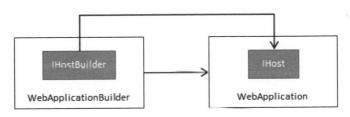

圖 17-8　完整的請求處理管道

17.5.1 WebApplication

WebApplication 類型不僅實作了 IHost 介面，還包括 IApplicationBuilder 介面，中介軟體可以直接註冊到這個物件。該類型還實作了 IEndpointRouteBuilder 介面，因此還能進行路由註冊，第 20 章才會涉及路由，現在先忽略該介面的實作。下面的程式碼模擬 WebApplication 類型的實作。其建構函數定義一個 IHost 類型的參數，並完成對 IHost 介面所有成員的實作。IApplicationBuilder 介面成員的實作，則利用建立的 ApplicationBuilder 物件完成。WebApplication 還提供一個 BuildRequestDelegate 方法，該方法利用 ApplicationBuilder 物件完成中介軟體管道的建構。

```csharp
public class WebApplication : IApplicationBuilder, IHost
{
    private readonly IHost             _host;
    private readonly ApplicationBuilder _app;

    public WebApplication(IHost host)
    {
        _host = host;
        _app = new ApplicationBuilder(host.Services);
    }

    IServiceProvider IHost.Services => _host.Services;
    Task IHost.StartAsync(CancellationToken cancellationToken)
        => _host.StartAsync(cancellationToken);
    Task IHost.StopAsync(CancellationToken cancellationToken)
        => _host.StopAsync(cancellationToken);

    IServiceProvider IApplicationBuilder.ApplicationServices
        { get => _app.ApplicationServices; set => _app.ApplicationServices = value; }
    IFeatureCollection IApplicationBuilder.ServerFeatures
        => _app.ServerFeatures;
    IDictionary<string, object?> IApplicationBuilder.Properties
        => _app.Properties;
    RequestDelegate IApplicationBuilder.Build()
        => _app.Build();
    IApplicationBuilder IApplicationBuilder.New()
        => _app.New();
    IApplicationBuilder IApplicationBuilder.Use(
        Func<RequestDelegate, RequestDelegate> middleware)
        => _app.Use(middleware);

    void IDisposable.Dispose() => _host.Dispose();
    public IServiceProvider Services => _host.Services;

    internal RequestDelegate BuildRequestDelegate() => _app.Build();
    ...
}
```

WebApplication 額外定義了下列 RunAsync 方法和 Run 方法，分別以非同步和同步方式啟動承載的應用程式。呼叫這兩個方法時可以指定監聽位址，這些位址會加到 IServerAddressesFeature 特性，而伺服器正是利用這個特性提供監聽位址。

```
public class WebApplication : IApplicationBuilder, IHost
{
    private readonly IHost _host;

    public ICollection<string> Urls
        => _host.Services.GetRequiredService<IServer>().Features
        .Get<IServerAddressesFeature>()?.Addresses ??
        throw new InvalidOperationException("IServerAddressesFeature is not found.");

    public Task RunAsync(string? url = null)
    {
        Listen(url);
        return HostingAbstractionsHostExtensions.RunAsync(this);
    }

    public void Run(string? url = null)
    {
        Listen(url);
        HostingAbstractionsHostExtensions.Run(this);
    }

    private void Listen(string? url)
    {
        if (url is not null)
        {
            var addresses = _host.Services.GetRequiredService<IServer>().Features
                .Get<IServerAddressesFeature>()?.Addresses
                ?? throw new InvalidOperationException(
                "IServerAddressesFeature is not found.");
            addresses.Clear();
            addresses.Add(url);
        }
    }
    ...
}
```

17.5.2 WebApplication 的建立

　　若想建立 WebApplication 物件，只需要提供一個對應的 IHost 物件。IHost 物件由 IHostBuilder 物件建構，所以 WebApplicationBuilder 需要一個 IHostBuilder 物件，具體來説是一個 HostBuilder 物件。針對 WebApplicationBuilder 物件所做的一切設定，最終都需要轉移到 HostBuilder 物件才能生效。

　　為了提供更加簡潔的 Minimal API，WebApplicationBuilder 類型提供一系列的屬性。例如，它利用 Services 屬性支援可以直接進行服務註冊的 IServiceCollection 集合；利用 Environment 屬性提供表示目前承載環境的 IWebHostEnvironment 物件；利用 Configuration 屬性提供的 ConfigurationManager 物件，不僅可以作為 IConfigurationBuilder 物件完成對組態系統的一切設定，本身也能作為 IConfiguration 物件提供組態。

　　WebApplicationBuitder 還定義 Host 屬性和 WebHost 屬性，對應類型為 ConfigureHostBuilder 和 ConfigureWebHostBuilder，分別實作了 IHostBuilder 介面和 IWebHostBuilder 介面，其目的是重用 IHostBuilder 介面和 IWebHostBuilder 介面承載的 API（主要是擴展方法）。為了盡可能以現有方法對 IHostBuilder 物件進行初始化設定，它還使用一個實作 IHostBuilder 介面的 BootstrapHostBuilder 類型。由這些物件組成 WebApplicationBuilder 針對 HostBuilder 的建構模型。

　　如圖 17-9 所示，WebApplicationBuilder 的所有工作都是為了建構它封裝的 HostBuilder 物件。當初始化 WebApplicationBuilder 時，除了建立 HostBuilder 物件外，還包括儲存服務註冊的 IServiceCollection 物件，以及用來設定組態的 ConfigurationManager 物件。接下來建立一個 BootstrapHostBuilder 物件，將它參數呼叫相關的方法（如 ConfigureWebHostDefaults 方法）和初始化設定收集起來，並把服務註冊和組態系統的設定，分別轉移到建立的 IServiceCollection 物件和 ConfigurationManager 物件，其他設定則直接應用到封裝的 HostBuilder 物件。

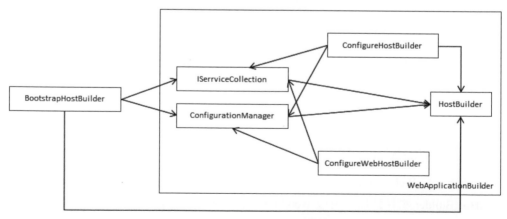

圖 17-9　HostBuilder 建構模型

在此之後 WebApplicationBuilder 會建立表示承載環境的 IWebHostEnvironment 物件，並且初始化 Environment 屬性。得到表示承載上下文的 WebHostBuilderContext 物件之後，便建立上述的 ConfigureHostBuilder 物件和 ConfigureWebHostBuilder 物件，然後賦值給 Host 屬性和 WebHost 屬性。與 BootstrapHostBuilder 的作用類似，利用這兩個物件所做的設定，最終都會轉移到上述的 3 個物件。

利用 WebApplicationBuilder 建立 WebApplication 物件時，IServiceCollection 物件儲存的服務註冊和 ConfigurationManager 物件承載組態，最終會轉移到 HostBuilder 物件。此時再以後者建立對應的 IHost 物件，表示承載應用程式的 WebApplication 物件，最終由 IHost 物件產生。

1. BootstrapHostBuilder

如 下 所 示 為 模 擬 BootstrapHostBuilder 類 型 的 定 義。 正 如 前 文 所 說，BootStrapHostBuilder 的作用是收集初始化 IHostBuilder 物件的設定，並將它們分別應用到指定的 IServiceCollection 物件、ConfigurationManager 物件和 IHostBuilder 物件。這個使命體現於 BootstrapHostBuilder 的 Apply 方法，該方法還透過一個輸出參數返回建立的 HostBuilderContext 上下文物件。

```csharp
public class BootstrapHostBuilder : IHostBuilder
{
    private readonly List<Action<IConfigurationBuilder>>
        _configureHostConfigurations = new();
    private readonly List<Action<HostBuilderContext, IConfigurationBuilder>>
        _configureAppConfigurations = new();
    private readonly List<Action<HostBuilderContext, IServiceCollection>>
        _configureServices = new();
    private readonly List<Action<IHostBuilder>> _others = new();

    public IDictionary<object, object> Properties { get; }
        = new Dictionary<object, object>();
    public IHost Build()=> throw new NotImplementedException();
    public IHostBuilder ConfigureHostConfiguration(
        Action<IConfigurationBuilder> configureDelegate)
    {
        _configureHostConfigurations.Add(configureDelegate);
        return this;
    }
    public IHostBuilder ConfigureAppConfiguration(
        Action<HostBuilderContext, IConfigurationBuilder> configureDelegate)
    {
        _configureAppConfigurations.Add(configureDelegate);
```

```csharp
        return this;
    }
    public IHostBuilder ConfigureServices(
        Action<HostBuilderContext, IServiceCollection> configureDelegate)
    {
        _configureServices.Add(configureDelegate);
        return this;
    }
    public IHostBuilder UseServiceProviderFactory<TContainerBuilder>(
        IServiceProviderFactory<TContainerBuilder> factory)
    {
        _others.Add(builder => builder.UseServiceProviderFactory(factory));
        return this;
    }
    public IHostBuilder UseServiceProviderFactory<TContainerBuilder>(
        Func<HostBuilderContext, IServiceProviderFactory<TContainerBuilder>> factory)
    {
        _others.Add(builder => builder.UseServiceProviderFactory(factory));
        return this;
    }
    public IHostBuilder ConfigureContainer<TContainerBuilder>(
        Action<HostBuilderContext, TContainerBuilder> configureDelegate)
    {
        _others.Add(builder => builder.ConfigureContainer(configureDelegate));
        return this;
    }

    internal void Apply(IHostBuilder hostBuilder, ConfigurationManager configuration,
        IServiceCollection services, out HostBuilderContext builderContext)
    {
        // 初始化宿主組態
        var hostConfiguration = new ConfigurationManager();
        _configureHostConfigurations.ForEach(it => it(hostConfiguration));

        // 建立承載環境
        var environment = new HostingEnvironment()
        {
            ApplicationName = hostConfiguration[HostDefaults.ApplicationKey],
            EnvironmentName = hostConfiguration[HostDefaults.EnvironmentKey]
                ?? Environments.Production,
            ContentRootPath = HostingPathResolver
                .ResolvePath(hostConfiguration[HostDefaults.ContentRootKey])
        };
        environment.ContentRootFileProvider
            = new PhysicalFileProvider(environment.ContentRootPath);

        // 建立 HostBuilderContext 上下文物件
```

```
        var hostContext = new HostBuilderContext(Properties)
        {
            Configuration = hostConfiguration,
            HostingEnvironment = environment,
        };

        // 將宿主組態加到 ConfigurationManager
        configuration.AddConfiguration(hostConfiguration, true);

        // 初始化應用程式組態
        _configureAppConfigurations.ForEach(it => it(hostContext, configuration));

        // 收集服務註冊
        _configureServices.ForEach(it => it(hostContext, services));

        // 將依賴注入容器的設定應用到指定的 IHostBuilder 物件
        _others.ForEach(it => it(hostBuilder));

        // 將自訂屬性轉移到指定的 IHostBuilder 物件
        foreach (var kv in Properties)
        {
            hostBuilder.Properties[kv.Key] = kv.Value;
        }
        builderContext = hostContext;
    }
}
```

除了 Build 方法外，IHostBuilder 介面定義的所有方法的參數都是委託物件，所以這些方法會收集提供的委託物件。Apply 方法透過執行這些委託物件，將初始化設定應用到指定的 IServiceCollection 物件、ConfigurationManager 物件和 IHostBuilder 物件，並根據初始化宿主組態建立表示承載環境的 HostingEnvironment 物件。Apply 方法最後根據承載環境結合組態，以便建立 HostBuilderContext 上下文物件，再以輸出參數的形式返回。

```
internal static class HostingPathResolver
{
    public static string ResolvePath(string? contentRootPath)
        => ResolvePath(contentRootPath, AppContext.BaseDirectory);
    public static string ResolvePath(string? contentRootPath, string basePath)
        => string.IsNullOrEmpty(contentRootPath)
        ? Path.GetFullPath(basePath)
        : Path.IsPathRooted(contentRootPath)
        ? Path.GetFullPath(contentRootPath)
        : Path.GetFullPath(Path.Combine(Path.GetFullPath(basePath), contentRootPath));
}
```

2. ConfigureHostBuilder

應用 BootstrapHostBuilder 收集的初始化設定之後，便建立了 ConfigureHostBuilder 物件，建立該物件時提供 HostBuilderContext 上下文物件、ConfigurationManager 物件和 IServiceCollection 物件。將提供的服務註冊直接加到 IServiceCollection 物件，針對組態的設定已經應用到 ConfigurationManager 物件，針對 IHostBuilder 物件的設定，則利用 _configureActions 欄位暫存起來。

```
public class ConfigureHostBuilder : IHostBuilder
{
    private readonly ConfigurationManager _configuration;
    private readonly IServiceCollection _services;
    private readonly HostBuilderContext _context;
    private readonly List<Action<IHostBuilder>> _configureActions = new();

    internal ConfigureHostBuilder(HostBuilderContext context,
    ConfigurationManagerconfiguration, IServiceCollection services)
    {
        _configuration  = configuration;
        _services       = services;
        _context        = context;

    }

    public IDictionary<object, object> Properties => _context.Properties;
    public IHost Build() => throw new NotImplementedException();
    public IHostBuilder ConfigureAppConfiguration(
        Action<HostBuilderContext, IConfigurationBuilder> configureDelegate)
        => Configure(() => configureDelegate(_context, _configuration));

    public IHostBuilder ConfigureHostConfiguration(
        Action<IConfigurationBuilder> configureDelegate)
    {
        var applicationName  = _configuration[HostDefaults.ApplicationKey];
        var contentRoot      = _context.HostingEnvironment.ContentRootPath;
        var environment      = _configuration[HostDefaults.EnvironmentKey];

        configureDelegate(_configuration);

        // 不允許改變與環境相關的 3 個組態
        Validate(applicationName, HostDefaults.ApplicationKey,
            "Application name cannot be changed.");
        Validate(contentRoot, HostDefaults.ContentRootKey,
            "Content root cannot be changed.");
        Validate(environment, HostDefaults.EnvironmentKey,
            "Environment name cannot be changed.");
```

```
        return this;

        void Validate(string previousValue, string key, string message)
        {
            if (!string.Equals(previousValue, _configuration[key],
                StringComparison.OrdinalIgnoreCase))
            {
                throw new NotSupportedException(message);
            }
        }
    }

    public IHostBuilder ConfigureServices(
      Action<HostBuilderContext, IServiceCollection> configureDelegate)
      => Configure(() => configureDelegate(_context, _services));

    public IHostBuilder UseServiceProviderFactory<TContainerBuilder>(
      IServiceProviderFactory<TContainerBuilder> factory)
      => Configure(() => _configureActions.Add(
      b => b.UseServiceProviderFactory(factory)));

    public IHostBuilder UseServiceProviderFactory<TContainerBuilder>(
        Func<HostBuilderContext, IServiceProviderFactory<TContainerBuilder>> factory)
        => Configure(
            () => _configureActions.Add(b => b.UseServiceProviderFactory(factory)));

    public IHostBuilder ConfigureContainer<TContainerBuilder>(
        Action<HostBuilderContext, TContainerBuilder> configureDelegate)
        => Configure(
            ()=> _configureActions.Add(b => b.ConfigureContainer(configureDelegate)));

    private IHostBuilder Configure(Action configure)
    {
        configure();
        return this;
    }

    internal void Apply(IHostBuilder hostBuilder)
        => _configureActions.ForEach(op => op(hostBuilder));
}
```

　　一旦建立 WebApplicationBuilder 物件後，針對承載環境的組態便不能改變，
所以 ConfigureHostBuilder 的 ConfigureHostConfiguration 方法對此增加了相關的驗
證。兩個 UseServiceProviderFactory 方法和 ConfigureContainer 方法針對依賴注入容

器的設定，最終都需要應用到 IHostBuilder 物件，因此將方法中提供的委託物件以 _configureActions 欄位暫存起來，最終利用 Apply 方法應用到指定的 IHostBuilder 物件。

3. ConfigureWebHostBuilder

ConfigureWebHostBuilder 物件同樣是在應用 BootstrapHostBuilder 提供的初始化設定後建立的，建立該物件時能夠提供 WebHostBuilderContext 上下文物件，以及承載組態與服務註冊的 ConfigurationManager 物件及 IServiceCollection 物件。由於 IWebHostBuilder 介面定義的方法只涉及服務註冊和組態的設定，因此由方法提供的委託物件，便可直接應用到這兩個物件。

```csharp
public class ConfigureWebHostBuilder : IWebHostBuilder, ISupportsStartup
{
    private readonly WebHostBuilderContext  _builderContext;
    private readonly IServiceCollection      _services;
    private readonly ConfigurationManager    _configuration;

    public ConfigureWebHostBuilder(WebHostBuilderContext builderContext,
        ConfigurationManager configuration, IServiceCollection services)
    {
        _builderContext     = builderContext;
        _services           = services;
        _configuration      = configuration;
    }

    public IWebHost Build()=> throw new NotImplementedException();
    public IWebHostBuilder ConfigureAppConfiguration(
        Action<WebHostBuilderContext, IConfigurationBuilder> configureDelegate)
        => Configure(() => configureDelegate(_builderContext, _configuration));
    public IWebHostBuilder ConfigureServices(
        Action<IServiceCollection> configureServices)
        => Configure(() => configureServices(_services));
    public IWebHostBuilder ConfigureServices(
        Action<WebHostBuilderContext, IServiceCollection> configureServices)
        => Configure(() => configureServices(_builderContext, _services));
    public string? GetSetting(string key) => _configuration[key];
    public IWebHostBuilder UseSetting(string key, string? value)
        => Configure(() => _configuration[key] = value);

    IWebHostBuilder ISupportsStartup.UseStartup(Type startupType)
        => throw new NotImplementedException();
    IWebHostBuilder ISupportsStartup.UseStartup<TStartup>(
        Func<WebHostBuilderContext, TStartup> startupFactory)
        => throw new NotImplementedException();
    IWebHostBuilder ISupportsStartup.Configure(Action<IApplicationBuilder> configure)
```

```
        => throw new NotImplementedException();
    IWebHostBuilder ISupportsStartup.Configure(
        Action<WebHostBuilderContext, IApplicationBuilder> configure)
        => throw new NotImplementedException();

    private IWebHostBuilder Configure(Action configure)
    {
        configure();
        return this;
    }
}
```

前文曾提及，Minima API 已經不支援傳統承載方式，它將初始化操作定義在註冊的 Startup 類型的設計方式，所以 WebApplicationBuilder 本不該實作 ISupportsStartup 介面，但是希望使用者在採用這種設計方式時得到明確提醒，所以依然讓它實作該介面，並於實作的方法拋出 NotImplementedException 類型的異常。

4. WebApplicationBuilder

下列程式碼模擬 WebApplicationBuilder 對 WebApplication 的建構。建構函數建立一個 BootstrapHostBuilder 物件，呼叫 ConfigureDefaults 擴展方法和 ConfigureWebHostDefaults 擴展方法，以便收集初始化設定。ConfigureWebHostDefaults 擴展方法利用提供的 Action<IWebHostBuilder> 委託物件註冊中介軟體，由於中介軟體的註冊已轉移到 WebApplication 物件，並且它提供一個 BuildRequestDelegate 方法，返回由註冊中介軟體組成的管道，所以這裡只需呼叫建立 WebApplication 物件（透過 _application 欄位表示，此時尚未產生 WebApplication 物件，當真正註冊中介軟體時會被建立）的方法，並將返回的 RequestDelegate 物件作為參數呼叫 IApplicationBuilder 介面的 Run 方法，好將中介軟體管道註冊為請求處理器。

```
public class WebApplicationBuilder
{
    private readonly HostBuilder      _hostBuilder = new HostBuilder();
    private WebApplication            _application;

    public ConfigurationManager       Configuration { get; } =
        new ConfigurationManager();
    public IServiceCollection         Services { get; } = new ServiceCollection();
    public IWebHostEnvironment        Environment { get; }
    public ConfigureHostBuilder       Host { get; }
    public ConfigureWebHostBuilder    WebHost { get; }
    public ILoggingBuilder            Logging { get; }
```

```csharp
public WebApplicationBuilder(WebApplicationOptions options)
{
    // 建立 BootstrapHostBuilder，並利用它收集初始化過程設定的組態、服務和依賴注入容器的設定
    var args = options.Args;
    var bootstrap = new BootstrapHostBuilder();
    bootstrap
        .ConfigureDefaults(null)
        .ConfigureWebHostDefaults(webHostBuilder => webHostBuilder.Configure(
            app => app.Run(_application.BuildRequestDelegate())))
        .ConfigureHostConfiguration(config => {
            // 增加命令列組態來源
            if (args?.Any() == true)
            {
                config.AddCommandLine(args);
            }

            // 將 WebApplicationOptions 組態選項轉移到組態中
            Dictionary<string, string>? settings = null;
            if (options.EnvironmentName is not null) (settings ??= new())
                [HostDefaults.EnvironmentKey] = options.EnvironmentName;
            if (options.ApplicationName is not null) (settings ??= new())
                [HostDefaults.ApplicationKey] = options.ApplicationName;
            if (options.ContentRootPath is not null) (settings ??= new())
                [HostDefaults.ContentRootKey] = options.ContentRootPath;
            if (options.WebRootPath is not null) (settings ??= new())
                [WebHostDefaults.WebRootKey] = options.EnvironmentName;
            if (settings != null)
            {
                config.AddInMemoryCollection(settings);
            }
        });

    // 將 BootstrapHostBuilder 收集的組態和服務，轉移到 Configuration 和 Services 上
    // 將應用到 BootstrapHostBuilder 針對依賴注入容器的設定，轉移到 _hostBuilder 欄位
    // 取得 BuilderContext 上下文物件
    bootstrap.Apply(_hostBuilder, Configuration, Services, out var builderContext);

    // 如果提供命令列參數，則在 Configuration 增加對應的組態來源
    if (options.Args?.Any() == true)
    {
        Configuration.AddCommandLine(options.Args);
    }

    // 建立 WebHostBuilderContext 上下文物件
    // 初始化 Host 屬性、WebHost 屬性和 Logging 屬性
    var webHostContext = (WebHostBuilderContext)builderContext
        .Properties[typeof(WebHostBuilderContext)];
```

```
        Environment = webHostContext.HostingEnvironment;
        Host = new ConfigureHostBuilder(builderContext, Configuration, Services);
        WebHost = new ConfigureWebHostBuilder(webHostContext, Configuration, Services);
        Logging = new LogginigBuilder(Services);
    }

    public WebApplication Build()
    {
        // 將 ConfigurationManager 的組態轉移到 _hostBuilder 欄位
        _hostBuilder.ConfigureAppConfiguration(builder =>
        {
            builder.AddConfiguration(Configuration);
            foreach (var kv in ((IConfigurationBuilder)Configuration).Properties)
            {
                builder.Properties[kv.Key] = kv.Value;
            }
        });

        // 將增加的服務註冊轉移到 _hostBuilder 欄位
        _hostBuilder.ConfigureServices((_, services) =>
        {
            foreach (var service in Services)
            {
                services.Add(service);
            }
        });

        // 將應用到 Host 屬性的設定，轉移到 _hostBuilder 欄位
        Host.Apply(_hostBuilder);

        // 利用 _hostBuilder 欄位建立的 IHost 物件產生 WebApplication
        return _application = new WebApplication(_hostBuilder.Build());
    }
}
```

接下來呼叫 BootstrapHostBuilder 的 ConfigureHostConfiguration 方法。透過它將提供的 WebApplicationOptions 組態選項，轉移到 BootstrapHostBuilder 針對宿主的組態上。應用 IHostBuilder 初始化設定到 BootstrapHostBuilder 物件之後，呼叫 Apply 方法把這些設定，分別轉移到承載服務註冊和組態的 IServiceCollection 物件和 ConfigurationManager 物件，以及封裝的 HostBuilder 物件。

Apply 方法利用輸出參數提供 HostBuilderContext 上下文物件，並從中取得 WebHostBuilderContext 上下文物件（GenericWebHostBuilder 會將建立的 WebHostBuilder Context 上下文物件，置於 HostBuilderContext 上下文物件的屬性字典）。利用這個

上下文物件建立 ConfigureHostBuilder 物件和 ConfigureWebHostBuilder 物件，並且作為 Host 屬性和 WebHost 屬性。對日誌做進一步設定的 Logging 屬性，也於此處初始化，返回的 LoggingBuilder 物件，只是對 IServiceCollection 物件的簡單封裝。

建構 WebApplication 物件的 Build 方法，分別呼叫 ConfigureAppConfiguration 方法和 ConfigureServices 方法，好將 ConfigurationManager 物件和 IServiceCollection 物件承載的組態與服務註冊轉移到 HostBuilder 物件。接下來擷取 Host 屬性返回的 ConfigureHostBuilder 物件，並呼叫 Apply 方法，將應用至該物件的依賴注入容器的設定，轉移到 HostBuilder 物件。至此所有的設定全部轉移到 HostBuilder 物件，以 Build 方法建立對應的 IHost 物件後，利用 IHost 物件建立程式碼，以承載應用程式的 WebApplication 物件。將這個物件賦值到 _application 欄位，前面呼叫 ConfigureWebHostDefaults 擴展方法提供的委託物件，便會將 BuildRequestDelegate 方法建構的中介軟體管道作為請求處理器。

17.5.3 工廠方法

表示承載應用程式的 WebApplication 物件是由 WebApplicationBuilder 建立，但是一般不會透過建構函數的方式，這違背了「介面導向」的設計原則，因此都會改用 WebApplication 類型提供的靜態工廠方法。WebApplication 除了提供 3 個用來建立 WebApplicationBuilder 物件的 CreateBuilder 多載方法外，還包括一個直接產生 WebApplication 物件的 Create 方法。

```
public sealed class WebApplication
{
    public static WebApplicationBuilder CreateBuilder() =>
        new WebApplicationBuilder(new WebApplicationOptions());

    public static WebApplicationBuilder CreateBuilder(string[] args)
    {
        var options = new WebApplicationOptions();
        options.Args = args;
        return new WebApplicationBuilder(options);
    }

    public static WebApplicationBuilder CreateBuilder(WebApplicationOptions options) =>
        new WebApplicationBuilder(options, null);

    public static WebApplication Create(string[]? args = null)
    {
        var options = new WebApplicationOptions();
```

```
        options.Args = args;
        return new WebApplicationBuilder(options).Build();
    }
}
```

　　本節透過 WebApplication 和 WebApplicationBuilder 兩個類型的實作，模擬與介紹 Minimal API 的實作原理。一方面為了讓講解更加清晰，另一方面也基於篇幅的限制，不得不省略很多細枝末節的內容，但是設計概念和實作原理別無二致。上面提供的原始碼也不是虛擬程式碼，如下所示為「模擬的 Minimal API」建構的 ASP.NET Core 應用程式，它是可以正常運行的。如果讀者對真實的 Minimal API 實作感到興趣，則可將本節作為一個「嚮導」，好去探尋「真實的 Minimal API」。（S1704）

```
var app= App.WebApplication.Create();
app.Run(httpContext => httpContext.Response.WriteAsync("Hello World!"));
app.Run();
```

伺服器概述

第 18 章

伺服器

作為 ASP.NET Core 請求處理管道的「龍頭」伺服器負責監聽和接收請求，最終完成請求的回應。它將原始的請求上下文描述為相關的特性（Feature），並依此建立 HttpContext 上下文物件，中介軟體對 HttpContext 上下文物件的所有操作，將藉助這些特性轉移到原始的請求上下文。除了常用的 Kestrel 伺服器外，ASP.NET Core 還提供其他類型的伺服器。

18.1 自訂伺服器

學習 ASP.NET Core 框架最有效的方式，就是按照它的原理「再造」一個框架，瞭解伺服器本質的最好手段，便是試著自訂一個伺服器。「第 16 章 應用程式承載（中）」有一個模擬的 ASP.NET Core 框架，其中提供一個基於 HttpListener 的伺服器。本章準備自訂一個真正的伺服器。在此之前，先來回顧一下表示伺服器的 IServer 介面。

18.1.1 IServer

作為伺服器的 IServer 物件利用 Features 屬性提供與本身相關的特性。除了以 StartAsync<TContext> 方法和 StopAsync 方法啟動和關閉伺服器，它還實作了 IDisposable 介面，資源的釋放工作則可透過實作的 Dispose 方法完成。StartAsync<TContext> 方法將 IHttpApplication<TContext> 類型的參數作為處理請求的「應用」，透過「第 17 章 應用程式承載（下）」的介紹，已知 IServer 物件是對中介軟體管道的封裝。從這個意義來講，伺服器就是傳輸層和 IHttpApplication<TContext> 物件之間的「仲介」。

```
public interface IServer : IDisposable
{
    IFeatureCollection Features { get; }

    Task StartAsync<TContext>(IHttpApplication<TContext> application,
        CancellationToken cancellationToken) where TContext : notnull;
    Task StopAsync(CancellationToken cancellationToken);
}
```

　　由於具有如圖 18-1 所示的定位，雖然不同伺服器類型的定義方式千差萬別，但是背後的模式基本上與底下以虛擬程式碼定義的伺服器類型一致。Server 利用 IListener 物件監聽和接收請求，該物件是以建構函數注入的 IListenerFactory 工廠，根據指定的監聽位址而建立。StartAsync<TContext> 方法從 Features 特性集合取出 IServerAddressesFeature 特性，並針對每個監聽位址產生一個 IListener 物件。StartAsync<TContext> 方法為每個 IListener 物件開啟一個「接收和處理請求」的迴圈，迴圈的每次迭代都會呼叫 IListener 物件的 AcceptAsync 方法接收請求，再透過 RequestContext 物件表示請求上下文。

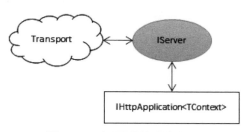

圖 18-1　伺服器的「角色」

```
public class Server : IServer
{
    private readonly IListenerFactory            _listenerFactory;
    private readonly List<IListener>             _listeners = new();

    public IFeatureCollection Features { get; } = new FeatureCollection();

    public Server(IListenerFactory listenerFactory)
        => _listenerFactory = listenerFactory;

    public async Task StartAsync<TContext>(IHttpApplication<TContext> application,
        CancellationToken cancellationToken) where TContext : notnull
    {
        var addressFeature = Features.Get<IServerAddressesFeature>()!;
        foreach (var address in addressFeature.Addresses)
        {
```

```
            var listener = await _listenerFactory.BindAsync(address);
            _listeners.Add(listener);
            _ = StartAcceptLoopAsync(listener);
        }

        async Task StartAcceptLoopAsync(IListener listener)
        {
            while (true)
            {
                var requestContext = await listener.AcceptAsync();
                _ = ProcessRequestAsync(requestContext);
            }
        }

        async Task ProcessRequestAsync(RequestContext requestContext)
        {
            var feature = new RequestContextFeature(requestContext);
            var contextFeatures = new FeatureCollection();
            contextFeatures.Set<IHttpRequestFeature>(feature);
            contextFeatures.Set<IHttpResponseFeature>(feature);
            contextFeatures.Set<IHttpResponseBodyFeature>(feature);

            var context = application.CreateContext(contextFeatures);
            Exception? exception = null;
            try
            {
                await application.ProcessRequestAsync(context);
            }
            catch (Exception ex)
            {
                exception = ex;
            }
            finally
            {
                application.DisposeContext(context, exception);
            }
        }
    }
    public Task StopAsync(CancellationToken cancellationToken)
        => Task.WhenAll(_listeners.Select(listener => listener.StopAsync()));

    public void Dispose() => _listeners.ForEach(listener => listener.Dispose());
}

public interface IListenerFactory
{
    Task<IListener> BindAsync(string listenAddress);
```

```
}

public interface IListener: IDisposable
{

    Task<RequestContext> AcceptAsync();
    Task StopAsync();
}

public class RequestContext
{
    ...
}

public class RequestContextFeature : IHttpRequestFeature, IHttpResponseFeature,
    IHttpResponseBodyFeature
{
    public RequestContextFeature(RequestContext requestContext);
...
}
```

接下來 StartAsync<TContext> 方法利用 RequestContext 上下文物件建立 RequestContextFeature 特性。RequestContextFeature 特性類型同時實作 IHttpRequestFeature、IHttpResponseFeature 和 IHttpResponseBodyFeature 這 3 個核心介面，然後針對這 3 個介面將特性物件加到建立的 FeatureCollection 集合。特性集合隨後作為參數呼叫 IHttpApplication <TContext> 物件的 CreateContext 方法，以產生 TContext 上下文物件；後者進一步作為參數呼叫另一個 ProcessRequestAsync 方法，將請求分發給中介軟體管道處理。處理結束後，便呼叫 IHttpApplication<TContext> 物件的 DisposeContext 方法，然後釋放 TContext 上下文物件承載的資源。

18.1.2 請求和回應特性

接下來以類似的模式定義一個基於 HttpListener 的伺服器。「第 16 章 應用程式承載（中）」提供的 HttpListenerServer 的概念，便是利用自訂特性封裝表示原始請求上下文的 HttpListenerContext 物件。這次換一種「解法」，改用 HttpRequestFeature 和 HttpResponseFeature 兩個特性。

```
public class HttpRequestFeature : IHttpRequestFeature
{
    public string          Protocol { get; set; }
    public string          Scheme { get; set; }
```

```
    public string              Method { get; set; }
    public string              PathBase { get; set; }
    public string              Path { get; set; }
    public string              QueryString { get; set; }

    public string              RawTarget { get; set; }
    public IHeaderDictionary   Headers { get; set; }
    public Stream              Body { get; set; }
}

public class HttpResponseFeature : IHttpResponseFeature
{
    public int                 StatusCode { get; set; }
    public string?             ReasonPhrase { get; set; }
    public IHeaderDictionary   Headers { get; set; }
    public Stream              Body { get; set; }
    public virtual bool        HasStarted => false;

    public HttpResponseFeature()
    {
        StatusCode = 200;
        Headers = new HeaderDictionary();
        Body = Stream.Null;
    }

    public virtual void OnStarting(Func<object, Task> callback, object state){}
    public virtual void OnCompleted(Func<object, Task> callback, object state){}
}
```

如果使用 HttpRequestFeature 描述請求，意謂著 HttpListener 接收到請求之後，必須將請求資訊從 HttpListenerContext 上下文物件轉移到該特性。如果以 HttpResponseFeature 描述回應，則中介軟體管道在完成請求處理後，還得將該特性承載的回應資料應用到 HttpListenerContext 上下文物件。

18.1.3 StreamBodyFeature

現在有了描述請求和回應的兩個特性，還需要一個描述回應主體的特性，因此定義如下 StreamBodyFeature 特性類型。StreamBodyFeature 直接以建構函數提供的 Stream 物件作為回應主體的輸出串流，並根據該物件建立 Writer 屬性返回的 PipeWriter 物件。本著「一切從簡」的原則，這裡並未實作傳送檔案的 SendFileAsync 方法，其他成員也採用最簡單的方式進行實作。

```
public class StreamBodyFeature : IHttpResponseBodyFeature
{
    public Stream        Stream { get; }
    public PipeWriter Writer { get; }

    public StreamBodyFeature(Stream stream)
    {
        Stream = stream;
        Writer = PipeWriter.Create(Stream);
    }

    public Task CompleteAsync() => Task.CompletedTask;
    public void DisableBuffering() { }
    public Task SendFileAsync(string path, long offset, long? count,
      CancellationToken cancellationToken = default)
      => throw new NotImplementedException();
    public Task StartAsync(CancellationToken cancellationToken = default)
        => Task.CompletedTask;
}
```

18.1.4 HttpListenerServer

下列自訂的 HttpListenerServer 伺服器類型，與傳輸層互動的 HttpListener 體現於 _listener 欄位。伺服器在初始化過程中，其 Features 屬性返回的 IFeatureCollection 物件增加一個 ServerAddressesFeature 特性，因為要用它儲存註冊的監聽位址。實作的 StartAsync <TContext> 方法將監聽位址從此特性取出，以便應用到 HttpListener 物件。

```
public class HttpListenerServer : IServer
{
    private readonly HttpListener _listener = new();
    public IFeatureCollection Features { get; } = new FeatureCollection();

    public HttpListenerServer()
        => Features.Set<IServerAddressesFeature>(new ServerAddressesFeature());
    public Task StartAsync<TContext>(IHttpApplication<TContext> application,
        CancellationToken cancellationToken) where TContext : notnull
    {
        var pathbases = new HashSet<string>(StringComparer.OrdinalIgnoreCase);
        var addressesFeature = Features.Get<IServerAddressesFeature>()!;
        foreach (string address in addressesFeature.Addresses)
        {
            _listener.Prefixes.Add(address.TrimEnd('/') + "/");
            pathbases.Add(new Uri(address).AbsolutePath.TrimEnd('/'));
        }
```

```
    _listener.Start();

while (true)
{
    var listenerContext = _listener.GetContext();
    _ = ProcessRequestAsync(listenerContext);
}

async Task ProcessRequestAsync( HttpListenerContext listenerContext)
{
    FeatureCollection features = new();
    var requestFeature = CreateRequestFeature(pathbases, listenerContext);
    var responseFeature = new HttpResponseFeature();
    var body = new MemoryStream();
    var bodyFeature = new StreamBodyFeature(body);
    features.Set<IHttpRequestFeature>(requestFeature);
    features.Set<IHttpResponseFeature>(responseFeature);
    features.Set<IHttpResponseBodyFeature>(bodyFeature);

    var context = application.CreateContext(features);
    Exception? exception = null;
    try
    {
        await application.ProcessRequestAsync(context);

        var response = listenerContext.Response;
        response.StatusCode = responseFeature.StatusCode;
        if (responseFeature.ReasonPhrase is not null)
        {
            response.StatusDescription = responseFeature.ReasonPhrase;
        }
        foreach (var kv in responseFeature.Headers)
        {
            response.AddHeader(kv.Key, kv.Value);
        }
        body.Position = 0;
        await body.CopyToAsync(listenerContext.Response.OutputStream);
    }
    catch (Exception ex)
    {
        exception = ex;
    }
    finally
    {
        body.Dispose();
        application.DisposeContext(context, exception);
        listenerContext.Response.Close();
```

```
            }
        }
    }
    public void Dispose() => _listener.Stop();

    private static HttpRequestFeature CreateRequestFeature(HashSet<string> pathbases,
        HttpListenerContext listenerContext)
    {
        var request            = listenerContext.Request;
        var url                = request.Url!;
        var absolutePath       = url.AbsolutePath;
        var protocolVersion    = request.ProtocolVersion;
        var requestHeaders     = new HeaderDictionary();
        foreach (string key in request.Headers)
        {
            requestHeaders.Add(key, request.Headers.GetValues(key));
        }

        var requestFeature = new HttpRequestFeature
        {
            Body            = request.InputStream,
            Headers         = requestHeaders,
            Method          = request.HttpMethod,
            QueryString     = url.Query,
            Scheme          = url.Scheme,
            Protocol        =
$"{url.Scheme.ToUpper()}/{protocolVersion.Major}.{protocolVersion.Minor}"
        };
        var pathBase = pathbases.First(it
            => absolutePath.StartsWith(it, StringComparison.OrdinalIgnoreCase));
        requestFeature.Path = absolutePath[pathBase.Length..];
        requestFeature.PathBase = pathBase;
        return requestFeature;
    }

    public Task StopAsync(CancellationToken cancellationToken)
    {
        _listener.Stop();
        return Task.CompletedTask;
    }
}
```

呼叫 Start 方法啟動 HttpListener 後，StartAsync<TContext> 方法便開始「請求接收處理」迴圈。收到的請求上下文封裝成 HttpListenerContext 上下文物件，承載的請求資訊利用 CreateRequestFeature 方法轉移到產生的 HttpRequestFeature 特性。

StartAsync<TContext> 方法建立「空」的 HttpResponseFeature 物件描述回應，另一個描述回應主體的 StreamBodyFeature 特性則以 MemoryStream 物件建構，意謂著中介軟體管道寫入的回應主體的內容，將暫存到這個記憶體串流。接著將這幾個特性註冊於 FeatureCollection 集合，並以後者作為參數呼叫 IHttpApplication<TContext> 物件的 CreateContext 方法產生 TContext 上下文物件。此上下文物件進一步作為參數呼叫 IHttpApplication<TContext> 物件的 ProcessRequestAsync 方法，中介軟體管道得以接管請求。

　　當中介軟體管道的處理工作完成後，回應的內容還暫存於 HttpResponseFeature 和 StreamBodyFeature 兩個特性，必須將它們應用到表示原始 HttpListenerContext 的上下文物件。首先 StartAsync<TContext> 方法從 HttpResponseFeature 特性取得回應狀態碼和回應標頭，以轉移到 HttpListenerContext 上下文物件，然後將 MemoryStream 物件「複製」到 HttpListenerContext 上下文物件承載的回應主體輸出串流。

```
using App;
using Microsoft.AspNetCore.Hosting.Server;
using Microsoft.Extensions.DependencyInjection.Extensions;

var builder = WebApplication.CreateBuilder(args);
builder.Services.Replace(ServiceDescriptor.Singleton<IServer,
HttpListenerServer>());
var app = builder.Build();
app.Run(context => context.Response.WriteAsync("Hello World!"));
app.Run("http://localhost:5000/foobar/");
```

　　以上面的程式檢測 HttpListenerServer 能否正常工作。首先為 HttpListenerServer 類型建立一個 ServiceDescriptor 物件，替換現有伺服器的服務註冊。呼叫 WebApplication 物件的 Run 方法時，明確指定具有 PathBase（/foobar）的監聽位址「http:// localhost:5000/foobar/」，如圖 18-2 所示，瀏覽器以此位址存取應用程式，並得到期望的結果。（S1801）

圖 18-2　HttpListenerServer 返回的結果

18.2 KestrelServer

具有跨平台功能的 KestrelServer 是最重要的伺服器類型，也是本書預設使用的伺服器。由於篇幅有限，本章無法全面介紹 KestrelServer 針對請求的監聽、接收、分發和回應的流程，所以將關注點放在伺服器的使用。

18.2.1 註冊終節點

KestrelServer 的設定主要體現於 KestrelServerOptions 組態選項，註冊的終節點是它承載的最重要的組態選項。這裡所謂的終節點（Endpoint），與「第 20 章 路由」介紹的終節點不是一回事，而是表示伺服器在監聽請求時繫結的網路位址，對應到一個 System.Net.Endpoint 物件。已知 ASP.NET Core 應用程式承載 API 也提供註冊監聽位址的方法，本質也是為了註冊終節點，那麼兩種註冊方式該如何取捨呢？

1. UseKestrel 擴展方法

IWebHostBuilder 介面的 3 個 UseKestrel 多載擴展方法能夠完成 KestrelServer 的註冊，並對 KestrelServerOptions 組態選項進行相關的設定。先來看一下如何利用它們註冊終節點。

```
public static class WebHostBuilderKestrelExtensions
{
    public static IWebHostBuilder UseKestrel(this IWebHostBuilder hostBuilder);
    public static IWebHostBuilder UseKestrel(this IWebHostBuilder hostBuilder,
        Action<KestrelServerOptions> options);
    public static IWebHostBuilder UseKestrel(this IWebHostBuilder hostBuilder,
        Action<WebHostBuilderContext, KestrelServerOptions> configureOptions);
}
```

註冊到 KestrelServer 的終節點體現為下列 Endpoint 物件。Endpoint 是對網路位址的抽象，大部分情況下均為「IP 位址＋埠」或者「網域名稱＋埠」，對應的類型分別為 IPEndPoint 和 DnsEndPoint。UnixDomainSocketEndPoint 表示基於 Unix Domain Socket/IPC Socket 的終節點，目的在於實作同一台電腦上多個處理序之間的通訊（IPC）。FileHandleEndPoint 表示指向某個檔案控制代碼（如 TCP 或者 Pipe 類型的檔案控制代碼）的終節點。

```
public abstract class EndPoint
{
    public virtual AddressFamily AddressFamily { get; }
```

```
    public virtual EndPoint Create(SocketAddress socketAddress);
    public virtual SocketAddress Serialize();
}

public class IPEndPoint : EndPoint
public class DnsEndPoint : EndPoint
public sealed class UnixDomainSocketEndPoint : EndPoint
public class FileHandleEndPoint : EndPoint
```

　　終節點的註冊利用 ListenOptions 組態選項來描述。該類型實作的 IConnectionBuilder
介面和 IMultiplexedConnectionBuilder 介面涉及連接的建構，後文將討論這個話
題。註冊的終節點體現為 ListenOptions 組態選項的 EndPoint 屬性，如果是一
個 IPEndPoint 物件，則該物件也會體現於 IPEndPoint 屬性。倘若終節點類型為
UnixDomainSocketEndPoint 和 FileHandleEndPoint，便可利用 ListenOptions 組態選項
的 SocketPath 和 FileHandle，以得到對應的 Socket 路徑和檔案控制代碼。

```
public class ListenOptions : IConnectionBuilder, IMultiplexedConnectionBuilder
{
    public EndPoint                EndPoint { get; }

    public IPEndPoint              IPEndPoint { get; }
    public string                  SocketPath { get; }
    public ulong                   FileHandle { get; }

    public HttpProtocols           Protocols { get; set; }
    public bool                    DisableAltSvcHeader { get; set; }

    public IServiceProvider        ApplicationServices { get; }
    public KestrelServerOptions    KestrelServerOptions { get; }
    ...
}
```

　　一個終節點可以同時支援 HTTP 1.x、HTTP 2 和 HTTP 3 共 3 種協定，具體
設定體現於 Protocols 屬性，該屬性返回下列 HttpProtocols 列舉。由於列舉項目
Http3 和 Http1AndHttp2AndHttp3 上面標註了 RequiresPreviewFeatures 特性，如
果打算採用 HTTP 3 協定，則專案檔案必須增加「<EnablePreviewFeatures>true</
EnablePreviewFeatures>」屬性。倘若 HTTP 3 終節點同時支援 HTTP 1.x 和 HTTP 2 兩
種協定，則針對 HTTP 1.x 和 HTTP 2 請求的回應，一般會增加一個 alt-svc（Alternative
Service）標頭指示可以升級到 HTTP 3 協定。可以透過 DisableAltSvcHeader 屬性關
閉此特性，預設值為 Http1AndHttp2。

```
[Flags]
public enum HttpProtocols
{
    None = 0,
    Http1 = 1,
    Http2 = 2,
    Http1AndHttp2 = 3,
    [RequiresPreviewFeatures]
    Http3 = 4,
    [RequiresPreviewFeatures]
    Http1AndHttp2AndHttp3 = 7
}
```

　　KestrelServerOptions 的 ListenOptions 屬性返回的 ListenOptions 清單表示所有註冊的終節點，它由 CodeBackedListenOptions 屬性和 ConfigurationBackedListenOptions 屬性合併而成，這兩個屬性分別表示透過程式碼和組態註冊的終節點。基於「程式碼」的終節點註冊，由下列一系列 Listen 和以「Listen」為前綴的方法來完成。除了註冊單個終節點的方法外，ConfigureEndpointDefaults 方法會為註冊的所有終節點提供基礎設定。

```
public class KestrelServerOptions
{
    internal List<ListenOptions>         CodeBackedListenOptions { get; }
    internal List<ListenOptions>         ConfigurationBackedListenOptions { get; }
    internal IEnumerable<ListenOptions>  ListenOptions { get; }

    public void Listen(EndPoint endPoint);
    public void Listen(IPEndPoint endPoint);
    public void Listen(EndPoint endPoint, Action<ListenOptions> configure);
    public void Listen(IPAddress address, int port);
    public void Listen(IPEndPoint endPoint, Action<ListenOptions> configure);
    public void Listen(IPAddress address, int port, Action<ListenOptions> configure);
    public void ListenAnyIP(int port);
    public void ListenAnyIP(int port, Action<ListenOptions> configure);
    public void ListenHandle(ulong handle);
    public void ListenHandle(ulong handle, Action<ListenOptions> configure);
    public void ListenLocalhost(int port);
    public void ListenLocalhost(int port, Action<ListenOptions> configure);
    public void ListenUnixSocket(string socketPath);
    public void ListenUnixSocket(string socketPath, Action<ListenOptions> configure);

    public void ConfigureEndpointDefaults(Action<ListenOptions> configureOptions)
    ...
}
```

2. 兩種終節點的取捨

已知監聽位址不僅能夠加到 WebApplication 物件的 Urls 屬性，WebApplication 類型用來啟動應用程式的 RunAsync 方法和 Run 方法，也提供內建的參數指定監聽位址。從下列程式碼得知，這 3 種方式提供的監聽位址都被加到 IServer 物件的 Features 屬性。

```
public sealed class WebApplication : IHost
{
    private readonly IHost _host;
    public ICollection<string> Urls
        => _host.Services.GetRequiredService<IServer>().Features
        .Get<IServerAddressesFeature>()?.Addresses ?? throw
        new InvalidOperationException("IServerAddressesFeature could not be found.");

    public Task RunAsync(string? url = null)
    {
        Listen(url);
        return ((IHost)this).RunAsync();
    }

    public void Run(string? url = null)
    {
        Listen(url);
        ((IHost)this).Run();
    }
    private void Listen(string? url)
    {
        if (url != null)
        {
            var addresses = ServerFeatures.Get<IServerAddressesFeature>()?.Addresses
                ?? throw new InvalidOperationException(
                "No valid IServerAddressesFeature is found");
            addresses.Clear();
            addresses.Add(url);
        }
    }
}
```

如果 KestrelServerOptions 組態選項不能提供註冊的終節點，則 KestrelServer 便以此特性內的位址建立對應的終節點，否則根據 IServerAddressesFeature 特性的 PreferHostingUrls 屬性進行取捨。倘若 IServerAddressesFeature 特性的 PreferHostingUrls 屬性返回 True，就選擇它提供的位址，否則使用直接註冊到 KestrelServerOptions 組態選項的終節點。

　　監聽位址的註冊和 PreferHostingUrls 的設定，可以利用 IWebHostBuilder 介面的兩個擴展方法完成。從下面的程式碼得知，這兩個方法會將設定存放於組態上，組態項目名稱分別為「urls」和「preferHostingUrls」，對應至 WebHostDefaults 定義的兩個靜態唯讀欄位 ServerUrlsKey 和 PreferHostingUrlsKey。既然這兩個設定來自於組態，自然可以利用命令列參數、環境變數，或者直接修改對應組態項目的方式來指定。

```
public static class HostingAbstractionsWebHostBuilderExtensions
{
    public static IWebHostBuilder UseUrls(this IWebHostBuilder hostBuilder,
      params string[] urls) =>
      hostBuilder.UseSetting(WebHostDefaults.ServerUrlsKey, string.Join(';', urls));
    public static IWebHostBuilder PreferHostingUrls(this IWebHostBuilder hostBuilder,
      bool preferHostingUrls)
      => hostBuilder.UseSetting(WebHostDefaults.PreferHostingUrlsKey,
      preferHostingUrls ? "true" : "false");
}
```

　　如果伺服器的特性集合內含的 IServerAddressesFeature 特性包含監聽位址，便忽略以組態方式指定的監聽位址和針對 PreferHostingUrls 的設定，這一點體現於 GenericWebHostService 的 StartAsync 方法。如下面的程式碼所示，該方法從伺服器取得 IServerAddressesFeature 特性，只有該特性在無法提供監聽位址的情況下，利用組態註冊的監聽位址和針對 PreferHostingUrls 的設定，才會應用到該特性。

```
internal sealed class GenericWebHostService : IHostedService
{
    public async Task StartAsync(CancellationToken cancellationToken)
    {
        ...
        var serverAddressesFeature = Server.Features.Get<IServerAddressesFeature>();
        var addresses = serverAddressesFeature?.Addresses;
        if (addresses != null && !addresses.IsReadOnly && addresses.Count == 0)
        {
            var text = Configuration[WebHostDefaults.ServerUrlsKey];
            if (!string.IsNullOrEmpty(text))
            {
                serverAddressesFeature.PreferHostingUrls = WebHostUtilities
                    .ParseBool(Configuration, WebHostDefaults.PreferHostingUrlsKey);
                string[] array = text.Split(';',
                  StringSplitOptions.RemoveEmptyEntries);
                foreach (string item in array)
                {
                    addresses.Add(item);
                }
```

```
            }
        }
    }
}
```

下面的展示程式先透過 IWebHostBuilder 介面的 UseKestrel 擴展方法，以註冊一個採用 8000 埠的本地終節點，再呼叫 UseUrls 擴展方法註冊一個採用 9000 埠的監聽位址。

```
var builder = WebApplication.CreateBuilder(args);
builder.WebHost
    .UseKestrel(kestrel => kestrel.ListenLocalhost(8000))
    .UseUrls("http://localhost:9000");
var app = builder.Build();
app.Run();
```

以命令列方式啟動兩次該程式。預設情況下，程式會選擇 UseKestrel 擴展方法註冊的終節點。如果指定命令列參數「preferHostingUrls=1」，則最終使用的將是以 UseUrls 擴展方法註冊的監聽位址。兩種情況都涉及放棄某種設定，於是輸出對應的日誌，如圖 18-3 所示。（S1802）

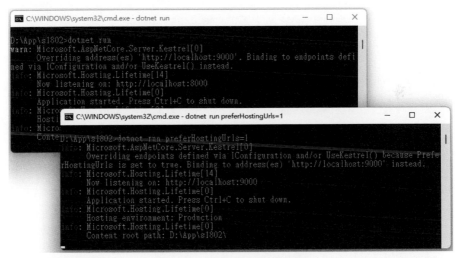

圖 18-3　兩種終節點的選擇

3. 終節點組態

KestrelServerOptions 承載的很多設定都可以透過組態提供。該組態選項類型的定義與組態的結構存在差異，KestrelServerOptions 組態選項無法直接以對應的

IConfiguration 物件進行繫結，因此 KestrelServerOptions 組態選項類型定義下列 3 個 Configure 方法。後面兩個 Configure 方法提供承載組態內容的 IConfiguration 物件，最後一個 Configure 方法還提供 reloadOnChange 參數，以決定是否自動載入更新後的組態。第一個 Configure 方法提供的，其實是一個空的 IConfiguration 物件。

```
public class KestrelServerOptions
{
    public KestrelConfigurationLoader Configure();
    public KestrelConfigurationLoader Configure(IConfiguration config);
    public KestrelConfigurationLoader Configure(IConfiguration config,
    bool reloadOnChange)
}
```

3 個 Configure 方法都返回 KestrelConfigurationLoader 物件，後者是對目前 KestrelServerOptions 組態選項和指定 IConfiguration 物件的封裝。KestrelConfigurationLoader 的 Load 方法會讀取組態的內容，並將其應用到 KestrelServerOptions 組態選項，該組態選項類型還提供一系列註冊各類終節點的方法。

```
public class KestrelConfigurationLoader
{
    public KestrelServerOptions        Options { get; }
    public IConfiguration              Configuration { get; }

    public KestrelConfigurationLoader Endpoint(string name,
        Action<EndpointConfiguration> configureOptions);
    public KestrelConfigurationLoader Endpoint(IPAddress address, int port);
    public KestrelConfigurationLoader Endpoint(IPAddress address, int port,
        Action<ListenOptions> configure);
    public KestrelConfigurationLoader Endpoint(IPEndPoint endPoint);
    public KestrelConfigurationLoader Endpoint(IPEndPoint endPoint,
        Action<ListenOptions> configure);
    public KestrelConfigurationLoader LocalhostEndpoint(int port);
    public KestrelConfigurationLoader LocalhostEndpoint(int port,
        Action<ListenOptions> configure);
    public KestrelConfigurationLoader AnyIPEndpoint(int port);
    public KestrelConfigurationLoader AnyIPEndpoint(int port,
        Action<ListenOptions> configure);
    public KestrelConfigurationLoader UnixSocketEndpoint(string socketPath);
    public KestrelConfigurationLoader UnixSocketEndpoint(string socketPath,
        Action<ListenOptions> configure);
    public KestrelConfigurationLoader HandleEndpoint(ulong handle);
    public KestrelConfigurationLoader HandleEndpoint(ulong handle,
        Action<ListenOptions> configure);
```

```
    public void Load();
}
```

　　啟 動 ASP.NET Core 應 用 程 式 時 會 呼 叫 IHostBuilder 介 面 的 ConfigureWebHostDefaults 擴展方法，以進行初始化設定。該方法會從目前組態取出「Kestrel」組態節，並將其作為參數呼叫 Configure 方法，好將組態內容應用到 KestrelServerOptions 組態選項。由於 reloadOnChange 參數設成 True，所以會自動重新載入更新後的組態。

```
public static class GenericHostBuilderExtensions
{
    public static IHostBuilder ConfigureWebHostDefaults(this IHostBuilder builder,
        Action<IWebHostBuilder> configure)
    => builder.ConfigureWebHost(webHostBuilder =>
    {
        WebHost.ConfigureWebDefaults(webHostBuilder);
        configure(webHostBuilder);
    });
}

public static class WebHost
{
    internal static void ConfigureWebDefaults(IWebHostBuilder builder)
    {
        ...
        builder.UseKestrel((builderContext, options) =>
        {
            options.Configure(builderContext.Configuration.GetSection("Kestrel"),
                reloadOnChange: true);
        })
        ...
    }
}
```

　　下列程式碼展現終節點的組態。「Kestrel:Endpoints」設定了兩個分別命名為「endpoint1」和「endpoint2」的終節點，它們採用的監聽位址是「http://localhost:9000」和「https://localhost:9001」。KestrelServerOptions 絕大部分組態選項都能定義於設定檔，具體的組態定義方法可參閱官方文件。

```
{
  "Kestrel": {
    "Endpoints": {
      "endpoint1": {
```

```
        "Url": "http://localhost:9000"
      },
      "endpoint2": {
        "Url": "https://localhost:9001"
      }
    }
  }
}
```

4. HTTPS 的設定

與一般的終節點相比，HTTPS（SSL/TLS）終節點要求提供額外的設定，這些設定基本上都體現於 HttpsConnectionAdapterOptions 組態選項。KestrelServerOptions 的 ConfigureHttpsDefaults 方法為所有 HTTPS 終節點提供預設的設定。

```
public class HttpsConnectionAdapterOptions
{
    public X509Certificate2? ServerCertificate { get; set; }
    public Func<ConnectionContext?, string?, X509Certificate2?>?
      ServerCertificateSelector
      { get; set; }
    public TimeSpan HandshakeTimeout { get; set; }
    public SslProtocols SslProtocols { get; set; }
    public Action<ConnectionContext, SslServerAuthenticationOptions>? OnAuthenticate
      { get; set; }

    public ClientCertificateMode ClientCertificateMode { get; set; }
    public Func<X509Certificate2, X509Chain?, SslPolicyErrors, bool>?
      ClientCertificateValidation { get; set; }
    public bool CheckCertificateRevocation { get; set; }
    public void AllowAnyClientCertificate() { get; set; }
}

public static class KestrelServerOptions
{
    public void ConfigureHttpsDefaults(
      Action<HttpsConnectionAdapterOptions> configureOptions);
    ...
}
```

可以將表示伺服端證書的 X509Certificate2 物件，直接填入 ServerCertificate 屬性，或者在 ServerCertificateSelector 屬性設定一個根據目前連接動態選擇證書的委託。SslProtocols 屬性用來指定協定（SSL 或 TLS），對應的類型為如下 SslProtocols 列舉。HandshakeTimeout 屬性則用來設定 TLS/SSL「握手」的逾時時間，預設為 10 秒。

```
[Flags]
public enum SslProtocols
{
    None = 0x0,
    [Obsolete("SslProtocols.Ssl2 has been deprecated and is not supported.")]
    Ssl2 = 0xC,
    [Obsolete("SslProtocols.Ssl3 has been deprecated and is not supported.")]
    Ssl3 = 0x30,
    Tls = 0xC0,
    [Obsolete("SslProtocols.Default has been deprecated and is not supported.")]
    Default = 0xF0,
    Tls11 = 0x300,
    Tls12 = 0xC00,
    Tls13 = 0x3000
}
```

　　HTTPS 主要解決的是伺服端的認證和傳輸安全問題，所以認證資訊需要在前期「協商」階段，利用建立的機密通道傳遞給用戶端，具體的認證資訊是如下 SslServerAuthenticationOptions 組態選項格式化的結果。HttpsConnectionAdapterOptions 的 OnAuthenticate 屬性提供的委託，便可對這個組態選項進行設定，因此絕大部分 HTTPS 相關的設定都能透過該屬性來完成。

```
public class SslServerAuthenticationOptions
{
    public bool AllowRenegotiation { get; set; }
    public bool ClientCertificateRequired { get;set; }
    public List<SslApplicationProtocol>? ApplicationProtocols { get; set; }
    public RemoteCertificateValidationCallback? RemoteCertificateValidationCallback
        { get; set; }
    public ServerCertificateSelectionCallback? ServerCertificateSelectionCallback
        { get; set; }
    public X509Certificate? ServerCertificate { get; set; }
    public SslStreamCertificateContext? ServerCertificateContext { get; set; }
    public SslProtocols EnabledSslProtocols { get; set; }
    public X509RevocationMode CertificateRevocationCheckMode { get; set; }
    public EncryptionPolicy EncryptionPolicy { get; set; }
    public CipherSuitesPolicy?CipherSuitesPolicy { get; set; }
}
```

　　HTTPS 不僅能夠協助用戶端驗證伺服端的身份，還能幫助伺服端驗證用戶端的身份。伺服端驗證利用伺服端證書完成，同樣的，若伺服端要識別用戶端的身份，也需要用戶端提供證書。可以利用 HttpsConnectionAdapterOptions 的 ClientCertificateMode 屬性決定是否要求用戶端提供證書（該屬性的類型為如下

ClientCertificateMode 列舉），或者以 ClientCertificateValidation 屬性設定的委託查驗用戶端認證。

```
public enum ClientCertificateMode
{
    NoCertificate,
    AllowCertificate,
    RequireCertificate,
    DelayCertificate
}
```

由權威機構（Certificate Authority）頒發的證書，可能會由於某種原因被撤銷，有兩種途徑確定某張證書是否處於撤銷的狀態：證書頒發機構可以採用標準的 OCSP（Online Certificate Status Protocol）協定，提供用來確定證書狀態的 API，或者直接提供一份撤銷的證書清單（Certificate Revocation List，CRL）。HttpsConnectionAdapterOptions 的 CheckCertificateRevocation 屬性用來決定是否需要驗證證書的撤銷狀態。如果不需要對用戶端證書進行任何驗證，則可呼叫 HttpsConnectionAdapterOptions 的 AllowAnyClientCertificate 方法。

當某個終節點註冊到 KestrelServer 並產生對應的 ListenOptions 組態選項後，便可呼叫後者的 UseHttps 擴展方法（很多註冊終節點的方法都提供一個 Action<ListenOptions> 參數），以完成 HTTPS 的設定，有下列一系列 UseHttps 多載方法可供選擇。對於證書的設定，可以直接指定一個 X509Certificate2 物件、證書檔的路徑（一般還得提供讀取證書的密碼），或者是證書的儲存地（Certificate Store）。此外還能利用部分多載方法提供的委託，對 HttpsConnectionAdapterOptions 組態選項進行設定。部分多載方法還提供一個 ServerOptionsSelectionCallback 委託物件，以便直接返回 SslServerAuthenticationOptions 組態選項。

```
public static class ListenOptionsHttpsExtensions
{
    public static ListenOptions UseHttps(this ListenOptions listenOptions);
    public static ListenOptions UseHttps(this ListenOptions listenOptions,
      string fileName);
    public static ListenOptions UseHttps(this ListenOptions listenOptions,
      string fileName,string? password);
    public static ListenOptions UseHttps(this ListenOptions listenOptions,
      string fileName,string? password,
      Action<HttpsConnectionAdapterOptions> configureOptions);
    public static ListenOptions UseHttps(this ListenOptions listenOptions,
       StoreName storeName, string subject);
```

```
    public static ListenOptions UseHttps(this ListenOptions listenOptions,
        StoreName storeName, string subject, bool allowInvalid);
    public static ListenOptions UseHttps(this ListenOptions listenOptions,
        StoreName storeName, string subject, bool allowInvalid, StoreLocation location);
    public static ListenOptions UseHttps(this ListenOptions listenOptions,
        StoreName storeName, string subject, bool allowInvalid, StoreLocation location,
        Action<HttpsConnectionAdapterOptions> configureOptions);
    public static ListenOptions UseHttps(this ListenOptions listenOptions,
        X509Certificate2 serverCertificate);
    public static ListenOptions UseHttps(this ListenOptions listenOptions,
        X509Certificate2 serverCertificate,
        Action<HttpsConnectionAdapterOptions> configureOptions);
    public static ListenOptions UseHttps(this ListenOptions listenOptions,
        Action<HttpsConnectionAdapterOptions> configureOptions);
    public static ListenOptions UseHttps(this ListenOptions listenOptions,
        HttpsConnectionAdapterOptions httpsOptions);
    public static ListenOptions UseHttps(this ListenOptions listenOptions,
        ServerOptionsSelectionCallback serverOptionsSelectionCallback, object state);
    public static ListenOptions UseHttps(this ListenOptions listenOptions,
        ServerOptionsSelectionCallback serverOptionsSelectionCallback, object state,
        TimeSpan handshakeTimeout);
    public static ListenOptions UseHttps(this ListenOptions listenOptions,
        TlsHandshakeCallbackOptions callbackOptions);
}

public delegate ValueTask<SslServerAuthenticationOptions>
    ServerOptionsSelectionCallback(
    SslStream stream, SslClientHelloInfo clientHelloInfo, object? state,
    CancellationToken cancellationToken);
```

　　除了以上述這些方法為註冊的終節點提供 HTTPS 相關的設定外，也可以按照下列方式放到終節點的組態。「第 24 章 HTTPS 策略」有一系列 HTTPS 終節點的註冊實例，這裡便不再提供實例展示。

```
{
  "Kestrel": {
    "Endpoints": {
      "MyHttpsEndpoint": {
        "Url": "https://localhost:5001",
        "ClientCertificateMode": "AllowCertificate",
        "Certificate": {
          "Path": "c:\\certificates\\foobar.pfx>",
          "Password": "password"
        }
```

```
            }
        }
    }
}
```

18.2.2 限制約束

　　為了確保 KestrelServer 穩定可靠地執行，根據需求為它設定相關的限制和約束，
這些設定體現於 KestrelServerOptions 組態選項 Limits 屬性返回的 KestrelServerLimits
物件。

```
public class KestrelServerOptions
{
    public KestrelServerLimits Limits { get; } = new KestrelServerLimits();
}

public class KestrelServerLimits
{
    public long?              MaxConcurrentConnections { get; set; }
    public long?              MaxConcurrentUpgradedConnections { get; set; }
    public TimeSpan           KeepAliveTimeout { get; set; }

    public int                MaxRequestHeaderCount { get; set; }
    public long?              MaxRequestBufferSize { get; set; }
    public int                MaxRequestHeadersTotalSize { get; set; }
    public int                MaxRequestLineSize { get; set; }
    public long?              MaxRequestBodySize { get; set; }
    public TimeSpan           RequestHeadersTimeout { get; set; }
    public MinDataRate        MinRequestBodyDataRate { get; set; }

    public long?              MaxResponseBufferSize { get; set; }
    public MinDataRate        MinResponseDataRate { get; set; }

    public Http2Limits        Http2 { get; }
    public Http3Limits        Http3 { get; }
}
```

　　KestrelServerLimits 利用豐富的屬性，對連接、請求和回應進行相關的限制。
KestrelServer 提供 HTTP 2 和 HTTP 3 支援，其限制體現於 KestrelServerLimits 類型的
Http2 屬性和 Http3 屬性。表 18-1 對定義於 KestrelServerLimits 類型的屬性所體現的
限制約束進行簡單的說明。

表 18-1　KestrelServerLimits 屬性清單

屬性	涵義
MaxConcurrentConnections	最大並行連接。如果設為 Null（預設值），意謂著不進行限制
MaxConcurrentUpgradedConnections	可升級連接（如從 HTTP 升級到 WebSocket）的最大並行數。如果設為 Null（預設值），意謂著不進行限制
KeepAliveTimeout	連接保持活動狀態的逾時時間，預設值為 130 秒
MaxRequestHeaderCount	請求攜帶的最大標頭數量，預設值為 100
MaxRequestBufferSize	請求緩衝區的最大容量，預設值為 1,048,576 位元組（1MB）
MaxRequestHeadersTotalSize	請求攜帶標頭的總位元組數，預設值為 32,768 位元組（32KB）
MaxRequestLineSize	對於 HTTP 1.x 來說，就是請求的首列（Request Line）最大位元組數。對於 HTTP 2/3 來說，便是「:method, :scheme, :authority, and :path」這些標頭的總位元組數，預設值為 8,192 位元組（8KB）
MaxRequestBodySize	請求主體的最大位元組數，預設值為 30,000,000 位元組（28.6MB）。如果設為 Null，意謂著不進行限制
RequestHeadersTimeout	接收請求標頭的逾時時間，預設為 30 秒
MinRequestBodyDataRate	請求主體內容的最低傳輸率
MaxResponseBufferSize	回應緩衝區的最大容量，預設值為 65,536（1MB）
MinResponseDataRate	回應的最低傳輸率

　　KestrelServerLimits 的 MinRequestBodyDataRate 屬性和 MinResponseDataRate 屬性返回的最低傳輸率，體現為下列 MinDataRate 物件。如果未達到設定的傳輸率，便重置目前連接。MinDataRate 物件除了提供表示傳輸率的 BytesPerSecond 屬性外，還包括一個表示「寬限時間」的 GracePeriod 屬性。並非傳輸率下降到設定的門限值就重置連接，只要在指定的時段內，傳輸率上升到門限值以上也沒有問題。MinRequestBodyDataRate 屬性和 MinResponseDataRate 屬性的預設值均為「240 bytes/second（5 seconds）」。

```
public class MinDataRate
{
    public double    BytesPerSecond { get; }
```

```
    public TimeSpan    GracePeriod { get; }

    public MinDataRate(double bytesPerSecond, TimeSpan gracePeriod);
}
```

　　HTTP 1.x 建立於 TCP 協定之上，用戶端和伺服端之間的互動，依賴於預先建立的 TCP 連接。雖然 HTTP 1.1 引入的流水線技術，允許用戶端隨時向伺服端發出請求，無須等待接收到上一個請求的回應，但是回應依然只能按照請求的接收順序返回。真正意義上的「並行」請求只能透過多個連接完成。不過，針對同一個網域名稱支援的 TCP 連接數量又是有限的，這個問題在 HTTP 2 得到一定程度的解決。

　　與文字編碼的 HTTP 1.x 相比，HTTP 2 採用更有效的二進位編碼。幀（Frame）成為基本通訊單元，單個請求和回應被分解成多個幀來發送。用戶端和伺服端之間的訊息交換，在一個支援雙向通訊的通道（Channel）中完成，該通道稱為「串流」（Stream）。每個串流具有一個唯一標識，同一個 TCP 連接允許承載成百上千的串流。每個幀攜帶著所屬串流的標識，因此可以隨時「亂序」發送，接收端則利用串流的標識進行重組，如此一來，HTTP 2 便在同一個 TCP 連接實現了「多工」。

　　使用同一個連接發送的請求和回應，都存在許多重複的標頭，為了減少標頭負載內容，HTTP 2 採用一種名為 HPACK 的壓縮演算法，以對標頭文字進行編碼。HPACK 會在發送和接收端維護一個索引表儲存編碼的文字，傳送前標頭內容會替換成在該表的索引，接收端則利用此索引在本地壓縮表找到原始的內容。

```
public class Http2Limits
{
    public int        MaxStreamsPerConnection { get; set; }
    public int        HeaderTableSize { get; set; }
    public int        MaxFrameSize { get; set; }
    public int        MaxRequestHeaderFieldSize { get; set; }
    public int        InitialConnectionWindowSize { get; set; }
    public int        InitialStreamWindowSize { get; set; }
    public TimeSpan   KeepAlivePingDelay { get; set; }
    public TimeSpan   KeepAlivePingTimeout { get; set; }
}
```

　　與 HTTP 2 相關限制和約束的設定，體現於 KestrelServerLimits 的 Http2 屬性，該屬性返回如上所示的 Http2Limits 物件。表 18-2 對定義於 Http2Limits 類型的這些屬性所體現的限制約束進行簡單的說明。

表 18-2　Http2Limits 屬性清單

屬性	涵義
MaxStreamsPerConnection	連接能夠承載的串流數量，預設值為 100
HeaderTableSize	HPACK 標頭壓縮表的容量，預設值為 4096
MaxFrameSize	幀的最大位元組數，有效值為 $[2^{14} \sim 2^{24} - 1]$，預設值為 2^{14}（16384）
MaxRequestHeaderFieldSize	最大請求標頭（含標頭名稱）的最大位元組數，預設值為 2^{14}（16384）
InitialConnectionWindowSize	連接的初始化請求主體快取區的大小，有效值為 $[65535 \sim 2^{31}]$，預設為 131072
InitialStreamWindowSize	串流的初始化請求主體快取區的大小，有效值為 $[65535 \sim 2^{31}]$，預設為 98304
KeepAlivePingDelay	如果伺服端在該屬性設定的時間跨度內，沒有接收到來自用戶端的有效幀，便主動發送 Ping 請求，以確定用戶端是否保持活動狀態，預設值為 1 秒
KeepAlivePingTimeout	發送 Ping 請求的逾時時間，如果用戶端在該時限內一直處於活動狀態，便關閉目前連接，預設值為 20 秒

　　由於 HTTP 2 的多工是在同一個 TCP 連接上實作，這類的實作並不「純粹」，因為它不可能解決 TCP「擁塞控制」機制產生的「隊頭阻塞」（Header-Of-Line Blocking）問題。如果希望在並行支援的前提下，還能在低延時上有更好的作為，就不得不拋棄 TCP。目前正式確定為 HTTP 3 的 QUIC（Quick UDP Internet Connection）便將 TCP 換成了 UDP。如果 KestrelServer 支援 HTTP 3，則可利用 KestrelServerLimits 的 Http3 屬性返回的 Http3Limits 物件限制約束進行針對性設定。Http3Limits 只包含下列表示最大請求標頭位元組數的 MaxRequestHeaderFieldSize 屬性，其預設值為 16384。

```
public class Http3Limits
{
    public int MaxRequestHeaderFieldSize { get; set;}
}
```

18.2.3 其他設定

除了註冊的終節點和基於通訊的限制約束，KestrelServerOptions 組態選項還利用下列屬性承載其他的設定。表 18-3 對定義於 KestrelServerOptions 類型的這些屬性進行簡單的說明。

```
public class KestrelServerOptions
{
    public bool AddServerHeader { get; set; }
    public bool AllowResponseHeaderCompression { get; set; }
    public bool AllowSynchronousIO { get; set; }
    public bool AllowAlternateSchemes { get; set; }
    public bool DisableStringReuse { get; set; }
    public Func<string, Encoding> RequestHeaderEncodingSelector { get; set; }
    public Func<string, Encoding> ResponseHeaderEncodingSelector { get; set; }
}
```

表 18-3　KestrelServerOptions 的其他設定

屬性	涵義
AddServerHeader	是否會在回復的回應自動增加「Server: Kestrel」標頭，預設值為 True
AllowResponseHeaderCompression	是否允許對回應標頭進行 HPACK 壓縮，預設值為 True
AllowSynchronousIO	是否允許對請求和回應進行同步 I/O 操作，預設值為 False，意謂著在預設情況下以同步方式讀取請求和寫入回應，都會拋出異常
AllowAlternateSchemes	是否允許為「:scheme」欄位（針對 HTTP 2 和 HTTP 3）提供一個與目前傳輸不相符的值（http 或者 https），預設值為 False。如果將該屬性設為 True，則 HttpRequest. Scheme 屬性便可能與採用的傳輸類型不符合
DisableStringReuse	是否可以在多個請求中重用建立的字串
RequestHeaderEncodingSelector	設定某個請求標頭採用的編碼方式，預設為 Utf8Encoding
ResponseHeaderEncodingSelector	設定某個回應標頭採用的編碼方式，預設為 ASCIIEncoding

18.2.4 設計與實作

目前已經瞭解如何使用 KestrelServer，現在簡單說明這種處理器的整體設計和實作原理。當啟動 KestrelServer 時，註冊的每個終節點將轉換成對應的「連接監聽器」，

後者在監聽到初始請求時會建立「連接」，請求的接收和回應的回復都於此連接完
成。

1. 連接監聽器

　　監聽器建立的連接是一個抽象的概念，可以將其視為用戶端和伺服端完成訊息交
換而建構的「上下文」，透過下列 ConnectionContext 類型表示。此類型繼承抽象基
礎類別 BaseConnectionContext，後者實作了 IAsyncDisposable 介面。每個連接具有一
個透過 ConnectionId 屬性表示的 ID，透過它的 LocalEndPoint 屬性和 RemoteEndPoint
屬性返回本地（伺服端）和遠端（用戶端）終節點。伺服器內含的特性集合體現於
Features 屬性，另一個 Items 提供一個儲存任意屬性的字典。ConnectionClosed 屬性
的 CancellationToken 用來接收關閉連接的通知。Abort 方法則是中斷目前連接，該方
法在 ConnectionContext 被重寫。此類型的 Transport 屬性提供的 IDuplexPipe 物件，
是用來對請求和回應進行讀 / 寫的雙向管道。

```csharp
public abstract class ConnectionContext : BaseConnectionContext
{
    public abstract IDuplexPipe Transport { get; set; }
    public override void Abort(ConnectionAbortedException abortReason);
    public override void Abort();
}

public abstract class BaseConnectionContext : IAsyncDisposable
{
    public virtual EndPoint?                    LocalEndPoint { get; set; }
    public virtual EndPoint?                    RemoteEndPoint { get; set; }
    public abstract string                      ConnectionId { get; set; }
    public abstract IFeatureCollection          Features { get; }
    public abstract IDictionary<object, object?> Items { get; set; }
    public virtual CancellationToken            ConnectionClosed { get; set; }

    public abstract void Abort();
    public abstract void Abort(ConnectionAbortedException abortReason);
    public virtual ValueTask DisposeAsync();
}
```

　　如果採用 HTTP 1.x 和 HTTP 2，則 KestrelServer 將以 TCP 通訊端（Socket）
進行通訊，對應的連接體現為一個 SocketConnection 物件。如果改用 HTTP
3，則 KestrelServer 便使用基於 UDP 的 QUIC 協定來通訊，對應的連接體現
為一個 QuicStreamContext 物件。如下面的程式碼所示，這兩個類型都繼承
TransportConnection，TransportConnection 則繼承 ConnectionContext。

```
internal abstract class TransportConnection : ConnectionContext
internal sealed class SocketConnection : TransportConnection
internal sealed class QuicStreamContext : TransportConnection
```

　　KestrelServer 同時支援 3 個版本的 HTTP 協定，HTTP 1.x 和 HTTP 2 建立於 TCP 協定，針對這樣的終節點會轉換成透過 IConnectionListener 介面表示的監聽器。它的 EndPoint 屬性表示監聽器繫結的終節點，呼叫 AcceptAsync 方法時，監聽器就會進行網路監聽工作。一旦來自某個用戶端的初始請求抵達後，便建立表示連接的 ConnectionContext 上下文物件。另一個 UnbindAsync 方法用來解除終節點繫結，並停止監聽。

```
public interface IConnectionListener : IAsyncDisposable
{
    EndPoint EndPoint { get; }

    ValueTask<ConnectionContext?> AcceptAsync(
        CancellationToken cancellationToken = default(CancellationToken));

    ValueTask UnbindAsync(
        CancellationToken cancellationToken = default(CancellationToken));
}
```

　　因為 QUIC 協定利用傳輸層的 UDP 協定，實作了真正意義上的「多工」，因此它將對應的連接監聽器介面命名為 IMultiplexedConnectionListener。AcceptAsync 方法建立的是表示多工連接的 MultiplexedConnectionContext 物件，並以後者的 AcceptAsync 方法產生 ConnectionContext 上下文物件。QuicConnectionContext 類型是對 MultiplexedConnectionContext 的具體實作，使用 AcceptAsync 方法建立上述的 QuicStreamContext 物件，該類型繼承抽象類別 TransportMultiplexedConnection。

```
public interface IMultiplexedConnectionListener : IAsyncDisposable
{
    EndPoint EndPoint { get; }
    ValueTask<MultiplexedConnectionContext?> AcceptAsync(
        IFeatureCollection? features = null,
        CancellationToken cancellationToken = default(CancellationToken));
    ValueTask UnbindAsync(
        CancellationToken cancellationToken = default(CancellationToken));
}

public abstract class MultiplexedConnectionContext : BaseConnectionContext
{
```

```
    public abstract ValueTask<ConnectionContext?> AcceptAsync(
        CancellationToken cancellationToken = default(CancellationToken));
    public abstract ValueTask<ConnectionContext> ConnectAsync(
        IFeatureCollection? features = null,
        CancellationToken cancellationToken = default(CancellationToken));
}

internal abstract class TransportMultiplexedConnection :
MultiplexedConnectionContext
internal sealed class QuicConnectionContext : TransportMultiplexedConnection
```

KestrelServer 使用的連接監聽器，均由對應的工廠建構。如下所示的
IConnectionListenerFactory 介面表示用來建置 IConnectionListener 監聽器的工廠，
IMultiplexedConnectionListenerFactory 工廠則用來建構 IMultiplexedConnectionListener
監聽器。

```
public interface IConnectionListenerFactory
{
    ValueTask<IConnectionListener> BindAsync(EndPoint endpoint,
        CancellationToken cancellationToken = default(CancellationToken));
}

public interface IMultiplexedConnectionListenerFactory
{
    ValueTask<IMultiplexedConnectionListener> BindAsync(EndPoint endpoint,
        IFeatureCollection? features = null,
        CancellationToken cancellationToken = default(CancellationToken));
}
```

上面圍繞著「連接」介紹一系列的介面和類型，它們之間的關係如圖
18-4 所示。啟動 KestrelServer 時會根據每個終節點支援的 HTTP 協定，利用
IConnectionListenerFactory 工廠或者 IMultiplexedConnectionListenerFactory 工廠建立
表示連接監聽器的 IConnectionListener 物件或者 IMultiplexedConnectionListener 物件。
IConnectionListener 監聽器會直接產生表示連接的 ConnectionContext 上下文物件，
IMultiplexedConnectionListener 監聽器建立的則是一個 MultiplexedConnectionContext
上下文物件，表示具體連接的 ConnectionContext 上下文物件會進一步由該物件來產
生。

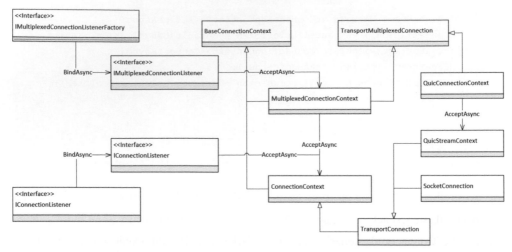

圖 18-4　「連接」相關的介面和類型

　　下述程式直接以 IConnectionListenerFactory 工廠建立的 IConnectionListener 監聽器監聽連接請求，並利用建立的連接接收請求和回復回應。由於表示連接的 ConnectionContext 上下文物件直接針對傳輸層，接收的請求和回復的回應都體現為二進位串流，解析二進位資料得到請求資訊是一件十分繁瑣的事情。這裡借用「HttpMachine」NuGet 套件提供的 HttpParser 元件完成這個任務，因此為它定義 HttpParserHandler 類型。如果將 HttpParserHandler 物件傳遞給 HttpParser 物件，後者會在請求解析過程呼叫前者相關的方法，這些方法讀取的內容將建構描述請求的 HttpRequestFeature 特性。

```
public class HttpParserHandler : IHttpParserHandler
{
    private string? headerName = null;
    public HttpRequestFeature Request { get; } = new HttpRequestFeature();

    public void OnBody(HttpParser parser, ArraySegment<byte> data)
        => Request.Body = new MemoryStream(data.Array!, data.Offset, data.Count);
    public void OnFragment(HttpParser parser, string fragment) { }
    public void OnHeaderName(HttpParser parser, string name)=> headerName = name;
    public void OnHeadersEnd(HttpParser parser) { }
    public void OnHeaderValue(HttpParser parser, string value)
        => Request.Headers[headerName!] = value;
    public void OnMessageBegin(HttpParser parser) { }
    public void OnMessageEnd(HttpParser parser) { }
    public void OnMethod(HttpParser parser, string method)=> Request.Method = method;
    public void OnQueryString(HttpParser parser, string queryString)
```

```
        => Request.QueryString = queryString;
    public void OnRequestUri(HttpParser parser, string requestUri)
        => Request.Path = requestUri;
}
```

下列程式以 WebApplication 物件的 Services 屬性提供的 IServicePovider 物件建立 IConnectionListenerFactory 工廠。接著呼叫 BindAsync 方法產生一個連接監聽器，並將其繫結到 5000 埠的本地終節點。設計一個無窮迴圈，呼叫監聽器的 AcceptAsync 方法開始監聽連接請求，最終建立表示連接的 ConnectionContext 上下文物件。

```csharp
using App;
using HttpMachine;
using Microsoft.AspNetCore.Connections;
using Microsoft.AspNetCore.Http.Features;
using System.Buffers;
using System.IO.Pipelines;
using System.Net;
using System.Text;

var factory = WebApplication.Create().Services
    .GetRequiredService<IConnectionListenerFactory>();
var listener = await factory.BindAsync(new IPEndPoint(IPAddress.Any, 5000));
while (true)
{
    var context = await listener.AcceptAsync();
    _ = HandleAsync(context!);

    static async Task HandleAsync(ConnectionContext connection)
    {
        var reader = connection!.Transport.Input;
        while (true)
        {
            var result = await reader.ReadAsync();
            var request = ParseRequest(result);
            reader.AdvanceTo(result.Buffer.End);
            Console.WriteLine("[{0}]Receive request: {1} {2} Connection:{3}",
                connection.ConnectionId, request.Method, request.Path,
                request.Headers?["Connection"] ?? "N/A");

            var response = @"HTTP/1.1 200 OK
Content-Type: text/plain; charset=utf-8
Content-Length: 12

Hello World!";
            await connection.Transport.Output
```

```
                      .WriteAsync(Encoding.UTF8.GetBytes(response));
            if (request.Headers.TryGetValue("Connection", out var value)
                && string.Compare(value, "close", true) == 0)
            {
                await connection.DisposeAsync();
                return;
            }
            if (result.IsCompleted)
            {
                break;
            }
        }
    }

    static  HttpRequestFeature ParseRequest(ReadResult result)
    {
        var handler = new HttpParserHandler();
        var parserHandler = new HttpParser(handler);
        parserHandler.Execute(new ArraySegment<byte>(result.Buffer.ToArray()));
        return handler.Request;
    }
}
```

連接處理實作於 HandleAsync 方法。HTTP 1.1 預設採用長連接，多個請求會使用同一個連接傳送過來，所以單個請求的接收和處理將放到一個迴圈中，直到關閉連接。請求的接收以 ConnectionContext 物件的 Transport 屬性返回的 IDuplexPipe 物件來完成。簡單來說，假設剛好能夠一次完成每個請求的讀取，則每次讀取的二進位內容便恰好是一個完整的請求。二進位內容由 ParseRequest 方法藉助 HttpParser 物件轉換成 HttpRequestFeature 物件後，直接產生一個表示回應封包的字串，並採用 UTF-8 進行編碼，編碼後的回應則以 IDuplexPipe 物件發送出去。這種手動產生的「Hello World ！」回應，將以圖 18-5 的形式呈現於瀏覽器。（S1803）

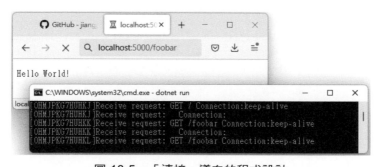

圖 18-5　「連接」導向的程式設計

按照 HTTP 1.1 規範的約定，如果用戶端希望關閉預設開啟的長連接，便可在請求增加「Connection:Close」標頭。HandleAsync 方法在處理每個請求時，會確定是否攜帶此標頭，並於需要時呼叫 ConnectionContext 上下文物件的 DisposeAsync 方法關閉與釋放目前連接。該方法處理請求時，會把此標頭和連接的 ID 輸出到控制台。如圖 18-5 所示，控制台輸出的是先後收到 3 次請求的結果，後面兩次明確增加了「Connection:Close」，由此得知前兩次重用同一個連接。

2. 連接管道

ASP.NET Core 在「應用」層將請求的處理抽象成由中介軟體建構的管道，實際上 KestrelServer 針對「傳輸」層的連接也採用這樣的設計。一旦建立表示連接的 ConnectionContext 上下文物件後，後續將交給由連接中介軟體產生的管道進行處理。可以根據需求註冊任意的中介軟體處理連接，例如將並行連接的控制實作於專門的連接中介軟體。ASP.NET Core 管道利用 RequestDelegate 委託物件表示請求處理器，連接管道同樣定義下列的 ConnectionDelegate 委託物件。

```
public delegate Task ConnectionDelegate(ConnectionContext connection);
```

ASP.NET Core 管道的中介軟體體現為一個 Func<RequestDelegate, RequestDelegate> 委託物件，中介軟體同樣可以透過 Func<ConnectionDelegate, ConnectionDelegate> 委託物件來表示。ASP.NET Core 管道的中介軟體註冊於 IApplicationBuilder 物件，並利用它建構管道。連接管道依然具有下列 IConnectionBuilder 介面，ConnectionBuilder 則實作了該介面。

```
public interface IConnectionBuilder
{
    IServiceProvider ApplicationServices { get; }
    IConnectionBuilder Use(Func<ConnectionDelegate, ConnectionDelegate> middleware);
    ConnectionDelegate Build();
}

public class ConnectionBuilder : IConnectionBuilder
{
    public IServiceProvider ApplicationServices { get; }
    public ConnectionDelegate Build();
    public IConnectionBuilder Use(
        Func<ConnectionDelegate, ConnectionDelegate> middleware);
}
```

IConnectionBuilder 介面還定義下列 3 個方法註冊連接中介軟體。第一個 Use 方法使用 Func<ConnectionContext, Func<Task>, Task> 委託物件表示中介軟體。其他兩個方法用來註冊管道末端的中介軟體，本質上，這樣的中介軟體就是一個 ConnectionDelegate 委託物件，可以將其定義成一個繼承 ConnectionHandler 的類型。

```
public static class ConnectionBuilderExtensions
{
    public static IConnectionBuilder Use(this IConnectionBuilder connectionBuilder,
        Func<ConnectionContext, Func<Task>, Task> middleware);
    public static IConnectionBuilder Run(this IConnectionBuilder connectionBuilder,
        Func<ConnectionContext, Task> middleware);
    public static IConnectionBuilder UseConnectionHandler<TConnectionHandler>(
        this IConnectionBuilder connectionBuilder)
        where TConnectionHandler : ConnectionHandler;
}

public abstract class ConnectionHandler
{
    public abstract Task OnConnectedAsync(ConnectionContext connection);
}
```

基本上，KestrelServer 對 HTTP 1.x、HTTP 2 和 HTTP 3 的設計與實作是獨立的，這一點從監聽器的定義就能看出來。以連接管道來説，基於 HTTP 3 的多工連接透過 MultiplexedConnectionContext 表示，它也具有「配套」的 MultiplexedConnectionDelegate 委託物件和 IMultiplexedConnectionBuilder 介面。ListenOptions 類型同時實作 IConnectionBuilder 介面和 IMultiplexedConnectionBuilder 介面，意謂著註冊終節點時還允許註冊任意中介軟體。

```
public delegate Task MultiplexedConnectionDelegate(
    MultiplexedConnectionContext connection);

public interface IMultiplexedConnectionBuilder
{
    IServiceProvider ApplicationServices { get; }

    IMultiplexedConnectionBuilder Use(
        Func<MultiplexedConnectionDelegate, MultiplexedConnectionDelegate> middleware);
    MultiplexedConnectionDelegate Build();
}

public class MultiplexedConnectionBuilder: IMultiplexedConnectionBuilder
{
    public IServiceProvider ApplicationServices { get; }
```

```
    public IMultiplexedConnectionBuilder Use(
        Func<MultiplexedConnectionDelegate, MultiplexedConnectionDelegate> middleware);
    public MultiplexedConnectionDelegate Build();
}

public class ListenOptions : IConnectionBuilder, IMultiplexedConnectionBuilder
```

3. 模擬實作

　　瞭解 KestrelServer 的連接管道後，下面簡單模擬這種伺服器類型的實作，為此定義一個名為 MiniKestrelServer 的伺服器類型。MiniKestrelServer 只提供 HTTP 1.1 支援。對於任何一個服務來說，它必須將請求交給一個 IHttpApplication<TContext> 物件來處理，MiniKestrelServer 把這項工作實作於 HostedApplication<TContext> 類型。

```
public class HostedApplication<TContext> : ConnectionHandler where TContext : notnull
{
    private readonly IHttpApplication<TContext> _application;
    public HostedApplication(IHttpApplication<TContext> application)
        => _application = application;

    public override async Task OnConnectedAsync(ConnectionContext connection)
    {
        var reader = connection!.Transport.Input;
        while (true)
        {
            var result = await reader.ReadAsync();
            using (var body = new MemoryStream())
            {
                var (features, request, response) = CreateFeatures(result, body);
                var closeConnection = request.Headers
                    .TryGetValue("Connection", out var vallue) && vallue == "Close";
                reader.AdvanceTo(result.Buffer.End);

                var context = _application.CreateContext(features);
                Exception? exception = null;
                try
                {
                    await _application.ProcessRequestAsync(context);
                    await ApplyResponseAsync(connection, response, body);
                }
                catch (Exception ex)
                {
                    exception = ex;
                }
```

```
            finally
            {
                _application.DisposeContext(context, exception);
            }
            if (closeConnection)
            {
                await connection.DisposeAsync();
                return;
            }
        }
    if (result.IsCompleted)
    {
        break;
    }
}

static (IFeatureCollection, IHttpRequestFeature, IHttpResponseFeature)
    CreateFeatures(ReadResult result, Stream body)
{
    var handler = new HttpParserHandler();
    var parserHandler = new HttpParser(handler);
    var length = (int)result.Buffer.Length;
    var array = ArrayPool<byte>.Shared.Rent(length);
    try
    {
        result.Buffer.CopyTo(array);
        parserHandler.Execute(new ArraySegment<byte>(array, 0, length));
    }
    finally
    {
        ArrayPool<byte>.Shared.Return(array);
    }
    var bodyFeature = new StreamBodyFeature(body);

    var features = new FeatureCollection();
    var responseFeature = new HttpResponseFeature();
    features.Set<IHttpRequestFeature>(handler.Request);
    features.Set<IHttpResponseFeature>(responseFeature);
    features.Set<IHttpResponseBodyFeature>(bodyFeature);

    return (features, handler.Request, responseFeature);
}

static async Task ApplyResponseAsync(ConnectionContext connection,
    IHttpResponseFeature response, Stream body)
```

```
        {
            var builder = new StringBuilder();
            builder.AppendLine(
                $"HTTP/1.1 {response.StatusCode} {response.ReasonPhrase}");
            foreach (var kv in response.Headers)
            {
                builder.AppendLine($"{kv.Key}: {kv.Value}");
            }
            builder.AppendLine($"Content-Length: {body.Length}");
            builder.AppendLine();
            var bytes = Encoding.UTF8.GetBytes(builder.ToString());

            var writer = connection.Transport.Output;
            await writer.WriteAsync(bytes);
            body.Position = 0;
            await body.CopyToAsync(writer);
        }
    }
}
```

HostedApplication<TContext> 是對一個 IHttpApplication<TContext> 物件的封
裝。它繼承抽象類別 ConnectionHandler，OnConnectedAsync 重寫方法將請求的讀取
和處理置於一個無窮迴圈。為了將讀取的請求轉交給 IHostedApplication<TContext>
物件處理，必須根據特性集合建立 TContext 上下文物件。這裡提供的特性集合只
包含 3 個核心的特性：第一個是描述請求的 HttpRequestFeature 特性，它是利用
HttpParser 解析請求內容負載而來。第二個是描述回應的 HttpResponseFeature 特性。
第三個是由 StreamBodyFeature 物件表示回應主體的特性。這 3 個特性的建立實作於
CreateFeatures 方法。

包含三大特性的集合，隨後作為參數呼叫 IHostedApplication<TContext> 物件
的 CreateContext 方法建立 TContext 上下文物件，此物件作為參數傳入同一物件
的 ProcessRequestAsync 方法，此時中介軟體管道接管請求。完成處理後，便呼
叫 ApplyResponseAsync 方法完成最終的回應工作。首先 ApplyResponseAsync 方
法將回應狀態從 HttpResponseFeature 特性取出，並產生首列回應內容（HTTP/1.1
{StatusCode} {ReasonPhrase}），然後從此特性取得回應標頭，並產生對應的文字。
回應封包的首列內容和標頭文字，按照 UTF-8 編碼產生二進位陣列後，就發送由
ConnectionContext 上下文物件的 Transport 屬性返回的 IDuplexPipe 物件，它再將
StreamBodyFeature 特性收集的回應主體輸出串流，「複製」到這個 IDuplexPipe 物件，
進而完成回應主體內容的輸出。

如下所示為 MiniKestrelServer 類型的完整定義，建構函數注入了提供組態選項的 IOptions <KestrelServerOptions> 特性和 IConnectionListenerFactory 工廠。建立一個 ServerAddressesFeature 物件，然後註冊到 Features 屬性返回的特性集合。

```csharp
public class MiniKestrelServer : IServer
{
    private readonly KestrelServerOptions          _options;
    private readonly IConnectionListenerFactory     _factory;
    private readonly List<IConnectionListener>       _listeners = new();

    public IFeatureCollection Features { get; } = new FeatureCollection();

    public MiniKestrelServer(IOptions<KestrelServerOptions> optionsAccessor,
        IConnectionListenerFactory factory)
    {
        _factory = factory;
        _options = optionsAccessor.Value;
        Features.Set<IServerAddressesFeature>(new ServerAddressesFeature());
    }

    public void Dispose()=> StopAsync(CancellationToken.None).GetAwaiter().GetResult();
    public Task StartAsync<TContext>(IHttpApplication<TContext> application,
        CancellationToken cancellationToken) where TContext : notnull
    {
        var feature = Features.Get<IServerAddressesFeature>()!;
        IEnumerable<ListenOptions> listenOptions;
        if (feature.PreferHostingUrls)
        {
            listenOptions = BuildListenOptions(feature);
        }
        else
        {
            listenOptions = _options.GetListenOptions();
            if (!listenOptions.Any())
            {
                listenOptions = BuildListenOptions(feature);
            }
        }

        foreach (var options in listenOptions)
        {
            _ = StartAsync(options);
        }
        return Task.CompletedTask;

        async Task StartAsync(ListenOptions litenOptions)
```

```
        {
            var listener = await _factory.BindAsync(litenOptions.EndPoint,
                cancellationToken);
            _listeners.Add(listener!);
            var hostedApplication = new HostedApplication<TContext>(application);
            var pipeline = litenOptions.Use(next =>
                context => hostedApplication.OnConnectedAsync(context)).Build();
            while (true)
            {
                var connection = await listener.AcceptAsync();
                if (connection != null)
                {
                    _ = pipeline(connection);
                }
            }
        }
    }

    IEnumerable<ListenOptions> BuildListenOptions(IServerAddressesFeature feature)
    {
        var options = new KestrelServerOptions();
        foreach (var address in feature.Addresses)
        {
            var url = new Uri(address);
            if (string.Compare("localhost", url.Host, true) == 0)
            {
                options.ListenLocalhost(url.Port);
            }
            else
            {
                options.Listen(IPAddress.Parse(url.Host), url.Port);
            }

        }
        return options.GetListenOptions();
    }
}

public Task StopAsync(CancellationToken cancellationToken)
    => Task.WhenAll(_listeners.Select(it => it.DisposeAsync().AsTask()));
}
```

　　實作的 StartAsync<TContext> 方法先提取出 IServerAddressesFeature 特性，並利用 PreferHostingUrls 屬性決定應該使用直接註冊到 KestrelOptions 組態選項的終節點，還是使用註冊於該特定的監聽位址。如果採用後者，則註冊的監聽位址會利用 BuildListenOptions 方法轉換成對應的 ListenOptions 清單，否則直接從 KestrelOptions

物件的 ListenOptions 屬性取出所有的 ListenOptions 清單。由於這是一個內部屬性，不得不利用下列 GetListenOptions 擴展方法，以反射的方式獲取 ListenOptions 清單。

```
public static class KestrelServerOptionsExtensions
{
    public static IEnumerable<ListenOptions> GetListenOptions(
        this KestrelServerOptions options)
    {
        var property = typeof(KestrelServerOptions).GetProperty("ListenOptions",
            BindingFlags.NonPublic | BindingFlags.Instance);
        return (IEnumerable<ListenOptions>)property!.GetValue(options)!;
    }
}
```

對於每一個表示註冊終節點的 ListenOptions 組態選項，StartAsync<TContext> 方法利用 IConnectionListenerFactory 工廠建立對應的 IConnectionListener 監聽器，並繫結到指定的終節點上監聽連接請求。一旦產生表示連接的 ConnectionContext 上下文物件後，該方法便利用建構的連接管道進行處理。以 ListenOptions 組態選項的 Build 方法建構連接管道前，由於 StartAsync<TContext> 方法建立了 HostedApplication<TContext> 物件，並作為中介軟體進行註冊，所以針對連接的處理將由這個 HostedApplication<TContext> 物件來接管。

```
using App;
using Microsoft.AspNetCore.Hosting.Server;
using Microsoft.Extensions.DependencyInjection.Extensions;

var builder = WebApplication.CreateBuilder();
builder.WebHost.UseKestrel(kestrel => kestrel.ListenLocalhost(5000));
builder.Services.Replace(ServiceDescriptor.Singleton<IServer, MiniKestrelServer>());
var app = builder.Build();
app.Run(context => context.Response.WriteAsync("Hello World!"));
app.Run();
```

上述程式取代了針對 IServer 的服務註冊，意謂著預設的 KestrelServer 將被替換成自訂的 MiniKestrelServer。執行程式後，由瀏覽器發送的 HTTP 請求（不支援 HTTPS）同樣被正常處理，並得到回應內容，如圖 18-6 所示。請注意，MiniKestrelServer 僅用來模擬 KestrelServer 的實作原理，切記真實的實作不是如此簡單。（S1804）

圖 18-6　由 MiniKestrelServer 返回的回應內容

18.3 HTTP.SYS

如果只是打算將 ASP.NET Core 應用程式部署到 Windows 環境，並且希望獲得更好的效能，那麼選擇的伺服器類型應該是 HTTP.SYS。Windows 環境下任何針對 HTTP 的網路監聽器 / 伺服器，在效能上都無法與 HTTP.SYS 比肩。

18.3.1 HTTP.SYS 簡介

HTTP.SYS 本質上就是一個 HTTP/HTTPS 監聽器，它是 Windows 網路子系統的一部分，也是一個在核心模式下運行的網路驅動程式。HTTP.SYS 對應的驅動檔為「%WinDir\System32\drivers\http.sys」，不要小看這個只有 1MB 的檔案，Windows 針對 HTTP 的監聽、接收、轉發和回應，幾乎都得依賴它。如圖 18-7 所示，HTTP. SYS 建立於 Windows 網路子系統的 TCP/IP 協定堆疊的驅動程式（TCPIP.SYS）之上，並為使用者模式運行的 IIS 提供基礎的 HTTP 通訊服務。前面使用的 HttpListener 也建立在 HTTP.SYS 上面。

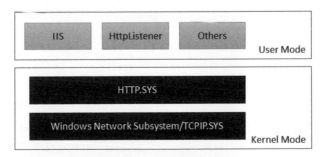

圖 18-7　HTTP.SYS

HTTP.SYS 是在作業系統核心模式下運行，它提供的效能優勢是其他在使用者模式下運行的同類產品無法比擬。由於本身提供回應快取，因此在快取命中的情況下，根本不需要與使用者模式的處理序進行互動。它還提供請求佇列（Request

Queue），如果請求的目標處理序（如 IIS 的工作處理序）處於活動狀態，便可直接將請求分派給它，否則暫存於佇列中等待目標處理序來提取。這樣的工作模式既減少核心與使用者模式之間的上下文切換，也確保不會丟失請求。HTTP.SYS 還有連接管理、流量限制和診斷日誌等功能，並對 Kerberos 的 Windows 實作認證。

由於 HTTP.SYS 是一個底層共用的網路驅動程式，它有效地解決埠共用的問題。使用者模式下的處理序會使用位址前綴（含埠）「接入」HTTP.SYS，HTTP.SYS 則利用位址前綴轉發請求，多個使用者處理序只需要保證提供的位址前綴不同，因此便能使用相同的埠。埠共用允許每個使用者處理序都可以使用標準的 80/443 埠。

18.3.2 UseHttpSys

基於 HTTP.SYS 的伺服器體現為如下 MessagePump 類型，內部使用一個 HttpSysListener 物件以註冊的監聽位址接入 HTTP.SYS。MessagePump 提供 HTTP 1.x、HTTP 2 及 HTTPS 支援。對於 Windows Server 2022 和 Windows 11 來說，還有 HTTP 3 的支援。IWebHostBuilder 介面的兩個 UseHttpSys 擴展方法用來完成 MessagePump 的註冊。

```
internal class MessagePump : IServer, IDisposable
{
    internal HttpSysListener Listener { get; }
    public IFeatureCollection Features { get; }
    public MessagePump(IOptions<HttpSysOptions> options, ILoggerFactory loggerFactory,
        IAuthenticationSchemeProvider authentication);
    public Task StartAsync<TContext>(IHttpApplication<TContext> application,
        CancellationToken cancellationToken);
    public Task StopAsync(CancellationToken cancellationToken);
    public void Dispose();
}

public static class WebHostBuilderHttpSysExtensions
{
    [SupportedOSPlatform("windows")]
    public static IWebHostBuilder UseHttpSys(this IWebHostBuilder hostBuilder);

    [SupportedOSPlatform("windows")]
    public static IWebHostBuilder UseHttpSys(this IWebHostBuilder hostBuilder,
        Action<HttpSysOptions> options);
}
```

18.3.3　HttpSysOptions

呼叫 UseHttpSys 擴展方法註冊基於 HTTP.SYS 的 MessagePump 伺服器時，可以利用 Action<HttpSysOptions> 委託物件對相關的組態選項進行設定。HttpSysOptions 的 UrlPrefixes 屬性返回註冊的監聽位址前綴，但是最終是否以此直接註冊到伺服器的監聽器位址，取決於 IServerAddressesFeature 特性的 PreferHostingUrls 屬性，這一點與 KestrelServer 的作用一致。

```
public class HttpSysOptions
{
    public UrlPrefixCollection       UrlPrefixes { get; }
    public RequestQueueMode          RequestQueueMode { get; set; }
    public string?                   RequestQueueName { get; set; }
    public long                      RequestQueueLimit { get; set; }
    public AuthenticationManager     Authentication { get; }
    public ClientCertificateMethod   ClientCertificateMethod { get; set; }
    public long?                     MaxConnections { get; set; }
    public long?                     MaxRequestBodySize { get; set; }
    public int                       MaxAccepts { get; set; }
    public Http503VerbosityLevel     Http503Verbosity { get; set; }
    public TimeoutManager            Timeouts { get; }
    public bool                      AllowSynchronousIO { get; set; }
    public bool                      EnableResponseCaching { get; set; }
    public bool                      ThrowWriteExceptions { get; set; }
    public bool                      UnsafePreferInlineScheduling { get; set; }
    public bool                      UseLatin1RequestHeaders { get; set; }
}
```

HTTP.SYS 利用請求佇列儲存待處理的請求。RequestQueueMode 屬性用來建立一個新的佇列或者使用現有的佇列。該屬性的類型為如下 RequestQueueMode 列舉，Create 表示建立新的佇列；Attach 表示使用現有以 RequestQueueName 屬性命名的物件，如果該佇列不存在則拋出異常；CreateOrAttach 提供一個折衷方案，如果指定名稱的佇列不存在，則建立一個以此命名的新佇列。RequestQueueMode 屬性的預設值為 Create，RequestQueueName 屬性的預設值為 Null（表示匿名佇列），RequestQueueLimit 屬性表示佇列的容量，預設值為 1000。HttpSysOptions 承載的很多組態選項只會應用到新產生的請求佇列。

```
public enum RequestQueueMode
{
    Create,
    Attach,
```

```
    CreateOrAttach
}
```

HttpSysOptions 的 Authentication 屬 性 返 回 一 個 AuthenticationManager 物 件，該物件用來完成認證設定。可以利用 Schemes 屬性設定認證方案，該屬性預設為 None。如 果 不 允 許 匿 名 存 取，便 可 將 AllowAnonymous 屬 性 設 為 False。倘若 AutomaticAuthentication 屬性返回 True（預設值），則認證用戶將自動指派給 HttpContext 上下文物件的 User 屬性。AuthenticationDisplayName 屬性為認證方案提供一個顯示名稱。

```
public sealed class AuthenticationManager
{
    public AuthenticationSchemes     Schemes { get; set; }
    public bool                      AllowAnonymous {get; set; }
    public bool                      AutomaticAuthentication { get; set; }
    public string?                   AuthenticationDisplayName { get; set; }
}

[Flags]
public enum AuthenticationSchemes
{
    None                            = 0x0,
    Digest                          = 0x1,
    Negotiate                       = 0x2,
    Ntlm                            = 0x4,
    Basic                           = 0x8,
    Anonymous                       = 0x8000,
    IntegratedWindowsAuthentication = 0x6
}
```

HTTPS 網 站 可 以 要 求 提 供 證 書 對 其 實 施 認 證，HttpSysOptions 的 ClientCertificateMethod 屬性用來設定請求用戶端證書的方式，該屬性返回如下 ClientCertificateMethod 列舉。在 .NET 5 之前，用戶端證書以 Renegotation 的方式取得，Renegotiation 是在已經建立的 SSL/TLS 連接上再次發起的一輪「協商握手」，這種方式對應 AllowRenegotation 列舉項目。由於可能帶來一些效能和鎖死的問題，.NET 5 之後已經禁止，目前預設的方式，是在建立 SSL/TLS 連接的初始階段就取得該證書，對應至 AllowRenegotation 列舉項目，這也是 ClientCertificateMethod 屬性的預設值。

```
public enum ClientCertificateMethod
{
```

```
    NoCertificate,
    AllowCertificate,
    AllowRenegotation
}
```

　　HttpSysOptions 的 MaxConnections 屬性和 MaxRequestBodySize 屬性，分別表示最大連接數和請求主體內容的最大位元組數，如果都設為 Null，意謂著忽略對應的限制。這兩個屬性的預設值分別是 Null 和 30,000,000。MaxAccepts 屬性表示接收的最大並行請求，預設值為目前處理器數量的 5 倍。如果並行請求數量超過限流設定，則會拒絕處理後續請求，此時伺服器直接回復一個狀態碼為 503 的回應，然後根據 Http503Verbosity 屬性設定的等級進行相關的處理。如果該屬性值為 Basic（預設值），便重置目前 TCP 連接，Full 選項和 Limitmed 選項會影響回應的狀態描述，前者返回詳細的 Reason Phrase，後者採用標準的「Service Unavailable」。

```
public enum Http503VerbosityLevel
{
    Basic,
    Limited,
    Full
}
```

　　HttpSysOptions 的 Timeouts 屬性返回如下 TimeoutManager 物件。可利用它完成各種逾時設定，包括請求主體內容抵達時間（EntityBody）、讀取請求主體內容時間（DrainEntityBody），請求在佇列儲存的時間（RequestQueue）、連接閒置時間（IdleConnection）和解析請求標頭時間（HeaderWait），這些逾時時間預設都是 2 分鐘。MinSendBytesPerSecond 屬性表示回應資料的最小發送率，預設為每秒 150 位元組。

```
public sealed class TimeoutManager
{
    public TimeSpan     EntityBody { get; set; }
    public TimeSpan     DrainEntityBody { get; set; }
    public TimeSpan     RequestQueue { get; set; }
    public TimeSpan     IdleConnection { get; set; }
    public TimeSpan     HeaderWait { get; set; }
    public long         MinSendBytesPerSecond { get; set; }
}
```

　　HttpSysOptions 還定義其他一系列屬性。AllowSynchronousIO 屬性（預設值為 False）表示是否以同步 I/O 的方式，完成請求和回應主體內容的讀 / 寫。EnableResponseCaching 屬性（預設值為 True）表示允許回應快取。

ThrowWriteExceptions 屬性（預設值為 False）表示斷開連接導致寫入回應主體內容失敗，是否需要拋出異常。若將 UnsafePreferInlineScheduling（預設值為 False）設為 True，意謂著直接在讀取請求的 I/O 執行緒執行後續的程式碼，否則分發到執行緒池進行處理。如此便可透過避免執行緒切換，減少單個請求的處理耗時，但是會對整體的傳輸量帶來負面影響。UseLatin1RequestHeaders 屬性（預設值為 False）表示是否採用 Latin1 字元集（ISO-8859-1），對請求標頭進行編碼。

18.4 IIS

KestrelServer 最大的優勢體現在跨平台的功能，如果 ASP.NET Core 應用程式只需要部署到 Windows 環境，則 IIS 也是不錯的選擇。關於 IIS 有兩種部署模式，它們都依賴於一個 IIS 針對 ASP.NET Core 的擴展模組。

18.4.1 ASP.NET Core Module

IIS 其實也是按照管道的方式處理請求，但是 IIS 管道和 ASP.NET Core 的中介軟體管道有著本質上的不同。對於部署到 IIS 的 Web 應用程式來說，從最初收到請求到最終送出回應，這段處理流程細分為一系列固定的步驟，每個步驟都有一個或者兩個（前置＋後置）對應的事件或者回呼。可以利用自訂的 Module 註冊相關的事件或回呼，並在適當時機接管請求，然後按照期望的方式進行處理。

IIS 提供一系列原生（Native）的 Module。也可以使用任意 .NET 語言編寫託管的 Module，整合 IIS 和 ASP.NET Core 的 ASP.NET Core Module，就是一個原生的 Module。它利用註冊的事件從 IIS 管道攔截請求，並轉發給 ASP.NET Core 管道來處理。可從官方網站下載相關的安裝套件。

18.4.2 In-Process 部署模式

ASP.NET Core 在 IIS 下有 In-Process 和 Out-of-Process 兩種部署模式。In-Process 部署模式下的 ASP.NET Core 應用程式，運行在 IIS 的工作處理序 w3wp.exe 中（如果採用 IIS Express，則工作處理序為 iisexpress.exe）。如圖 18-8 所示，ASP.NET Core 應用程式在這種模式下使用的伺服器類型是 IISHttpServer，上述的 ASP.NET Core Module 會將原始的請求轉發給這個伺服器，並將後者產生的回應轉交給 IIS 伺服器來回復。

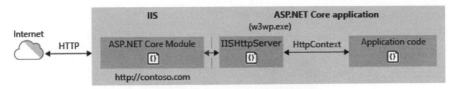

圖 18-8　In-Process 部署模式

In-Process 是預設採用的部署模式，因此不需要進行任何設定。接下來展示具體的部署方式。首先在 IIS 的預設網站（Defaut Web Site）建立一個名為 WebApp 的應用程式，並將映射的實體路徑設為「C:\App」。然後產生一個空的 ASP.NET Core 程式，並編寫下列這個將目前處理序名稱作為回應內容的程式。

```
using System.Diagnostics;
var app = WebApplication.Create(args);
app.Run(context => context.Response.WriteAsync(Process.GetCurrentProcess().ProcessName));
app.Run();
```

首先在 Visual Studio 的專案上按右鍵，在彈出的快顯功能表選擇「發佈」（Publish）命令，建立一個指向「C:\App」的 Publish Profile，然後執行 Profile 命令完成發佈工作。上述作業也可以透過「dotnet publish」命令來完成。完成應用程式的部署後，利用瀏覽器開啟位址「http://localhost/webapp」存取應用程式，從圖 18-9 的輸出結果得知，實際上 ASP.NET Core 應用程式就運行於 IIS 的工作處理序中。（S1805）

圖 18-9　In-Process 部署模式下的處理序名稱

如果查看此時的部署目錄（C:\App），便會發現產生的程式集和設定檔。既然應用程式部署在 IIS，那麼具體的組態自然定義於 web.config，如下所示為該檔的內容。其中發現所有的請求（path="*" verb="*"）都被映射到「AspNetCoreModuleV2」這個 Module，此即為前文介紹的 ASP.NET Core Module。如果 Module 啟動 ASP.NET Core 管道並與之互動，則由後面的 <aspNetCore> 組態節來控制。由此得知，它將表示部署模式的 hostingModel 屬性設為「inprocess」。

```xml
<?xml version="1.0" encoding="utf-8"?>
<configuration>
  <location path="." inheritInChildApplications="false">
    <system.webServer>
      <handlers>
        <add name="aspNetCore" path="*" verb="*" modules="AspNetCoreModuleV2"
          resourceType="Unspecified" />
      </handlers>
      <aspNetCore processPath="dotnet" arguments=".\App.dll" stdoutLogEnabled="false"
          stdoutLogFile=".\logs\stdout" hostingModel="inprocess" />
    </system.webServer>
  </location>
</configuration>
<!--ProjectGuid: 243DF55D-2E11-481F-AA7A-141C2A75792D-->
```

In-Process 部署模式會註冊下列 IISHttpServer，對應的組態選項定義於 IISServerOptions。如果具有同步讀寫請求和回應主體內容的需要，可將 AllowSynchronousIO 屬性（預設值為 False）設為 True。倘若 AutomaticAuthentication 屬性返回 True（預設值），則認證用戶將自動指派給 HttpContext 上下文物件的 User 屬性。利用 MaxRequestBodyBufferSize 屬性（預設值為 1,048,576）和 MaxRequestBodySize 屬性（預設值為 30,000,000），便可設定接收請求主體的緩衝區容量和最大請求主體的位元組數。

```csharp
internal class IISHttpServer : IServer, IDisposable
{
    public IFeatureCollection Features { get; }
    public IISHttpServer(
      IISNativeApplication nativeApplication,
      IHostApplicationLifetime applicationLifetime,
      IAuthenticationSchemeProvider authentication,
      IOptions<IISServerOptions> options,
      ILogger<IISHttpServer> logger);
    public unsafe Task StartAsync<TContext>(IHttpApplication<TContext> application,
          CancellationToken cancellationToken);
    public Task StopAsync(CancellationToken cancellationToken);
}


public class IISServerOptions
{
    public bool       AllowSynchronousIO { get; set; }
    public bool       AutomaticAuthentication { get; set; }
    public string?    AuthenticationDisplayName { get; set; }
    public int        MaxRequestBodyBufferSize { get; set; }
```

```
    public long?        MaxRequestBodySize { get; set; }
}
```

IISHttpServer 的註冊實作於 IWebHostBuilder 介面的 UseIIS 擴展方法。由於這個擴展方法並未提供一個 Action<IISServerOptions> 委託參數，以對 IISServerOptions 組態選項進行設定，所以不得不採用原始的方式取代。IHostBuilder 介面的 ConfigureWebHostDefaults 擴展方法內部會呼叫這個方法，所以不需要為此做額外的工作。

```
public static class WebHostBuilderIISExtensions
{
    public static IWebHostBuilder UseIIS(this IWebHostBuilder hostBuilder);
}
```

18.4.3 Out-of-Process 部署模式

在 IIS 中，ASP.NET Core 應用程式還可以採用 Out-of-Process 模式來部署。如圖 18-10 所示，在這種部署模式下，使用 KestrelServer 的 ASP.NET Core 應用程式運行於獨立的 dotnet.exe 處理序。當 IIS 收到目標應用程式的請求時，如果它所在的處埋序並未啟動，則 ASP.NET Core Module 還負責執行「dotnet」命令啟動此處理序，相當於扮演 WAS（Windows Activation Service）的作用。

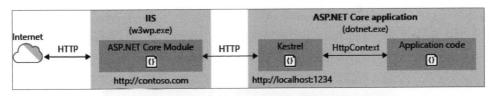

圖 18-10　Out-of-Process 部署模式

啟動 ASP.NET Core 承載處理序之前，ASP.NET Core Module 會選擇一個可用的埠，連同目前應用程式的路徑（該路徑將作為 ASP.NET Core 應用程式的 PathBase）一起寫入環境變數，對應的環境變數名稱分別為「ASPNETCORE_PORT」和「ASPNETCORE_APPL_PATH」。以 Out-of-Process 模式部署的 ASP.NET Core 應用程式只會接收 IIS 轉發的請求，為了過濾其他來源的請求，ASP.NET Core Module 會產生一個 Token 並寫入環境變數「ASPNETCORE_TOKEN」。後續轉發的請求將以一個標頭「MS-ASPNETCORE-TOKEN」傳遞此 Token，ASP.NET Core 應用程式校驗是否與之前產生的 Token 相符。

ASP.NET Core Module 還會利用環境變數傳遞其他設定，例如認證方案寫入環境變數「ASPNETCORE_IIS_HTTPAUTH」，另一個「ASPNETCORE_IIS_WEBSOCKETS_SUPPORTED」環境變數用來設定 Web Socket 的支援狀態。由於這些環境變數名稱的前綴都是「ASPNETCORE_」，因此都會作為預設組態來源。KestrelServer 最終會繫結到基於該埠的本地終節點（localhost）進行監聽。由於監聽位址是由 ASP.NET Core Module 控制，所以只需要將請求轉發到該位址，最終將收到的回應交給 IIS 返回。這裡涉及本地環回網路（Loopback）的存取，其效能自然不如 In-Process 部署模式。

```xml
<?xml version="1.0" encoding="utf-8"?>
<configuration>
  <location path="." inheritInChildApplications="false">
    <system.webServer>
      <handlers>
        <add name="aspNetCore" path="*" verb="*" modules="AspNetCoreModuleV2"
            resourceType="Unspecified" />
      </handlers>
      <aspNetCore processPath="dotnet" arguments=".\App.dll" stdoutLogEnabled="false"
          stdoutLogFile=".\logs\stdout" hostingModel="outofprocess" />
    </system.webServer>
  </location>
</configuration>
```

上一節展示 In-Process 部署模式，現在直接修改 web.config 設定檔，按照上面的方式將 <aspNetCore> 組態節的 hostingModel 屬性設為「outofprocess」，部署的應用程式就自動切換成 Out-of-Process。此時再次以相同的方式存取部署的應用程式，發現瀏覽器顯示的處理序名稱變成了「dotnet」，如圖 18-11 所示。

圖 18-11　Out-of-Process 部署模式下的處理序名稱

部署模式可以直接定義於專案檔案，如果按照下列方式將 AspNetCoreHostingModel 屬性設為「OutOfProcess」，那麼發佈後產生的 web.config 設定檔針對部署模式的設定也隨之改變。該屬性的預設值為「InProcess」，也可以直接修改。

```
<Project Sdk="Microsoft.NET.Sdk.Web">
    <PropertyGroup>
        <TargetFramework>net6.0</TargetFramework>
        <Nullable>enable</Nullable>
        <ImplicitUsings>enable</ImplicitUsings>
        <NoDefaultLaunchSettingsFile>true</NoDefaultLaunchSettingsFile>
        <AspNetCoreHostingModel>OutOfProcess</AspNetCoreHostingModel>
    </PropertyGroup>
</Project>
```

　　為 了 進 一 步 驗 證 上 述 一 系 列 的 環 境 變 數 是 否 存 在 ， 下 列 程 式 將 以
「ASPNETCORE_」為前綴的環境變數作為回應內容輸出。除此之外，還有處理序
名稱、請求的 PathBase 和「MS-ASPNETCORE-TOKEN」標頭。

```
using System.Diagnostics;
using System.Text;

var app = WebApplication.Create(args);
app.Run(HandleAsync);
app.Run();

Task HandleAsync(HttpContext httpContext)
{
    var request = httpContext.Request;
    var configuration =
      httpContext.RequestServices.GetRequiredService<IConfiguration>();
    var builder = new StringBuilder();
    builder.AppendLine($"Process: {Process.GetCurrentProcess().ProcessName}");
    builder.AppendLine(
      $"MS-ASPNETCORE-TOKEN: {request.Headers["MS-ASPNETCORE-TOKEN"]}");
    builder.AppendLine($"PathBase: {request.PathBase}");
    builder.AppendLine("Environment Variables");
    foreach (string key in Environment.GetEnvironmentVariables().Keys)
    {
        if (key.StartsWith("ASPNETCORE_"))
        {
            builder.AppendLine($"\t{key}={Environment.GetEnvironmentVariable(key)}");
        }
    }
    return httpContext.Response.WriteAsync(builder.ToString());
}
```

　　重新發佈應用程式之後，再次以瀏覽器存取的結果，如圖 18-12 所示。這裡可
以找到上述的環境變數，請求攜帶的「MS-ASPNETCORE-TOKEN」標頭正好與對
應環境變數的值一致，應用程式在 IIS 的虛擬目錄作為路徑被寫入環境變數，並成為

請求的 PathBase。如果網站提供 HTTPS 終節點，則其埠還會寫入「SPNETCORE_ANCM_HTTPS_PORT」環境變數，這是為實作HTTPS終節點的重定向而設計的，「第24章 HTTPS 策略」將使用此環境變數。（S1806）

圖 18-12　Out-of-Process 部署模式下的環境變數

Out-of-Process 部署模式下的大部分實作，都是由下列 IISMiddleware 中介軟體完成，IISOptions 為對應的組態選項。IISMiddleware 中介軟體完成「配對 Token」的驗證，以及過濾非 IIS 轉發的請求。如果 IISOptions 組態選項的 ForwardClientCertificate 屬性返回 True（預設值），則中介軟體會從請求標頭「MS-ASPNETCORE-CLIENTCERT」取得用戶端證書，並且保存到 ITlsConnectionFeature 特性。中介軟體還會將目前 Windows 帳號對應的 WindowsPrincipal 物件，附加到 HttpContext 上下文物件的特性集合，如果 IISOptions 組態選項的 AutomaticAuthentication 屬性返回 True（預設值），則該物件會直接指派給 HttpContext 上下文物件的 User 屬性。

```
public class IISMiddleware
{
    public IISMiddleware(RequestDelegate next, ILoggerFactory loggerFactory,
        IOptions<IISOptions> options, string pairingToken,
        IAuthenticationSchemeProvider authentication,
        IHostApplicationLifetime applicationLifetime);
    public IISMiddleware(RequestDelegate next, ILoggerFactory loggerFactory,
        IOptions<IISOptions> options, string pairingToken, bool isWebsocketsSupported,
        IAuthenticationSchemeProvider authentication,
        IHostApplicationLifetime applicationLifetime);
    public Task Invoke(HttpContext httpContext);
    public Task Invoke(HttpContext httpContext)
}
```

```
public class IISOptions
{
    public bool AutomaticAuthentication { get; set; }
    public string? AuthenticationDisplayName { get; set; }
    public bool ForwardClientCertificate { get; set; }
}
```

　　IIS 利用 WAS 根據請求啟動工作處理序 w3wp.exe。如果長時間未存取網站，則它還會自動關閉工作處理序。如果工作處理序都被關閉，則自然也應該關閉承載 ASP.NET Core 應用程式的 dotnet.exe 處理序。為了達到這個目的，ASP.NET Core Module 會發送一個特殊的請求，內含一個值為「shutdown」的「MS-ASPNETCORE-EVENT」標頭，IISMiddleware 中介軟體在收到該請求時，便利用注入的 IHostApplicationLifetime 物件關閉目前應用程式。如果不支援 WebSocket，則中介軟體還會刪除表示「可升級到雙向通訊」的 IHttpUpgradeFeature 特性。將應用程式路徑設為請求的 PathBase，也是由這個中介軟體完成。

　　IISMiddleware 中介軟體所做的，實際上是對 HttpContext 上下文物件進行初始化的工作，所以必須優先執行才有意義。為了將此中介軟體置於管道的前端，定義下列 IISSetupFilter 並完成該中介軟體的註冊。

```
internal class IISSetupFilter : IStartupFilter
{
    internal IISSetupFilter(string pairingToken, PathString pathBase,
        bool isWebsocketsSupported);
    public Action<IApplicationBuilder> Configure(Action<IApplicationBuilder> next);
}
```

　　IISSetupFilter 最終是透過 IWebHostBuilder 介面的 UseIISIntegration 擴展方法進行註冊。此擴展方法還負責從目前組態和環境變數取得埠，然後完成監聽位址的註冊。由於 KestrelServer 預設會選擇註冊到伺服器的終節點，該擴展方法利用組態將 IServerAddressesFeature 特性的 PreferHostingUrls 屬性設為 True，這裡指定的監聽位址才會生效。擴展方法還會根據目前 IIS 網站的設定，調整 IISOptions 的相關設定。由於 IHostBuilder 介面 ConfigureWebHostDefaults 擴展方法內部也會呼叫 UseIISIntegration 擴展方法，因此不需要為此做額外的工作。

```
public static class WebHostBuilderIISExtensions
{
    public static IWebHostBuilder UseIISIntegration(this IWebHostBuilder hostBuilder);
}
```

18.4.4 <aspnetcore> 組態

無論採用哪種部署模式，相關的組態都定義於部署目錄下的 web.config 設定檔，它提供 ASP.NET Core Module 的映射，使我們能夠部署 ASP.NET Core 應用程式到 IIS。在 web.config 設定檔中，與 ASP.NET Core 應用程式部署相關的組態位於 <aspNetCore> 組態節。

```
<aspNetCore
    processPath            = "dotnet"
    arguments              = ".\App.dll"
    stdoutLogEnabled       = "false"
    stdoutLogFile          = ".\logs\stdout"
    hostingModel           = "outofprocess"
    forwardWindowsAuthToken = "true"
    processesPerApplication = "10"
    rapidFailsPerMinute    = "5"
    requestTimeout         = "00:02:00"
    shutdownTimeLimit      = "60"
    startupRetryCount      = "3"
    startupTimeLimit       = "60">
    <environmentVariables>
        <environmentVariable name = "ASPNETCORE_ENVIRONMENT" value = "Development"/>
    </environmentVariables>
    <handlerSettings>
        <handlerSetting name = "stackSize" value = "2097152" />
        <handlerSetting name = "debugFile" value = ".\logs\aspnetcore-debug.log" />
        <handlerSetting name = "debugLevel" value = "FiLE,TRACE" />
    </handlerSettings>
</aspNetCore>
```

上面的 XML 包含完整的 <aspNetCore> 組態屬性，表 18-4 對這些組態屬性進行簡單的説明。設定檔可以採用絕對路徑，或者是相對於部署目錄（透過「.」表示）的相對路徑。

表 18-4　<aspnetcore> 組態屬性

屬性	涵義
processPath	ASP.NET Core 應用程式啟動命令的所在路徑，必選
arguments	啟動 ASP.NET Core 應用程式傳入的參數，可選
stdoutLogEnabled	是否將 stdout 和 stderr 輸出到 stdoutLogFile 屬性指定的檔案，預設值為 False
stdoutLogFile	作為 stdout 和 stderr 輸出的日誌檔，預設值為「aspnetcore-stdout」

屬性	涵義
hostingModel	部署模式，「inprocess/InProcess」 或者「outofprocess/OutOfProcess」（預設值）
forwardWindowsAuthToken	是否轉發 Windows 認證權杖，預設值為 True
processesPerApplication	承載 ASP.NET Core 應用程式的處理序（processPath）數量，預設值為 1。該組態對 In-Process 部署模式無效
rapidFailsPerMinute	ASP.NET Core 應用程式承載處理序（processPath）每分鐘允許崩潰的次數，預設值為 10 次，超過此數量便不再試圖重新啟動
requestTimeout	請求處理逾時時間，預設值為 2 分鐘
startupRetryCount	ASP.NET Core 應用程式承載處理序啟動重試次數，預設值為 2 次
startupTimeLimit	ASP.NET Core 應用程式承載處理序啟動逾時時間（單位為秒），預設值為 120 秒
environmentVariables	設定環境變數
handlerSettings	為 ASP.NET Core Module 提供額外的組態

中介軟體

第 **19** 章

靜態檔案

雖然 ASP.NET Core 是一款「動態」的 Web 伺服端框架，但是它接收與處理很多關於靜態檔案的請求，例如常見的 Web 網站的 3 種靜態檔（JavaScript 腳本、CSS 樣式和圖片）。ASP.NET Core 提供 3 個中介軟體處理靜態檔案的請求，它們不僅能將實體檔發佈為透過 HTTP 請求取得的 Web 資源，還可以呈現所在的實體目錄結構。

19.1 建置檔案伺服器

透過 HTTP 請求取得的 Web 資源，很多都來自於伺服器磁碟上的靜態檔案。對於 ASP.NET Core 應用程式來說，若將靜態檔存放到約定的目錄下，則絕大部分檔案類型都可以透過 Web 的形式對外發佈。「Microsoft.AspNetCore.StaticFiles」NuGet 套件提供 3 個用來處理靜態檔請求的中介軟體，以便建置一個檔案伺服器。

19.1.1 發佈實體檔

圖 19-1 為靜態檔發佈的專案結構。預設作為 WebRoot 的「wwwroot」目錄下，將 JavaScript 腳本檔、CSS 樣式檔和圖片檔儲存到對應的子目錄（js、css 和 img）。該目錄的所有檔案將自動發佈為 Web 資源，用戶端便可以相關的 URL 讀取對應的內容。

圖 19-1　靜態檔發佈的專案結構

具體某個靜態檔的請求是透過 StaticFileMiddleware 中介軟體來處理。下列所示的程式碼呼叫 IApplicationBuilder 介面的 UseStaticFiles 擴展方法，就能註冊這個中介軟體。

```
var app = WebApplication.Create();
app.UseStaticFiles();
app.Run();
```

執行程式之後，便可以 GET 請求的方式讀取對應檔案的內容，目的檔案相對於 WebRoot 目錄的路徑，就是對應 URL 的路徑，例如 JPG 圖片檔「~/wwwroot/img/dolphin1.jpg」對應的 URL 路徑為「/img/dolphin1.jpg」。如果直接利用瀏覽器存取此 URL，目標圖片就會以圖 19-2 的形式顯示出來。（S1901）

圖 19-2　以 Web 形式發佈圖片檔

上面透過一個簡單的實例，將 WebRoot 目錄下的所有靜態檔發佈為 Web 資源，如果待發佈的靜態檔存放在其他目錄呢？例如，將上面的一些檔案存放到圖 19-3 所示的「~/doc/」目錄下，那麼又該如何編寫程式呢？

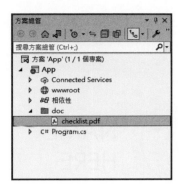

圖 19-3　發佈「~/doc/」和「~/wwwroot」目錄下的檔案

　　大部分情況下，ASP.NET Core 應用程式都是利用一個 IFileProvider 物件讀取檔案，靜態檔案的讀取請求處理也不例外。StaticFileMiddleware 中介軟體內部維護一個 IFileProvider 物件和請求路徑的映射關係。如果呼叫 UseStaticFiles 方法沒有指定任何參數，映射的路徑就是應用程式的基底位址（PathBase），採用的 IFileProvider 物件便是指向 WebRoot 目錄的 PhysicalFileProvider 物件。上述需求可以透過映射關係來實現。如下面的程式碼所示，在現有程式的基礎上額外增加一次 UseStaticFiles 擴展方法的呼叫，並以作為參數的 StaticFileOptions 組態選項，增加請求路徑（「/documents」）與對應 IFileProvider 物件（針對路徑「~/doc/」的 PhysicalFileProvider 物件）之間的映射關係。

```
using Microsoft.Extensions.FileProviders;

var path = Path.Combine(Directory.GetCurrentDirectory(), "doc");
var options = new StaticFileOptions
{
    FileProvider    = new PhysicalFileProvider(path),
    RequestPath     = "/documents"
};

var app = WebApplication.Create();
app
    .UseStaticFiles()
    .UseStaticFiles(options);
app.Run();
```

　　按照上述程式指定的映射關係，對於儲存於「~/doc/」目錄下的 PDF 檔（checklist.pdf），請求 URL 採用的路徑就是「/documents/checklist.pdf」。如果利用瀏覽器開啟這個位址，PDF 檔案的內容就會按照圖 19-4 的形式顯示於瀏覽器。（S1902）

圖 19-4　以 Web 形式發佈 PDF 檔

19.1.2　呈現目錄結構

　　StaticFileMiddleware 中介軟體只會處理具體某個靜態檔案的請求，如果以瀏覽器發送一個目錄路徑的請求（如「/img」），可能會得到狀態為「404 Not Found」的回應。如果希望瀏覽器呈現目標目錄的結構，便可註冊 DirectoryBrowserMiddleware 中介軟體。此中介軟體會返回一個 HTML 頁面，請求目錄下的結構以表格形式呈現於 HTML 頁面。程式按照如下方式呼叫 IApplicationBuilder 介面的 UseDirectoryBrowser 擴展方法，以便註冊這個中介軟體。

```
using Microsoft.Extensions.FileProviders;

var path = Path.Combine(Directory.GetCurrentDirectory(), "doc");
var fileProvider = new PhysicalFileProvider(path);

var fileOptions = new StaticFileOptions
{
    FileProvider = fileProvider,
    RequestPath = "/documents"
};

var diretoryOptions = new DirectoryBrowserOptions
{
    FileProvider = fileProvider,
    RequestPath = "/documents"
};

var app = WebApplication.Create();
```

```
app
    .UseStaticFiles()
    .UseStaticFiles(fileOptions)
    .UseDirectoryBrowser()
    .UseDirectoryBrowser(diretoryOptions);

app.Run();
```

執行程式後，如果利用瀏覽器對某個目錄的 URL（如「/」或者「/img」）發起請求，則目標目錄的內容（包括子目錄和檔案）會以圖 19-5 的形式顯示於一個表格。由表格的內容得知，目前目錄的子目錄和檔案均呈現為連結。（S1903）

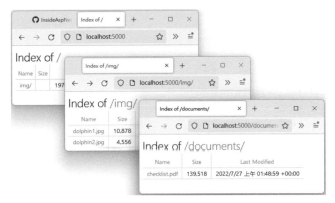

圖 19-5　顯示目錄內容

19.1.3 顯示預設頁面

由於 UseDirectoryBrowser 中介軟體會將整個目標目錄的結構和所有檔案全部呈現出來，所以該軟體需要根據本身的安全性原則謹慎使用。對於目錄請求來說，更加常用的處理策略就是顯示一個該目錄下的預設頁面。預設頁面一般採用 4 種命名規則（default.htm、default.html、index.htm 和 index.html），預設頁面的呈現實作於 DefaultFilesMiddleware 中介軟體。程式可以按照下列方式呼叫 IApplicationBuilder 介面的 UseDefaultFiles 擴展方法，以註冊此中介軟體。

```
using Microsoft.Extensions.FileProviders;

var path = Path.Combine(Directory.GetCurrentDirectory(), "doc");
var fileProvider = new PhysicalFileProvider(path);

var fileOptions = new StaticFileOptions
{
```

```
    FileProvider = fileProvider,
    RequestPath = "/documents"
};
var diretoryOptions = new DirectoryBrowserOptions
{
    FileProvider = fileProvider,
    RequestPath = "/documents"
};
var defaultOptions = new DefaultFilesOptions
{
    RequestPath = "/documents",
    FileProvider = fileProvider,
};


var app = WebApplication.Create();
app
    .UseDefaultFiles()
    .UseDefaultFiles(defaultOptions)
    .UseStaticFiles()
    .UseStaticFiles(fileOptions)
    .UseDirectoryBrowser()
    .UseDirectoryBrowser(diretoryOptions);

app.Run();
```

下面在「~/wwwroot/img/」和「~/doc」目錄分別建立一個名為 index.html 的預設
頁面，並於其內的主體部分指定一段簡短的文字（This is an index page!）。執行程式
之後，以瀏覽器存取「/img」和「/doc」兩個目錄，預設頁面如圖 19-6 所示。（S1904）

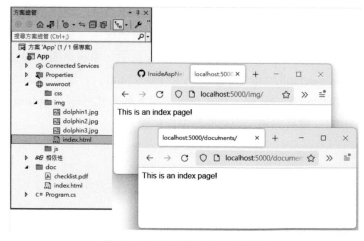

圖 19-6　顯示目錄的預設頁面

必須將 DefaultFilesMiddleware 中介軟體放在 StaticFileMiddleware 和 DirectoryBrowserMiddleware 中介軟體之前。這是因為 DirectoryBrowserMiddleware 和 DefaultFilesMiddleware 中介軟體處理的均是目錄請求，如果先註冊 DirectoryBrowserMiddleware 中介軟體，那麼顯示的總是目錄的結構。倘若先註冊 用來顯示預設頁面的 DefaultFilesMiddleware 中介軟體，那麼在預設頁面不存在的 情況下，便會將請求分發給後續中介軟體，此時 DirectoryBrowserMiddleware 中 介軟體才會呈現目前的目錄結構。要先於 StaticFileMiddleware 中介軟體之前註 冊 DefaultFilesMiddleware 中介軟體，是因為後者是透過 URL 重寫的方式實作。 此中介軟體會把目錄請求改寫成預設頁面請求，而最終預設頁面請求還得依賴 StaticFileMiddleware 中介軟體來完成。

　　預設情況下，DefaultFilesMiddleware 中介軟體總是以約定的名稱在目前請求 的目錄下定位預設頁面。如果作為預設頁面的檔案沒有採用約定的命名方式（見 圖 19-7，將預設頁面命名為 readme.html），就得按照下列方式明確指定其檔名。 （S1905）

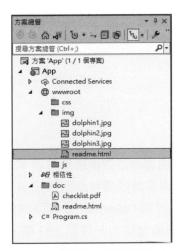

圖 19-7　重新命名預設頁面（1）

```
using Microsoft.Extensions.FileProviders;

var path = Path.Combine(Directory.GetCurrentDirectory(), "doc");
var fileProvider = new PhysicalFileProvider(path);
var fileOptions = new StaticFileOptions
{
    FileProvider = fileProvider,
    RequestPath = "/documents"
```

```
};
var diretoryOptions = new DirectoryBrowserOptions
{
    FileProvider = fileProvider,
    RequestPath = "/documents"
};
var defaultOptions1 = new DefaultFilesOptions();
var defaultOptions2 = new DefaultFilesOptions
{
    RequestPath = "/documents",
    FileProvider = fileProvider,
};

defaultOptions1.DefaultFileNames.Add("readme.html");
defaultOptions2.DefaultFileNames.Add("readme.html");

var app = WebApplication.Create();
app
    .UseDefaultFiles(defaultOptions1)
    .UseDefaultFiles(defaultOptions2)
    .UseStaticFiles()
    .UseStaticFiles(fileOptions)
    .UseDirectoryBrowser()
    .UseDirectoryBrowser(diretoryOptions);

app.Run();
```

19.1.4 映射媒體類型

透過上面的實例看出，瀏覽器能夠準確地將請求的目的檔案的內容正常呈現出來。對 HTTP 協定具有基本常識的讀者應該都知道，瀏覽器能夠正常顯示回應檔的基本前提，是回應封包透過 Content-Type 標頭攜帶的媒體類型必須與內容一致。實例展示兩種檔案類型的請求，一種是 JPG 檔，另一種是 PDF 檔，對應的媒體類型分別是「image/jpg」和「application/pdf」。那麼，處理靜態檔案請求的 StaticFileMiddleware 中介軟體，是如何解析出對應的媒體類型呢？

StaticFileMiddleware 中介軟體針對媒體類型的解析是透過 IContentTypeProvider 物件來完成，FileExtensionContentTypeProvider 是對 IContentTypeProvider 介面的預設實作。FileExtensionContentTypeProvider 根據副檔名解析媒體類型。它在內部預定數百種常用的副檔名與媒體類型之間的映射關係，如果發佈的靜態檔案具有標準的副檔名，StaticFileMiddleware 中介軟體就能為對應的回應賦予正確的媒體類型。

　　如果某個檔案的副檔名沒有在預定義的映射中，或者要求某個副檔名匹配不同的媒體類型，那麼又應該如何解決呢？同樣是針對上面的實例，如果以圖 19-8 的方式將「~/wwwroot/img/ dolphin1.jpg」文件的副檔名改成「.img」，那麼 StaticFileMiddleware 中介軟體將無法為該檔的請求解析出正確的媒體類型。此問題具有若干不同的解決方案，第一種方案就是按照下列方式，讓 StaticFileMiddleware 中介軟體支援無法識別的檔案類型，並為其設定一個預設的媒體類型。（S1906）

圖 19-8　重新命名預設頁面（2）

```
var options = new StaticFileOptions
{
    ServeUnknownFileTypes   = true,
    DefaultContentType      = "image/jpg"
};
var app = WebApplication.Create();
app.UseStaticFiles(options);

app.Run();
```

　　上述解決方案只能設定一種預設媒體類型，如果有多種需要映射成不同媒體類型的檔案類型，這種方案就無能為力，因此最根本的解決方案還是要將不能識別的檔案類型和對應的媒體類型進行映射。由於 StaticFileMiddleware 中介軟體使用的 IContentTypeProvider 物件允許客製化，所以可按照下列方式明確地為該中介軟體指定一個 FileExtensionContentTypeProvider 物件，將缺失的映射加到這個物件上。（S1907）

```
using Microsoft.AspNetCore.StaticFiles;

var contentTypeProvider = new FileExtensionContentTypeProvider();
contentTypeProvider.Mappings.Add(".img", "image/jpg");
var options = new StaticFileOptions
{
    ContentTypeProvider = contentTypeProvider
};

var app = WebApplication.Create();
app.UseStaticFiles(options);

app.Run();
```

19.2 處理檔案請求

　　StaticFileMiddleware 中介軟體在接收到檔案讀取請求時，便根據請求的位址找到目的檔案的路徑，利用註冊的 IContentTypeProvider 物件解析出與檔案內容相符的媒體類型，並且作為回應標頭 Content-Type 的值。中介軟體最終利用 IFileProvider 物件讀取檔案內容，然後當成回應封包的主體。這僅僅是 StaticFileMiddleware 中介軟體整體的請求處理流程，其實涉及的操作還有很多，例如條件請求（Conditional Request）和區間請求（Range Request）的處理，就沒有體現在上面的實例中。

19.2.1 條件請求

　　條件請求就是用戶端在發送 GET 請求取得某種資源時，利用請求標頭攜帶一些條件。伺服端處理器接收到這類請求後，便取出這些條件，並驗證目標資源目前的狀態是否滿足指定的條件。只有在這些條件都滿足的情況下，目標資源的內容才會真正回應給用戶端。

1. HTTP 條件請求

　　HTTP 條件請求作為一項標準，記錄於 HTTP 規範。一般來說，GET 請求在目標資源存在的情況下，會返回一個狀態碼為「200 OK」的回應，目標資源的內容直接作為回應封包的主體部分回傳。如果資源的內容不會輕易改變，那麼希望用戶端（如瀏覽器）在本地快取資源。對於同一個資源的後續請求來說，倘若資源的內容不曾改變，便無須再次作為網路負載予以回應。這就是 HTTP 條件請求尚待解決的一個典型場景。

　　確定資源是否發生變化，可以採用兩種策略。第一種，讓資源的提供者記錄最後一次更新資源的時間，資源的內容負載（Payload）和時間戳記將一併作為回應，提供給請求發送者的用戶端。用戶端在快取資源內容時也會保存這個時間戳記。等到下次要對同一個資源發出請求時，便將時間戳記一併傳送出去；此時伺服端就能根據時間戳記，判斷上次回應之後是否曾修改目標資源，然後做出針對性的回應。第二種，針對資源的內容產生一個「標籤」，標籤的一致性體現了資源內容的一致性，此標籤在 HTTP 規範中稱為 ETag（Entity Tag）。

　　下面從 HTTP 請求和回應封包的層面，對條件請求進行詳細介紹。對於 HTTP 請求來說，快取資源內含的最後修改時間戳記和 ETag，分別保存於名為 If-Modified-Since 與 If-None-Match 的標頭。標頭名稱體現出下列涵義：只有目標資源在指定的時間之後被修改（If-Modified-Since），或者目前資源的狀態與提供的 ETag 不符合（If-None-Match）的情況下，才會返回資源的內容負載。

　　當伺服端接收某個資源的 GET 請求時，如果 GET 請求不具有上述兩個標頭，或者根據這兩個標頭攜帶的資訊判斷資源已經發生變化，便返回一個狀態碼為「200 OK」的回應。除了將資源內容作為回應主體外，如果能夠取得最後一次修改資源的時間（一般精確到秒），則格式化的時間戳記還會透過一個名為 Last-Modified 的回應標頭給用戶端。針對資源本身內容產生的標籤，則以 ETag 回應標頭的形式返回。反之，如果做出相反的判斷，伺服端會返回一個狀態碼為「304 Not Modified」的回應，其內不包含主體內容。一般來說，這樣的回應也會攜帶 Last-Modified 標頭和 ETag 標頭。

　　與條件請求相關的標頭還有 If-Unmodified-Since 和 If-Match，它們具有與 If-Modified-Since 和 If-None-Match 完全相反的語義，分別表示如果在指定時間之後沒有修改（If-Unmodified-Since）目標資源，或者沒有修改目標資源目前的 ETag 與對應的請求，就返回資源的內容負載。針對這類請求，如果根據攜帶的兩個標頭判斷目標資源不曾發生變化，伺服端才會返回一個以資源負載作為主體內容的「200 OK」回應，內含 Last-Modified 標頭和 ETag 標頭。倘若做出相反的判斷，伺服端便返回一個狀態碼為「412 Precondition Failed」的回應，表示資源目前的狀態不滿足請求設定的前置條件。表 19-1 列舉條件請求在不同場景下的回應狀態碼。

表 19-1　條件請求在不同場景下的回應狀態碼

請求標頭	語義	滿足條件	不滿足條件
If-Modified-Since	在指定時間戳記之後是否有更新目標內容	200 OK	304 Not Modified
If-None-Match	目標內容的標籤是否與指定的不一致	200 OK	304 Not Modified
If-Unmodified-Since	在指定時間戳記之後是否沒有更新目標內容	200 OK	412 Precondition Failed
If-Match	目標內容的標籤是否與指定的一致	200 OK	412 Precondition Failed

2. 靜態檔的條件請求

下面透過實例介紹 StaticFileMiddleware 中介軟體在條件請求方面的用途。假設 ASP.NET Core 應用程式發佈一個文字檔，內容為「abcdefghijklmnopqrstuvwxyz0123456789」（26 個小寫字母 +10 個數字），目標位址為「http://localhost:5000/foobar.txt」。直接對這個位址發送一個普通的 GET 請求，會得到什麼樣的回應？

```
HTTP/1.1 200 OK
Date: Wed, 1 Sep 2022 23:20:40 GMT
Content-Type: text/plain
Server: Kestrel
Content-Length: 39
Last-Modified: Wed, 1 Sep 2022 23:15:14 GMT
Accept-Ranges: bytes
ETag: "1d56e76ed13ed27"

abcdefghijklmnopqrstuvwxyz0123456789
```

從上面請求與回應封包的內容得知，對於一個實體檔的 GET 請求，如果目的檔案存在，伺服端就會返回一個狀態碼為「200 OK」的回應。除了承載檔案內容的主體，回應封包還有兩個額外的標頭，分別表示目的檔案最後修改時間的 Last-Modified 標頭，以及作為檔案內容標籤的 ETag 標頭。

現在用戶端不但獲得目的檔案的內容，還有最後修改該檔的時間戳記與標籤。如果只想確定是否更新過這個檔案，並於更新之後返回新的內容，便可對該檔所在的位址再次發送一個 GET 請求，並將時間戳記和標籤透過對應的請求標頭傳送給伺服端。已知這兩個標頭的名稱分別是 If-Modified-Since 和 If-None-Match。由於沒有修改檔案的內容，所以伺服端返回下列一個狀態碼為「304 Not Modified」的回應。
這個不包括主體內容的回應封包，同樣具有相同的 Last-Modified 標頭和 ETag 標頭。

```
GET http://localhost:50000/foobar.txt HTTP/1.1
Host: localhost:50000
If-Modified-Since: Wed, 1 Sep 2022 23:15:14 GMT
If-None-Match: "1d56e76ed13ed27"


HTTP/1.1 304 Not Modified
Date: Wed, 1 Sep 2022 23:21:54 GMT
Content-Type: text/plain
Server: Kestrel
Last-Modified: Wed, 1 Sep 2022 23:15:14 GMT
Accept-Ranges: bytes
ETag: "1d56e76ed13ed27"
```

　　若將 If-None-Match 標頭修改成一個較早的時間戳記，或者改變 If-None-Match
標頭的標籤，則伺服端都將做出檔案已被修改的判斷。在這種情況下，便再次返回
最初狀態碼為「200 OK」的回應。具體的請求和對應的回應，體現於下列所示的程
式碼。

```
GET http://localhost:5000/foobar.txt HTTP/1.1
If-Modified-Since: Wed, 1 Sep 2022 01:01:01 GMT
Host: localhost:5000


HTTP/1.1 200 OK
Date: Wed, 1 Sep 2022 23:24:16 GMT
Content-Type: text/plain
Server: Kestrel
Content-Length: 39
Last-Modified: Wed, 1 Sep 2022 23:15:14 GMT
Accept-Ranges: bytes
ETag: "1d56e76ed13ed27"


abcdefghijklmnopqrstuvwxyz0123456789


GET http://localhost:50000/foobar.txt HTTP/1.1
Host: localhost:50000
If-None-Match: "abc123xyz456"


HTTP/1.1 200 OK
Date: Wed, 1 Sep 2022 23:26:03 GMT
Content-Type: text/plain
Server: Kestrel
```

```
Content-Length: 39
Last-Modified: Wed, 1 Sep 2022 23:15:14 GMT
Accept-Ranges: bytes
ETag: "1d56e76ed13ed27"


abcdefghijklmnopqrstuvwxyz0123456789
```

　　如果用戶端想確定目的檔案是否被修改，但又希望在未修改的情況下才能返回目的檔案的內容，這樣的請求就需要以 If-Unmodified-Since 標頭和 If-Match 標頭來承載基準時間戳記與標籤。例如，對於如下兩個請求攜帶的 If-Unmodified-Since 標頭和 If-Match 標頭，伺服端都會做出尚未修改檔案的判斷，所以檔案的內容透過一個狀態碼為「200 OK」的回應返回。

```
GET http://localhost:5000/foobar.txt HTTP/1.1
If-Unmodified-Since: Wed, 1 Sep 2022 23:59:59 GMT
Host: localhost:5000

HTTP/1.1 200 OK
Date: Wed, 1 Sep 2022 23:27:57 GMT
Content-Type: text/plain
Server: Kestrel
Content-Length: 39
Last-Modified: Wed, 1 Sep 2022 23:15:14 GMT
Accept-Ranges: bytes
ETag: "1d56e76ed13ed27"


abcdefghijklmnopqrstuvwxyz0123456789


GET http://localhost:50000/foobar.txt HTTP/1.1
Host: localhost:50000
If-Match: "1d56e76ed13ed27"

HTTP/1.1 200 OK
Date: Wed, 1 Sep 2022 23:30:35 GMT
Content-Type: text/plain
Server: Kestrel
Content-Length: 39
Last-Modified: Wed, 1 Sep 2022 23:15:14 GMT
Accept-Ranges: bytes
ETag: "1d56e76ed13ed27"


abcdefghijklmnopqrstuvwxyz0123456789
```

如果目的檔案目前的狀態，無法滿足 If-Unmodified-Since 標頭或者 If-Match 標頭體現的條件，便返回一個狀態碼為「412 Precondition Failed」的回應，下列程式碼就是類似的請求封包和對應的回應封包。

```
GET http://localhost:5000/foobar.txt HTTP/1.1
If-Unmodified-Since: Wed, 1 Sep 2022 01:01:01 GMT
Host: localhost:5000

HTTP/1.1 412 Precondition Failed
Date: Wed, 1 Sep 2022 23:31:53 GMT
Server: Kestrel
Content-Length: 0

GET http://localhost:50000/foobar.txt HTTP/1.1
Host: localhost:50000
If-Match: "abc123xyz456"

HTTP/1.1 412 Precondition Failed
Date: Wed, 1 Sep 2022 23:33:57 GMT
Server: Kestrel
Content-Length: 0
```

19.2.2　區間請求

大部分實體檔的請求都希望取得整個檔案的內容，區間請求則與之相反，它只想獲得某個檔案部分區間的內容。區間請求允許透過多次請求，以取得某個較大檔案的全部內容，並實現中斷點續傳。如果一個檔案同時儲存到多台伺服器，便可利用區間請求同時下載不同部分的內容。與條件請求一樣，區間請求也作為標準定義於 HTTP 規範。

1. HTTP 區間請求

倘若希望透過一個 GET 請求獲得目標資源某個區間的內容，就得將此區間存放到一個名為 Range 的標頭。雖然 HTTP 規範允許指定多個區間，但是 StaticFileMiddleware 中介軟體只支援單一區間。HTTP 規範並未對區間的計量單位做強制的規定，但是 StaticFileMiddleware 中介軟體支援的單位為 Byte，也就是說，它是以位元組為單位對檔案內容進行分區。

Range 標頭攜帶的分區資訊，採用的格式為「bytes={from}-{to}」（{from} 和 {to} 分別表示區間開始與結束的位置，如「bytes=1000-1999」代表獲取目標資源從 1001

到 2000 共計 1000 位元組（第 1 個位元組的位置為 0）。如果 {to} 大於整個資源的長度，這樣的區間依然視為有效，它表示從 {from} 到資源的最後一個位元組。如果區間定義成「bytes={from}-」這種形式，同樣表示區間從 {from} 到資源的最後一個位元組。以「bytes=-{n}」格式定義的區間，表示資源的最後 n 個位元組。無論採用哪種形式，如果 {from} 大於整個資源的總長度，則此區間定義便視為不合法。

如果請求的 Range 標頭攜帶一個不合法的區間，則伺服端會返回一個狀態碼為「416 Range Not Satisfiable」的回應，否則返回一個狀態碼為「206 Partial Content」的回應，回應的主體只包含指定區間的內容。這些內容在整個資源的位置透過回應標頭 Content-Range 表示，格式為「{from}-{to}/{length}」。除此之外，還有一個與區間請求相關的回應標頭 Accept-Ranges，它表示伺服端能夠接收的區間類型。例如，前面針對條件請求的回應都具有一個 Accept-Ranges: bytes 標頭，表示伺服端支援資源的區間劃分。如果該標頭被設為 none，意謂著伺服端不支援區間請求。

區間請求在某些時候也會驗證資源內容是否發生變化。在這種情況下，請求會利用一個名為 If-Range 的標頭內含一個時間戳記或整個資源（不是目前請求的區間）的標籤。伺服端在收到請求之後，便根據此標頭判斷請求的整個資源是否有變化，如果有，則返回一個狀態碼為「200 OK」的回應，回應主體包含整個資源的內容。只有在判斷資源並未發生變化的前提下，伺服端才會返回指定區間的內容。

2. 靜態檔的區間請求

下面從 HTTP 請求和回應封包的角度介紹 StaticFileMiddleware 中介軟體對區間請求的支援。依然沿用前面展示條件請求的實例，其中作為目的檔案的 foobar.txt 包含 26 個小寫字母和 10 個數字，加上 UTF 文字檔初始的 3 個字元（EF、BB、BF），所以總長度為 39。接著發送下列兩個請求，分別獲取前面 26 個小寫字母（3-28）和後面 10 個數字（-10）。

```
GET http://localhost:50000/foobar.txt HTTP/1.1
Host: localhost:50000
Range: bytes=3-28

HTTP/1.1 206 Partial Content
Date: Wed, 1 Sep 2022 23:38:59 GMT
Content-Type: text/plain
Server: Kestrel
Content-Length: 26
Content-Range: bytes 3-28/39
Last-Modified: Wed, 1 Sep 2022 23:15:14 GMT
```

```
Accept-Ranges: bytes
ETag: "1d56e76ed13ed27"


abcdefghijklmnopqrstuvwxyz

GET http://localhost:50000/foobar.txt HTTP/1.1
Host: localhost:50000
Range: bytes=-10

HTTP/1.1 206 Partial Content
Date: Wed, 1 Sep 2022 23:39:51 GMT
Content-Type: text/plain
Server: Kestrel
Content-Length: 10
Content-Range: bytes 29-38/39
Last-Modified: Wed, 1 Sep 2022 23:15:14 GMT
Accept-Ranges: bytes
ETag: "1d56e76ed13ed27"

0123456789
```

　　由於請求指定了正確的區間，所以會得到兩個狀態碼為「206 Partial Content」的回應，其主體僅包含目標區間的內容。除此之外，回應標頭 Content-Range（「bytes 3-28/39」和「bytes 29-38/39」）指明返回內容的區間範圍和整個檔案的總長度。目的檔案最後修改的時間戳記和標籤，同樣會存放於回應標頭 Last-Modified 與 ETag 中。接下來傳送下列所示的一個區間請求，並指定一個不合法的區間（「50-」）。正如 HTTP 規範所描述，這種情況下會得到一個狀態碼為「416 Range Not Satisfiable」的回應。

```
GET http://localhost:5000/foobar.txt HTTP/1.1
Host: localhost:5000
Range: bytes=50-

HTTP/1.1 416 Range Not Satisfiable
Date: Wed, 1 Sep 2022 23:43:21 GMT
Server: Kestrel
Content-Length: 0
Content-Range: bytes */39
```

　　為了驗證區間請求對檔案更新狀態的檢驗，於是使用請求標頭 If-Range。在下列所示的兩個請求中，分別將一個基準時間戳記和檔案標籤作為此標頭的值，顯然伺服端對這兩個標頭都做出「檔案已經更新」的判斷。根據 HTTP 規範的約定，這種請求會返回一個狀態碼為「200 OK」的回應，回應的主體包含整個檔案的內容。如下所示的回應封包就證實了這一點。

```
GET http://localhost:5000/foobar.txt HTTP/1.1
Range: bytes=-10
If-Range: Wed, 1 Sep 2022 01:01:01 GMT
Host: localhost:5000

HTTP/1.1 200 OK
Date: Wed, 1 Sep 2022 23:45:32 GMT
Content-Type: text/plain
Server: Kestrel
Content-Length: 39
Last-Modified: Wed, 1 Sep 2022 23:15:14 GMT
Accept-Ranges: bytes
ETag: "1d56e76ed13ed27"

abcdefghijklmnopqrstuvwxyz0123456789

GET http://localhost:50000/foobar.txt HTTP/1.1
User-Agent: Fiddler
Host: localhost:50000
Range: bytes=-10
If-Range: "123abc456"

HTTP/1.1 200 OK
Date: Wed, 1 Sep 2022 23:46:36 GMT
Content-Type: text/plain
Server: Kestrel
Content-Length: 39
Last-Modified: Wed, 1 Sep 2022 23:15:14 GMT
Accept-Ranges: bytes
ETag: "1d56e76ed13ed27"

abcdefghijklmnopqrstuvwxyz0123456789
```

19.2.3 StaticFileMiddleware

透過前面實例中條件請求與區間請求的說明，從提供的功能和特性的角度對 StaticFileMiddleware 中介軟體進行全面的介紹。下面從實作原理進一步解說此中介軟體，首先看一下 StaticFileMiddleware 類型的定義。

```
public class StaticFileMiddleware
{
    public StaticFileMiddleware(RequestDelegate next, IWebHostEnvironment hostingEnv,
        IOptions<StaticFileOptions> options, ILoggerFactory loggerFactory);
    public Task Invoke(HttpContext context);
}
```

　　如上面的程式碼所示，除了將目前請求分發給後續管道的參數 next 外，
StaticFileMiddleware 的建構函數還包含 3 個參數，其中 hostingEnv 和 loggerFactory
分別表示目前承載環境與建立 ILogger 的 ILoggerFactory 物件，最重要的參數 options
表示組態選項。StaticFileOptions 繼承如下所示的抽象類別 SharedOptionsBase，
後者利用 RequestPath 屬性和 FileProvider 屬性，定義請求路徑與對應
IFileProvider 物件之間的映射關係（預設值為 PhysicalFileProvider）。另一個屬性
RedirectToAppendTrailingSlash 標識在進行重定向時，是否需要將位址加上「/」後綴。

```
public abstract class SharedOptionsBase
{
    protected SharedOptions SharedOptions { get; }

    public PathString RequestPath
        { get => SharedOptions.RequestPath; set => SharedOptions.RequestPath = value; }
    public IFileProvider FileProvider
    {
        get => SharedOptions.FileProvider;
        set => SharedOptions.FileProvider = value;
    }
    public bool RedirectToAppendTrailingSlash { get; set; }
    protected SharedOptionsBase(SharedOptions sharedOptions)
        => SharedOptions = sharedOptions;
}

public class SharedOptions
{
    public IFileProvider        FileProvider { get; set; }
    public PathString           RequestPath { get; set; }
    public bool                 RedirectToAppendTrailingSlash { get; set; }
}
```

　　定義在 StaticFileOptions 的前 3 個屬性，都與媒體類型的解析有關，其
中 ContentTypeProvider 屬性返回一個根據請求相對位址解析出媒體類型的
IContentTypeProvider 物件。如果該物件無法正確解析目的檔案的媒體類型，
便可利用 DefaultContentType 設定一個預設媒體類型。但只有將另一個名為

ServeUnknownFileTypes 的屬性設為 True 表示支援未知檔案類型，中介軟體才會採用
預設的媒體類型。

```
public class StaticFileOptions : SharedOptionsBase
{
    public IContentTypeProvider              ContentTypeProvider { get; set; }
    public string                            DefaultContentType { get; set; }
    public bool                              ServeUnknownFileTypes { get; set; }
    public HttpsCompressionMode              HttpsCompression { get; set; }
    public Action<StaticFileResponseContext> OnPrepareResponse { get; set; }

    public StaticFileOptions();
    public StaticFileOptions(SharedOptions sharedOptions);
}

public enum HttpsCompressionMode
{
    Default = 0,
    DoNotCompress,
    Compress
}

public class StaticFileResponseContext
{
    public HttpContext      Context { get; }
    public IFileInfo        File { get; }
}
```

StaticFileOptions 的 HttpsCompression 屬性表示在壓縮中介軟體的情況下，
是否應該壓縮以 HTTPS 方法請求的檔案，預設值為 Compress（要壓縮）。
StaticFileOptions 還有一個 OnPrepareResponse 屬性，它返回一個 Action<StaticFileRe
sponseContext> 類型的委託物件，透過此委託物件可以制定最終的回應。作為輸入的
StaticFileResponseContext 物件能夠提供表示目前 HttpContext 上下文物件，以及描述
目的檔案的 IFileInfo 物件。

StaticFileMiddleware 中介軟體的註冊，一般都是呼叫 IApplicationBuilder 物件的
UseStaticFiles 擴展方法來完成。如下面的程式碼所示，共有 3 個 UseStaticFiles 多載
方法可供選擇。

```
public static class StaticFileExtensions
{
    public static IApplicationBuilder UseStaticFiles(this IApplicationBuilder app)
        => app.UseMiddleware<StaticFileMiddleware>();
```

```
    public static IApplicationBuilder UseStaticFiles(this IApplicationBuilder app,
        StaticFileOptions options)
        => app.UseMiddleware<StaticFileMiddleware>(
            Options.Create<StaticFileOptions>(options));

    public static IApplicationBuilder UseStaticFiles(this IApplicationBuilder app,
        string requestPath)
    {
        var options = new StaticFileOptions
        {
            RequestPath = new PathString(requestPath)
        };
        return app.UseStaticFiles(options);
    }
}
```

1. IContentTypeProvider

StaticFileMiddleware 中介軟體針對靜態檔請求的處理，並不僅限於完成檔案內容的回應，還需要為目的檔案提供正確的媒體類型。對於用戶端來說，如果無法確定媒體類型，取得的檔案就像是一部無法解碼的天書，毫無價值。StaticFileMiddleware 中介軟體利用指定的 IContentTypeProvider 物件解析媒體類型。如下面的程式碼所示，IContentTypeProvider 介面定義唯一的 TryGetContentType 方法，它會根據目前請求的相對路徑，進而解析出作為輸出參數的媒體類型。

```
public interface IContentTypeProvider
{
    bool TryGetContentType(string subpath, out string contentType);
}
```

StaticFileMiddleware 中 介 軟 體 預 設 使 用 的 是 一 個 如 下 定 義 的 FileExtensionContentTypeProvider 類型。顧名思義，FileExtensionContentTypeProvider 利用實體檔的副檔名解析對應的媒體類型。其中 Mappings 屬性表示的字典，維護了副檔名與媒體類型之間的映射關係，內含常用的數百種標準的副檔名和對應的媒體類型之間的映射關係。如果發佈的檔案具有一些特殊的副檔名，或者要將某些副檔名映射為不同的媒體類型，則可透過增加或者修改副檔名 / 媒體類型之間的映射關係來達成。

```
public class FileExtensionContentTypeProvider : IContentTypeProvider
{
    public IDictionary<string, string> Mappings { get; }
}
```

```
    public FileExtensionContentTypeProvider();
    public FileExtensionContentTypeProvider(IDictionary<string, string> mapping);

    public bool TryGetContentType(string subpath, out string contentType);
}
```

2. 處理流程

StaticFileMiddleware 中介軟體處理靜態檔請求的整個流程，大致上分為以下 3 個步驟。

- 取得目的檔案：中介軟體根據請求的路徑獲取目的檔案，並解析出正確的媒體類型。在此之前，中介軟體還會驗證請求採用的 HTTP 方法是否有效（只支援 GET 請求和 HEAD 請求）。此外還會獲取最後修改檔案的時間，並根據時間戳記和檔案內容的長度產生一個標籤，回應封包的 Last-Modified 標頭和 ETag 標頭的內容就來自於此。

- 條件請求解析：取得與條件請求相關的 4 個標頭（If-Match、If-None-Match、If-Modified-Since 和 If-Unmodified-Since）的值，根據 HTTP 規範計算最終的條件狀態。

- 回應請求：如果是區間請求，則中介軟體會提取相關的標頭（Range 和 If-Range），並解析出正確的內容區間。中介軟體最終根據上面計算的條件狀態和區間相關資訊設定回應標頭，並根據需求返回整個檔案或者指定區間的內容。

19.3 處理目錄請求

對於與實體檔相關的 3 個中介軟體來說，StaticFileMiddleware 中介軟體旨在處理具體靜態檔的請求，其他兩個中介軟體（DirectoryBrowserMiddleware 和 DefaultFilesMiddleware）處理的均是某個目錄的請求。

19.3.1 DirectoryBrowserMiddleware

與 StaticFileMiddleware 中介軟體一樣，本質上 DirectoryBrowserMiddleware 中介軟體還定義一個請求基底位址與某個實體目錄之間的映射關係，而目標目錄體現為一個 IFileProvider 物件。當中介軟體收到相符的請求後，便根據請求位址解析對應目錄的相對路徑，並以 IFileProvider 物件取得目錄的結構。目錄結構最終會以 HTML 檔案的形式定義，然後被中介軟體作為回應的內容。

　　如下面的程式碼所示，DirectoryBrowserMiddleware 類型的第二個建構函數有 4 個參數。其中，第二個參數表示目前執行環境的 IWebHostEnvironment 物件；第三個參數用來提供一個 HtmlEncoder 物件，當目標目錄呈現為 HTML 檔案時，便實作 HTML 的編碼，如果未明確指定（呼叫第一個建構函數），便使用預設的 HtmlEncoder（HtmlEncoder.Default）；第四個類型為 IOptions<DirectoryBrowserOptions> 的參數用來提供表示組態選項的 DirectoryBrowserMiddleware 物件的 DirectoryBrowserOptions 物件。與前面介紹的 StaticFileOptions 一樣，DirectoryBrowserOptions 是 SharedOptionsBase 的子類別。

```
public class DirectoryBrowserMiddleware
{
    public DirectoryBrowserMiddleware(RequestDelegate next, IWebHostEnvironment env,
        IOptions<DirectoryBrowserOptions> options)
    public DirectoryBrowserMiddleware(RequestDelegate next, IWebHostEnvironment hostingEnv,
        HtmlEncoder encoder, IOptions<DirectoryBrowserOptions> options);
    public Task Invoke(HttpContext context);
}

public class DirectoryBrowserOptions : SharedOptionsBase
{
    public IDirectoryFormatter Formatter { get; set; }

    public DirectoryBrowserOptions();
    public DirectoryBrowserOptions(SharedOptions sharedOptions);
}
```

　　DirectoryBrowserMiddleware 中 介 軟 體 透 過 IApplicationBuilder 介 面 的 3 個 UseDirectoryBrowser 擴展方法來完成。呼叫這些擴展方法時，如果沒有指定任何參數，意謂著註冊的中介軟體會採用預設組態。也可以明確地執行 DirectoryBrowserOptions 物件，進而制定註冊的中介軟體。如果只希望指定請求的路徑，便可直接呼叫第三個多載方法。

```
public static class DirectoryBrowserExtensions
{
    public static IApplicationBuilder UseDirectoryBrowser(this IApplicationBuilder app)
        => app.UseMiddleware<DirectoryBrowserMiddleware>(Array.Empty<object>());

    public static IApplicationBuilder UseDirectoryBrowser(this IApplicationBuilder app,
        DirectoryBrowserOptions options)
```

```
    {
        var args = new object[] { Options.Create<DirectoryBrowserOptions>(options) };
        return app.UseMiddleware<DirectoryBrowserMiddleware>(args);
    }

    public static IApplicationBuilder UseDirectoryBrowser(this IApplicationBuilder app,
        string requestPath)
    {
        var options = new DirectoryBrowserOptions
        {
            RequestPath = new PathString(requestPath)
        };
        return app.UseDirectoryBrowser(options);
    }
}
```

DirectoryBrowserMiddleware 中介軟體的目的很明確，就是將目錄下的內容（檔案和子目錄）格式化成一種「視覺化」的形式回應給用戶端。目錄內容的回應實作於一個 IDirectoryFormatter 物件，DirectoryBrowserOptions 的 Formatter 屬性設定和返回的就是此物件。如下面的程式碼所示，IDirectoryFormatter 介面僅包含一個 GenerateContentAsync 方法。實作這個方法時，可以利用第一個參數取得目前 HttpContext 上下文物件。該方法的另一個參數用來返回一組 IFileInfo 的集合，每個 IFileInfo 表示目標目錄的某個檔案或者子目錄。

```
public interface IDirectoryFormatter
{
    Task GenerateContentAsync(HttpContext context, IEnumerable<IFileInfo> contents);
}
```

預設情況下，請求目錄的內容在頁面上是以表格的形式呈現，包含這個表格的 HTML 檔案透過 HtmlDirectoryFormatter 物件產生，它是對 IDirectoryFormatter 介面的預設實作。如下面的程式碼所示，建立一個 HtmlDirectoryFormatter 物件時需要指定一個 HtmlEncoder 物件，這便是創造 DirectoryBrowserMiddleware 物件時提供的 HtmlEncoder 物件。

```
public class HtmlDirectoryFormatter : IDirectoryFormatter
{
    public HtmlDirectoryFormatter(HtmlEncoder encoder);
    public virtual Task GenerateContentAsync(HttpContext context,
        IEnumerable<IFileInfo> contents);
}
```

　　既然最複雜的工作由 IDirectoryFormatter 完成，那麼 DirectoryBrowserMiddleware 中介軟體本身的工作就會少很多。為了更好地說明此中介軟體在處理請求時具體做了什麼，可以採用一種比較容易理解的方式重新定義 DirectoryBrowserMiddleware 類型。

```
public class DirectoryBrowserMiddleware
{
    private readonly RequestDelegate           _next;
    private readonly DirectoryBrowserOptions   _options;

    public DirectoryBrowserMiddleware(RequestDelegate next, IWebHostEnvironment env,
        IOptions<DirectoryBrowserOptions> options) : this(next, env, HtmlEncoder.Default,
        options)
    {}

    public DirectoryBrowserMiddleware(RequestDelegate next, IWebHostEnvironment env,
        HtmlEncoder encoder, IOptions<DirectoryBrowserOptions> options)
    {
        _next                = next;
        _options             = options.Value;
        _options.FileProvider = _options.FileProvider ?? env.WebRootFileProvider;
        _options.Formatter   = _options.Formatter
                            ?? new HtmlDirectoryFormatter(encoder);
    }

    public async Task InvokeAsync(HttpContext context)
    {
        // 只處理 GET 請求和 HEAD 請求
        if (!new string[] { "GET", "HEAD" }.Contains(context.Request.Method,
            StringComparer.OrdinalIgnoreCase))
        {
            await _next(context);
            return;
        }

        // 檢驗目前路徑是否與註冊的請求路徑相符
        var path = new PathString(context.Request.Path.Value.TrimEnd('/') + "/");
        PathString subpath;
        if (!path.StartsWithSegments(_options.RequestPath, out subpath))
        {
            await _next(context);
            return;
        }

        // 檢驗目標目錄是否存在
        IDirectoryContents directoryContents =
```

```
        _options.FileProvider.GetDirectoryContents(subpath);
    if (!directoryContents.Exists)
    {
        await _next(context);
        return;
    }

    // 如果目前路徑不以「/」結尾，就會回應一個「標準」URL 的重定向
    if (_options.RedirectToAppendTrailingSlash
        && !context.Request.Path.Value.EndsWith("/"))
    {
        context.Response.StatusCode = 302;
        context.Response.GetTypedHeaders().Location = new Uri(
            path.Value + context.Request.QueryString);
        return;
    }

    // 利用 DirectoryFormatter 回應目錄內容
    await _options.Formatter.GenerateContentAsync(context, directoryContents);
    }
}
```

如上面的程式碼所示，最終利用註冊的 IDirectoryFormatter 物件回應目標目錄的內容之前，DirectoryBrowserMiddleware 中介軟體會做一系列的前期工作，包括驗證目前請求是否為 GET 請求或者 HEAD 請求；目前的 URL 是否與註冊的請求路徑相符，在符合的情況下還得驗證目標目錄是否存在。

如果將 DirectoryBrowserOptions 組態選項的 RedirectToAppendTrailingSlash 屬性設為 True，意謂著存取目錄的請求路徑必須以「/」結尾，否則會在目前的路徑增加這個後綴，並對修正的路徑發送一個 302 重定向。利用瀏覽器發送某個目錄的請求時，雖然 URL 沒有指定「/」作為後綴，但瀏覽器會自動補上，這就是重定向導致的結果。

```
public class ListDirectoryFormatter : IDirectoryFormatter
{
    public async Task GenerateContentAsync(HttpContext context,
        IEnumerable<IFileInfo> contents)
    {
        context.Response.ContentType = "text/html";
        await context.Response.WriteAsync(
          "<html><head><title>Index</title><body><ul>");
        foreach (var file in contents)
        {
            string href = $"{context.Request.Path.Value?.TrimEnd('/')}/{file.Name}";
```

```
        await context.Response.WriteAsync(
            $"<li><a href='{href}'>{file.Name}</a></li>");
        }
        await context.Response.WriteAsync("</ul></body></html>");
    }
}
```

　　目錄結構的呈現完全由 IDirectoryFormatter 物件完成。如果預設註冊的 HtmlDirectoryFormatter 物件的呈現方式無法滿足需求（例如要求頁面與現有網站保持相同的風格），便可透過註冊一個自訂的 IDirectoryFormatter 解決這個問題。ListDirectoryFormatter 會將所有檔案或者子目錄顯示為一個簡單的清單。下面以一個簡單的實例展示如何使用。

```
using App;

var options = new DirectoryBrowserOptions
{
    Formatter = new ListDirectoryFormatter()
};

var app = WebApplication.Create();
app.UseDirectoryBrowser(options);

app.Run();
```

　　如上面的程式碼所示，ListDirectoryFormatter 最終回應的是一個完整的 HTML 檔案，它的主體部分只包含一個透過 <ul></ul> 表示的無序清單，清單元素（<li>）是一個檔案或者子目錄的連結。呼叫 UseDirectoryBrowser 擴展方法註冊 DirectoryBrowserMiddleware 中介軟體時，必須將一個 ListDirectoryFormatter 物件設定為指定組態選項的 Formatter 屬性。目錄內容最終以圖 19-9 的形式呈現於瀏覽器。（S1908）

圖 19-9　由自訂 ListDirectoryFormatter 呈現的目錄內容

19.3.2 DefaultFilesMiddleware

DefaultFilesMiddleware 中介軟體的目的，在於將目標目錄下的預設檔案作為回應內容。如果直接請求這個預設檔，前面介紹的 StaticFileMiddleware 中介軟體就會把該檔返回給用戶端。如果能夠將目錄的請求重定向到預設檔，一切問題便能迎刃而解。實際上，DefaultFilesMiddleware 中介軟體就是採用這種方式實作。具體來說，它以 URL 重寫的形式修改目前請求的位址，亦即將目錄的 URL 修改成預設檔的 URL。

與其他兩個中介軟體類似，建立 DefaultFilesMiddleware 時由一個 IOptions <DefaultFilesOptions> 類型的參數指定相關的組態選項。本質上，DefaultFilesMiddleware 中介軟體依然體現了請求路徑與某個實體目錄的映射，所以 DefaultFilesOptions 仍舊繼承 SharedOptionsBase。DefaultFilesOptions 的 DefaultFileNames 屬性包含預定義的預設檔名（default.htm、default.html、index.htm 和 index.html）。

```
public class DefaultFilesMiddleware
{
    public DefaultFilesMiddleware(RequestDelegate next, IWebHostEnvironment hostingEnv,
        IOptions<DefaultFilesOptions> options);
    public Task Invoke(HttpContext context);
}

public class DefaultFilesOptions : SharedOptionsBase
{
    public IList<string> DefaultFileNames { get; set; }

    public DefaultFilesOptions() : this(new SharedOptions()){}
    public DefaultFilesOptions(SharedOptions sharedOptions) : base(sharedOptions)
    {
        this.DefaultFileNames = new List<string> {
            "default.htm", "default.html", "index.htm", "index.html" };
    }
}
```

DefaultFilesMiddleware 中介軟體的註冊，可以透過 IApplicationBuilder 介面的 3 個 UseDefaultFiles 擴展方法完成。從程式碼得知，它們與註冊 DirectoryBrowserMiddleware 中介軟體的 UseDirectoryBrowser 擴展方法，具有一致的定義和實作方式。

```
public static class DefaultFilesExtensions
{
    public static IApplicationBuilder UseDefaultFiles(this IApplicationBuilder app)
```

```
    => app.UseMiddleware<DefaultFilesMiddleware>(Array.Empty<object>());

    public static IApplicationBuilder UseDefaultFiles(this IApplicationBuilder app,
        DefaultFilesOptions options)
    {
        var args = new object[] {Options.Create<DefaultFilesOptions>(options) };
        return app.UseMiddleware<DefaultFilesMiddleware>(args);
    }

    public static IApplicationBuilder UseDefaultFiles(this IApplicationBuilder app,
        string requestPath)
    {
        var options = new DefaultFilesOptions
        {
            RequestPath = new PathString(requestPath)
        };
        return app.UseDefaultFiles(options);
    }
}
```

下面採用一種易於理解的形式重新定義 DefaultFilesMiddleware 類型，以便讀者理解它的處理邏輯。與前文介紹的 DirectoryBrowserMiddleware 中介軟體一樣，DefaultFilesMiddleware 中介軟體會對請求進行相關的驗證。如果目前的目錄存在某個預設檔，便將目前請求的 URL 修改成指向此預設檔的 URL。

```
public class DefaultFilesMiddleware
{
    private RequestDelegate      _next;
    private DefaultFilesOptions  _options;

    public DefaultFilesMiddleware(RequestDelegate next, IWebHostEnvironment env,
        IOptions<DefaultFilesOptions> options)
    {
        _next                   = next;
        _options                = options.Value;
        _options.FileProvider   = _options.FileProvider ?? env.WebRootFileProvider;
    }

    public async Task InvokeAsync(HttpContext context)
    {
        // 只處理 GET 請求和 HEAD 請求
        if (!new string[] { "GET", "HEAD" }.Contains(context.Request.Method,
            StringComparer.OrdinalIgnoreCase))
        {
            await _next(context);
            return;
```

```
    }

    // 檢驗目前路徑是否與註冊的請求路徑相符
    var path = new PathString(context.Request.Path.Value.TrimEnd('/') + "/");
    PathString subpath;
    if (!path.StartsWithSegments(_options.RequestPath, out subpath))
    {
        await _next(context);
        return;
    }

    // 檢驗目標目錄是否存在
    if (!_options.FileProvider.GetDirectoryContents(subpath).Exists)
    {
        await _next(context);
        return;
    }

    // 檢驗目前的目錄是否包含預設檔
    foreach (var fileName in _options.DefaultFileNames)
    {
        if (_options.FileProvider.GetFileInfo($"{subpath}{fileName}").Exists)
        {
            // 如果目前路徑不以「/」結尾，就會回應一個「標準」URL 的重定向
            if (options.RedirectToAppendTrailingSlash
                && !context.Request.Path.Value.EndsWith("/"))
            {
                context.Response.StatusCode = 302;
                context.Response.GetTypedHeaders().Location =
                    new Uri(path.Value + context.Request.QueryString);
                return;
            }
            // 將目錄的 URL 更新為預設檔的 URL
            context.Request.Path = new PathString($"{context.Request.Path}{fileName}");
        }
    }
    await _next(context);
}
```

由於 DefaultFilesMiddleware 中介軟體採用 URL 重寫的方式返回預設檔，其內容
其實還是透過 StaticFileMiddleware 中介軟體予以回應，所以針對後者的註冊是必需
的。正因為如此，DefaultFilesMiddleware 中介軟體需要優先註冊，以確保 URL 重寫
發生在 StaticFileMiddleware 回應檔案之前。

第 20 章

路由

　　藉助路由系統的請求 URL 模式與對應終節點之間的映射關係，便可將相同 URL 模式的請求分發給與之相符的終節點來處理。ASP.NET Core 的路由是透過 EndpointRoutingMiddleware 和 EndpointMiddleware 兩個中介軟體協作完成，它們在 ASP.NET Core 平台具有舉足輕重的地位。MVC 和 gRPC 框架、Dapr 的 Actor 和發佈訂閱設計模式等，都建立在路由系統之上。Minimal API 更是將其提升到前所未有的高度，直接在路由系統基礎上定義 API。

20.1 路由映射

　　可以將 ASP.NET Core 應用程式視為一組終節點（Endpoint）的組合。對於用戶端來說，所謂的終節點就是可以遠端呼叫的服務，開放出來的每個終節點，在伺服端都有透過 RequestDelegate 委託物件表示的處理器。路由本質上就是將請求導向到對應終節點的過程。ASP.NET Core 提供的路由功能交由 EndpointRoutingMiddleware 和 EndpointMiddleware 兩個中介軟體協作完成。正式介紹這兩個中介軟體之前，下文先展示一個典型的實例。

20.1.1 註冊終節點

　　本小節的 ASP.NET Core 應用程式是一個簡易版的天氣預報網站。伺服端利用註冊的一個終節點，提供某個城市在未來 N 天之內的天氣資訊，對應的城市（以電話區碼表示）和天數直接置於請求 URL 的路徑中。如圖 20-1 所示，為了得到成都未來兩天的天氣資訊，於是將發送請求的路徑設為「weather/028/2」。路徑為「weather/0512/4」的請求，返回的是蘇州未來 4 天的天氣資訊。（S2001）

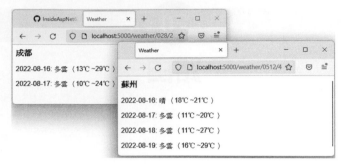

圖 20-1　取得天氣預報資訊

程式定義如下 WeatherReport 記錄類型，以表示某個城市在某段時間範圍內的天氣報告。某一天的天氣體現為一筆 WeatherInfo 記錄，此記錄只需攜帶基本天氣狀況和氣溫區間的資訊。

```
public readonly record struct WeatherInfo(string Condition, double HighTemperature,
    double LowTemperature);
public readonly record struct WeatherReport(string CityCode, string CityName,
    IDictionary<DateTime, WeatherInfo> WeatherInfos);
```

定義下列工具類型 WeatherReportUtility，兩個 Generate 方法會根據指定的城市代碼和天數 / 日期，產生一份由 WeatherReport 物件表示的天氣報告。為了將天氣報告呈現於網頁，因此定義另一個 RenderAsync 方法將指定的 WeatherReport 轉換成 HTML，並以指定的 HttpContext 上下文物件作為回應內容，具體的 HTML 內容由 AsHtml 方法產生。

```
public static class WeatherReportUtility
{
    private static readonly Random                          _random = new();
    private static readonly Dictionary<string, string>    _cities = new()
    {
        ["010"] = "北京",
        ["028"] = "成都",
        ["0512"] = "蘇州"
    };
    private static readonly string[] _conditions = new string[] { "晴", "多雲", "小雨" };
    public static WeatherReport Generate(string city, int days)
    {
        var report = new WeatherReport(city, _cities[city],
            new Dictionary<DateTime, WeatherInfo>());
        for (int i = 0; i < days; i++)
        {
            report.WeatherInfos[DateTime.Today.AddDays(i + 1)] =
```

```csharp
            new WeatherInfo(_conditions[_random.Next(0, 2)],
                _random.Next(20, 30), _random.Next(10, 20));
        }
        return report;
    }
    public static WeatherReport Generate(string city, DateTime date)
    {
        var report = new WeatherReport(city, _cities[city],
            new Dictionary<DateTime, WeatherInfo>());
        report.WeatherInfos[date] = new WeatherInfo(_conditions[_random.Next(0, 2)],
            _random.Next(20, 30), _random.Next(10, 20));
        return report;
    }
    public static Task RenderAsync(HttpContext context, WeatherReport report)
    {
        context.Response.ContentType = "text/html;charset=utf-8";
        return context.Response.WriteAsync(AsHtml(report));
    }

    public static string AsHtml(WeatherReport report)
    {
        return @$"
<html>
<head><title>Weather</title></head>
<body>
<h3>{report.CityName}</h3>
{AsHtml(report.WeatherInfos)}
</body>
</html>
";
        static string AsHtml(IDictionary<DateTime, WeatherInfo> dictionary)
        {
            var builder = new StringBuilder();
            foreach (var kv in dictionary)
            {
                var date = kv.Key.ToString("yyyy-MM-dd");
                var tempFrom = $"{kv.Value.LowTemperature}℃ ";
                var tempTo = $"{kv.Value.HighTemperature}℃ ";
                builder.Append(
                    $"{date}: {kv.Value.Condition} ({tempFrom}~{tempTo}) <br/></br>");
            }
            return builder.ToString();
        }
    }
}
```

Minimal API 會預設增加路由的服務註冊，完成路由的兩個中介軟體（RoutingMiddleware 和 EndpointRoutingMiddleware）也會自動註冊到建立的 WebApplication 物件。WebApplication 類型同時實作 IEndpointRouteBuilder 介面，只需利用它註冊相關的終節點。如下程式呼叫 WebApplication 物件的 MapGet 擴展方法，以註冊一個 GET 請求的終節點，該終節點採用的路徑範本為「weather/{city}/{days}」，兩個路由參數（{city} 和 {days}）分別表示目標城市代碼（區碼）和天數。

```
using App;
var app = WebApplication.Create();
app.MapGet("weather/{city}/{days}", ForecastAsync);
app.Run();

static Task ForecastAsync(HttpContext context)
{
    var routeValues = context.GetRouteData().Values;
    var city = routeValues["city"]!.ToString();
    var days = int.Parse(routeValues["days"]!.ToString()!);
    var report = WeatherReportUtility.Generate(city!, days);
    return WeatherReportUtility.RenderAsync(context, report);
}
```

註冊中介軟體所用的處理器是一個 RequestDelegate 委託物件，將它指向 ForecastAsync 方法。該方法呼叫 HttpContext 上下文物件的 GetRouteData 方法，以得到承載「路由資料」的 RouteData 物件，後者的 Values 屬性返回路由參數字典。接著從中取得表示城市代碼和天數的路由參數，並建立對應的天氣報告，最後轉換成 HTML 的回應內容。

20.1.2 設定內聯約束

上述實例註冊的路由範本定義了兩個參數（{city} 和 {days}），分別表示獲得天氣預報的目標城市對應的區碼和天數。區碼具有一定的格式（以零開始的 3～4 位數字），而天數除了是一個整數外，還具有一定的範圍。由於未對這兩個路由參數做任何約束，所以請求 URL 攜帶的任何字元都是有效的。ForecastAsync 方法也沒有對路由參數進行任何驗證，因此在執行過程中面對不合法的輸入會直接拋出異常。

為了確保路由參數值的有效性，註冊中介軟體時可以採用內聯（Inline）的方式，直接將相關的約束規則定義於路由範本。ASP.NET Core 為常用的驗證規則定義一些約束運算式。可以根據需求為某個路由參數指定一或多個約束運算式。如下面的程式碼所示，路由參數「{city}」有一個基於「區碼」的規則運算式（:regex(^0[1-9]

{{2,3}}$)）。另一個路由參數 {days} 則應用兩個約束，第一個是資料類型的約束
（:int），第二個則是區間的約束（:range(1,4)）。

```
using App;
var template = @"weather/{city:regex(^0\d{{2,3}}$)}/{days:int:range(1,4)}";
var app = WebApplication.Create();
app.MapGet(template, ForecastAsync);
app.Run();
```

如果註冊路由時應用了約束，那麼 RoutingMiddleware 中介軟體在解析路由時，
除了要求請求路徑必須與路由範本具有相同的模式外，攜帶的資料還得滿足對應路
由參數的約束條件。如果不能同時滿足這兩個條件，那麼 RoutingMiddleware 中介
軟體將無法選擇一個終節點處理目前請求。對於展示的實例來說，如果提供一個
不合法的區碼（1014）和預報天數（5），那麼用戶端便會得到狀態碼為「404 Not
Found」的回應，如圖 20-2 所示。（S2002）

圖 20-2　不滿足路由約束而返回狀態碼爲「404 Not Found」的回應

20.1.3　可預設路由參數

路由範本（如 weather/{city}/{days}）允許包含靜態的字元（如 weather），或
者動態的參數（如 {city} 和 {days}），後者稱為「路由參數」。並非每個路由參數
都必須有請求 URL 對應的部分來指定，如果指派路由參數一個預設值，便可在請求
URL 中當成內定值。對上面的實例來說，可以採用下列方式在路由參數名後面加上
一個「?」，將原本必需的路由參數變成可預設的參數。可預設的路由參數與在方法
中定義可預設的（Optional）params 參數一樣，只能出現在路由範本的尾端。

```
using App;

var template = "weather/{city?}/{days?}";
var app = WebApplication.Create();
app.MapGet(template, ForecastAsync);
app.Run();

static Task ForecastAsync(HttpContext context)
{
    var routeValues = context.GetRouteData().Values;
    var city = routeValues.TryGetValue("city", out var v1) ? v1!.ToString() : "010";
    var days = routeValues.TryGetValue("days", out var v2) ? v1!.ToString() : "4";
    var report = WeatherReportUtility.Generate(city!, int.Parse(days!));
    return WeatherReportUtility.RenderAsync(context, report);
}
```

既然可以預設路由變數佔據的部分路徑，那麼即使請求的 URL 沒有對應的值（如 weather 和 weather/010），它與路由規則也是相符的，但在路由參數字典找不到它們。此時不得不修改處理請求的 ForecastAsync 方法。針對上述需求，如果希望獲得北京未來 4 天的天氣資訊，便可採用圖 20-3 所示的 3 種 URL（weather、weather/010 和 weather/010/4），這 3 個請求的 URL 本質上完全等效。（S2003）

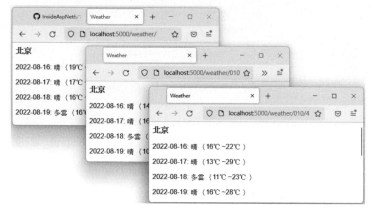

圖 20-3　不同 URL 針對預設路由參數的等效性

實際上設定可預設路由參數的預設值，還有一種更簡單的方式，亦即按照下列方式直接將預設值定義於路由範本，這樣就不用修改 ForecastAsync 方法。（S2004）

```
using App;

var template = @"weather/{city=010}/{days=4}";
var app = WebApplication.Create();
```

```
app.MapGet(template, ForecastAsync);
app.Run();

static Task ForecastAsync(HttpContext context)
{
    var routeValues = context.GetRouteData().Values;
    var city = routeValues["city"]!.ToString();
    var days = int.Parse(routeValues["days"]!.ToString()!);
    var report = WeatherReportUtility.Generate(city!, days);
    return WeatherReportUtility.RenderAsync(context, report);
}
```

20.1.4 特殊的路由參數

URL 可以透過「/」劃分為多個路徑分段（Segment），一般來説路由參數會佔據某個獨立的分段（如 weather/{city}/{days}）。但也有例外情況，既可以在一個單獨的路徑分段定義多個路由參數，也允許一個路由參數跨越多個連續的路徑分段。以上述程式為例，必須設計一種路徑模式獲得某個城市某一天的天氣資訊，例如使用「/weather/010/2019.11.11」URL 取得北京在 2019 年 11 月 11 日的天氣資訊，對應範本為「/weather/{city}/{year}.{month}.{day}」。

```
using App;

var template = "weather/{city}/{year}.{month}.{day}";
var app = WebApplication.Create();
app.MapGet(template, ForecastAsync);
app.Run();

static Task ForecastAsync(HttpContext context)
{
    var routeValues = context.GetRouteData().Values;
    var city = routeValues["city"]!.ToString();
    var year = int.Parse(routeValues["year"]!.ToString()!);
    var month = int.Parse(routeValues["month"]!.ToString()!);
    var day = int.Parse(routeValues["day"]!.ToString()!);
    var report = WeatherReportUtility.Generate(city!, new DateTime(year,month,day));
    return WeatherReportUtility.RenderAsync(context, report);
}
```

對於修改後的程式，如果採用「/weather/{city}/{yyyy}.{mm}.{dd}」的 URL，則可獲得某個城市指定日期的天氣資訊。如圖 20-4 所示，使用請求路徑「/weather/010/2019.11.11」便可取得北京在 2019 年 11 月 11 日的天氣資訊。（S2005）

圖 20-4　一個路徑分段定義多個路由參數

上面設計的路由範本以「.」作為日期分隔符號，如果改用「/」作為日期分隔符號（如 2019/11/11），那麼應該如何定義這個路由預設呢？由於「/」也是路徑分隔符號，意謂著同一個路由參數跨越多個路徑分段，這種情況下只能採用「萬用字元」形式才能達成目標。萬用字元路由參數以 {*variable} 或 {**variable} 的形式呈現，「*」表示路徑「餘下的部分」，因此這樣的路由參數也只能出現在範本的尾端。展示程式的路由範本允許定義成「/weather/{city}/{*date}」。

```
using App;
using System.Globalization;

var template = "weather/{city}/{*date}";
var app = WebApplication.Create();
app.MapGet(template, ForecastAsync);
app.Run();

static Task ForecastAsync(HttpContext context)
{
    var routeValues = context.GetRouteData().Values;
    var city = routeValues["city"]!.ToString();
    var date = DateTime.ParseExact(routeValues["date"]?.ToString()!,
        "yyyy/MM/dd",CultureInfo.InvariantCulture);
    var report = WeatherReportUtility.Generate(city!, date);
    return WeatherReportUtility.RenderAsync(context, report);
}
```

修改程式使用新的 URL 範本（/weather/{city}/{*date}）。為了得到北京在 2019 年 11 月 11 日的天氣資訊，請求的 URL 便可替換成「/weather/010/2019/11/11」，返回的天氣資訊如圖 20-5 所示。（S2006）

圖 20-5　一個路由參數跨越多個路徑分段

20.1.5　主機名稱繫結

　　一般來説，利用某路由終節點與等待路由的請求進行比對時，只需要考慮請求位址的路徑部分，忽略主機（Host）名稱和埠，但是一定要加上主機名稱（含埠）的比對策略也是可以的。下列程式透過呼叫 MapGet 擴展方法，為根路徑「/」增加 3個路由終節點，並以該方法返回的 IEndpointConventionBuilder 物件的 RequireHost 擴展方法繫結對應的主機名稱（「*.artech.com」、「www.foo.artech.com」、「www.foo.artech.com:9999」）。第一個主機名稱包含一個前置萬用字元「*」，最後一個則指定了埠。註冊的 3 個終節點會直接將指定的主機名稱作為回應內容。

```
var app = WebApplication.Create();
app.Urls.Add("http://0.0.0.0:6666");
app.Urls.Add("http://0.0.0.0:9999");
app
    .MapHost("*.artech.com")
    .MapHost("www.foo.artech.com")
    .MapHost("www.foo.artech.com:9999");
app.Run();

internal static class Extensions
{
    public static IEndpointRouteBuilder MapHost(this IEndpointRouteBuilder endpoints,
        string host)
    {
        endpoints.MapGet("/",
            context => context.Response.WriteAsync(host)).RequireHost(host);
        return endpoints;
    }
}
```

　　為了在本機以不同的網域名稱對展示程式發起請求，透過修改 Hosts 檔案的方式，將本地位址（127.0.0.1）映射為多個不同的網域名稱。首先以管理員（Administrator）身份開啟檔案 Hosts「%windir%\System32\drivers\etc\hosts」，並以下列方式增加兩個網域名稱的映射。

```
127.0.0.1        www.foo.artech.com
127.0.0.1        www.bar.artech.com
```

　　執行程式之後，透過瀏覽器以不同的網域名稱和埠發起請求，並得到輸出結果，如圖 2-6 所示。輸出的內容不僅體現終節點選擇過程針對主機名稱的過濾，還包括終節點選擇策略的一個重要特性，那就是路由系統總是試圖選擇一個與目前請求相符度最高，而不是第一個符合的終節點。（S2007）

圖 20-6　主機名稱繫結

20.1.6　更加自由的定義方式

上面的實例都直接使用一個 RequestDelegate 委託物件作為終節點的處理器，實際上註冊終節點時，可以將處理器設定為任何類型的委託物件。當路由請求分發給註冊的委託物件處理時，將盡可能地從目前 HttpContext 上下文物件取得相關的資料，並對委託物件的輸入參數進行繫結。針對委託物件的執行結果，路由系統也會按照預定義的規則「智慧」地將它應用到請求的回應中。按照上述規則，展示程式用來處理請求的 ForecastAsync 方法，便可簡寫成如下形式。第一個參數會自動繫結為目前 HttpContext 上下文物件，後面的兩個參數自動與同名的路由參數進行繫結。（S2008）

```
using App;

var app = WebApplication.Create();
app.MapGet("weather/{city}/{days}", ForecastAsync);
app.Run();

static Task ForecastAsync(HttpContext context, string city, int days)
{
    var report = WeatherReportUtility.Generate(city,days);
    return WeatherReportUtility.RenderAsync(context, report);
}
```

無論終節點處理器的委託返回何種類型的物件，路由系統總能做出對應的處理。例如，對於返回的字串會直接作為回應的主體內容，並將 Content-Type 標頭設為「text/plain」。如果希望明確地控制返回物件，最好是回傳一個 IResult 物件（或者 Task<IResult> 和 ValueTask<IResult>），IResult 相 當 於 ASP.NET Core MVC 的 IActionResult。展示程式的 ForecastAsync 方法也可以改寫成返回類型為 IResult 的 Forecast 方法，該方法透過 Results 類型的 Content 靜態方法返回一個 ContentResult 物件，它將天氣資訊轉換後的 HTML 作為回應類型，Content-Type 標頭則設定為「text/html」。（S2009）

```
using App;

var app = WebApplication.Create();
app.MapGet("weather/{city}/{days}", Forecast);
app.Run();

static IResult Forecast(HttpContext context, string city, int days)
{
    var report = WeatherReportUtility.Generate(city,days);
    return Results.Content(WeatherReportUtility.AsHtml(report), "text/html");
}
```

20.2 路由分發

本質上，一個 Web 應用程式體現為一組終節點的集合，路由的作用就是建立一個請求 URL 模式與對應終節點之間的映射關係。藉助此映射關係，用戶端便可採用模式比對的 URL 呼叫對應的終節點。

20.2.1 路由模式

路由終節點總是關聯一個具體的 URL 路徑範本，此範本體現的路由模式藉由一個具體的 RoutePattern 物件表示。RoutePattern 物件透過解析終節點的路徑範本產生，它的基本組成元素由抽象類型 RoutePatternPart 表示。

1. RoutePatternPart

路由範本的組成元素有兩種定義形式，一種是靜態文字，另一種是動態的路由參數。對於「foo/{bar}」這個包含兩段的路由範本，第一段為靜態文字，第二段為路由參數。由於大括弧在路由範本中用來定義路由參數，如果靜態文字包含「{」和「}」，就需要採用「{{」和「}}」進行轉義。

　　範本組成單元還有第三種展現形式。例如，對於檔案路徑「files/{name}.{ext?}」的路由範本來說，檔案名稱（{name}）和副檔名（ext?）體現為路由參數，它們之間的「.」是一個分隔符號，視為一種獨立的展現形式。路由系統對於分隔符號具有特殊的比對邏輯，如果分隔符號後面是一個擁有預設值的可預設路由參數，則請求位址在沒有提供參數值的情況下，分隔符號是允許預設的。對於「files/{name}.{ext?}」路由範本來說，表示副檔名可以預設，如果請求位址未提供副檔名，則請求路徑只需要提供檔案名稱（/files/foobar）。RoutePatternPart 的 3 種類型透過 RoutePatternPartKind 列舉表示。

```
public enum RoutePatternPartKind
{
    Literal,
    Parameter,
    Separator
}
```

　　下列程式碼為抽象類別 RoutePatternPart 的定義，除了表示類型的 PartKind 屬性外，還有 3 個布林類型的屬性（IsLiteral、IsParameter 和 IsSeparator）。它們表示目前是否屬於對應的類型。3 種類型對應 RoutePatternPart 的 3 個子類別，如下所示為針對靜態文字和分隔符號的 RoutePatternLiteralPart 與 RoutePatternSeparatorPart 類型的定義。

```
public abstract class RoutePatternPart
{
    public RoutePatternPartKind PartKind { get; }

    public bool IsLiteral { get; }
    public bool IsParameter { get; }
    public bool IsSeparator { get; }
}

public sealed class RoutePatternLiteralPart : RoutePatternPart
{
    public string Content { get; }
}

public sealed class RoutePatternSeparatorPart : RoutePatternPart
{
    public string Content { get; }
}
```

　　由於路由參數在路由範本有多種定義形式，所以對應的 RoutePatternParameterPart 類型的成員會多一些。它的 Name 屬性和 ParameterKind 屬性表示路由參數的名稱與類型。路由參數類型包括標準形式（如 {foobar}）、預設形式（如 {foobar?} 或者 {foobar?=123}），以及萬用字元形式（如 {*foobar} 或者 {**foobar}）。3 種路由參數的定義形式透過 RoutePatternParameterKind 列舉表示。

```
public sealed class RoutePatternParameterPart : RoutePatternPart
{
    public string                        Name { get; }
    public RoutePatternParameterKind     ParameterKind { get; }
    public bool                          IsOptional { get; }
    public object                        Default { get; }
    public bool                          IsCatchAll { get; }
    public bool                          EncodeSlashes { get; }

    public IReadOnlyList<RoutePatternParameterPolicyReference> ParameterPolicies { get; }
}

public enum RoutePatternParameterKind
{
    Standard,
    Optional,
    CatchAll
}
```

　　對於預設或者萬用字元形式的路由參數，對應 RoutePatternParameterPart 物件的 IsOptional 屬性和 IsCatchAll 屬性會返回 True。如果為參數定義預設值，則該值位於 Default 屬性。以兩種萬用字元形式定義的路由參數，對請求 URL 的解析來說並沒有什麼不同，它們只會影響產生的 URL。具體來說，如果提供的參數值（如 foo/bar）包含「/」，該參數採用「{*variable}」的方式，就會對「/」進行編碼（「foo%2bar」）；倘若該參數以「{**variable}」的形式定義，就不需要對「/」進行編碼。RoutePatternParameterPart 的 EncodeSlashes 屬性表示是否需要對「/」進行編碼。

　　定義路由參數時可以指定約束條件，路由系統將約束視為一種參數策略（Parameter Policy）。路由參數策略透過下列標記介面 IParameterPolicy（不具有任何成員的介面）表示，RoutePatternParameterPolicyReference 是對 IParameterPolicy 物件的進一步封裝，它的 Content 屬性表示描述策略的原始文字。應用在路由參數的策略定義，體現於 RoutePatternParameterPart 的 ParameterPolicies 屬性。

```
public sealed class RoutePatternParameterPolicyReference
{
    public string              Content { get; }
    public IParameterPolicy    ParameterPolicy { get; }
}


public interface IParameterPolicy
{}
```

2. RoutePattern

表示路由模式的 RoutePattern 物件是透過解析終節點的路徑範本而來，以字串形式表示的路徑範本體現為其 RawText 屬性。路徑採用「/」作為分隔符號，分隔符號內的內容稱為「段」（Segment），並使用如下 RoutePatternPathSegment 類型表示。RoutePatternPart 代表組成路徑段的某個部分，可以利用 RoutePatternPathSegment 的 Parts 屬性得到組成目前路徑段的所有 RoutePatternPart 物件。如果 RoutePatternPathSegment 只包含一個 RoutePatternPart（一般為靜態文字或者路由參數），則它的 IsSimple 屬性會返回 True。

```
public sealed class RoutePattern
{
    public string                                          RawText { get; }
    public IReadOnlyList<RoutePatternPathSegment>          PathSegments { get; }
    public IReadOnlyList<RoutePatternParameterPart>       Parameters { get; }
    public IReadOnlyDictionary<string, object>            Defaults { get; }
    public IReadOnlyDictionary<string, IReadOnlyList<RoutePatternParameterPolicyReference>>
                                                          ParameterPolicies { get; }

    public decimal                                        InboundPrecedence { get; }
    public decimal                                        OutboundPrecedence { get; }
    public IReadOnlyDictionary<string, object>            RequiredValues { get; }

    public RoutePatternParameterPart GetParameter(string name);
}

public sealed class RoutePatternPathSegment
{
    public IReadOnlyList<RoutePatternPart>                Parts { get; }
    public bool                                           IsSimple { get; }
}
```

RoutePattern 的 Parameters 屬性返回的 RoutePatternParameterPart 清單是對所有路由參數的描述。路由參數的預設值位於 Defaults 屬性，它的 ParameterPolicies 屬性同

樣返回每個路由參數的參數策略。GetParameter 方法則根據路由參數的名稱，得到對應的 RoutePatternParameterPart 物件。

　　應用註冊的終節點構成一個全域的「路由表」，其中每個「條目」關聯一個表示路由模式的 RoutePattern 物件。同一個請求同時符合多個路由模式的機率十分高，但是請求只能路由到一個終節點。根據路由表產生 URL 時，同樣存在這樣的問題。為了解決此問題，每個 RoutePattern 物件針對上述兩種「路由方向」會賦予一個權重，分別體現於 InboundPrecedencc 屬性和 OutboundPrecedence 屬性。

　　RoutePattern 類型的 RequiredValues 屬性與彈出堆疊 URL 的產生相關。以「weather/{city=010}/ {days=4}」路由範本為例，如果根據指定的路由參數值（city=010,days=4）產生一個完整的 URL，由於提供的路由參數值為預設值，因此下列 3 個 URL 路徑都是合法的。具體產生哪一種由 RequiredValues 屬性決定，該屬性返回的字典儲存了產生 URL 時，必須指定的路由參數的預設值。

- weather。
- weather/010。
- weather/010/4。

3. RoutePatternFactory

　　靜態類型 RoutePatternFactory 提供如下 Parse 方法解析路由範本，並產生對應的 RoutePattern 物件。除了傳入範本字元，還能指定路由參數的預設值和參數策略，以及必需的路由參數值（對應 RoutePattern 的 RequiredValues 屬性）。

```
public static class RoutePatternFactory
{
    public static RoutePattern Parse(string pattern);
    public static RoutePattern Parse(string pattern, object defaults,
        object parameterPolicies);
    public static RoutePattern Parse(string pattern, object defaults,
        object parameterPolicies, object requiredValues);
    ...
}
```

　　下面透過一個簡單的實例展示如何以 RoutePatternFactory 物件解析指定的路由範本，並產生對應的 RoutePattern 物件。定義下列 Format 方法，好將指定的 RoutePattern 物件格式化成字串。

```
static string Format(RoutePattern pattern)
{
    var builder = new StringBuilder();
    builder.AppendLine($"RawText:{pattern.RawText}");
    builder.AppendLine($"InboundPrecedence:{pattern.InboundPrecedence}");
    builder.AppendLine($"OutboundPrecedence:{pattern.OutboundPrecedence}");
    var segments = pattern.PathSegments;
    builder.AppendLine("Segments");
    foreach (var segment in segments)
    {
        foreach (var part in segment.Parts)
        {
            builder.AppendLine($"\t{ToString(part)}");
        }
    }
    builder.AppendLine("Defaults");
    foreach (var @default in pattern.Defaults)
    {
        builder.AppendLine($"\t{@default.Key} = {@default.Value}");
    }

    builder.AppendLine("ParameterPolicies ");
    foreach (var policy in pattern.ParameterPolicies)
    {
        builder.AppendLine(
          $"\t{policy.Key} = {string.Join(',',policy.Value.Select(it => it.Content))}");
    }

    builder.AppendLine("RequiredValues");
    foreach (var required in pattern.RequiredValues)
    {
        builder.AppendLine($"\t{required.Key} = {required.Value}");
    }

    return builder.ToString();

    static string ToString(RoutePatternPart part)
        => part switch
        {
            RoutePatternLiteralPart literal => $"Literal: {literal.Content}",
            RoutePatternSeparatorPart separator => $"Separator: {separator.Content}",
            RoutePatternParameterPart parameter => @$"Parameter: Name =
{parameter.Name}; Default = {parameter.Default}; IsOptional = { parameter.IsOptional};
IsCatchAll = { parameter.IsCatchAll};ParameterKind = { parameter.ParameterKind}",
            _ => throw new ArgumentException("Invalid RoutePatternPart.")
        };
}
```

下列程式呼叫 RoutePatternFactory 類型的靜態方法 Parse 解析指定的路由範本「weather/{city:regex(^0\d{{2,3}}$)=010}/{days:int:range(1,4)=4}/{detailed?}」，以產生一個 RoutePattern 物件，呼叫靜態方法時還指定了 requiredValues 參數。接著以 WebApplication 物件的 MapGet 擴展方法註冊根路徑「/」的終節點，對應的處理器直接返回 RoutePattern 物件格式化後的字串。

```
using Microsoft.AspNetCore.Routing.Patterns;
using System.Text;

var template =
    @"weather/{city:regex(^0\d{{2,3}}$)=010}/{days:int:range(1,4)=4}/{detailed?}";
var pattern = RoutePatternFactory.Parse(
    pattern: template,
    defaults: null,
    parameterPolicies: null,
    requiredValues: new { city = "010", days = 4 });

var app = WebApplication.Create();
app.MapGet("/", ()=> Format(pattern));
app.Run();
```

如果以瀏覽器存取執行後的應用程式，得到的結果如圖 20-7 所示，其內結構化地展示路由模式的原始文字、出入堆疊路由比對權重、每個分段的組成、路由參數的預設值和參數策略，以及產生 URL 必要的預設參數值。（S2010）

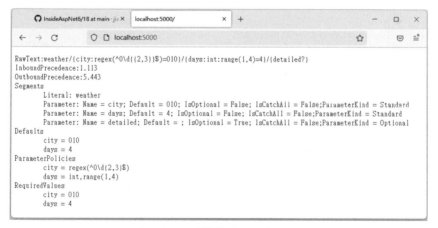

圖 20-7　針對路由模式的解析

20.2.2 路由終節點

ASP.NET Core 應用程式利用 RequestDelegate 委託物件表示請求處理器，因此每個終節點都封裝一個委託物件處理路由給它的請求。如圖 20-8 所示，除了請求處理器外，終節點還提供一個用來儲存中繼資料的容器，路由過程的很多行為都可透過相關的中繼資料來控制。

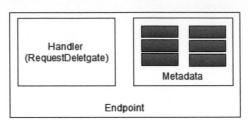

圖 20-8　Endpoint = Handler + Metadata

1. Endpoint & EndpointBuilder

終節點透過下列 Endpoint 類型表示。組成終節點的兩個核心成員（請求處理器和中繼資料集合），分別體現在 RequestDelegate 和 Metadata 兩個唯讀屬性。它還有一個表示顯示名稱的 DisplayName 屬性。

```
public class Endpoint
{
    public string                        DisplayName { get; }
    public RequestDelegate               RequestDelegate { get; }
    public EndpointMetadataCollection    Metadata { get; }

    public Endpoint(RequestDelegate requestDelegate, EndpointMetadataCollection metadata,
        string displayName);
}
```

終節點中繼資料集合體現為一個 EndpointMetadataCollection 物件。由於終節點並未對中繼資料的形式加上任何限制，原則上任何物件都可以作為終節點的中繼資料，所以 EndpointMetadataCollection 本質上就是元素類型為 Object 的集合。

```
public sealed class EndpointMetadataCollection : IReadOnlyList<object>
{
    public object this[int index] { get; }
    public int Count { get; }

    public EndpointMetadataCollection(IEnumerable<object> items);
    public EndpointMetadataCollection(params object[] items);
```

```
    public Enumerator GetEnumerator();
    public T GetMetadata<T>() where T: class;
    public IReadOnlyList<T> GetOrderedMetadata<T>() where T: class;

    IEnumerator<object> IEnumerable<object>.GetEnumerator();
    IEnumerator IEnumerable.GetEnumerator();
}
```

　　呼叫泛型方法 GetMetadata<T> 可以得到指定類型的中繼資料，由於可能增加多個相同類型的中繼資料到集合中，因此該方法採用「後來居上」的策略返回最後加入的中繼資料物件。如果沒有指定類型的中繼資料，則該方法會返回指定類型的預設值。倘若希望按照順序返回指定類型的所有中繼資料，則可呼叫另一個泛型方法 GetOrderedMetadata<T>。

　　主機名稱（含埠）的路由比對策略需要使用如下 IHostMetadata 介面表示的路由特性，它的 Hosts 返回一組主機名稱（含埠）列表。可以在終節點處理委託或者方法上以標註 HostAttribute 特性的方式，對繫結的主機名稱進行設定。

```
public interface IHostMetadata
{
    IReadOnlyList<string> Hosts { get; }
}

[AttributeUsage(AttributeTargets.Method|AttributeTargets.Class,
    AllowMultiple=false, Inherited=false)]
public sealed class HostAttribute : Attribute, IHostMetadata
{
    public IReadOnlyList<string> Hosts { get; }

    public HostAttribute(string host);
    public HostAttribute(params string[] hosts);
}
```

　　路由系統利用 EndpointBuilder 建立表示終節點的 Endpoint 物件。如下面的程式碼所示，這是一個抽象類別，終節點的建立體現於抽象的 Build 方法。它定義對應的屬性設定終節點的請求處理器、中繼資料和顯示名稱。

```
public abstract class EndpointBuilder
{
    public RequestDelegate      RequestDelegate { get; set; }
    public string               DisplayName { get; set; }
```

```
    public IList<object>        Metadata { get; }

    public abstract Endpoint Build();
}
```

2. RouteEndpoint & RouteEndpointBuilder

Endpoint 是一個抽象類別，註冊的終節點最終會轉換成一個 RouteEndpoint 物件，它將終節點處理器和對應的路由模式組合在一起。如下面的程式碼所示，繼承 Endpoint 的 RouteEndpoint 類型透過 RoutePattern 屬性返回路由模式，它還有另一個表示在全域路由表的位置。

```
public sealed class RouteEndpoint : Endpoint
{
    public RoutePattern        RoutePattern { get; }
    public int                 Order { get; }

    public RouteEndpoint(RequestDelegate requestDelegate, RoutePattern routePattern,
        int order, EndpointMetadataCollection metadata, string displayName);
}
```

RouteEndpoint 物件由下列 RouteEndpointBuilder 建構。該類型繼承抽象類別 EndpointBuilder，它利用重寫的 Build 方法完成 RouteEndpoint 物件的建立，後者所需的請求處理器、路由模式和在全域路由表的位置，都是在建構函數中指定。

```
public sealed class RouteEndpointBuilder : EndpointBuilder
{
    public RoutePattern        RoutePattern { get; set; }
    public int                 Order { get; set; }

    public RouteEndpointBuilder(RequestDelegate requestDelegate, RoutePattern routePattern,
        int order)
    {
        base.RequestDelegate        = requestDelegate;
        RoutePattern                = routePattern;
        Order                       = order;
    }

    public override Endpoint Build()
        => new RouteEndpoint(base.RequestDelegate, RoutePattern, Order,
        new EndpointMetadataCollection((IEnumerable<object>) base.Metadata),
        base.DisplayName);
}
```

3. EndpointDataSource

EndpointDataSource 是對終節點來源的抽象。如圖 20-9 所示，一個 EndpointDataSource 物件可以提供多個表示終節點的 Endpoint 物件。本質上，所謂的路由註冊就是為應用程式提供一個或者多個 EndpointDataSource 物件的過程。

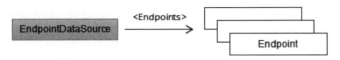

圖 20-9　EndpointDataSource→Endpoint

抽象類別 EndpointDataSource 除了利用唯讀屬性 Endpoints 返回提供的終節點外，它還定義一個 GetChangeToken 方法，路由系統利用該方法返回的 IChangeToken 物件檢測終節點的變化，它賦予應用程式在執行時動態註冊終節點的功能。舉一個簡單的實例，先將應用程式劃分為多個可以單獨加卸的元件，並以一個 EndpointDataSource 提供目前元件即時需要的終節點。隨著元件在應用程式執行過程的載入和卸載，目前可用的終節點也隨之改變。EndpointDataSource 就可利用 GetChangeToken 方法返回的 IChangeToken 物件向路由系統發出終節點變更的通知，後者將之前註冊的終節點全部作廢，並重新註冊。

```
public abstract class EndpointDataSource
{
    public abstract IReadOnlyList<Endpoint> Endpoints { get; }
    public abstract IChangeToken GetChangeToken();
}
```

如下 DefaultEndpointDataSource 是對抽象類別 EndpointDataSource 的實作。該類型透過重寫的 Endpoints 屬性提供的終節點，是在建構函數中明確指定，其 GetChangeToken 方法返回的是一個不具有感知功能的 NullChangeToken 物件。

```
public sealed class DefaultEndpointDataSource : EndpointDataSource
{
    private readonly IReadOnlyList<Endpoint> _endpoints;
    public override IReadOnlyList<Endpoint> Endpoints => _endpoints;

    public DefaultEndpointDataSource(IEnumerable<Endpoint> endpoints)
        =>_endpoints = new List<Endpoint>(endpoints);

    public DefaultEndpointDataSource(params Endpoint[] endpoints)
        =>_endpoints = (Endpoint[]) endpoints.Clone();
}
```

```
    public override IChangeToken GetChangeToken()
        => NullChangeToken.Singleton;
}
```

　　雖然命名為 DefaultEndpointDataSource，但是註冊路由時很少使用這個類型。對於前面展示的一系列實例來說，內部註冊的其實是一個 ModelEndpointDataSource 物件。若想理解 ModelEndpointDataSource 針對終節點的提供機制，就得理解 IEndpointConventionBuilder 介面。IEndpointConventionBuilder 體現一種基於「約定」的終節點建構方式，它定義唯一的 Add 方法，以增加由 Action<EndpointBuilder> 委託物件表示的「終節點建構約定」。

```
public interface IEndpointConventionBuilder
{
    void Add(Action<EndpointBuilder> convention);
}
```

　　IEndpointConventionBuilder 介面提供下列 3 個擴展方法，WithDisplayName 和 WithMetadata 擴展方法為建構的終節點設定顯示名稱和中繼資料。RequireHost 擴展方法為終節點關聯一組主機名稱，它會根據指定的名稱建立一個 HostAttribute 特性，並加到中繼資料集合。

```
public static class RoutingEndpointConventionBuilderExtensions
{
    public static TBuilder WithDisplayName<TBuilder>(this TBuilder builder,
        Func<EndpointBuilder, string> func) where TBuilder : IEndpointConventionBuilder
    {
        builder.Add(it=>it.DisplayName = func(it));
        return builder;
    }

    public static TBuilder WithDisplayName<TBuilder>(this TBuilder builder,
        string displayName) where TBuilder : IEndpointConventionBuilder
    {
        builder.Add(it => it.DisplayName = displayName);
        return builder;
    }
    public static TBuilder WithMetadata<TBuilder>(this TBuilder builder,
        params object[] items) where TBuilder : IEndpointConventionBuilder
    {
        builder.Add(it => Array.ForEach(items, item => it.Metadata.Add(item)));
        return builder;
    }
```

```
    public static TBuilder RequireHost<TBuilder>(this TBuilder builder,
        params string[] hosts) where TBuilder : IEndpointConventionBuilder
    {
        builder.Add(buider => buider.Metadata.Add(new HostAttribute(hosts)));
        return builder;
    }
}
```

　　ModelEndpointDataSource 內 部 會 使 用 一 個 DefaultEndpointConventionBuilder 物 件 建 構 終 節 點。DefaultEndpointConventionBuilder 物 件 是 對 一 個 EndpointBuilder 物件的封裝，它的 Build 方法先以 Add 方法表示終節點建構約定的 Action<EndpointBuilder> 委託物件，對這個 EndpointBuilder 物件進行「加工」後，再利用 EndpointBuilder 物 件 建 構 終 節 點。ModelEndpointDataSource 物 件 內 部 維 護 一 組 DefaultEndpointConventionBuilder 物 件，它 們 都 來 自 於 AddEndpointBuilder 方法的呼叫，實作的 Endpoints 屬性提供的終節點，就是由這組 DefaultEndpointConventionBuilder 物件產生。ModelEndpointDataSource 類型實作的 GetChangeToken 方法，返回的依然是一個不具有感知功能的 NullChangeToken 物件。

```
internal class ModelEndpointDataSource : EndpointDataSource
{
    private List<DefaultEndpointConventionBuilder> _endpointConventionBuilders;

    public ModelEndpointDataSource()
        => _endpointConventionBuilders = new List<DefaultEndpointConventionBuilder>();

    public IEndpointConventionBuilder AddEndpointBuilder(EndpointBuilder endpointBuilder)
    {
        var builder = new DefaultEndpointConventionBuilder(endpointBuilder);
        _endpointConventionBuilders.Add(builder);
        return builder;
    }

    public override IChangeToken GetChangeToken()=> NullChangeToken.Singleton;
    public override IReadOnlyList<Endpoint> Endpoints
        => _endpointConventionBuilders.Select(it => it.Build()).ToArray();
}

internal class DefaultEndpointConventionBuilder : IEndpointConventionBuilder
{
    private readonly List<Action<EndpointBuilder>> _conventions;
    internal EndpointBuilder EndpointBuilder { get; }

    public DefaultEndpointConventionBuilder(EndpointBuilder endpointBuilder)
```

```
    {
        EndpointBuilder = endpointBuilder;
        _conventions = new List<Action<EndpointBuilder>>();
    }

    public void Add(Action<EndpointBuilder> convention)
        =>_conventions.Add(convention);

    public Endpoint Build()
    {
        foreach (var convention in _conventions)
        {
            convention(EndpointBuilder);
        }
        return EndpointBuilder.Build();
    }
}
```

路由系統還提供如下 CompositeEndpointDataSource 類型。實際上 CompositeEndpointDataSource 物件是對一組 EndpointDataSource 物件的組合，重寫 Endpoints 屬性返回的終節點，由作為成員之一的 EndpointDataSource 物件共同提供。它的 GetChangeToken 方法返回的 IChangeToken 物件，也是由這些 EndpointDataSource 物件提供的 IChangeToken 物件組成。

```
public sealed class CompositeEndpointDataSource : EndpointDataSource
{
    public IEnumerable<EndpointDataSource>  DataSources { get; }
    public override IReadOnlyList<Endpoint>  Endpoints { get; }

    public CompositeEndpointDataSource(
        IEnumerable<EndpointDataSource> endpointDataSources);
    public override IChangeToken GetChangeToken();
}
```

4. IEndpointRouteBuilder

表示終節點資料來源的 EndpointDataSource 註冊到 IEndpointRouteBuilder（不是 EndpointBuilder）物件，並保存於該物件的 DataSources 屬性。如下面的程式碼所示，IEndpointRouteBuilder 還定義返回依賴注入容器的 ServiceProvider 屬性，它的 CreateApplicationBuilder 方法用來建立一個新的 IApplicationBuilder 物件。DefaultEndpointRouteBuilder 類型是對 IEndpointRouteBuilder 介面的預設實作。

```
public interface IEndpointRouteBuilder
{
    ICollection<EndpointDataSource>             DataSources { get; }
    IServiceProvider                            ServiceProvider { get; }

    IApplicationBuilder CreateApplicationBuilder();
}

internal class DefaultEndpointRouteBuilder : IEndpointRouteBuilder
{
    public ICollection<EndpointDataSource>          DataSources { get; }
    public IServiceProvider                         ServiceProvider
        => ApplicationBuilder.ApplicationServices;
    public IApplicationBuilder                      ApplicationBuilder { get; }

    public DefaultEndpointRouteBuilder(IApplicationBuilder applicationBuilder)
    {
        ApplicationBuilder = applicationBuilder;
        DataSources = new List<EndpointDataSource>();
    }

    public IApplicationBuilder CreateApplicationBuilder() => ApplicationBuilder.New();
}
```

　　如果某個終節點針對請求處理的邏輯相對複雜，需要多個中介軟體協同完成，
則可呼叫 IEndpointRouteBuilder 物件的 CreateApplicationBuilder 方法建立一個新的
IApplicationBuilder 物件，並將這些中介軟體註冊到該物件，最後利用它把這些中介
軟體轉換成 RequestDelegate 委託物件。

```
var app = WebApplication.Create();
IEndpointRouteBuilder routeBuilder = app;
app.MapGet("/foobar", routeBuilder.CreateApplicationBuilder()
    .Use(FooMiddleware)
    .Use(BarMiddleware)
    .Use(BazMiddleware)
    .Build());
app.Run();

static async Task FooMiddleware(HttpContext context,RequestDelegate next)
{
    await context.Response.WriteAsync("Foo=>");
    await next(context);
};
static async Task BarMiddleware(HttpContext context, RequestDelegate next)
{
    await context.Response.WriteAsync("Bar=>");
```

```
    await next(context);
};
static Task BazMiddleware(HttpContext context, RequestDelegate next)
    => context.Response.WriteAsync("Baz");
```

上面的程式註冊一個路徑範本為「foobar」的路由，並註冊 3 個中介軟體處理路由的請求。執行程式之後，如果以瀏覽器對路由位址「/foobar」發起請求，則輸出結果如圖 20-10 所示。顯示的字串是透過註冊的 3 個中介軟體（FooMiddleware、BarMiddleware 和 BazMiddleware）組合而成。（S2011）

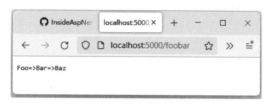

圖 20-10　輸出結果

本節涉及很多物件，可能會令讀者感到困惑，因此對上述內容進行梳理。路由系統全域維護一組由註冊終節點建構的路由表，終節點由抽象類別 Endpoint 表示，並以 EndpointBuilder 建構。RouteEndpoint 是對抽象類別 Endpoint 的預設實作。RouteEndpoint 物件是「路由模式」和「處理器」的組合，前者透過 RoutePatterrn 物件表示，後者體現為一個 RequestDelegate 委託物件。路由模式決定了終節點是否與目前請求相符合，處理器則完成請求的處理。RouteEndpoint 物件最終由 RouteEndpointBuilder 建構。

路由表的終節點來自於註冊的 EndpointDataSource 物件，該物件同時提供感知資料來源變化的功能。EndpointDataSource 依然是一個抽象類別，它具有一個名為 DefaultEndpointDataSource 的簡單實作，作為另一個實作的 ModelEndpointDataSource 則提供基於約定的終節點建構方式，它使用的「約定」體現為一個 IEndpointConventionBuilder 物件，該物件最終還是以 EndpointBuilder 完成終節點的產生。EndpointDataSource 註冊於 IEndpointRouteBuilder 物件，DefaultEndpointRouteBuilder 類型是對該介面的預設實作。啟動應用程式前，路由註冊工作體現為利用 IEndpointRouteBuilder 物件增加 EndpointDataSource 的過程。上述這些與提供終節點相關的介面和類型之間的關係，如圖 20-11 所示。

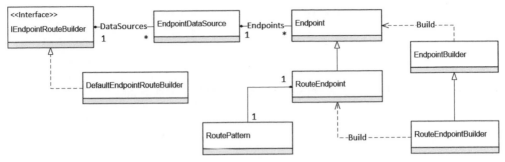

圖 20-11　終節點資料流程

20.2.3 中介軟體

ASP.NET Core 的 路 由 是 由 EndpointRoutingMiddleware 和 EndpointMiddleware 兩個中介軟體協同完成。應用程式啟動後，按照上述方式註冊一組透過 Endpoint 物 件 表 示 的 終 節 點，具 體 的 類 型 其 實 是 RouteEndpoint。 如 圖 20-12 所 示，當 EndpointRoutingMiddleware 中介軟體處理請求時，它會從候選終節點選擇與目前 請求最為符合的終節點，該終節點能夠提供與目前請求相符度最高的路由模式。 接著封裝成 IEndpointFeature 特性後，「附著」到目前 HttpContext 上下文物件， EndpointMiddleware 中介軟體則利用此特性提供的終節點完成請求的處理。

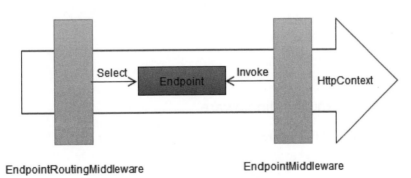

圖 20-12　終節點的選擇與執行

1. IEndpointFeature

IEndpointFeature 介面表示的特性，目的是完成終節點在上述兩個中介軟 體之間的傳遞。如下面的程式碼所示，該介面透過唯一的屬性 Endpoint 表示 EndpointRoutingMiddleware 中介軟體選擇的終節點。可以呼叫 HttpContext 類型的 GetEndpoint 方法和 SetEndpoint 方法，藉以取得與設定此終節點。

```
public interface IEndpointFeature
{
    Endpoint Endpoint { get; set; }
}

public static class EndpointHttpContextExtensions
{
    public static Endpoint GetEndpoint(this HttpContext context)
        =>context.Features.Get<IEndpointFeature>()?.Endpoint;

    public static void SetEndpoint(this HttpContext context, Endpoint endpoint)
    {
        var  feature = context.Features.Get<IEndpointFeature>();
        if (feature != null)
        {
            feature.Endpoint = endpoint;
        }
        else
        {
            context.Features.Set<IEndpointFeature>(
                new EndpointFeature { Endpoint = endpoint });
        }
    }

    private class EndpointFeature : IEndpointFeature
    {
        public Endpoint Endpoint { get; set; }
    }
}
```

2. EndpointRoutingMiddleware

EndpointRoutingMiddleware 中介軟體利用一個 Matcher 物件，從候選終節點選擇與目前請求最相符的終節點。Matcher 只是一個內部抽象類別，終節點的選擇和設定實作於 MatchAsync 方法。如果成功選出終節點，則 MatchAsync 方法還會提取解析出來的路由參數，並且逐個增加到表示目前請求的 HttpRequest 物件的 RouteValues 屬性。

```
internal abstract class Matcher
{
    public abstract Task MatchAsync(HttpContext httpContext);
}
```

```
public abstract class HttpRequest
{
    public virtual RouteValueDictionary RouteValues { get; set; }
}

public class RouteValueDictionary :
    IDictionary<string, object>, IReadOnlyDictionary<string, object>
{
  ...
}
```

　　EndpointRoutingMiddleware 中介軟體使用的 Matcher，由註冊的 MatcherFactory 工廠提供。路由系統預設使用的 Matcher 類型為 DfaMatcher，它以一種確定有限狀態自動機（Deterministic Finite Automaton，DFA）的形式，從候選終節點找到與目前請求相符度最高的終節點。DfaMatcher 物件由 DfaMatcherFactory 工廠建立，MatcherFactory 及其相關服務都是在 IServiceCollection 介面的 AddRouting 擴展方法中註冊。

```
internal abstract class MatcherFactory
{
    public abstract Matcher CreateMatcher(EndpointDataSource dataSource);
}
```

　　基本瞭解與終節點選擇策略相關的 Matcher 和 MatcherFactory 之後，繼續將關注點轉移到 EndpointRoutingMiddleware 中介軟體。如下面的程式碼所示，中介軟體類型的建構函數注入 IEndpointRouteBuilder 物件和 MatcherFactory 物件。處理請求的 InvokeAsync 方法，根據 IEndpointRouteBuilder 物件提供的 EndpointDataSource 清單建立一個 CompositeEndpointDataSource 物件，並將其作為參數，呼叫 MatcherFactory 工廠的 CreateMatcher 方法產生 Matcher 物件。將目前 HttpContext 上下文物件作為參數呼叫 Matcher 物件的 MatchAsync 方法後，相符的終節點會以 IEndpointFeature 特性的形式附加到目前 HttpContext 上下文物件。最終中介軟體將請求交給後續管道來處理。

```
internal class EndpointRoutingMiddleware
{
    private readonly RequestDelegate        _next;
    private readonly Task<Matcher>          _matcherAccessor;

    public EndpointRoutingMiddleware(RequestDelegate next,
        IEndpointRouteBuilder builder, MatcherFactory factory )
```

```
    {
        _next = next;
        _matcherAccessor = new Task<Matcher>(CreateMatcher);

        Matcher CreateMatcher()
        {
            var source = new CompositeEndpointDataSource(builder.DataSources);
            return factory.CreateMatcher(source);
        }
    }

    public async Task InvokeAsync(HttpContext httpContext)
    {
        var matcher = await _matcherAccessor;
        await matcher.MatchAsync(httpContext);
        await _next(httpContext);
    }
}
```

EndpointRoutingMiddleware 中介軟體透過下列 UseRouting 擴展方法進行註冊。
為建構 EndpointRoutingMiddleware 中介軟體而產生的 DefaultEndpointRouteBuilder
物件會加到 IApplicationBuilder 物件的 Properties 屬性，使用的 Key 為「__Endpoint
RouteBuilder」。

```
public static class EndpointRoutingApplicationBuilderExtensions
{
    public static IApplicationBuilder UseRouting(this IApplicationBuilder builder)
    {
        var builder = new DefaultEndpointRouteBuilder(builder);
        builder.Properties["__EndpointRouteBuilder"] = builder;
        return builder.UseMiddleware<EndpointRoutingMiddleware>(builder);
    }
}
```

3. EndpointMiddleware

EndpointMiddleware 中 介 軟 體 的 作 用 十 分 明 確， 就 是 執 行 由
EndpointRoutingMiddleware 中介軟體選擇出來的終節點。在執行終節點的過程中，
EndpointMiddleware 中介軟體會涉及如下 RouteOptions 組態選項。RouteOptions
類型的前 3 個屬性與路由系統針對 URL 的產生有關。LowercaseUrls 屬性和
LowercaseQueryStrings 屬性決定是否將產生的 URL 或者查詢字串轉換成小寫字母。

AppendTrailingSlash 屬性決定是否為產生的 URL 增加後綴「/」。下一節將專門介紹
ConstraintMap 屬性涉及的路由參數。

```
public class RouteOptions
{
    public bool                                LowercaseUrls { get; set; }
    public bool                                LowercaseQueryStrings { get; set; }
    public bool                                AppendTrailingSlash { get; set; }
    public IDictionary<string, Type>           ConstraintMap { get; set; }

public bool SuppressCheckForUnhandledSecurityMetadata { get; set; }
internal ICollection<EndpointDataSource> EndpointDataSources { get; set; }
}
```

　　有時候會利用加到終節點的中繼資料，以設定一些關於安全方面的要
求，並希望對應的中介軟體能夠進行處理。例如，某個終節點需要由註冊
AuthorizationMiddleware 中介軟體和 CorsMiddleware 中介軟體執行一些授權和跨來源
資源共享（CORS）的檢驗，於是就會在終節點分別增加一個 IAuthorizeData 物件或
者 ICorsMetada 物件作為中繼資料，如果上述兩個中介軟體完成對應的工作，就會在
HttpContext 上下文物件的 Items 屬性增加一個對應條目。

　　如果沒有註冊上述兩個中介軟體，或者放到後面，此時 EndpointMiddleware
中介軟體發現目前終節點確實擁有相關的中繼資料，但是 HttpContext 上下文物
件的 Items 屬性卻找不到對應的條目，那麼它還繼續執行嗎？在這種情況下，
EndpointMiddleware 中介軟體是否繼續執行，取決於 RouteOptions 組態選項的 Suppr
essCheckForUnhandledSecurityMetadata 屬性，如果返回 True 則繼續執行，否則拋出
異常。如下所示的程式碼模擬 EndpointMiddleware 中介軟體對請求的處理邏輯。

```
internal class EndpointMiddleware
{
    private readonly RequestDelegate _next;
    private readonly RouteOptions    _options;

    public EndpointMiddleware(RequestDelegate next,IOptions<RouteOptions> optionsAccessor)
    {
        _next           = next;
        _options        = optionsAccessor.Value;
    }

    public Task InvokeAsync(HttpContext httpContext)
    {
        var endpoint = httpContext.GetEndpoint();
```

```
        if (null != endpoint)
        {
            if (!_options.SuppressCheckForUnhandledSecurityMetadata)
            {
                CheckSecurity();
            }
            return endpoint.RequestDelegate(httpContext);
        }
        return _next(httpContext);
    }

    private void CheckSecurity();
}
```

呼叫 UseEndpoints 擴展方法註冊 EndpointMiddleware 中介軟體，該擴展方法提供一個類型為 Action<IEndpointRouteBuilder> 的參數。從列出的程式碼得知，IEndpointRouteBuilder 物件是從 IApplicationBuilder 物件的 Properties 屬性擷取出來，最初是在註冊 EndpointRoutingMiddleware 中介軟體時增加的。正是因為 EndpointMiddleware 和 EndpointRoutingMiddleware 兩個中介軟體的註冊，使用的是同一個 IEndpointRouteBuilder 物件，因此以 UseEndpoints 擴展方法增加的終節點能夠被 EndpointRoutingMiddleware 中介軟體使用。

```
public static class EndpointRoutingApplicationBuilderExtensions
{
    public static IApplicationBuilder UseEndpoints(this IApplicationBuilder builder,
        Action<IEndpointRouteBuilder> configure)
    {
        var routeBuilder = builder.Properties
            .TryGetValue("__EndpointRouteBuilder", out var value)
            ? value : throw new InvalidOperationException("...");
        configure(routeBuilder);
        return builder.UseMiddleware<EndpointMiddleware>();
    }
}
```

4. 增加終節點

對於使用路由系統的應用程式來説，基本上主要工作集中於 EndpointDataSource 的註冊。當呼叫 IApplicationBuilder 介面的 UseEndpoints 擴展方法註冊 EndpointMiddleware 中介軟體時，可以利用 Action<IEndpointRouteBuilder> 委託物件註冊所需的 EndpointDataSource 物件。路由系統為 IEndpointRouteBuilder 介面提供一系列的擴展方法建立與註冊 EndpointDataSource。如下所示的 Map 擴

展方法根據 RoutePattern 物件與 RequestDelegate 物件產生一個終節點,並以 ModelEndpointDataSource 的形式註冊。對於作為請求處理器的 RequestDelegate 委託物件來說,對應方法或者 Lambda 運算式上標註的特性,會以中繼資料的形式增加到終節點。

```
public static class EndpointRouteBuilderExtensions
{
    public static IEndpointConventionBuilder Map(this IEndpointRouteBuilder endpoints,
        RoutePattern pattern, RequestDelegate requestDelegate)
    {
        var builder = new RouteEndpointBuilder(requestDelegate, pattern, 0)
        {
            DisplayName = pattern.RawText
        };
        var attributes = requestDelegate.Method.GetCustomAttributes();

        if (attributes != null)
        {
            foreach (var attribute in attributes)
            {
                builder.Metadata.Add(attribute);
            }
        }
        var dataSource = endpoints.DataSources
            .OfType<ModelEndpointDataSource>().FirstOrDefault()
            ?? new ModelEndpointDataSource();
        endpoints.DataSources.Add(dataSource);
        return dataSource.AddEndpointBuilder(builder);
    }
}
```

MapMethods 擴展方法能為註冊的終節點提供 HTTP 方法的限定。該方法會在 Map 方法的基礎上,為註冊的終節點設定一個顯示名稱,並對指定的 HTTP 方法建立一個 HttpMethodMetadata 物件,再將該物件作為中繼資料加到註冊的終節點。

```
public static class EndpointRouteBuilderExtensions
{
    public static IEndpointConventionBuilder MapMethods(
        this IEndpointRouteBuilder endpoints, string pattern,
        IEnumerable<string> httpMethods, RequestDelegate requestDelegate)
    {
        var builder = endpoints.Map(RoutePatternFactory.Parse(pattern), requestDelegate);
        builder.WithDisplayName($"{pattern} HTTP: {string.Join(", ", httpMethods)}");
        builder.WithMetadata(new HttpMethodMetadata(httpMethods));
        return builder;
```

```
    }
}
```

　　EndpointRoutingMiddleware 中介軟體在為目前請求篩選相符的終節點時，針對 HTTP 方法的選擇策略是透過 IHttpMethodMetadata 介面表示的中繼資料指定，HttpMethodMetadata 正是對該介面的預設實作。IHttpMethodMetadata 介面除了具有一個表示可接收 HTTP 方法清單的 HttpMethods 屬性外，還有一個布林類型的唯讀屬性 AcceptCorsPreflight，它表示是否接收跨來源資源共享（CORS）的預檢（Preflight）請求。

```
public interface IHttpMethodMetadata
{
    IReadOnlyList<string>      HttpMethods { get; }
    bool                       AcceptCorsPreflight { get; }
}

public sealed class HttpMethodMetadata : IHttpMethodMetadata
{
    public IReadOnlyList<string>      HttpMethods { get; }
    public bool                       AcceptCorsPreflight { get; }

    public HttpMethodMetadata(IEnumerable<string> httpMethods)
        : this(httpMethods, acceptCorsPreflight: false)
    {}

    public HttpMethodMetadata(IEnumerable<string> httpMethods, bool acceptCorsPreflight)
    {
        HttpMethods = httpMethods.ToArray();
        AcceptCorsPreflight = acceptCorsPreflight;
    }
}
```

　　路由系統還為 4 種常用的 HTTP 方法（GET、POST、PUT 和 DELETE）定義相關的方法。從下列所示的程式碼得知，它們最終呼叫的都是 MapMethods 擴展方法。本章開頭展示的實例，正是呼叫其中的 MapGet 擴展方法註冊終節點。

```
public static class EndpointRouteBuilderExtensions
{
    public static IEndpointConventionBuilder MapGet(this IEndpointRouteBuilder endpoints,
        string pattern, RequestDelegate requestDelegate)
        => MapMethods(endpoints, pattern, "GET", requestDelegate);
    public static IEndpointConventionBuilder MapPost(this IEndpointRouteBuilder endpoints,
        string pattern, RequestDelegate requestDelegate)
```

```
        => MapMethods(endpoints, pattern, "POST", requestDelegate);
    public static IEndpointConventionBuilder MapPut(this IEndpointRouteBuilder endpoints,
        string pattern, RequestDelegate requestDelegate)
        => MapMethods(endpoints, pattern, "PUT", requestDelegate);
    public static IEndpointConventionBuilder MapDelete(
        this IEndpointRouteBuilder endpoints, string pattern,
        RequestDelegate requestDelegate)
        => MapMethods(endpoints, pattern, "DELETE", requestDelegate);
}
```

　　註冊 EndpointRoutingMiddleware 中介軟體和 EndpointMiddleware 中介軟體時，必須確保必要的服務註冊已經存在，這些服務是由下列兩個 AddRouting 擴展方法註冊。由於 IHostBuilder 介面的 ConfigureWebHostDefaults 擴展方法內部會呼叫 AddRouting 擴展方法，所以前面的實例都沒有涉及服務註冊的程式碼。

```
public static class RoutingServiceCollectionExtensions
{
    public static IServiceCollection AddRouting(this IServiceCollection services);
    public static IServiceCollection AddRouting(this IServiceCollection services,
        Action<RouteOptions> configureOptions);
}
```

20.2.4　處理器適配

　　路由終節點總是採用一個 RequestDelegate 委託物件作為請求處理器。上面介紹一系列終節點註冊的方法，提供的也都是 RequestDelegate 委託物件。實際上 IEndpointConventionBuilder 介面還定義底下這些註冊終節點的擴展方法，它們都能接收任意類型的委託物件作為處理器。

```
public static class EndpointRouteBuilderExtensions
{
    public static RouteHandlerBuilder Map(this IEndpointRouteBuilder endpoints,
        string pattern, Delegate handler);
    public static RouteHandlerBuilder Map(this IEndpointRouteBuilder endpoints,
        RoutePattern pattern, Delegate handler);

    public static RouteHandlerBuilder MapMethods(this IEndpointRouteBuilder endpoints,
        string pattern, IEnumerable<string> httpMethods, Delegate handler);

    public static RouteHandlerBuilder MapGet(this IEndpointRouteBuilder endpoints,
        string pattern, Delegate handler);
    public static RouteHandlerBuilder MapPost(this IEndpointRouteBuilder endpoints,
```

```
        string pattern, Delegate handler);
    public static RouteHandlerBuilder MapPut(this IEndpointRouteBuilder endpoints,
        string pattern, Delegate handler);
    public static RouteHandlerBuilder MapDelete(this IEndpointRouteBuilder endpoints,
        string pattern, Delegate handler);
}
```

由於表示路由終節點的 RouteEndpoint 物件總是將 RequestDelegate 委託物件作為請求處理器，因此上述這些擴展方法提供的 Delegate 物件，最終還要轉換成 RequestDelegate 類型，兩者之間的適配或者類型轉換，主要是由如下 RequestDelegateFactory 類型的 Create 方法完成。該方法根據提供的 Delegate 物件建立一個 RequestDelegateResult 物件，此物件不僅封裝轉換產生的 RequestDelegate 委託物件，還集合了終節點的中繼資料。RequestDelegateFactoryOptions 是為處理器轉換提供的組態選項。

```
public static class RequestDelegateFactory
{
    public static RequestDelegateResult Create(Delegate handler,
        RequestDelegateFactoryOptions options = null);
}

public sealed class RequestDelegateResult
{
    public RequestDelegate              RequestDelegate { get; }
    public IReadOnlyList<object>        EndpointMetadata { get; }

    public RequestDelegateResult(RequestDelegate requestDelegate,
        IReadOnlyList<object> metadata);
}

public sealed class RequestDelegateFactoryOptions
{
    public IServiceProvider             ServiceProvider { get; set; }
    public IEnumerable<string>          RouteParameterNames { get; set; }
    public bool                         ThrowOnBadRequest { get; set; }
    public bool                         DisableInferBodyFromParameters { get; set; }
}
```

本節並不打算詳細介紹從 Delegate 到 RequestDelegate 轉換的具體流程，而是透過幾個簡單的實例展示如何執行各種類型的委託物件，這裡主要涉及「參數繫結」和「返回值處理」兩個方面的處理策略。

1. 參數繫結

　　既然可以將一個任意類型的委託作為終節點的處理器，意謂著路由系統在執行委託物件時能夠自行繫結輸入參數。這裡採用的參數繫結策略與 ASP.NET Core MVC 的「模型繫結」如出一轍。定義某個處理請求的方法時，可在輸入參數上標註一些特性，以明確指定繫結資料的來源。這些特性基本上都實作下列介面，從介面命名得知，它們表示繫結的目標參數的原始資料，分別來自於路由參數、查詢字串、請求標頭、請求主體及依賴注入容器提供的服務。

```
public interface IFromRouteMetadata
{
    string Name { get; }
}

public interface IFromQueryMetadata
{
    string Name { get; }
}

public interface IFromHeaderMetadata
{
    string Name { get; }
}

public interface IFromBodyMetadata
{
    bool AllowEmpty { get; }
}

public interface IFromServiceMetadata
{
}
```

　　下列特性實作了上面幾個介面，它們都定義於「Microsoft.AspNetCore.Mvc」命名空間，原本是為了 ASP.NET Core MVC 的模型繫結服務。

```
[AttributeUsage(AttributeTargets.Parameter, AllowMultiple=false, Inherited=true)]
public class FromRouteAttribute : Attribute, IBindingSourceMetadata,
  IModelNameProvider,
    IFromRouteMetadata
{
    public BindingSource        BindingSource { get; }
    public string               Name { get; set; }
}
```

```
[AttributeUsage(AttributeTargets.Parameter, AllowMultiple=false, Inherited=true)]
public class FromQueryAttribute : Attribute, IBindingSourceMetadata,
  IModelNameProvider,
    IFromQueryMetadata
{

    public BindingSource BindingSource {  get; }
    public string Name {  get;  set; }
}


[AttributeUsage(AttributeTargets.Parameter, AllowMultiple=false, Inherited=true)]
public class FromHeaderAttribute : Attribute, IBindingSourceMetadata,
  IModelNameProvider,
    IFromHeaderMetadata
{
    public BindingSource BindingSource {  get; }
    public string Name {  get;  set; }
}


[AttributeUsage( AttributeTargets.Parameter, AllowMultiple=false, Inherited=true)]
public class FromBodyAttribute : Attribute, IBindingSourceMetadata,
    IConfigureEmptyBodyBehavior, IFromBodyMetadata
{
    public BindingSource        BindingSource {  get; }
    public EmptyBodyBehavior  EmptyBodyBehavior { get; set; }
    bool IFromBodyMetadata.AllowEmpty { get; }
}


[AttributeUsage(AttributeTargets.Parameter, AllowMultiple=false, Inherited=true)]
public class FromServicesAttribute : Attribute, IBindingSourceMetadata,
    IFromServiceMetadata
{
    public BindingSource BindingSource {  get; }
}
```

　　下列程式呼叫 WebApplication 物件的 MapPost 方法，註冊一個以「/{foo}」作為範本的終節點。作為終節點處理器的委託指向 Handle 靜態方法，並為此方法定義 5 個參數，分別標註上述 5 個特性。這裡將 5 個參數組成一個匿名物件作為返回值。

```
using Microsoft.AspNetCore.Mvc;
var app = WebApplication.Create();
app.MapPost("/{foo}", Handle);
app.Run();

static object Handle(
```

```
    [FromRoute] string foo,
    [FromQuery] int bar,
    [FromHeader] string host,
    [FromBody] Point point,
    [FromServices] IHostEnvironment environment)
    => new { Foo = foo, Bar = bar, Host = host, Point = point,
    Environment = environment.EnvironmentName };

public class Point
{
    public int X { get; set; }
    public int Y { get; set; }
}
```

　　執行程式之後，對「http://localhost:5000/abc?bar=123」URL 發送一個 POST 請求，請求的主體內容為一個 Point 物件序列化後的 JSON 檔。如下所示為請求封包和回應封包的內容，由此看出 Handle 靜態方法的 foo 參數和 bar 參數，分別繫結到路由參數「foo」和查詢字串「bar」的值。host 參數繫結請求的 Host 標頭，point 參數是請求主體內容反序列化的結果，environment 參數是由目前請求的 IServiceProvider 物件提供的服務。（S2012）

```
POST http://localhost:5000/abc?bar=123 HTTP/1.1
Content-Type: application/json
Host: localhost:5000
Content-Length: 18

{"x":123, "y":456}
```

```
HTTP/1.1 200 OK
Content-Type: application/json; charset=utf-8
Date: Sat, 06 Nov 2021 11:55:54 GMT
Server: Kestrel
Content-Length: 100

{"foo":"abc","bar":123,"host":"localhost:5000","point":{"x":123,"y":456},"environment":"Production"}
```

　　如果請求處理器方法的參數沒有明確指定繫結資料的來源，則路由系統也能根據參數類型，盡可能地從目前 HttpContext 上下文物件取得對應的內容來繫結。下列幾個類型對應的參數有明確的繫結來源。

- HttpContext：繫結為目前 HttpContext 上下文物件。

- HttpRequest：繫結為目前 HttpContext 上下文物件的 Request 屬性。

- HttpResponse: 繫結為目前 HttpContext 上下文物件的 Response 屬性。

- ClaimsPrincipal: 繫結為目前 HttpContext 上下文物件的 User 屬性。

- CancellationToken: 繫結為目前 HttpContext 上下文物件的 RequestAborted 屬性。

上述的繫結規則體現在下列程式的偵錯斷言。展示程式還體現出另一個繫結規則，亦即只要目前請求的 IServiceProvider 能夠提供對應的服務，對應參數（httpContextAccessor）上標註的 FromServicesAttribute 特性便不是必需的。如果缺少對應的服務註冊，則請求的主體內容一般會作為預設的資料來源，因此最好還是明確指定 FromServicesAttribute 特性。對於上述程式來説，如果移除前面針對 AddHttpContextAccessor 方法的呼叫，則對應參數的繫結自然失敗，但是錯誤訊息並不是期望的內容。（S2013）

```
using System.Diagnostics;
using System.Security.Claims;

var builder = WebApplication.CreateBuilder();
builder.Services.AddHttpContextAccessor();
var app = builder.Build();
app.MapGet("/", Handle);
app.Run();

static void Handle(HttpContext httpContext, HttpRequest request, HttpResponse response,
    ClaimsPrincipal user, CancellationToken cancellationToken,
    IHttpContextAccessor httpContextAccessor)
{
    var currentContext = httpContextAccessor.HttpContext;
    Debug.Assert(ReferenceEquals(httpContext, currentContext));
    Debug.Assert(ReferenceEquals(request, currentContext.Request));
    Debug.Assert(ReferenceEquals(response, currentContext.Response));
    Debug.Assert(ReferenceEquals(user, currentContext.User));
    Debug.Assert(cancellationToken == currentContext.RequestAborted);
}
```

對於字串類型的參數，路由參數和查詢字串是兩個候選資料來源，路由參數具有更高的優先順序。也就是説，如果路由參數和查詢字串均提供某個參數的值，此時會優先選擇路由參數的值。個人認為兩種繫結來源的優先順序應該顛倒過來，查詢字串的優先順序似乎應該更高。針對自訂的類型，對應參數預設由請求主體內容反序列產生。由於請求的主體內容只有一份，因此不能出現多個參數都來自於請求主體內容的情況。下面程式碼註冊的是不合法的終節點處理器。

```
var app = WebApplication.Create();
app.MapGet("/", (Point p1, Point p2) => { });
app.Run();

public class Point
{
    public int X { get; set; }
    public int Y { get; set; }
}
```

　　如果在某個類型定義一個名為 **TryParse** 的靜態方法，將指定的字串運算式轉換成目前類型的實例，在對該類型的參數進行繫結時，路由系統會優先從路由參數和查詢字串取得相關的內容，並透過 **TryParse** 靜態方法產生繫結的參數。

```
var app = WebApplication.Create();
app.MapGet("/", (Point foobar) => foobar);
app.Run();

public class Point
{
    public int X { get; set; }
    public int Y { get; set; }

    public Point(int x, int y)
    {
        X = x;
        Y = y;
    }
    public static bool TryParse(string expression, out Point? point)
    {
        var split = expression.Trim('(', ')').Split(',');
        if (split.Length == 2 && int.TryParse(split[0], out var x)
            && int.TryParse(split[1], out var y))
        {
            point = new Point(x, y);
            return true;
        }
        point = null;
        return false;
    }
}
```

　　上述程式為自訂的 Point 類型定義一個 TryParse 靜態方法，該靜態方法允許一個以「(x,y)」形式定義的運算式轉換成 Point 物件。註冊的終節點處理器委託物件以該類型為參數，指定的參數名稱為「foobar」。發送請求時以查詢字串的形式提供對應的運算式「(123,456)」，從返回的內容得知參數得到了成功繫結，如圖 20-13 所示。
（S2014）

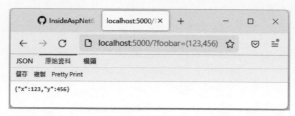

圖 20-13　TryParse 靜態方法針對參數繫結的影響

　　如果某種類型的參數具有特殊的繫結方式，還可將具體的繫結實作於一個按照約定定義的 BindAsync 方法。依照約定，BindAsync 應該定義成返回類型為 ValueTask<T> 的靜態方法，它擁有一個類型為 HttpContext 的參數，也可以額外提供一個 ParameterInfo 類型的參數，這兩個參數分別繫結至目前 HttpContext 上下文物件和描述參數的 ParameterInfo 物件。前述程式為 Point 類型定義一個 TryParse 靜態方法，可將此靜態方法替換成如下 BingAsync 靜態方法。（S2015）

```
public class Point
{
    public int X { get; set; }
    public int Y { get; set; }

    public Point(int x, int y)
    {
        X = x;
        Y = y;
    }

    public static ValueTask<Point?> BindAsync(HttpContext httpContext,
        ParameterInfo parameter)
    {
        Point? point = null;
        var name = parameter.Name;
        var value = httpContext.GetRouteData().Values.TryGetValue(name!, out var v)
            ? v
            : httpContext.Request.Query[name!].SingleOrDefault();

        if (value is string expression)
        {
            var split = expression.Trim('(', ')')?.Split(',');
            if (split?.Length == 2 && int.TryParse(split[0], out var x)
                && int.TryParse(split[1], out var y))
            {
```

```
            point = new Point(x, y);
        }
    }
    return new ValueTask<Point?>(point);
    }
}
```

2. 返回值處理

作為終節點處理器的委託物件不僅對輸入參數沒有要求，還可以返回任意類型的物件。如果返回類型為 Void、Task 或者 ValueTask，均代表沒有返回值。如果返回類型為 String、Task<String> 或者 ValueTask<String>，則回傳的字串將直接作為回應的主體內容，媒體類型則是「text/plain」。對於其他類型的返回值（包括 Task<T> 或者 ValueTask<T>），預設情況下都會序列化成 JSON 檔案，然後作為回應的主體內容，回應的媒體類型會被設為「application/json」，即使返回的是原生類型（如 Int32）也是如此。

```
var app = WebApplication.Create();
app.MapGet("/foo", () => "123");
app.MapGet("/bar", () => 123);
app.MapGet("/baz", () => new Point {  X = 123, Y = 456});
app.Run();

public class Point
{
    public int X { get; set; }
    public int Y { get; set; }
}
```

上述程式註冊 3 個終節點，作為處理器的返回值分別為字串、整數和 Point 物件。如果對這 3 個終節點傳送對應的 GET 請求，將得到下列所示的回應。

```
HTTP/1.1 200 OK
Content-Type: text/plain; charset=utf-8
Date: Sun, 07 Nov 2021 01:13:47 GMT
Server: Kestrel
Content-Length: 3

123
```

```
HTTP/1.1 200 OK
Content-Type: application/json; charset=utf-8
Date: Sun, 07 Nov 2021 01:14:11 GMT
```

```
Server: Kestrel
Content-Length: 3

123
```

```
HTTP/1.1 200 OK
Content-Type: application/json; charset=utf-8
Date: Sun, 07 Nov 2021 01:14:26 GMT
Server: Kestrel
Content-Length: 17

{"x":123,"y":456}
```

如果曾經從事過 ASP.NET Core MVC 應用程式的開發，應該很熟悉 IActionResult 介面。定義於 Controller 類型的 Action 方法，一般返回 IActionResult（或者 Task<IActionResult> 和 ValueTask<IActionResult>）物件。當 Action 方法執行結束後，MVC 框架會直接呼叫 IActionResult 物件的 ExecuteResultAsync 方法，以完成最終回應的處理。相同的設計同樣「移植」到這裡，並為此定義如下 IResult 介面。

```csharp
public interface IResult
{
    Task ExecuteAsync(HttpContext httpContext);
}
```

如果終節點處理器方法返回一個 IResult 物件，或者一個 Task<T> 或 ValueTask<T>（T 實作了 IResult 介面），則 IResult 物件的 ExecuteAsync 方法將用來完成後續回應的處理工作。IResult 介面具有一系列的原生實作類型，不過基本上都定義成內部類型。雖然無法以建構函數直接產生，但是可以呼叫定義於 Results 類型的靜態方法來使用。

```csharp
public static class Results
{
    public static IResult Accepted(string uri = null, object value = null);
    public static IResult AcceptedAtRoute(string routeName = null,
        object routeValues = null, object value = null);
    public static IResult BadRequest( object error = null);
    public static IResult Bytes( byte[] contents, string contentType = null,
        string fileDownloadName = null, bool enableRangeProcessing = false,
        DateTimeOffset? lastModified = default,
        EntityTagHeaderValue entityTag = null);
    public static IResult Challenge( AuthenticationProperties properties = null,
        IList<string> authenticationSchemes = null);
    public static IResult Conflict( object error = null);
```

```
    public static IResult Content(string content, MediaTypeHeaderValue contentType);
    public static IResult Content(string content,  string contentType = null,
        Encoding contentEncoding = null);
    public static IResult Created(string uri,  object value);
    public static IResult Created(Uri uri,  object value);
    public static IResult CreatedAtRoute(string routeName = null, object routeValues =
null,
        object value = null);
    public static IResult File( byte[] fileContents, string contentType = null,
        string fileDownloadName = null, bool enableRangeProcessing = false,
        DateTimeOffset? lastModified = default,
        EntityTagHeaderValue entityTag = null);
    public static IResult File( Stream fileStream, string contentType = null,
        string fileDownloadName = null,
        DateTimeOffset? lastModified = default,
        EntityTagHeaderValue entityTag = null, bool enableRangeProcessing = false);
    public static IResult File( string path, string contentType = null,
        string fileDownloadName = null,
        DateTimeOffset? lastModified = default,
        EntityTagHeaderValue entityTag = null, bool enableRangeProcessing = false);
    public static IResult Forbid( AuthenticationProperties properties = null,
        IList<string> authenticationSchemes = null);
    public static IResult Json(object data, JsonSerializerOptions options = null,
        string contentType = null, int? statusCode = default);
    public static IResult LocalRedirect(string localUrl, bool permanent = false,
        bool preserveMethod = false);
    public static IResult NoContent();
    public static IResult NotFound( object value = null);
    public static IResult Ok( object value = null);
    public static IResult Problem(string detail = null, string instance = null,
        int? statusCode = default, string title = null, string type = null);
    public static IResult Redirect(string url, bool permanent = false,
        bool preserveMethod = false);
    public static IResult RedirectToRoute(string routeName = null,
        object routeValues = null, bool permanent = false, bool preserveMethod = false,
        string fragment = null);
    public static IResult SignIn(ClaimsPrincipal principal,
      AuthenticationProperties properties = null,
      string authenticationScheme = null);
    public static IResult SignOut( AuthenticationProperties properties = null,
        IList<string> authenticationSchemes = null);
        public static IResult StatusCode(int statusCode);
    public static IResult Stream( Stream stream, string contentType = null,
        string fileDownloadName = null,
        DateTimeOffset? lastModified = default,
        EntityTagHeaderValue entityTag = null, bool enableRangeProcessing = false);
    public static IResult Text(string content,  string contentType = null,
```

```
        Encoding contentEncoding = null);
    public static IResult Unauthorized();
    public static IResult UnprocessableEntity( object error = null);
    public static IResult ValidationProblem( IDictionary<string, string[]> errors,
        string detail = null, string instance = null, int? statusCode = default,
        string title = null, string type = null);
}
```

20.2.5 Minimal API

Minimal API 表示承載應用程式的 WebApplication 類型，不僅實作了 IHost
介面 和 IApplicationBuilder 介 面， 還 包 括 IEndpointRouteBuilder 介面。「 第 17
章 應 用 程 式 承 載（下）」提供的 WebApplication 類型模擬程式碼，刻意忽略
IEndpointRouteBuilder 介面的實作，現在將這部分補上。如下面的程式碼所示，
WebApplication 類型均採用「明確」的方式實作 IEndpointRouteBuilder 介面的 3 個成
員。

```
public class WebApplication : IApplicationBuilder, IHost, IEndpointRouteBuilder
{
    private readonly IHost _host;
    private readonly ApplicationBuilder _app;
    private readonly List<EndpointDataSource> _dataSources;

    public WebApplication(IHost host)
    {
        _host = host;
        _app = new ApplicationBuilder(host.Services);
        _dataSources = new List<EndpointDataSource>();
    }

    ICollection<EndpointDataSource> IEndpointRouteBuilder.DataSources => _dataSources;
    IServiceProvider IEndpointRouteBuilder.ServiceProvider => _app.ApplicationServices;
    IApplicationBuilder IEndpointRouteBuilder.CreateApplicationBuilder() => _app.New();
    ...
}
```

路由實作於 EndpointRoutingMiddleware 和 EndpointMiddleware 這兩個中介軟體。

一 旦 在 WebApplication 物 件 註 冊 終 節 點，WebApplicationBuilder 在 建 構
WebApplication 物 件 的 過 程 中， 就 會 自 動 註 冊 EndpointRoutingMiddleware 和
EndpointMiddleware 兩個中介軟體。這部分工作是在呼叫 BootstrapHostBuilder 物件
的 ConfigureWebHostDefaults 擴展方法時完成，具體的實作位於下列程式碼。

```
public class WebApplicationBuilder
{
    private WebApplication? _application;
    public WebApplicationBuilder(WebApplicationOptions options)
    {
        // 建立 BootstrapHostBuilder，並利用它收集初始化過程設定的組態、服務和依賴注入容器的設定
        var args = options.Args;
        var bootstrap = new BootstrapHostBuilder();
        bootstrap
            .ConfigureDefaults(null)
            .ConfigureWebHostDefaults(webHostBuilder => webHostBuilder.Configure(app =>
            {
                var routeBuilder = (IEndpointRouteBuilder)_application!;
                var hasEndpoints = routeBuilder.DataSources.Any();
                if (hasEndpoints
                    && !app.Properties.ContainsKey("__EndpointRouteBuilder"))
                {
                    app.UseRouting();
                    app.Properties["__EndpointRouteBuilder"] = _application;
                }
                app.Run(_application!.BuildRequestDelegate());
                if (hasEndpoints)
                {
                    app.UseEndpoints(_ => {});
                }
            }))
            ...
    }
    ...
}
```

　　透過上面的程式碼得知，如果利用 WebApplication 物件註冊任意的終節點，則最終產生的管道將額外增加 EndpointRoutingMiddleware 和 EndpointMiddleware 兩個終節點。如圖 20-14 所示，兩個中介軟體正好位於管道的一頭一尾。

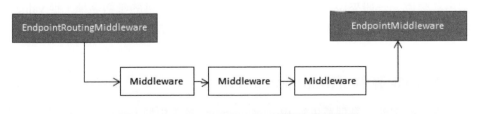

圖 20-14　WebApplication 建構的完整管道

20.3 路由約束

表示路由終節點的 RouteEndpoint 物件包含 RoutePattern 物件的路由模式，成功路由某個請求的前提是：它滿足某個候選終節點的路由模式所體現的路由規則。這不僅要求目前請求的 URL 路徑，必須滿足路由範本指定的路徑模式，具體的字元內容還得滿足路由參數上定義的約束。路由系統採用 IRouteConstraint 介面代表路由約束，該介面具有唯一的 Match 方法，以驗證 URL 攜帶的參數值是否有效。路由約束在表示路由模式的 RoutePattern 物件中，是以路由參數策略的形式存放在 ParameterPolicies 屬性，因此 IRouteConstraint 介面繼承 IParameterPolicy 介面。透過 IRouteConstraint 介面表示的路由約束，同時相容傳統 IRouter 路由系統和最新的終節點路由系統，所以 Match 方法具有一個表示 IRouter 物件的 route 參數，該參數可以省略。

```
public interface IRouteConstraint : IParameterPolicy
{
    bool Match(HttpContext httpContext, IRouter route, string routeKey,
        RouteValueDictionary values, RouteDirection routeDirection);
}

public enum RouteDirection
{
    IncomingRequest,
    UrlGeneration
}
```

針對路由參數約束的檢驗，同時應用於透過 routeDirection 參數表示的兩個路由方向。Match 方法的第一個參數 httpContext 表示目前 HttpContext 上下文物件，routeKey 參數表示路由參數名稱。如果目前的路由方向為 IncomingRequest，則 Match 方法的 values 參數表示解析出來的所有路由參數值，否則便代表產生 URL 時的路由參數值。一般來說，只需要利用 routeKey 參數提供的參數名稱，從 values 參數表示的字典取得目前參數值，並根據對應的規則加以驗證。

20.3.1 預定義的 IRouteConstraint

路由系統定義一系列原生的 IRouteConstraint 實作類型，可以使用它們解決許多常見的約束問題。如果現有的 IRouteConstraint 實作類型無法滿足某些特殊的約束需求，則可透過實作 IRouteConstraint 介面建立自訂的約束類型。對於路由約束的應用，除了直接產生對應的 IRouteConstraint 物件，還能以內聯的方式，直接在路由範本為某個路由參數定義相關的約束運算式。這些以運算式定義的約束類型,其實對應至一種具體的 IRouteConstraint 類型。表 20-1 列舉內聯約束類型與 IRouteConstraint 類型之間的映射關係。

表 20-1 內聯約束類型與 IRouteConstraint 類型之間的映射關係

內聯約束類型	IRouteConstraint 類型	說明
int	IntRouteConstraint	要求參數值能夠解析為一個 int 整數,如 {variable:int}
bool	BoolRouteConstraint	要求參數值可以解析為一個 bool 值,如 { variable:bool}
datetime	DateTimeRouteConstraint	要求參數值可以解析為一個 DateTime 物件(以 CultureInfo.InvariantCulture 進行解析),如 { variable:datetime}
decimal	DecimalRouteConstraint	要求參數值可以解析為一個 decimal 數字,如 { variable:decimal}
double	DoubleRouteConstraint	要求參數值可以解析為一個 double 數字,如 { variable:double}
float	FloatRouteConstraint	要求參數值可以解析為一個 float 數字,如 { variable:float}
guid	GuidRouteConstraint	要求參數值可以解析為一個 Guid,如 { variable:guid}
long	LongRouteConstraint	要求參數值可以解析為一個 long 整數,如 { variable:long}
minlength	MinLengthRouteConstraint	要求參數值表示的字串不小於指定的長度,如 { variable:minlength(5)}
maxlength	MaxLengthRouteConstraint	要求參數值表示的字串不大於指定的長度,如 { variable:maxlength(10)}
length	LengthRouteConstraint	要求參數值表示的字串長度介於指定的區間範圍,如 { variable:length(5,10)}
min	MinRouteConstraint	最小值,如 { variable:min(5)}
max	MaxRouteConstraint	最大值,如 { variable:max(10)}
range	RangeRouteConstraint	要求參數值介於指定的區間範圍,如 {variable:range(5,10)}
alpha	AlphaRouteConstraint	要求參數的所有字元都是字母,如 {variable:alpha}

內聯約束類型	IRouteConstraint 類型	說明
regex	RegexInlineRouteConstraint	要求參數值表示的字串與指定的規則運算式相符，如 {variable:regex(^d{0[0-9]{{2,3}-d{2}-d{4}$)}}}$)}
required	RequiredRouteConstraint	要求參數值不能是一個空字串，如 {variable:required}
file	FileNameRouteConstraint	要求參數值可以作為一個包含副檔名的檔案名稱，如 {variable:file}
nonfile	NonFileNameRouteConstraint	與 FileNameRouteConstraint 的功能剛好相反，這兩個約束類型用來區分靜態檔的請求

20.3.2 IInlineConstraintResolver

由於路由變數的約束以內聯形式定義於路由範本，所以需要解析約束運算式建立對應的 IRouteConstraint 物件，這項任務是由 IInlineConstraintResolver 物件完成。如下面的程式碼所示，IInlineConstraintResolver 介面定義唯一的 ResolveConstraint 方法，它實作路由約束從運算式到 IRouteConstraint 物件之間的轉換。

```
public interface IInlineConstraintResolver
{
    IRouteConstraint ResolveConstraint(string inlineConstraint);
}
```

DefaultInlineConstraintResolver 類型是對 IInlineConstraintResolver 介面的預設實作。如下面的程式碼所示，DefaultInlineConstraintResolver 具有一個字典類型的欄位 _inlineConstraintMap，表 20-1 列舉的內聯約束類型與 IRouteConstraint 類型之間的映射關係就位於此。

```
public class DefaultInlineConstraintResolver : IInlineConstraintResolver
{
    private readonly IDictionary<string, Type> _inlineConstraintMap;
    public DefaultInlineConstraintResolver(IOptions<RouteOptions> routeOptions)
        =>_inlineConstraintMap = routeOptions.Value.ConstraintMap;
    public virtual IRouteConstraint ResolveConstraint(string inlineConstraint);
}

public class RouteOptions
{
```

```
    public IDictionary<string, Type> ConstraintMap { get; set; }
    ...
}
```

根據約束運算式建立對應的 IInlineConstraintResolver 物件時，DefaultInlineConstraintResolver 會以指定的運算式得到約束類型和參數清單。透過約束類型名稱，便可從 ConstraintMap 屬性表示的映射關係得到對應的 IRouteConstraint 實作類型。接下來利用提供的參數個數取得正確的建構函數，將字串表示的參數轉換成對應的參數類型，並以反射形式傳入建構函數，以建立 IHttpRouteConstraint 物件。IServiceCollection 介面的 AddRouting 擴展方法提供 IInlineConstraintResolver 的服務註冊。

20.3.3 自訂約束

上述這些預定義的 IRouteConstraint 實作類型能夠完成一些常用的約束，但是在一些對路由參數具有特定約束的應用場景中，便不得不建立自訂的約束類型。如果需要對資源提供多語系的支援，最好的方式是在請求的 URL 中加上對應的 Culture。為了確保內含於 URL 的是一個合法有效的 Culture，最好為此定義相關的約束。下面透過一個簡單的實例，展示如何建立一個用於驗證 Culture 的自訂路由約束。首先建置一個提供基於不同語言資源的 API。資源檔以文字資源的形式儲存，如圖 20-15 所示，新增兩個資源檔（Resources.resx 和 Resources.zh.resx），並定義一個名為 hello 的文字資源條目。

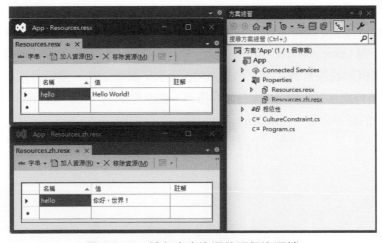

圖 20-15 儲存文字資源的兩個資源檔

　　下列程式註冊一個範本為「resources/{lang:culture}/{resourceName:required}」的終節點。路由參數「{resourceName}」表示資源條目的名稱（如 hello），另一個路由參數「{lang}」表示指定的語言，約束運算式名稱 culture 對應的就是自訂語言的約束類型 CultureConstraint。這是一個自訂的路由約束，於是呼叫 IServiceCollection 介面的 Configure <TOptions> 方法，將此約束採用的運算式名稱（culture）和 CultureConstraint 類型之間的映射關係，增加到 RouteOptions 組態選項。

```
using App;
using App.Properties;
using System.Globalization;

var builder = WebApplication.CreateBuilder();
var template = "resources/{lang:culture}/{resourceName:required}";
builder.Services.Configure<RouteOptions>(options =>
options.ConstraintMap.Add("culture", typeof(CultureConstraint)));
var app = builder.Build();
app.MapGet(template, GetResource);
app.Run();

static IResult GetResource(string lang, string resourceName)
{
    CultureInfo.CurrentUICulture = new CultureInfo(lang);
    var text = Resources.ResourceManager.GetString(resourceName);
    return string.IsNullOrEmpty(text)? Results.NotFound(): Results.Content(text);
}
```

　　終節點的處理方法 GetResource 定義兩個參數，利用它們自動繫結為同名的路由參數。由於系統自動根據目前執行緒的 UICulture 選擇對應的資源檔，所以設定了 CultureInfo 類型的 CurrentUICulture 靜態屬性。如果從資源檔取出對應的文字，便可建立一個 ContentResult 物件並返回。執行程式後，可以利用瀏覽器指定相符的 URL，以取得對應語言的文字。如圖 20-16 所示，如果指定一個不合法的語言（如「xx」），將違反自訂的約束，此時就會得到一個狀態碼為「404 Not Found」的回應，或者是預設的語系內容。（S2016）

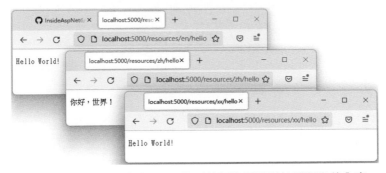

圖 20-16　採用正確的 URL 得到某個資源針對某種語言的內容

最後看一下針對語系的路由約束 CultureConstraint 究竟做了什麼。如下面的程式碼所示，Match 方法試圖獲得作為語言文化內容的路由參數值，如果該參數存在，便可利用它建立一個 CultureInfo 物件。倘若 CultureInfo 物件的 EnglishName 屬性名稱不以「Unknown Language」字串作為前綴，就表示是合法的語言檔。

```csharp
public class CultureConstraint : IRouteConstraint
{
    public bool Match(HttpContext? httpContext, IRouter? route, string routeKey,
        RouteValueDictionary values, RouteDirection routeDirection)
    {
        try
        {
            if (values.TryGetValue(routeKey, out var value) && value is not null)
            {
                return !new CultureInfo((string)value)
                    .EnglishName.StartsWith("Unknown Language");
            }
            return false;
        }
        catch
        {
            return false;
        }
    }
}
```

第 21 章

異常處理

ASP.NET Core 是一個同時處理多個請求的 Web 應用程式框架，在處理過程中出現異常，並不會導致整個程式的中止。基於安全方面的考量，加上避免敏感資訊外洩，預設情況下用戶端並不會得到詳細的錯誤訊息，無疑增加開發過程查錯和排錯的難度。對於正式環境來說，通常也希望使用者最終能夠根據具體的錯誤類型得到針對性與友好的錯誤訊息。ASP.NET Core 提供相關的中介軟體，允許呈現出客製化的錯誤訊息。

21.1 呈現錯誤訊息

「Microsoft.AspNetCore.Diagnostics」NuGet 套件提供幾個與異常處理相關的中介軟體。可以利用它們將原生或客製的錯誤訊息作為回應內容，然後發送給用戶端。著重介紹這些中介軟體之前，首先展示幾個簡單的實例，好讓讀者大致瞭解其作用。

21.1.1 開發者異常頁面

如果 ASP.NET Core 應用程式在處理某個請求時出現異常，一般會返回一個狀態碼為「500 Internal Server Error」的回應。為了避免一些敏感資訊的外洩，因此只會得到一種很泛化的錯誤訊息。如下列程式碼所示，處理根路徑的請求時都會拋出一個 InvalidOperationException 類型的異常。

```
var app = WebApplication.Create();
app.MapGet("/",
    void () => throw new InvalidOperationException("Manually thrown exception"));
app.Run();
```

以瀏覽器存取上述程式總會得到錯誤頁面，如圖 21-1 所示。由此得知目標程式目前無法正常處理本次請求，除了提供回應狀態碼（HTTP ERROR 500）外，並未包含任何有益於偵錯的輔助資訊。

圖 21-1　預設的錯誤頁面

有人認為雖然瀏覽器沒有顯示任何詳細的錯誤訊息，但不意謂著 HTTP 回應封包也沒有任何詳細的資訊。伺服端返回的 HTTP 回應封包（如下所示）就沒有主體內容，有限的幾個標頭也沒有承載任何與錯誤有關的資訊。

```
HTTP/1.1 500 Internal Server Error
Content-Length: 0
Date: Sun, 07 Nov 2021 08:34:18 GMT
Server: Kestrel
```

由於應用程式並未中斷，瀏覽器也沒有顯示任何針對性的錯誤訊息，因此無法知道背後究竟出現什麼錯誤。這個問題有兩種解決方案：一是利用日誌，ASP.NET Core 在處理請求過程出現異常時，會發出相關的日誌事件，可以註冊對應的 ILoggerProvider 物件，將日誌輸出到指定的管道。另一種是利用註冊的 DeveloperExceptionPageMiddleware 中介軟體顯示一個「開發者異常頁面」（Developer Exception Page）。

下列程式呼叫 IApplicationBuilder 介面的 UseDeveloperExceptionPage 擴展方法註冊上述的中介軟體。該程式註冊一個路由範本為「{foo}/{bar}」的終節點，它在處理請求時直接拋出異常。

```
var app = WebApplication.Create();
app.UseDeveloperExceptionPage();
    app.MapGet("{foo}/{bar}",
    void () => throw new InvalidOperationException("Manually thrown exception"));
app.Run();
```

　　一旦註冊 DeveloperExceptionPageMiddleware 中介軟體，ASP.NET Core 應用程式在處理請求過程出現的異常訊息，就會以圖 21-2 的形式直接呈現於瀏覽器。幾乎可以看到所有的錯誤訊息，包括異常的類型、訊息和堆疊資訊等。（S2101）

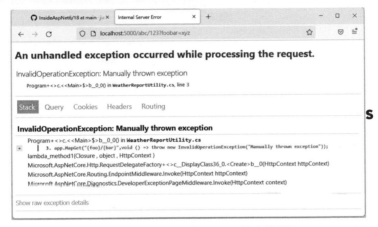

圖 21-2　開發者異常頁面（基本資訊）

　　開發者異常頁面除了顯示與拋出異常相關的資訊外，還會以圖 21-3 的形式呈現與目前請求上下文相關的資訊，包括目前請求 URL 攜帶的所有查詢字串、請求標頭、Cookie 的內容和路由資訊（終節點和路由參數）。如此詳盡的資訊能夠大幅地協助開發者儘快找出錯誤的根源。由於頁面上往往會內含一些敏感的資訊，因此只有在開發環境才能註冊 DeveloperExceptionPageMiddleware 中介軟體。實際上 Minimal API 在開發環境會預設註冊這個中介軟體。

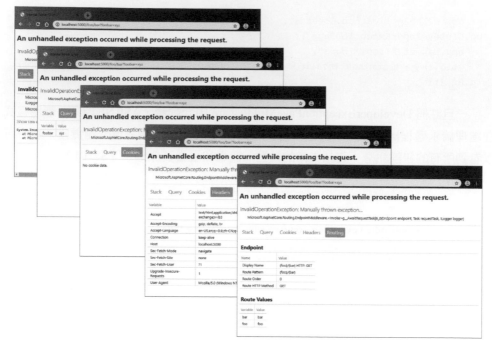

圖 21-3　開發者異常頁面（詳細資訊）

21.1.2　客製化異常頁面

由 於 ExceptionHandlerMiddleware 中 介 軟 體 直 接 利 用 RequestDelegate 委 託物件處理異常的請求，因此可以利用它呈現客製化的錯誤頁面。下列程式呼叫 IApplicationBuilder 介 面 的 UseExceptionHandler 擴 展 方 法 註 冊 此 中 介 軟 體， 提供的 ExceptionHandlerOptions 組 態 選 項 指 定 一 個 指 向 HandleErrorAsync 方 法 的 RequestDelegate 委託物件，以作為異常處理器。

```
var options = new ExceptionHandlerOptions { ExceptionHandler = HandleErrorAsync };
var app = WebApplication.Create();
app.UseExceptionHandler(options);
app.MapGet("/",
    void () => throw new InvalidOperationException("Manually thrown exception"));
app.Run();

static Task HandleErrorAsync(HttpContext context)
    => context.Response.WriteAsync("Unhandled exception occurred!");
```

如上面的程式碼所示，HandleErrorAsync 方法僅是將一段簡單的錯誤訊息 （Unhandled exception occurred!）作為回應內容。首先註冊一個針對根路徑（/）並

且直接拋出異常的終節點,當以瀏覽器存取該終節點時,客製化的錯誤訊息會以圖
21-4 的形式直接呈現於瀏覽器上。(S2102)

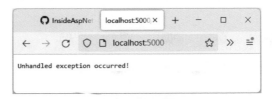

圖 21-4　客製化的錯誤頁面(1)

由於 ExceptionHandlerMiddleware 中介軟體的異常處理器是一個 RequestDelegate
委託物件,而 IApplicationBuilder 物件具有利用註冊的中介軟體建立此委託物件的
功能,所以用於註冊該中介軟體的 UseExceptionHandler 擴展方法提供一個參數類型
為 Action<IApplicationBuilder> 多載方法。下列程式便呼叫這個多載方法,在作為參
數的 Action<IApplicationBuilder> 委託物件中,以 IApplicationBuilder 介面的 Run 方
法註冊一個中介軟體處理異常,存取該程式後,同樣會得到圖 21-4 的錯誤訊息。
(S2103)

```
var app = WebApplication.Create();
app.UseExceptionHandler(app2 => app2.Run(HandleErrorAsync));
app.MapGet("/",
    void () => throw new InvalidOperationException("Manually thrown exception"));
app.Run();

static Task HandleErrorAsync(HttpContext context)
    => context.Response.WriteAsync("Unhandled exception occurred!");
```

如果應用程式已經提供一個錯誤頁面,則 ExceptionHandlerMiddleware 中介軟
體在處理異常時,便可直接重定向到該頁面。下列程式採用這種方式呼叫另一個
UseExceptionHandler 擴展方法,作為參數的字串(/error)就是指定此錯誤頁面的路
徑,存取該程式後,同樣會得到圖 21-4 的錯誤訊息。(S2104)

```
var app = WebApplication.Create();
app.UseExceptionHandler("/error");
app.MapGet("/",
    void () => throw new InvalidOperationException("Manually thrown exception"));
app.MapGet("/error", HandleErrorAsync);
app.Run();

static Task HandleErrorAsync(HttpContext context)
    => context.Response.WriteAsync("Unhandled exception occurred!");
```

21.1.3 針對回應狀態碼客製化錯誤頁面

已知 HTTP 語義的錯誤是由回應的狀態碼來表達，涉及的錯誤大致分為底下兩種類型。

- 用戶端錯誤：表示用戶端提供不正確的請求資訊，導致伺服器無法正常處理請求，回應狀態碼的範圍為 400 ～ 499。

- 伺服端錯誤：表示伺服器在處理請求過程中，因本身的問題而發生錯誤，回應狀態碼的範圍為 500 ～ 599。

StatusCodePagesMiddleware 中介軟體能夠針對回應狀態碼客製化錯誤頁面。它只有在後續管道產生一個錯誤回應狀態碼（範圍為 400 ～ 599）時，才會呈現錯誤頁面。下列程式透過呼叫 UseStatusCodePages 擴展方法註冊此中介軟體，作為參數的兩個字串，分別是回應的媒體類型和作為主體內容的範本，預留位置「{0}」將以狀態碼填充。

```
var app = WebApplication.Create();
app.UseStatusCodePages("text/plain", "Error occurred ({0})");
app.MapGet("/", void (HttpResponse response) => response.StatusCode = 500);
app.Run();
```

針對根路徑（/）註冊一個終節點，它在處理請求時直接返回狀態碼為 500 的回應。啟動程式後，針對該路徑請求將得到錯誤頁面，如圖 21-5 所示。（S2105）

圖 21-5　針對錯誤回應狀態碼客製化的錯誤頁面（1）

StatusCodePagesMiddleware 中介軟體的錯誤處理器，體現為一個 Func<StatusCodeContext, Task> 委託物件，作為輸入的 StatusCodeContext 是對目前 HttpContext 上下文物件的封裝。下列程式定義一個與此委託物件具有一致宣告的 HandleErrorAsync 呈現錯誤頁面，UseStatusCodePages 擴展方法指定的 Func<StatusCodeContext, Task> 委託物件便指向這個方法。

```
using Microsoft.AspNetCore.Diagnostics;
var random = new Random();
```

```
var app = WebApplication.Create();
app.UseStatusCodePages(HandleErrorAsync);
app.MapGet("/", void (HttpResponse response) => response.StatusCode =
random.Next(400,599));
app.Run();

static  Task HandleErrorAsync(StatusCodeContext context)
{
    var response = context.HttpContext.Response;
    return response.StatusCode < 500
    ? response.WriteAsync($"Client error ({response.StatusCode})")
    : response.WriteAsync($"Server error ({response.StatusCode})");
}
```

針對根路徑(/)註冊的終節點會隨機返回一個狀態碼在(400,599)區間的回應。用來處理錯誤的 HandleErrorAsync 方法會根據狀態碼的區間（400 ～ 499，500 ～ 599），分別顯示「Client error」和「Server error」。啟動程式後，針對根路徑的請求會得到錯誤頁面，如圖 21-6 所示。（S2106）

圖 21-6　針對錯誤回應狀態碼客製化的錯誤頁面（2）

在 ASP.NET Core 中，針對請求的處理總是體現為一個 RequestDelegate 委託物件，而 IApplicationBuilder 物件具有根據註冊的中介軟體建構此委託物件的功能，所以 UseStatusCodePages 擴展方法還具有另一個將 Action<IApplicationBuilder> 委託物件作為參數的多載。下列程式呼叫這個多載方法，並利用提供的委託物件呼叫 IApplicationBuilder 物件的 Run 方法，以註冊一個中介軟體處理異常。（S2107）

```
var random = new Random();
var app = WebApplication.Create();
app.UseStatusCodePages(app2 => app2.Run(HandleErrorAsync));
app.MapGet("/", void (HttpResponse response) => response.StatusCode = random.
Next(400,599));
app.Run();
```

```
static  Task HandleErrorAsync(HttpContext context)
{
    var response = context.Response;
    return response.StatusCode < 500
    ? response.WriteAsync($"Client error ({response.StatusCode})")
    : response.WriteAsync($"Server error ({response.StatusCode})");
}
```

21.2 開發者異常頁面

DeveloperExceptionPageMiddleware 中介軟體在捕捉到後續管道拋出的異常之後，將返回一個媒體類型為「text/html」的回應，後者在瀏覽器會呈現一個錯誤頁面。由於這是一個為開發者提供診斷資訊的異常頁面，因此又稱為「開發者異常頁面」（Developer Exception Page）。其內不僅顯示異常的詳細資訊（類型、訊息和追蹤堆疊等），還有與目前請求相關的上下文資訊。

```
public class DeveloperExceptionPageMiddleware
{
    public DeveloperExceptionPageMiddleware(RequestDelegate next,
        IOptions<DeveloperExceptionPageOptions> options,
        ILoggerFactory loggerFactory, IWebHostEnvironment  hostingEnvironment,
        DiagnosticSource diagnosticSource,
        IEnumerable<IDeveloperPageExceptionFilter> filters);

    public Task Invoke(HttpContext context);
}
```

如上面的程式碼所示，DeveloperExceptionPageMiddleware 類型的建構函數注入了提供組態選項的 IOptions<DeveloperExceptionPageOptions> 物件。DeveloperException PageOptions 組態選項有 FileProvider 和 SourceCodeLineCount 兩個屬性，它們與接下來介紹的編譯異常的處理有關。

```
public class DeveloperExceptionPageOptions
{
    public IFileProvider        FileProvider { get; set; }
    public int                  SourceCodeLineCount { get; set; }
}
```

21.2.1 IDeveloperPageExceptionFilter

　　預設情況下，DeveloperExceptionPageMiddleware 中介軟體總是會呈現一個包含詳細資訊的錯誤頁面，但是可以利用註冊的 IDeveloperPageExceptionFilter 物件，在呈現錯誤頁面之前做一些額外的異常處理操作，甚至完全「接管」整個異常處理任務。IDeveloperPageExceptionFilter 介面定義如下 HandleExceptionAsync 方法來處理異常。

```
public interface IDeveloperPageExceptionFilter
{
    Task HandleExceptionAsync(ErrorContext errorContext, Func<ErrorContext, Task> next);
}

public class ErrorContext
{
    public HttpContext          HttpContext { get; }
    public Exception            Exception { get; }

    public ErrorContext(HttpContext httpContext, Exception exception) ;
}
```

　　HandleExceptionAsync 方法定義 errorContext 和 next 兩個參數，前者內含的 ErrorContext 物件是對 HttpContext 上下文物件的封裝，並透過 Exception 屬性提供待處理的異常；後者的 Func<ErrorContext,Task> 委託物件表示後續的異常處理任務。如果某個 IDeveloperPageExceptionFilter 物件沒有將異常處理任務向後分發，則不會呈現開發者處理的頁面。下列程式透過實作 IDeveloperPageExceptionFilter 介面定義一個 FakeExceptionFilter 類型，並將其註冊為依賴服務。

```
using Microsoft.AspNetCore.Diagnostics;
var builder = WebApplication.CreateBuilder();
builder.Services.AddSingleton<IDeveloperPageExceptionFilter,
FakeExceptionFilter>();
var app = builder.Build();
app.UseDeveloperExceptionPage();
app.MapGet("/", void ()
    => throw new InvalidOperationException("Manually thrown exception..."));
app.Run();

public class FakeExceptionFilter : IDeveloperPageExceptionFilter
{
    public Task HandleExceptionAsync(ErrorContext errorContext,
        Func<ErrorContext, Task> next)
```

```
        =>        errorContext.HttpContext.Response.WriteAsync("Unhandled
exception occurred!");
}
```

在 FakeExceptionFilter 類型實作的 HandleExceptionAsync 方法，僅在回應的主體內容寫入一段簡單的錯誤訊息（Unhandled exception occurred!），所以不會呈現 DeveloperExceptionPageMiddleware 中介軟體預設的錯誤頁面，取而代之的是由註冊 FakeExceptionFilter 客製化的錯誤頁面，如圖 21-7 所示。（S2108）

圖 21-7　由註冊 FakeExceptionFilter 客製化的錯誤頁面

21.2.2 顯示編譯異常訊息

編譯 ASP.NET Core 應用程式並進行部署，為什麼執行過程還會出現「編譯異常」呢？因為處理這種「預編譯」模式時，ASP.NET Core 還支援執行時期動態編譯。以 MVC 應用程式為例，可以在執行時期修改視圖檔，此舉將觸發動態編譯。如果修改的內容無法通過編譯，便拋出編譯異常。DeveloperExceptionPageMiddleware 中介軟體在處理編譯異常時，會在錯誤頁面呈現不同的內容。

接下來利用一個 MVC 應用程式展示 DeveloperExceptionPageMiddleware 中介軟體針對編譯異常的處理。為了支援執行時期動態編譯，先為 MVC 專案增加「Microsoft.AspNetCore. Mvc.Razor.RuntimeCompilation」NuGet 套件的依賴，並修改專案檔案將 PreserveCompilationReferences 屬性設為 True。

```
<Project Sdk="Microsoft.NET.Sdk.Web">
  <PropertyGroup>
    <TargetFramework>net6</TargetFramework>
    <PreserveCompilationReferences>true</PreserveCompilationReferences>
  </PropertyGroup>
  <ItemGroup>
    <PackageReference Include="Microsoft.AspNetCore.Mvc.Razor.RuntimeCompilation"
        Version="6.0.0" />
  </ItemGroup>
</Project>
```

下列程式註冊 DeveloperExceptionPageMiddleware 中介軟體。為了支援 Razor 視圖檔的執行時期動態編譯，以 AddControllersWithViews 擴展方法得到返回的 IMvcBuilder 物件之後，進一步呼叫該物件的 AddRazorRuntimeCompilation 擴展方法。

```
var builder = WebApplication.CreateBuilder();
builder.Services.AddControllersWithViews().AddRazorRuntimeCompilation();
var app = builder.Build();
app.UseDeveloperExceptionPage();
app.MapControllers();
app.Run();
```

定義如下 HomeController，它的 Action 方法 Index 會直接呼叫 View 方法呈現預設的視圖。根據約定，Action 方法 Index 顯示的視圖檔，對應的路徑應該是「~/views/home/ index.cshtml」。先不提供這個視圖檔的內容。

```
public class HomeController : Controller
{
    [HttpGet("/")]
    public IActionResult Index() => View();
}
```

啟動 MVC 應用程式，再將視圖檔的內容定義成下列形式，為了讓動態編譯失敗，這裡指定的 Foobar 類型實際上根本不存在。

```
@{
    var value = new Foobar();
}
```

以瀏覽器請求根路徑時，會得到錯誤頁面，如圖 21-8 所示。錯誤頁面顯示的內容和結構與前面展示的實例完全不一樣，這裡不僅可以得到導致編譯失敗的視圖檔路徑「Views/Home/Index.cshtml」，還能看到造成編譯失敗的程式碼。此錯誤頁面還直接呈現出參與編譯的原始碼。（S2109）

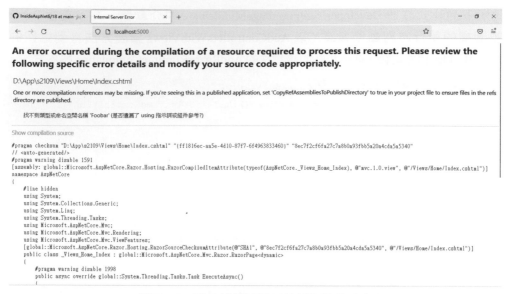

圖 21-8　顯示於錯誤頁面的編譯異常訊息

　　動態編譯過程拋出的異常類型，一般會實作下列的 ICompilationException 介面，該介面定義的 CompilationFailures 屬性返回一個元素類型為 CompilationFailure 的集合。編譯失敗的相關資訊封裝於一個 CompilationFailure 物件。利用它便能得到原始檔案的路徑（SourceFilePath 屬性）和內容（SourceFileContent 屬性），以及原始碼轉換後交付編譯的內容。如果在轉換內容過程已經發生錯誤，則 SourceFileContent 屬性可能返回 Null。

```
public interface ICompilationException
{
    IEnumerable<CompilationFailure> CompilationFailures { get; }
}


public class CompilationFailure
{
    public string                             SourceFileContent {  get; }
    public string                             SourceFilePath {  get; }
    public string                             CompiledContent {  get; }
    public IEnumerable<DiagnosticMessage>     Messages {  get; }
    ...
}
```

　　CompilationFailure 類型的 Messages 屬性返回一個元素類型為 DiagnosticMessage 的集合，DiagnosticMessage 物件承載一些描述編譯錯誤的診斷資訊。除了藉助該物件的相關屬性得到描述編譯錯誤的訊息（Message 屬性和 FormattedMessage 屬性）外，

還能取得編譯錯誤所在原始檔案的路徑（SourceFilePath）及範圍。StartLine 屬性和
StartColumn 屬性，分別表示編譯錯誤的程式碼在原始檔案開始的列與行。EndLine
屬性和 EndColumn 屬性，則分別表示編譯錯誤的程式碼在原始檔案結束的列與行（列
數和行數分別從 1 與 0 開始計數）。

```
public class DiagnosticMessage
{
    public string    SourceFilePath {  get; }
    public int       StartLine {  get; }
    public int       StartColumn {  get; }
    public int       EndLine {  get; }
    public int       EndColumn {  get; }

    public string    Message {  get; }
    public string    FormattedMessage {  get; }
    ...
}
```

　　從圖 21-8 得知，錯誤頁面直接顯示導致編譯失敗的相關程式碼。更令人
感到驚喜的是，它不僅直接呈現失敗的原始碼，還包括前後相鄰的程式碼。
至於應該顯示多少行，實際上是透過 DeveloperExceptionPageOptions 組態選項
的 SourceCodeLineCount 屬性來控制；而原始檔案的讀取，則是由該組態選項的
FileProvider 屬性提供的 IFileProvider 物件控制。

```
var builder = WebApplication.CreateBuilder();
builder.Services.AddControllersWithViews().AddRazorRuntimeCompilation();
var app = builder.Build();
app.UseDeveloperExceptionPage(
    new DeveloperExceptionPageOptions {  SourceCodeLineCount = 3});
app.MapControllers();
app.Run();
```

　　對於前述實例來說，如果將前後相鄰的 3 行程式碼顯示於錯誤頁面，
則可採用上述方式為 DeveloperExceptionPageMiddleware 中介軟體指定
DeveloperExceptionPageOptions 組態選項，並將它的 SourceCodeLineCount 屬性設為
3。改寫視圖檔（index.cshtml）成如下形式，在導致編譯失敗的那一行程式碼前後分
別加上 4 行空白。

```
1:
2:
3:
4:
```

```
5:@{ var value = new Foobar();}
6:
7:
8:
9:
```

對於視圖檔的 9 行程式碼，根據註冊 DeveloperExceptionPageMiddleware 中介軟體時指定的規則，最終顯示於錯誤頁面的應該是第 2 ～ 8 行程式碼。如果以瀏覽器存取相同的位址，則這幾行程式碼會以圖 21-9 的形式顯示於錯誤頁面。如果未明確設定 SourceCodeLineCount 屬性，則其預設值為 6。（S2110）

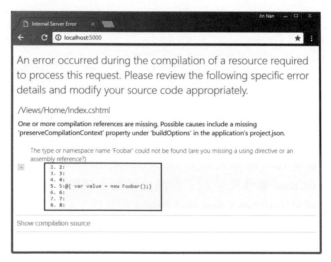

圖 21-9　根據設定顯示相鄰的程式碼

21.2.3　DeveloperExceptionPageMiddleware

下列程式碼模擬 DeveloperExceptionPageMiddleware 中介軟體的異常處理邏輯，建構函數注入了提供組態選項的 IOptions<DeveloperExceptionPageOptions> 物件和一組 IDeveloperPageExceptionFilter 物件。中介軟體用來作為異常處理器的 Func<ErrorContext, Task> 委託物件，定義於 _exceptionHandler 欄位。處理異常時，它先呼叫註冊的 IDeveloperPageExceptionFilter 物件的 HandleExceptionAsync 方法，如果未註冊該物件，或者它們都將異常處理任務向後傳遞，則 DisplayRuntimeException 方法或 DisplayCompilationException 方法最終會呈現出「開發者異常頁面」。

```
public class DeveloperExceptionPageMiddleware
{
```

```
private readonly RequestDelegate              _next;
private readonly DeveloperExceptionPageOptions _options;
private readonly Func<ErrorContext, Task>      _exceptionHandler;

public DeveloperExceptionPageMiddleware(
    RequestDelegate next,
    IOptions<DeveloperExceptionPageOptions> options,
    ILoggerFactory loggerFactory,
    IWebHostEnvironmenL hostingEnvironment,
    DiagnosticSource diagnosticSource,
    IEnumerable<IDeveloperPageExceptionFilter> filters)
{

    _next              = next;
    _options           = options.Value;
    _exceptionHandler  = context => context.Exception is ICompilationException
        ? DisplayCompilationException()
        : DisplayRuntimeException();
    ...

    foreach (var filter in filters.Reverse())
    {
        var nextFilter = _exceptionHandler;
        _exceptionHandler = errorContext =>
            filter.HandleExceptionAsync(errorContext, nextFilter);
    }
}

public async Task Invoke(HttpContext context)
{
    try
    {
        await _next(context);
    }
    catch (Exception ex)
    {
        context.Response.Clear();
        context.Response.StatusCode = 500;
        await _exceptionHandler(new ErrorContext(context, ex));
        throw;
    }
}
private Task DisplayCompilationException();
private Task DisplayRuntimeException();
}
```

Invoke 方法會直接將目前請求分發給後續管道來處理。如果拋出異常，便根據異常物件和目前 HttpContext 上下文物件建立一個 ErrorContext 上下文物件，並將其作為參數，呼叫身為異常處理器的 Func<ErrorContext, Task> 委託物件。最終返回一個狀態碼為「500 Internal Server Error」的回應。DeveloperExceptionPageMiddleware 中介軟體由如下兩個 UseDeveloperExceptionPage 擴展方法進行註冊。

```
public static class DeveloperExceptionPageExtensions
{
    public static IApplicationBuilder UseDeveloperExceptionPage(
        this IApplicationBuilder app)
        => app.UseMiddleware<DeveloperExceptionPageMiddleware>();

    public static IApplicationBuilder UseDeveloperExceptionPage(
        this IApplicationBuilder app, DeveloperExceptionPageOptions options)
        =>app.UseMiddleware<DeveloperExceptionPageMiddleware>(Options.Create(options));
}
```

21.3 異常處理器

ExceptionHandlerMiddleware 中介軟體是一個「萬能」的異常處理器，具體的異常處理策略完全由提供的異常處理器來決定。

21.3.1 ExceptionHandlerMiddleware

如下面的程式碼所示，ExceptionHandlerMiddleware 中介軟體類型的建構函數注入了提供組態選項的 IOptions<ExceptionHandlerOptions> 物件。作為異常處理器的 RequestDelegate 委託物件，則由 ExceptionHandlerOptions 組態選項的 ExceptionHandler 屬性提供。如果希望程式在發生異常後自動重定向到某個指定的路徑，便可利用 ExceptionHandlingPath 屬性指定該路徑。異常處理器和重定向路徑至少要設定一個。AllowStatusCode404Response 屬性表示該中介軟體是否允許最終返回狀態碼為 404 的回應，預設值為 False。

```
public class ExceptionHandlerMiddleware
{
    public ExceptionHandlerMiddleware(RequestDelegate next, ILoggerFactory loggerFactory,
        IOptions<ExceptionHandlerOptions> options, DiagnosticListener diagnosticListener);
    public Task Invoke(HttpContext context);
}
```

```
public class ExceptionHandlerOptions
{
    public RequestDelegate      ExceptionHandler { get; set; }
    public PathString           ExceptionHandlingPath { get; set; }
    public bool                 AllowStatusCode404Response { get; set; }
}
```

ExceptionHandlerMiddleware 中介軟體由如下 UseExceptionHandler 擴展方法來註冊。可以不用指定任何參數，也能利用參數提供一個 ExceptionHandlerOptions 組態選項或重定向路徑，甚至建構處理器的 Action<IApplicationBuilder> 委託物件。

```
public static class ExceptionHandlerExtensions
{
    public static IApplicationBuilder UseExceptionHandler(this IApplicationBuilder app)
        => app.UseMiddleware<ExceptionHandlerMiddleware>();

    public static IApplicationBuilder UseExceptionHandler(this IApplicationBuilder app,
        ExceptionHandlerOptions options)
        => app.UseMiddleware<ExceptionHandlerMiddleware>(Options.Create(options));

    public static IApplicationBuilder UseExceptionHandler(this IApplicationBuilder app,
        string errorHandlingPath)
        =>app.UseExceptionHandler(new ExceptionHandlerOptions
        {
            ExceptionHandlingPath = new PathString(errorHandlingPath)
        });

    public static IApplicationBuilder UseExceptionHandler(this IApplicationBuilder app,
        Action<IApplicationBuilder> configure)
    {
        IApplicationBuilder newBuilder = app.New();
        configure(newBuilder);

        return app.UseExceptionHandler(new ExceptionHandlerOptions
        {
            ExceptionHandler = newBuilder.Build()
        });
    }
}
```

下列程式碼大致模擬了 ExceptionHandlerMiddleware 中介軟體處理異常的流程。如果後續管道拋出異常，則中介軟體會將回應狀態碼設為 500，並清除回應快取。如果指定異常處理的路徑，則它會透過修改請求路徑的方式，對該路徑實施伺服端重定向，否則便以異常處理器處理目前請求。如果最終發現回應狀態碼為 404，而且

ExceptionHandlerOptions 組態選項的 AllowStatusCode404Response 屬性返回 False，
就重新拋出原始的異常。

```csharp
public class ExceptionHandlerMiddleware
{
    private RequestDelegate _next;
    private ExceptionHandlerOptions _options;

    public ExceptionHandlerMiddleware(RequestDelegate next,
        IOptions<ExceptionHandlerOptions> options,...)
    {
        _next = next;
        _options = options.Value;
        ...
    }

    public async Task Invoke(HttpContext context)
    {
        try
        {
            await _next(context);
        }
        catch(Exception ex)
        {
            var edi = ExceptionDispatchInfo.Capture(ex);
            context.Response.StatusCode = 500;
            context.Response.Clear();
            if (_options.ExceptionHandlingPath.HasValue)
            {
                context.Request.Path = _options.ExceptionHandlingPath;
            }
            var handler = _options.ExceptionHandler ?? _next;
            await handler(context);

            if (context.Response.StatusCode == 404
                && !_options.AllowStatusCode404Response)
            {
                throw edi.SourceException;
            }
        }
    }
}
```

21.3.2 IExceptionHandlerPathFeature 特性

　　如果設定了重定向位址，ExceptionHandlerMiddleware 中介軟體會將請求路徑修改成該位址，後續針對請求的處理將永遠得不到原始的請求路徑，這有可能會對異常處理器和其他的中介軟體造成影響。為了保存原始的請求路徑，必須使用 IExceptionHandlerPathFeature 特性，該特性除了攜帶原始的請求路徑，還包括拋出的異常、目前終節點與路由參數。IExceptionHandlerPathFeature 介面和 ExceptionHandlerFeature 類型的定義如下，前者繼承自另一個 IExceptionHandlerFeature 介面。

```
public interface IExceptionHandlerFeature
{
    Exception               Error { get; }
    string                  Path { get; }
    Endpoint?               Endpoint { get; }
    RouteValueDictionary?   RouteValues { get; }
}

public interface IExceptionHandlerPathFeature : IExceptionHandlerFeature
{
    new string Path => ((IExceptionHandlerFeature)this).Path;
}

public class ExceptionHandlerFeature : IExceptionHandlerPathFeature
{
    public Exception               Error { get; set; } = default!;
    public string                  Path { get; set; } = default!;
    public Endpoint?               Endpoint { get; set; }
    public RouteValueDictionary?   RouteValues { get; set; }
}
```

　　在 ExceptionHandlerMiddleware 中介軟體將表示目前請求的 HttpContext 上下文物件傳遞給處理器之前，它會按照下列方式建立一個 ExceptionHandlerFeature 特性，然後附著到目前 HttpContext 上下文物件。當整個請求處理流程完全結束之後，該中介軟體還會將請求路徑恢復成原始值，以免對中介軟體的後續處理造成影響。

```
public class ExceptionHandlerMiddleware
{
    ...
    public async Task Invoke(HttpContext context)
    {
        try
        {
```

```
                await _next(context);
        }
        catch (Exception ex)
        {
            var edi = ExceptionDispatchInfo.Capture(ex);
            var originalPath = context.Request.Path;
            try
            {
                var feature = new ExceptionHandlerFeature()
                {
                    Error = ex,
                    Path = originalPath,
                    Endpoint = context.GetEndpoint(),
                    RouteValues =
                        context.Features.Get<IRouteValuesFeature>()?.RouteValues
                };
                context.Features.Set<IExceptionHandlerFeature>(feature);
                context.Features.Set<IExceptionHandlerPathFeature>(feature);

                context.Response.StatusCode = 500;
                context.Response.Clear();
                if (_options.ExceptionHandlingPath.HasValue)
                {
                    context.Request.Path = _options.ExceptionHandlingPath;
                }
                var handler = _options.ExceptionHandler ?? _next;
                await handler(context);

                if (context.Response.StatusCode == 404
                    && !_options.AllowStatusCode404Response)
                {
                    throw edi.SourceException;
                }
            }
            finally
            {
                context.Request.Path = originalPath;
            }
        }
    }
}
```

處理異常時，可以從目前 HttpContext 上下文物件提取 ExceptionHandlerFeature 特性物件，進而取得拋出的異常和原始請求路徑。如下面的程式碼所示，以 HandleError 方法呈現一個客製化的錯誤頁面。該方法藉助 ExceptionHandlerFeature 特性獲得拋出的異常，然後顯示其類型、訊息及堆疊追蹤資訊。

```csharp
using Microsoft.AspNetCore.Diagnostics;

var app = WebApplication.Create();
app.UseExceptionHandler("/error");
app.MapGet("/error", HandleError);
app.MapGet("/",
    void () => throw new InvalidOperationException("Manually thrown exception"));
app.Run();

static IResult HandleError(HttpContext context)
{
    var ex = context.Features.Get<IExceptionHandlerPathFeature>()!.Error;
    var html = $@"
<html>
    <head><title>Error</title></head>
    <body>
        <h3>{ex.Message}</h3>
        <p>Type: {ex.GetType().FullName}</p>
        <p>StackTrace: {ex.StackTrace}</p>
    </body>
</html>";
    return Results.Content(html, "text/html");
}
```

上面程式為路徑「/error」註冊一個以 HandleError 作為處理方法的終節點。註冊的 ExceptionHandlerMiddleware 中介軟體將「/error」作為重定向路徑。那麼，針對根路徑的請求將得到錯誤頁面，如圖 21-10 所示。（S2111）

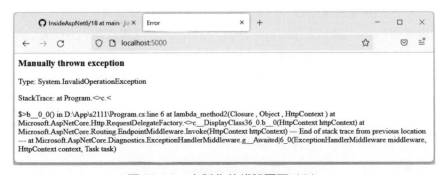

圖 21-10　客製化的錯誤頁面（3）

21.3.3 清除快取

　　大部分情況下，由於相關快取只適用於成功狀態的回應，如果伺服端在處理請求過程出現異常，則之前設定的快取標頭不應該出現在回應封包。對於 ExceptionHandlerMiddleware 中介軟體來說，清除快取標頭也是它負責的一項重要工作。在如下所示的程式碼中，針對根路徑的請求有 50% 的機率會拋出異常。無論是返回正常的回應內容還是拋出異常，該方法都會先設定一個 Cache-Control 的回應標頭，並將快取時間設為 1 小時（Cache-Control: max-age=3600）。註冊的 ExceptionHandlerMiddleware 中介軟體在處理異常時，會回應一個內容為「Error occurred!」的字串。

```
using Microsoft.Net.Http.Headers;

var _random = new Random();
var app = WebApplication.Create();
app.UseExceptionHandler(app2
    => app2.Run(httpContext => httpContext.Response.WriteAsync("Error occurred!")));
app.MapGet("/", (HttpResponse response) => {
    response.GetTypedHeaders().CacheControl = new CacheControlHeaderValue
    {
        MaxAge = TimeSpan.FromHours(1)
    };

    if (_random.Next() % 2 == 0)
    {
        throw new InvalidOperationException("Manually thrown exception...");
    }
    return response.WriteAsync("Succeed...");
});
app.Run();
```

　　如下所示的兩個回應封包，分別對應至正常回應和拋出異常的情況。程式中設定的快取標頭 Cache-Control: max-age=3600，只會出現在狀態碼為「200 OK」的回應。在狀態碼為「500 Internal Server Error」的回應中，有 3 個與快取相關的標頭（Cache-Control、Pragma 和 Expires），它們的目的都是禁止快取或者將快取標示為過期。（S2112）

```
HTTP/1.1 200 OK
Date: Mon, 08 Nov 2021 12:47:55 GMT
Server: Kestrel
Cache-Control: max-age=3600
```

```
Content-Length: 10

Succeed...
```

```
HTTP/1.1 500 Internal Server Error
Date: Mon, 08 Nov 2021 12:48:00 GMT
Server: Kestrel
Cache-Control: no-cache,no-store
Expires: -1
Pragma: no-cache
Content-Length: 15

Error occurred!
```

ExceptionHandlerMiddleware 中介軟體針對快取回應標頭的清除，體現於下列所示的程式碼。由此看出它透過 HttpResponse 物件的 OnStarting 方法註冊一個回呼（ClearCacheHeaders），此回呼將設定上述 3 個快取標頭。此外，它還會清除 ETag 標頭。既然目標資源沒有得到正常的回應，那麼表示資源「簽名」的 ETag 標頭就不應該出現在回應封包中。

```
public class ExceptionHandlerMiddleware
{
    ...
    public async Task Invoke(HttpContext context)
    {
        try
        {
            await _next(context);
        }
        catch (Exception ex)
        {
            ...
            context.Response.OnStarting(ClearCacheHeaders, context.Response);
            ...
        }
    }

    private Task ClearCacheHeaders(object state)
    {
        var response = (HttpResponse)state;
        response.Headers[HeaderNames.CacheControl] = "no-cache";
        response.Headers[HeaderNames.Pragma]       = "no-cache";
        response.Headers[HeaderNames.Expires]      = "-1";
```

```
        response.Headers.Remove(HeaderNames.ETag);
        return Task.CompletedTask;
    }
}
```

21.3.4 404 回應

　　ExceptionHandlerOptions 組 態 選 項 的 AllowStatusCode404Response 屬 性，表
示 ExceptionHandlerMiddleware 中介軟體是否允許最終返回狀態碼為 404 的回
應。預設值為 False，意謂著在內定情況下，為該中介軟體指定的異常處理器不
能返回狀態碼為 404 的回應，此時它會拋出原始的異常。如果狀態碼為 404 的
回應是最終的異常處理結果，則必須將 ExceptionHandlerMiddleware 組態選項的
AllowStatusCode404Response 屬性設為 True。

　　以下列程式碼為例，首先為路徑「/foo」和「/bar」註冊對應的終節點，針
對它們的處理器最終都會拋出一個異常。將 ExceptionHandlerMiddleware 中介軟
體註冊到這兩個路由分支，採用的異常處理器都會把回應狀態碼設為 404。但是
ExceptionHandlerOptions 組態選項的 AllowStatusCode404Response 屬性則不同，前者
採用預設值 False，後者明確設定為 True。

```
var app = WebApplication.Create();
app.MapGet("/foo", BuildHandler(app, false));
app.MapGet("/bar", BuildHandler(app, true));
app.Run();

static RequestDelegate BuildHandler(IEndpointRouteBuilder endpoints,
    bool allowStatusCode404Response)
{
    var options = new ExceptionHandlerOptions
    {
        ExceptionHandler = httpContext =>
        {
            httpContext.Response.StatusCode = 404;
            return Task.CompletedTask;
        },
        AllowStatusCode404Response = allowStatusCode404Response
    };
    var app = endpoints.CreateApplicationBuilder();
    app
        .UseExceptionHandler(options)
        .Run(httpContext => Task.FromException(
```

```
            new InvalidOperationException("Manually thrown exception.")));
    return app.Build();
}
```

　　執行程式之後，針對兩個路由分支的路徑請求會得到不同的輸出結果。如圖
21-11 所示，針對路徑「/foo」的請求，返回的依然是狀態碼為 500 的回應；針對路徑「/
bar」的請求，異常處理器則返回正常的 404 回應。（S2113）

圖 21-11　是否允許 404 回應

21.4 回應狀態碼頁面

　　StatusCodePagesMiddleware 中 介 軟 體 會 將 後 續 管 道 處 理 出 現 的 400 ～
599 的回應狀態碼視為「異常」，並實施異常處理。如下面的程式碼所示，
StatusCodePagesMiddleware 中介軟體類型的建構函數注入了提供組態選項的
IOptions<StatusCodePagesOptions> 物件。

```
public class StatusCodePagesMiddleware
{
    public StatusCodePagesMiddleware(RequestDelegate next,
        IOptions<StatusCodePagesOptions> options);
    public Task Invoke(HttpContext context);
}
```

　　StatusCodePagesMiddleware 中 介 軟 體 的 異 常 處 理 器， 體 現 為
Func<StatusCodeContext, Task> 委 託 物 件， 由 StatusCodePagesOptions 組 態 選 項 的
HandleAsync 屬性指定。作為輸入的 StatusCodeContext 物件也是對目前 HttpContext
上下文物件的封裝，其 Next 屬性返回的 RequestDelegate 物件表示後續中介軟體管道。

```
public class StatusCodePagesOptions
{
    public Func<StatusCodeContext, Task> HandleAsync { get; set; }
}

public class StatusCodeContext
{
    public HttpContext              HttpContext { get; }
    public RequestDelegate          Next { get; }
    public StatusCodePagesOptions   Options { get; }

    public StatusCodeContext(HttpContext context, StatusCodePagesOptions options,
        RequestDelegate next);
}
```

21.4.1　StatusCodePagesMiddleware

下列程式碼模擬 StatusCodePagesMiddleware 中介軟體的請求處理流程。Invoke 方法在後續管道完成處理之後，除了查看目前回應的狀態碼外，還有回應內容及媒體類型。如果此時已經包含回應內容或者設定了媒體類型，便不會執行任何操作，因為這正是後續管道希望返回用戶端的回應，中介軟體不應該再「畫蛇添足」。

```
public class StatusCodePagesMiddleware
{
    private  RequestDelegate        _next;
    private  StatusCodePagesOptions _options;

    public StatusCodePagesMiddleware(RequestDelegate next,
        IOptions<StatusCodePagesOptions> options)
    {
        _next       = next;
        _options    = options.Value;
    }

    public async Task Invoke(HttpContext context)
    {
        await _next(context);
        var response = context.Response;
        if ( !context.Response.HasStarted && (response.StatusCode >= 400
            && response.StatusCode <= 599) && !response.ContentLength.HasValue &&
            string.IsNullOrEmpty(response.ContentType))
        {
            await _options.HandleAsync(new StatusCodeContext(context, _options, _next));
        }
```

```
    }
}
```

　　StatusCodePagesMiddleware 中介軟體對錯誤的處理非常簡單，它只需要從 StatusCodePagesOptions 組態選項提取作為錯誤處理器的 Func<StatusCodeContext, Task> 委託物件，並建立一個 StatusCodeContext 上下文物件作為輸入參數，再呼叫這個委託物件即可。

21.4.2 阻止處理異常

　　如果寫入某些內容至回應的主體部分，或者預先設定回應的媒體類型，StatusCodePagesMiddleware 中介軟體就不會再執行任何錯誤處理操作。但是應用程式往往有本身的異常處理策略，也許在某些情況下就應該返回一個狀態碼在 400 ～ 599 區間內的回應，中介軟體不應該對目前回應進行任何干預。

　　為了解決這種情況，必須賦予後續中介軟體阻止 StatusCodePagesMiddleware 中介軟體處理錯誤的功能。這項功能藉由 IStatusCodePagesFeature 特性來完成。如下面的程式碼所示，IStatusCodePagesFeature 介面定義唯一的 Enabled 屬性，表示是否希望 StatusCodePagesMiddleware 中介軟體參與目前的異常處理。StatusCodePagesFeature 類型是對該介面的預設實作，它的 Enabled 屬性預設返回 True。

```
public interface IStatusCodePagesFeature
{
    bool Enabled { get; set; }
}

public class StatusCodePagesFeature : IStatusCodePagesFeature
{
    public bool Enabled { get; set; } = true ;
}
```

　　如下面的程式碼所示，StatusCodePagesMiddleware 中介軟體在將請求交給後續管道處理之前，它會建立一個 StatusCodePagesFeature 特性，然後附著到目前 HttpContext 上下文物件。如果後面的中介軟體希望 StatusCodePagesMiddleware 中介軟體能夠「放行」，只需要將此特性的 Enabled 屬性設為 False。

```
public class StatusCodePagesMiddleware
{
    ...
    public async Task Invoke(HttpContext context)
```

```
    {
        var feature = new StatusCodePagesFeature();
        context.Features.Set<IStatusCodePagesFeature>(feature);

        await _next(context);
        var response = context.Response;
        if ((response.StatusCode >= 400 && response.StatusCode <= 599) &&
            !response.ContentLength.HasValue &&
            string.IsNullOrEmpty(response.ContentType) &&
            feature.Enabled)
        {
            await _options.HandleAsync(new StatusCodeContext(context, _options, _next));
        }
    }
}
```

下列程式將根路徑「/」請求的處理實作於 Process 方法，並把回應狀態碼設為「401 Unauthorized」。透過亂數讓這個方法在一定的機率下，將 StatusCodePagesFeature 特性的 Enabled 屬性設為 False。註冊的 StatusCodePagesMiddleware 中介軟體會直接將「Error occurred!」文字作為回應內容。

```
using Microsoft.AspNetCore.Diagnostics;

var random = new Random();
var app = WebApplication.Create();
app.UseStatusCodePages(HandleAsync);
app.MapGet("/", Process);
app.Run();

static Task HandleAsync(StatusCodeContext context)
    => context.HttpContext.Response.WriteAsync("Error occurred!");

void Process(HttpContext context)
{
    context.Response.StatusCode = 401;
    if (random.Next() % 2 == 0)
    {
        context.Features.Get<IStatusCodePagesFeature>()!.Enabled = false;
    }
}
```

針對根路徑的請求會得到下列兩種不同的回應。沒有主體內容的回應是由 Process 方法產生，這種情況發生在透過 StatusCodePagesFeature 特性遮罩 StatusCodePagesMiddleware 中介軟體時。有主體內容的回應則是 Process 方法和 StatusCodePagesMiddleware 中介軟體共同作用的結果。（S2114）

```
HTTP/1.1 401 Unauthorized
Date: Sat, 11 Sep 2021 03:07:20 GMT
Server: Kestrel
Content-Length: 15


Error occurred!
```

```
HTTP/1.1 401 Unauthorized
Date: Sat, 11 Sep 2021 03:07:34 GMT
Server: Kestrel
Content-Length: 0
```

21.4.3　註冊中介軟體

StatusCodePagesMiddleware 中介軟體允許採用多種註冊方式，除了選擇 UseStatusCodePages 擴展方法外，還有其他兩個「重定向」的擴展方法。

1. UseStatusCodePages

可以呼叫下列 3 個 UseStatusCodePages 擴展方法註冊 StatusCodePagesMiddleware 中介軟體。無論是哪一個擴展方法，系統最終都會根據 StatusCodePagesOptions 物件以建構函數建立這個中介軟體，而且該組態選項必須具有一個作為錯誤處理器的 Func <StatusCodeContext, Task> 委託物件。

```
public static class StatusCodePagesExtensions
{
    public static IApplicationBuilder UseStatusCodePages(this IApplicationBuilder app)
        => app.UseMiddleware<StatusCodePagesMiddleware>();

    public static IApplicationBuilder UseStatusCodePages(this IApplicationBuilder app,
        StatusCodePagesOptions options)
        => app.UseMiddleware<StatusCodePagesMiddleware>(Options.Create(options));

    public static IApplicationBuilder UseStatusCodePages(this IApplicationBuilder app,
        Func<StatusCodeContext, Task> handler)
        => app.UseStatusCodePages(new StatusCodePagesOptions
        {
            HandleAsync = handler
        });
}
```

由於 StatusCodePagesMiddleware 中介軟體最終的目的還是將客製化的錯誤訊息回應給用戶端，因此可於註冊中介軟體時直接指定回應的內容和媒體類型，這樣的註冊方式可以透過 UseStatusCodePages 擴展方法來完成。從下列所示的程式碼得知，實際上透過「bodyFormat」參數指定的是一個範本，它能夠包含一個表示回應狀態碼的預留位置（{0}）。

```
public static class StatusCodePagesExtensions
{
    public static IApplicationBuilder UseStatusCodePages(this IApplicationBuilder app,
        string contentType, string bodyFormat)
    {
        return app.UseStatusCodePages(context =>
        {
            var body = string.Format(CultureInfo.InvariantCulture, bodyFormat,
                context.HttpContext.Response.StatusCode);
            context.HttpContext.Response.ContentType = contentType;
            return context.HttpContext.Response.WriteAsync(body);
        });
    }
}
```

如果需要利用多個中介軟體組成的管道來處理錯誤，則可呼叫下列參數類型為 Action <IApplicationBuilder> 的 UseStatusCodePages 擴展方法。它會建立一個新的 IApplicationBuilder 物件，並將其作為參數呼叫 Action<IApplicationBuilder> 委託物件註冊中介軟體，最終轉換成一個作為錯誤處理器的 RequestDelegate 委託物件。

```
public static class StatusCodePagesExtensions
{
    public static IApplicationBuilder UseStatusCodePages(this IApplicationBuilder app,
        Action<IApplicationBuilder> configuration)
    {
        var builder = app.New();
        configuration(builder);
        RequestDelegate handler = builder.Build();
        return app.UseStatusCodePages(context => handler(context.HttpContext));
    }
}
```

2. UseStatusCodePagesWithRedirects

UseStatusCodePagesWithRedirects 擴 展 方 法 會 讓 註 冊 的 StatusCodePages Middleware 中介軟體，對指定的路徑發送一個用戶端重定向。從下列所示的程式碼得知，「locationFormat」參數指定的重定向位址也是一個範本，它包含一個表示回應狀態碼的預留位置（{0}）。可以指定一個完整的位址，或者是一個相對於 PathBase 的路徑，後者需要包含表示基底位址的前綴「~/」。

```
public static class StatusCodePagesExtensions
{
    public static IApplicationBuilder UseStatusCodePagesWithRedirects(
        this IApplicationBuilder app, string locationFormat)
    {
        if (locationFormat.StartsWith("~"))
        {
            locationFormat = locationFormat.Substring(1);
            return app.UseStatusCodePages(context =>
            {
                var location = string.Format(CultureInfo.InvariantCulture, locationFormat,
                    context.HttpContext.Response.StatusCode);
                context.HttpContext.Response.Redirect(
                    context.HttpContext.Request.PathBase + location);
                return Task.CompletedTask;
            });
        }
        else
        {
            return app.UseStatusCodePages(context =>
            {
                var location = string.Format(CultureInfo.InvariantCulture, locationFormat,
                    context.HttpContext.Response.StatusCode);
                context.HttpContext.Response.Redirect(location);
                return Task.CompletedTask;
            });
        }
    }
}
```

　　下列程式針對路由範本「error/{statusCode}」註冊一個終節點，路由參數
「{statusCode}」表示回應的狀態碼，對應的終節點處理器會把「Error occurred
({statusCode})」文字作為回應內容。呼叫 UseStatusCodePagesWithRedirects 方法時將
重定向路徑設為「error/{0}」。

```
var random = new Random();
var app = WebApplication.Create();
app.UseStatusCodePagesWithRedirects("~/error/{0}");
app.Map("/error/{statusCode}", (HttpResponse response, int statusCode) =>
response.WriteAsync($"Error occurred ({statusCode})"));
app.Map("/", void (HttpResponse response) => response.StatusCode = random.
Next(400, 599));
app.Run();
```

針對根路徑的請求，總是得到一個狀態碼為 400 ～ 599 的回應。在此情況下，StatusCodePagesMiddleware 中介軟體會對指定的路徑（~/error/{statusCode}）發送一個用戶端重定向。由於重定向請求的路徑與註冊的路由相符，因此作為路由處理器的 HandleError 方法將回應圖 21-12 所示的錯誤頁面。（S2115）

圖 21-12　以用戶端重定向的形式呈現錯誤頁面

3. UseStatusCodePagesWithReExecute

UseStatusCodePagesWithReExecute 擴展方法以伺服端重定向的方式處理錯誤請求。如下面的程式碼所示，這個方法不僅可以指定重定向的路徑，還能指定查詢字串。作為重定向位址的「pathFormat」參數依舊是一個路徑範本，它允許包含一個表示回應狀態碼的預留位置（{0}）。

```
public static class StatusCodePagesExtensions
{
    public static IApplicationBuilder UseStatusCodePagesWithReExecute(
        this IApplicationBuilder app, string pathFormat, string queryFormat = null);
}
```

現在略為修改前面的實例，以展示採用伺服端重定向的錯誤頁面。如下面的程式碼所示，將 UseStatusCodePagesWithRedirects 方法替換成 UseStatusCodePagesWithReExecute 方法。

```
var random = new Random();
var app = WebApplication.Create();
app.UseStatusCodePagesWithReExecute("/error/{0}");
app.Map("/error/{statusCode}", (HttpResponse response, int statusCode)
    => response.WriteAsync($"Error occurred ({statusCode})"));
app.Map("/", void (HttpResponse response) => response.StatusCode = random.
Next(400, 599));
app.Run();
```

對於前面展示的實例，由於錯誤頁面是透過用戶端重定向的方式呈現，所以瀏覽器是顯示重定向的位址。本實例則採用伺服端重定向，雖然顯示的頁面內容並沒有任何不同，但是位址列卻發生了變化，如圖 21-13 所示。（S2116）

圖 21-13　以伺服端重定向的形式呈現錯誤頁面

之 所 以 命 名 為 UseStatusCodePagesWithReExecute，是 因 為 註 冊 的 StatusCodePagesMiddleware 中介軟體在處理錯誤時，它僅將重定向路徑和查詢字串應用到目前 HttpContext 上下文物件，然後分發給後續管道重新執行。在 UseStatusCodePagesWithReExecute 方法註冊 StatusCodePagesMiddleware 中介軟體，整體上可由下列所示的程式碼來完成。

```
public static class StatusCodePagesExtensions
{
    public static IApplicationBuilder UseStatusCodePagesWithReExecute(
        this IApplicationBuilder app,
        string pathFormat,
        string queryFormat = null)
    {
        return app.UseStatusCodePages(async context =>
        {
            var newPath = new PathString(
                string.Format(CultureInfo.InvariantCulture, pathFormat,
                context.HttpContext.Response.StatusCode));
            var formatedQueryString = queryFormat == null ? null :
                string.Format(CultureInfo.InvariantCulture, queryFormat,
                context.HttpContext.Response.StatusCode);

            context.HttpContext.Request.Path = newPath;
            context.HttpContext.Request.QueryString = newQueryString;
            await context.Next(context.HttpContext);
        });
    }
}
```

與 ExceptionHandlerMiddleware 中介軟體類似，StatusCodePagesMiddleware 中介軟體在處理請求的過程中會改變 HttpContext 上下文物件的狀態，原始狀態則封裝成 IStatusCodeReExecuteFeature 特性向後傳遞。StatusCodeReExecuteFeature 類型是對該特性介面的預設實作，原始的請求路徑、基礎路徑和查詢字串都可以封裝在這個特性。

```
public interface IStatusCodeReExecuteFeature
{
    string    OriginalPath { get; set; }
    string    OriginalPathBase { get; set; }
    string?   OriginalQueryString{ get; set; }
}

public class StatusCodeReExecuteFeature : IStatusCodeReExecuteFeature
{
    public string     OriginalPath { get; set; }
    public string     OriginalPathBase { get; set; }
    public string?    OriginalQueryString { get; set; }
}
```

　　如下面的程式碼所示，StatusCodePagesMiddleware 中介軟體在將指定的重定向路徑和查詢字串應用到目前 HttpContext 上下文物件之前，它會根據原始的值建立一個 StatusCodeReExecuteFeature 特性，並將其加入目前 HttpContext 上下文物件的特性集合。當處理完成本身的請求之後，便將此特性從目前 HttpContext 上下文物件中移除，並將 3 個屬性恢復成原始狀態。

```
public static class StatusCodePagesExtensions
{
    public static IApplicationBuilder UseStatusCodePagesWithReExecute2(
        this IApplicationBuilder app,
        string pathFormat,
        string queryFormat = null)
    {
        return app.UseStatusCodePages(async context =>
        {
            var newPath = new PathString(
                string.Format(CultureInfo.InvariantCulture, pathFormat,
                context.HttpContext.Response.StatusCode));
            var formatedQueryString = queryFormat == null ? null :
                string.Format(CultureInfo.InvariantCulture, queryFormat,
                context.HttpContext.Response.StatusCode);
            var newQueryString = queryFormat == null
                ? QueryString.Empty : new QueryString(formatedQueryString);

            var originalPath = context.HttpContext.Request.Path;
            var originalQueryString = context.HttpContext.Request.QueryString;

            context.HttpContext.Features.Set<IStatusCodeReExecuteFeature>(
                new StatusCodeReExecuteFeature()
                {
                    OriginalPathBase = context.HttpContext.Request.PathBase.Value,
```

```
                OriginalPath = originalPath.Value,
                OriginalQueryString = originalQueryString.HasValue
                    ? originalQueryString.Value : null,
            });

            context.HttpContext.Request.Path = newPath;
            context.HttpContext.Request.QueryString = newQueryString;
            try
            {
                await context.Next(context.HtLpContext);
            }
            finally
            {
                context.HttpContext.Request.QueryString = originalQueryString;
                context.HttpContext.Request.Path = originalPath;
                context.HttpContext.Features.Set<IStatusCodeReExecuteFeature>(null);
            }
        });
    }
}
```

利用 ASP.NET Core 開發的大部分 API 都是為了對外提供資源，對於不易變化的
資源內容，針對某個維度實施快取，便能很好地提升效能。第 11 章介紹的兩種快取
框架（本地記憶體快取和分散式快取），業已提供簡單易用的快取讀 / 寫設計模式。
本章則是介紹針對 HTTP 回應內容的快取，ResponseCachingMiddleware 中介軟體賦
予相關的功能。

22.1 快取回應內容

不同於第 11 章介紹的利用本地快取框架和分散式快取框架，以手動方式儲
存和擷取具體的快取資料，本章引入的快取不再基於某個具體的快取資料，而是
快取 HTTP 回應的內容。這種快取形式稱為「回應快取」（Response Caching），
它是 HTTP 規範家族的一個重要成員。ASP.NET Core 應用程式的回應快取是透過
ResponseCachingMiddleware 中介軟體來完成。正式介紹這個中介軟體之前，依然先
來展示幾個簡單的實例。

22.1.1 基於路徑的回應快取

為了確定是否快取回應內容，下列程式針對路徑「{foobar?}」註冊的
中介軟體返回目前的時間。首先呼叫 UseResponseCaching 擴展方法註冊
ResponseCachingMiddleware 中介軟體，再以 AddResponseCaching 擴展方法註冊該中
介軟體依賴的服務。

```
using Microsoft.Net.Http.Headers;

var app = WebApplication.Create();
app.UseResponseCaching();
app.MapGet("/{foobar}", Process);
```

```
app.Run();

static DateTimeOffset Process(HttpResponse response)
{
    response.GetTypedHeaders().CacheControl = new CacheControlHeaderValue
    {
        Public = true,
        MaxAge = TimeSpan.FromSeconds(3600)
    };
    return DateTimeOffset.Now;
}
```

　　終節點處理方法 Process 在返回目前時間之前，增加了一個 Cache-Control 回應標頭，並將其值設為「public, max-age=3600」（public 表示快取可以被所有使用者共享的資料，而 max-age 則表示過期時限，單位為秒）。若要證明是否快取整個回應的內容，只需要驗證在快取過期之前擁有相同路徑的多個請求對應的回應，是否具有相同的主體內容。

```
GET http://localhost:5000/foo HTTP/1.1
Host: localhost:5000

HTTP/1.1 200 OK
Content-Type: application/json; charset=utf-8
Date: Tue, 14 Dec 2021 02:13:39 GMT
Server: Kestrel
Cache-Control: public, max-age=3600
Content-Length: 35

"2022-12-14T10:13:39.8838806+08:00"
```

```
GET http://localhost:5000/foo HTTP/1.1
Host: localhost:5000

HTTP/1.1 200 OK
Content-Type: application/json; charset=utf-8
Date: Tue, 14 Dec 2021 02:13:39 GMT
Server: Kestrel
Age: 3
Cache-Control: public, max-age=3600
Content-Length: 35

"2022-12-14T10:13:39.8838806+08:00"
```

```
GET http://localhost:5000/bar HTTP/1.1
Host: localhost:5000

HTTP/1.1 200 OK
Content-Type: application/json; charset=utf-8
Date: Tue, 14 Dec 2021 02:13:49 GMT
Server: Kestrel
Cache-Control: public, max-age=3600
Content-Length: 35

"2022-12-14T10:13:49.0153031+08:00"
```

```
GET http://localhost:5000/bar HTTP/1.1
Host: localhost:5000

HTTP/1.1 200 OK
Content-Type: application/json; charset=utf-8
Date: Tue, 14 Dec 2021 02:13:49 GMT
Server: Kestrel
Age: 2
Cache-Control: public, max-age=3600
Content-Length: 35

"2022-12-14T10:13:49.0153031+08:00"
```

　　如上所示的 4 個請求和回應是在不同的時間點發送，前兩個請求和後兩個請求採用的請求路徑，分別為「foo」和「bar」。由此看出相同路徑的請求會得到相同的時間戳記，意謂著後續請求返回的內容來自於快取，並且說明回應內容預設是基於請求路徑來快取。由於發送請求的時間不同，所以返回的快取副本的「年齡」（對應回應標頭 Age）也不一樣。（S2201）

22.1.2 引入其他快取維度

　　一般而言，對於提供資源的 API 來說，請求的路徑可以作為資源的標識，所以請求路徑決定返回的資源，這也是回應基於路徑進行快取的理論依據。但是在大多數情況下，請求路徑僅僅是返回內容的決定性因素之一，即使它能夠唯一標識返回的資源，但是資源允許以不同的語言表達，或者採用不同的編碼方式，因此最終回應的內容還是不一樣。編寫請求處理程式時，經常會根據請求攜帶的查詢字串產生回應的內容。以返回目前時間戳記的實例來說，可以利用請求內含的查詢字串「utc」或者請求標頭「X-UTC」，以決定返回的是本地時間還是 UTC 時間。

```csharp
using Microsoft.AspNetCore.Mvc;
using Microsoft.Net.Http.Headers;

var app = WebApplication.Create();
app.UseResponseCaching();
app.MapGet("/{foobar?}", Process);
app.Run();

static DateTimeOffset Process(HttpResponse response,
    [FromHeader(Name = "X-UTC")] string? utcHeader,
    [FromQuery(Name ="utc")]string? utcQuery)
{
    response.GetTypedHeaders().CacheControl = new CacheControlHeaderValue
    {
        Public = true,
        MaxAge = TimeSpan.FromSeconds(3600)
    };

    return Parse(utcHeader) ?? Parse(utcQuery) ?? false
        ? DateTimeOffset.UtcNow : DateTimeOffset.Now;

    static bool? Parse(string? value)
    => value == null
    ? null
    : string.Compare(value, "1", true) == 0 || string.Compare(value, "true", true) ==
0;
}
```

　　由於回應快取預設採用的 Key 來自於請求的路徑，但是對於修改過的程式來說，預設快取鍵的生成策略就有問題了。執行程式後，以路徑「foobar」傳送下列兩個請求，第一個請求返回即時產生的本地時間（+08:00 表示採用北京時區的時間）；對於第二個請求，本來希望指定「utc」查詢字串返回一個 UTC 時間，但是得到卻是快取的本地時間。（S2202）

```
GET http://localhost:5000/foobar HTTP/1.1
Host: localhost:5000

HTTP/1.1 200 OK
Content-Type: application/json; charset=utf-8
Date: Tue, 14 Dec 2021 02:54:54 GMT
Server: Kestrel
Cache-Control: public, max-age=3600
Content-Length: 35

"2021-12-14T02:54:54.6845646+08:00"
```

```
GET http://localhost:5000/foobar?utc=true HTTP/1.1
Host: localhost:5000

HTTP/1.1 200 OK
Content-Type: application/json; charset=utf-8
Date: Tue, 14 Dec 2021 02:54:54 GMT
Server: Kestrel
Age: 7
Cache-Control: public, max-age=3600
Content-Length: 35

"2021-12-14T02:54:54.6845646+08:00"
```

　　若想解決這個問題，必須讓快取維度作為快取鍵的組成部分。以展示程式來說，回應快取的 Key 不僅包括請求的路徑，還得包含查詢字串「utc」和請求標頭「X-UTC」的值，為此修改展示程式。如下面的程式碼所示，從目前 HttpContext 上下文物件擷取 IResponseCachingFeature 特性，並設定其 VaryByQueryKeys 屬性，使之包含參與快取的查詢字串名稱「utc」。為了讓自訂請求標頭「X-UTC」的值也參與快取，可以把「X-UTC」作為 Vary 回應標頭的值。（S2203）

```
using Microsoft.AspNetCore.Mvc;
using Microsoft.AspNetCore.ResponseCaching;
using Microsoft.Net.Http.Headers;

var app = WebApplication.Create();
app.UseResponseCaching();
app.MapGet("/{foobar?}", Process);
app.Run();

static DateTimeOffset Process(HttpContext httpContext,
    [FromHeader(Name = "X-UTC")] string? utcHeader,
    [FromQuery(Name ="utc")]string? utcQuery)
{
    var response = httpContext.Response;
    response.GetTypedHeaders().CacheControl = new CacheControlHeaderValue
    {
        Public = true,
        MaxAge = TimeSpan.FromSeconds(3600)
    };

    var feature = httpContext.Features.Get<IResponseCachingFeature>()!;
    feature.VaryByQueryKeys = new string[] { "utc" };
    response.Headers.Vary = "X-UTC";

    return Parse(utcHeader) ?? Parse(utcQuery) ?? false
```

```
            ? DateTimeOffset.UtcNow : DateTimeOffset.Now;

    static bool? Parse(string? value)
    => value == null
    ? null
    : string.Compare(value, "1", true) == 0 || string.Compare(value, "true", true) ==
0;
}
```

對於修改後的程式來説，請求查詢字串「utc」的值會作為回應快取鍵的一部分。重啟程式後，針對「foobar」發送如下 4 個請求。前兩個請求和後兩個請求採用相同的查詢字串（「?utc=true」和「?utc=false」），因此最後一個請求會返回快取的內容。

```
GET http://localhost:5000/foobar?utc=true HTTP/1.1
Host: localhost:5000

HTTP/1.1 200 OK
Content-Type: application/json; charset=utf-8
Date: Tue, 14 Dec 2021 02:59:23 GMT
Server: Kestrel
Cache-Control: public, max-age=3600
Vary: X-UTC
Content-Length: 35

"2021-12-14T02:59:23.0540999+00:00"


GET http://localhost:5000/foobar?utc=true HTTP/1.1
Host: localhost:5000

HTTP/1.1 200 OK
Content-Type: application/json; charset=utf-8
Date: Tue, 14 Dec 2021 02:59:23 GMT
Server: Kestrel
Age: 3
Cache-Control: public, max-age=3600
Vary: X-UTC
Content-Length: 35

"2021-12-14T02:59:23.0540999+00:00"


GET http://localhost:5000/foobar?utc=false HTTP/1.1
Host: localhost:5000

HTTP/1.1 200 OK
Content-Type: application/json; charset=utf-8
```

```
Date: Tue, 14 Dec 2021 02:59:33 GMT
Server: Kestrel
Cache-Control: public, max-age=3600
Vary: X-UTC
Content-Length: 35

"2021-12-14T02:59:33.9807153+08:00"
```

```
GET http://localhost:5000/foobar?utc=false HTTP/1.1
Host: localhost:5000

HTTP/1.1 200 OK
Content-Type: application/json; charset=utf-8
Date: Tue, 14 Dec 2021 02:59:33 GMT
Server: Kestrel
Age: 1
Cache-Control: public, max-age=3600
Vary: X-UTC
Content-Length: 35

"2021-12-14T02:59:33.9807153+08:00"
```

　　從上面給出的封包內容得知，回應封包具有一個值為「X-UTC」的 Vary 標頭，它告訴用戶端回應的內容會根據此標頭進行快取。為了驗證這一點，重啟程式後針對「foobar」發送下列 4 個請求，前兩個請求和後兩個請求採用相同的 X-UTC（「X-UTC: True」和「X-UTC: False」），所以最後一個請求會返回快取的內容。

```
GET http://localhost:5000/foobar HTTP/1.1
X-UTC: True
Host: localhost:5000

HTTP/1.1 200 OK
Content-Type: application/json; charset=utf-8
Date: Tue, 14 Dec 2021 03:05:06 GMT
Server: Kestrel
Cache-Control: public, max-age=3600
Vary: X-UTC
Content-Length: 34

"2021-12-14T03:05:06.977078+00:00"
```

```
GET http://localhost:5000/foobar HTTP/1.1
X-UTC: True
Host: localhost:5000
```

```
HTTP/1.1 200 OK
Content-Type: application/json; charset=utf-8
Date: Tue, 14 Dec 2021 03:05:06 GMT
Server: Kestrel
Age: 3
Cache-Control: public, max-age=3600
Vary: X-UTC
Content-Length: 34

"2021-12-14T03:05:06.977078+00:00"
```

```
GET http://localhost:5000/foobar HTTP/1.1
X-UTC: False
Host: localhost:5000

HTTP/1.1 200 OK
Content-Type: application/json; charset=utf-8
Date: Tue, 14 Dec 2021 03:05:17 GMT
Server: Kestrel
Cache-Control: public, max-age=3600
Vary: X-UTC
Content-Length: 35

"2021-12-14T03:05:17.0068036+08:00"
```

```
GET http://localhost:5000/foobar HTTP/1.1
X-UTC: False
Host: localhost:5000

HTTP/1.1 200 OK
Content-Type: application/json; charset=utf-8
Date: Tue, 14 Dec 2021 03:05:17 GMT
Server: Kestrel
Age: 19
Cache-Control: public, max-age=3600
Vary: X-UTC
Content-Length: 35

"2021-12-14T03:05:17.0068036+08:00"
```

22.1.3 快取遮罩

　　回應快取透過重用已經產生的回應內容提升效能，但不意謂著任何請求都適合以快取的內容回復，請求攜帶的一些標頭會遮罩回應快取。更加準確的說法是，用戶端請求內含的一些標頭「提醒」伺服端目前場景需要返回即時內容。例如，Authorization 標頭在預設情況下不會使用快取的內容予以回復。下面的請求 / 回應體現了這一點。

```
GET http://localhost:5000/foobar HTTP/1.1
Host: localhost:5000

HTTP/1.1 200 OK
Content-Type: application/json; charset=utf-8
Date: Tue, 14 Dec 2021 03:13:10 GMT
Server: Kestrel
Cache-Control: public, max-age=3600
Vary: X-UTC
Content-Length: 35

"2021-12-14T03:13:10.4605924+08:00"
```

```
GET http://localhost:5000/foobar HTTP/1.1
Authorization: foobar
Host: localhost:5000

HTTP/1.1 200 OK
Content-Type: application/json; charset=utf-8
Date: Tue, 14 Dec 2021 03:13:17 GMT
Server: Kestrel
Cache-Control: public, max-age=3600
Vary: X-UTC
Content-Length: 35

"2021-12-14T03:13:18.0918033+08:00"
```

關於 Authorization 請求標頭與快取的關係，它與前面介紹、根據指定的請求標頭快取回應內容是不一樣的，當 ResponseCachingMiddleware 中介軟體在處理請求時，只要請求攜帶此標頭，便不再使用快取策略。如果用戶端對資料的即時性要求很高，那麼它更希望伺服端總是返回即時的內容。在這種情況下，它利用攜帶的一些請求標頭對伺服端傳達此意圖，此時一般會使用「Cache-Control:no-cache」請求標頭或者「Pragma:no-cache」請求標頭。這兩個請求標頭對回應快取的遮罩作用，體現於下列 4 個請求 / 回應中。

```
GET http://localhost:5000/foobar HTTP/1.1
Host: localhost:5000

HTTP/1.1 200 OK
```

```
Content-Type: application/json; charset=utf-8
Date: Tue, 14 Dec 2021 03:15:16 GMT
Server: Kestrel
Cache-Control: public, max-age=3600
Vary: X-UTC
Content-Length: 34

"2021-12-14T03:15:16.423496+08:00"
```

```
GET http://localhost:5000/foobar HTTP/1.1
Cache-Control: no-cache
Host: localhost:5000

HTTP/1.1 200 OK
Content-Type: application/json; charset=utf-8
Date: Tue, 14 Dec 2021 03:15:26 GMT
Server: Kestrel
Cache-Control: public, max-age=3600
Vary: X-UTC
Content-Length: 35

"2021-12-14T03:15:26.7701298+08:00"
```

```
GET http://localhost:5000/foobar HTTP/1.1
Pragma: no-cache
Host: localhost:5000

HTTP/1.1 200 OK
Content-Type: application/json; charset=utf-8
Date: Tue, 14 Dec 2021 03:15:36 GMT
Server: Kestrel
Cache-Control: public, max-age=3600
Vary: X-UTC
Content-Length: 35

"2021-12-14T03:15:36.5283536+08:00"
```

22.2 HTTP-Cache

回應快取利用 ResponseCachingMiddleware 中介軟體完成。ResponseCaching Middleware 中介軟體按照標準的 HTTP 規範操作快取，所以在正式介紹這個中介軟體之前，必須先引進 HTTP 規範（HTTP/1.1）的快取描述。HTTP 規範的快取只針對方法為 GET 或者 HEAD 的請求，目的是獲取 URL 指向的資源或者描述資源的中繼資料。如果將資源的提供者和消費者稱為「目標伺服器」（Origin Server）與「用戶端」（Client），那麼所謂的快取是位於兩者之間的一個 HTTP 處理元件，如圖 22-1 所示。

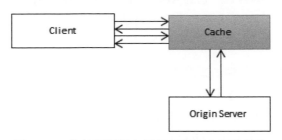

圖 22-1　位於用戶端和目標伺服器之間的快取

快取會根據一定的規則在本機存放一份伺服器提供的回應副本，並給予它一個「保質期」。保質期內的副本允許直接作為後續請求的回應，因此快取能夠避免用戶端與目標伺服器之間不必要的網路互動。即使過了保質期，快取也不會直接從目標伺服器取得最新的回應副本，而是選擇對其發送一個請求，以檢驗目前副本的內容是否與最新的內容一致，如果目標伺服器做出「一致」的答覆，那麼原本過期的回應副本又變得「新鮮」並且繼續使用。所以快取還能避免冗餘資源在網路的重複傳輸。

22.2.1　私有快取和共用快取

私有快取為單一用戶端儲存回應副本，所以不需要過多的儲存空間，如瀏覽器利用私有快取空間（本地實體磁碟或者記憶體）存放常用的回應檔案，它的前進 / 後退、保存、查看原始碼等操作，存取的都是本地私有快取的內容。有了私有快取，還能實現離線瀏覽檔案。

共用快取又稱為「公共快取」，它儲存的回應檔案被所有的用戶端共享，該類型的快取一般部署在一個私有網路的代理伺服器，這樣的伺服器又稱為「快取代理伺服器」。快取代理伺服器可以從本地擷取相關的回應副本，以對來自同網路所有主機的請求予以回應，同時表示它們向目標伺服器發送請求。回應封包以下列形式的 Cache-Control 標頭，區分為私有快取和共用快取。

```
Cache-Control: public|private
```

22.2.2 回應的擷取

快取資料通常採用字典類型的儲存結構，並透過 Key 定位目標快取條目，那麼對於 HTTP 快取的回應封包，它的 Key 具有怎樣的組成元素？一般來説，一個 GET 請求或者 HEAD 請求的 URL 會作為取得資源的標識，因此請求 URL 是組成快取鍵最核心的元素。

當快取收到來自用戶端的請求時，它會根據請求的 URL 選擇與之相符的回應副本。除了基本路徑外，請求 URL 或許還攜帶一些查詢字串，至於查詢字串是否會作為選擇的條件之一，HTTP/1.1 對此並沒有列出明確的規定。透過前面展示的實例得知，預設情況下，ResponseCachingMiddleware 中介軟體並不會將攜帶的查詢字串作為快取鍵的組成部分。

依照 REST 的原則，實際上 URL 是網路資源的標識，但是回應的主體只是資源的某種呈現形式（Representation），相同資源針對不同的格式、不同的語言，將轉換成完全不同的內容負載，所以作為資源唯一標識的 URL，並不能唯一標識快取的回應副本。由於相同資源的呈現形式由某個或多個請求標頭決定，因此快取需要綜合採用請求的 URL 及這些請求標頭，以儲存回應副本。為了提供儲存回應內容負載的請求標頭名稱，目標伺服器在產生最初回應時，會將它們儲存於一個名為 Vary 的標頭。

下面列舉一個關於封包壓縮的典型實例。為了節省網路頻寬，用戶端希望目標伺服器壓縮回應的主體內容，為此會向目標伺服器發送下列請求：請求標頭集合包含一個希望採用的壓縮編碼格式（gzip）的 Accept-Encoding 標頭。目標伺服器收到該請求後，對主體內容按照期望的格式進行壓縮，並將編碼格式存放到 Content-Encoding 回應標頭。該回應還攜帶一個值為「Accept-Encoding」的 Vary 標頭。

```
GET http://localhost/foobar HTTP/1.1
Host: localhost
Accept-Encoding: gzip

HTTP/1.1 200 OK
Date: Sun, 12 Sep 2021 07:09:12 GMT
Cache-Control: public, max-age=3600
Content-Encoding: gzip
Vary: Accept-Encoding

<<body>>
```

　　當快取決定儲存回應副本時，便擷取回應的 Vary 標頭內的所有請求標頭名稱，並將其值作為該回應副本對應 Key 的組成部分。對於後續指向同一個 URL 的請求，只有在它們具有一致標頭值的情況下，才會選擇對應的回應副本。

22.2.3 新鮮度檢驗

　　快取資料僅僅是目標伺服器提供回應的一份副本，兩者之間應該盡可能保持一致。通常將確定快取內容與真實內容一致性的檢驗過程稱為「再驗證」（Revalidation）。原則上，快取可於任意時刻向伺服端發出再驗證快取回應內容的請求，但是基於效能的考慮，再驗證只會發生在快取接收到用戶端請求，並且認為本機存放的回應副本已經陳舊，必須再次確定一致性的時候。那麼快取如何確認本身儲存的回應內容依舊是「新鮮」的？

　　一般來說，回應內容在某個時刻是否新鮮，取決於作為提供者的目標伺服器，後者只需要為回應內容設定一個保質期。保質期透過相關的標頭表示，HTTP/1.1 採用「Cache-Control：max-age = <seconds>」標頭，而 HTTP/10+ 採用 Expires 標頭，前者是以秒為單位的時長，後者則是一個具體的過期時間點（一般使用 GMT 時間）。HTTP/1.1 之所以沒有採用絕對過期時間點，主要是考慮到時間同步的問題。

```
Cache-Control. max-age=1800
Expires: Sun, 12 Sep 2021 07:09:12 GMT
```

　　當快取收到請求並按照上述策略選擇相符的回應副本之後，如果回應副本滿足「新鮮度」要求，便直接作為目前請求的回應。如果回應副本已經過期，則快取也不會直接丟棄，而是向目標伺服器發送一個再驗證請求，以確定目前的回應副本是否與目前的資料一致。考慮到頻寬及資料比較的代價，再驗證請求並不會對目標伺服器提供目前回應副本的內容供其比較，那麼實際的一致性比較又是如何達到的呢？

　　確定資源是否發生變化有兩種策略。一種是讓資源的提供者記錄最後一次更新資源的時間，資源內容負載和時間戳記，會作為回應的內容提供給用戶端。用戶端在快取資源內容的同時保存此時間戳記。等到下次需要對同一資源發送請求時，便一併傳送時間戳記，目標伺服器就能依此判斷在此時間之後是否修改過目標資源。在另一種策略中，除了記錄資源最後修改時間的方式外，還可以針對資源的內容產生一個標籤，標籤的一致性體現了資源內容的一致性，在 HTTP 規範中，這個標籤又稱為「ETag」（Entity Tag）。

具體來説，目標伺服器產生的回應包含一個表示資源最後修改時間戳記的 Last-Modified 標頭，或者是一個表示資源內容標籤的 ETag 標頭，甚至兩者皆存在。快取對目標伺服器發送的再驗證請求，分別利用 If-Unmodified-Since 標頭和 If-Match 標頭攜帶這個時間戳記與標籤，目標伺服器收到請求之後，便透過它們判斷資源是否發生變化。

如果資源一直沒有改變，則目標伺服器返回一個狀態碼為「304 Not Modified」的回應，快取也會保留目前回應副本的主體內容，並更新相關的過期資訊使其重新變得「新鮮」。如果資源發生變化，則目標伺服器返回一個狀態碼為「200 OK」的回應，回應的主體攜帶最新的資源。快取收到回應之後，就以新的回應副本覆蓋現有過期的副本。

22.2.4 顯式快取控制

對於目標伺服器產生的回應，如果沒有包含任何與快取控制相關的資訊，則是否應該儲存，以及它在何時過期，都由快取本身採用的預設策略決定。如果目標伺服器希望以指定的策略快取產生的回應，就能在回應中增加一些與快取相關的標頭。按照快取約束程度（由緊到鬆）列舉的標頭如下。

- Cache-Control:no-store：不允許快取儲存目前回應的副本，如果回應承載一些敏感資訊或者資料隨時都會改變，就應該使用本標頭阻止回應內容的快取。

- Cache-Control:no-cache 或者 Pragma:no-cache：快取允許在本機存放目前回應的副本，但是無論是否過期，該副本都需要經過再驗證確定一致性之後，才能提供給用戶端。HTTP/1.1 保留 Pragma:no-cache 標頭是為了相容 HTTP/1.0+。

- Cache-Control:must-revalidate：快取允許在本機存放目前回應的副本，但是在過期之後，必須經過再驗證確定內容一致性之後，才能提供給用戶端。

- Cache-Control:max-age：快取允許在本機存放目前回應的副本，它在指定的時間內保持「新鮮」。

- Expires：快取允許在本機存放目前回應的副本，並且在指定的時間點到來之前保持「新鮮」。

除了目標伺服器，用戶端有時對於回應副本的新鮮度同樣具有自己的要求，這些要求可能高於或者低於快取預設的新鮮度檢驗策略。用戶端利用請求的 Cache-Control 標頭提供相關的快取指令，具體使用的標頭如下。

- Cache-Control:max-stale 或者 Cache-Control:max-state={seconds}：允許快取提供過期的副本回應目前請求，用戶端可以設定一個以秒為單位的過期時間。

- Cache-Control:min-fresh={seconds}：快取提供的回應副本必須在未來 N 秒內保持新鮮。

- Cache-Control:max-age={seconds}：快取提供的回應副本在本機存放的時間不能超出指定的秒數。

- Cache-Control:no-cache 或者 Pragma: no-cache：用戶端不會接收未經過再驗證的回應副本。

- Cache-Control:no-store：如果對應的回應副本存在，快取就應該儘快刪除。

- Cache-Control:only-if-cached：用戶端只接收快取的回應副本。

22.3　中介軟體

ResponseCachingMiddleware 中介軟體就是對上述 HTTP/1.1 快取規範的具體實作。當它處理某個請求時，將根據既定的策略判斷請求是否可以採用快取的檔案對請求做出回應。如果不應該以快取的形式處理請求，只需要直接將請求交給後續的管道來處理。反之，中介軟體便直接使用快取的檔案回應請求。

如果本地未儲存對應的回應檔案，則 ResponseCachingMiddleware 中介軟體將利用後續的管道產生，該檔案用於回應請求之前會先快取起來。ResponseCachingMiddleware 中介軟體針對請求的處理，由多個核心物件協作完成，下文便依序介紹。雖然整個流程基本上是按照 HTTP/1.1 快取規範進行，但依然顯得相對複雜和繁瑣，而且這裡涉及的是內部的介面和類型。

22.3.1　快取上下文物件

ResponseCachingMiddleware 中介軟體在一個 ResponseCachingContext 物件處理請求，當它收到分發的請求時，第一步就是根據 HttpContext 上下文物件建立一個 ResponseCachingContext 物件，並利用 ResponseCachingContext 獲得目前 HttpContext

上下文物件。CachedEntryAge 屬性用來得到快取回應檔案的時間（以秒為單位），並作為回應標頭 Age 的值。ResponseTime 屬性是 ResponseCachingMiddleware 中介軟體試圖以快取的檔案回應請求時，由系統時鐘提供的時間，它是後期對快取進行過期檢驗的基礎。

```
public class ResponseCachingContext
{
    public HttpContext          HttpContext { get; }
    public TimeSpan?            CachedEntryAge { get; }
    public DateTimeOffset?      ResponseTime { get; }
    public CachedVaryByRules    CachedVaryByRules { get; }
}
```

透過前面對 HTTP/1.1 快取規範的介紹得知，快取在儲存回應檔案與根據請求擷取回應檔案時，不僅會考慮請求的路徑，還有一些指定的查詢字串和請求標頭（包含在回應標頭 Vary 攜帶的標頭名稱清單中），後者透過如下 CachedVaryByRules 物件表示。CachedVaryByRules 物件的 QueryKeys 屬性和 Headers 屬性，分別表示查詢字串名稱清單與 Vary 請求標頭名稱清單。除了這兩個屬性外，CachedVaryByRules 物件還透過 VaryByKeyPrefix 屬性攜帶一個前綴，以保持快取鍵的唯一性。

```
public class CachedVaryByRules : IResponseCacheEntry
{
    public string         VaryByKeyPrefix { get; set; }
    public StringValues   QueryKeys { get; set; }
    public StringValues   Headers { get; set; }
}
```

一旦建立 CachedVaryByRules 物件時，將產生一個 GUID 並作為 VaryByKeyPrefix 屬性的值，而 Headers 屬性則來自於目前回應的 Vary 標頭。QueryKeys 屬性內含的查詢字串名稱清單來自於 IResponseCachingFeature 特性。前述實例正是使用這個特性指定影響快取的查詢字串名稱清單，ResponseCachingFeature 類型是對這個特性介面的預設實作。

```
public interface IResponseCachingFeature
{
    string[] VaryByQueryKeys { get; set; }
}

public class ResponseCachingFeature : IResponseCachingFeature
{
    public string[] VaryByQueryKeys {get; set;}
}
```

22.3.2　快取策略

　　ResponseCachingMiddleware 中介軟體會根據既定的策略，先判斷目前請求是否能夠採用快取的檔案予以回應，所謂的策略體現於下列 IResponseCachingPolicyProvider 介面的 5 個方法。前 3 個方法與請求相關，AttemptResponseCaching 方法表示是否需要以快取的形式處理目前請求。該方法相當於一個快取總開關，如果返回 False，則請求將直接分發給後續管道來處理。AllowCacheLookup 方法表示是否能夠利用尚未過期的快取檔案，在不需要再驗證的情況下回應目前的請求。AllowCacheStorage 方法表示是否允許快取請求對應的回應。

```
internal interface IResponseCachingPolicyProvider
{
    bool AttemptResponseCaching(ResponseCachingContext context);
    bool AllowCacheLookup(ResponseCachingContext context);
    bool AllowCacheStorage(ResponseCachingContext context);

    bool IsResponseCacheable(ResponseCachingContext context);
    bool IsCachedEntryFresh(ResponseCachingContext context);
}
```

　　IResponseCachingPolicyProvider 介面的 IsResponseCacheable 方法與回應相關，它表示是否需要快取已經產生的回應。IsCachedEntryFresh 方法用於快取的新鮮度檢驗，返回值表示快取的回應內容是否新鮮。ResponseCachingPolicyProvider 類型是對該介面的預設實作，它完全採用 HTTP/1.1 快取規範實作這 5 個方法。具體預設的快取策略，如表 22-1 所示。

表 22-1　預設的快取策略

方法	描述
AttemptResponseCaching	如果對於非 GET/HEAD 請求或其他請求攜帶一個 Authorization 標頭，則該方法返回 False，否則返回 True
AllowCacheLookup	如果請求攜帶標頭 Cache-Control:no-cache 或者 Pragma:no-cache，則該方法返回 False，否則返回 True
AllowCacheStorage	如果請求攜帶標頭 Cache-Control:no-store，則該方法返回 False，否則返回 True
IsResponseCacheable	對於下列幾種回應，該方法返回 False，其他情況則返回 True。 • 回應不具有一個 Cache-Control :public 標頭（只支援共用快取而非私有快取）。 • 回應攜帶標頭 Cache-Control :nocache（或者 Cache-Control :noStore）。

方法	描述
	• 回應攜帶標頭 Set-Cookie（回應設定了 Cookie）。 • 回應攜帶標頭 Vary:*（表示應該單獨對待每個請求）。 • 回應狀態碼不是 200（只能快取成功的回應）。 • 回應已經過期
IsCachedEntryFresh	根據請求和回應攜帶的相關標頭（Cache-Control、Expires、Date 和 Pragma），嚴格採用 HTTP /1.1 快取規範描述的演算法確定快取是否新鮮

22.3.3 快取鍵

當 ResponseCachingMiddleware 中介軟體在儲存回應檔案，或者根據請求擷取快取檔案時，總是先建立對應的 Key，此 Key 由一個 IResponseCachingKeyProvider 物件產生。如果不需要考慮查詢字串或者 Vary 請求標頭，則 ResponseCachingMiddleware 中介軟體只需要呼叫 CreateBaseKey 方法，對目前請求產生對應的 Key。儲存回應檔案時，會呼叫 CreateStorageVaryByKey 方法產生對應的 Key；而根據請求擷取快取回應檔案時，則呼叫 CreateLookupVaryByKeys 方法產生一組候選的 Key。

```
internal interface IResponseCachingKeyProvider
{
    string CreateBaseKey(ResponseCachingContext context);
    string CreateStorageVaryByKey(ResponseCachingContext context);
    IEnumerable<string> CreateLookupVaryByKeys(ResponseCachingContext context);
}
```

預設實作 IResponseCachingKeyProvider 介面的是一個名為 ResponseCachingKeyProvider 的類型，下面討論該類型的 3 個方法會產生什麼樣的 Key。CreateBaseKey 方法以 {Method}{Delimiter}{Path} 格式建立對應的 Key，亦即 Key 由請求的方法（GET 或 HEAD）與路徑組成。為儲存的回應檔案產生 Key 的 CreateStorageVaryByKey 方法來說，返回的 Key 由快取上下文攜帶的 CachedVaryByRules 物件決定。通常不需要關注具體的 Key 採用什麼樣的格式，只要知道該 Key 包含所有的 Vary 請求標頭、Vary 查詢字串的名稱與請求攜帶的值。

儲存和擷取快取檔案的 Key 必須保持一致，所以 ResponseCachingKeyProvider 的 CreateLookupVaryByKeys 方法只會返回一個唯一的 Key，它由 CreateStorageVaryByKey 方法產生。但是對於快取上下文內含的 CachedVaryByRules 物件來説，其 Headers 屬性值來自於回應的 Vary 標頭，CreateLookupVaryByKeys 方法的目的

是根據目前請求產生用來擷取對應快取檔案的 Key，而此時回應尚不存在，因此 CachedVaryByRules 物件的 Headers 屬性應該為空。

為了解決這個問題，除了快取具體的回應檔案外，ResponseCachingMiddleware 中介軟體還會一併儲存目前 HttpContext 上下文物件建立的 CachedVaryByRules 物件，後者採用的快取鍵透過 CreateBaseKey 方法產生。呼叫 CreateLookupVaryByKeys 方法時，從快取上下文物件擷取的 CachedVaryByRules 物件並不是針對目前的請求，而是針對之前的快取。

22.3.4　快取的讀 / 寫

快取讀 / 寫操作由 IResponseCache 物件完成，該介面定義下列兩個方法實作快取的讀 / 寫。設定快取時，可以為快取條目指定一個透過 TimeSpan 物件表示的過期時間。從給出的程式碼得知，快取條目允許透過 IResponseCacheEntry 介面表示，但它只是一個沒有任何成員的標識介面，下面介紹如此設計的目的。

```
internal interface IResponseCache
{
    IResponseCacheEntry Get(string key);
    void Set(string key, IResponseCacheEntry entry, TimeSpan validFor);
}

internal interface IResponseCacheEntry {}
```

ASP.NET Corc 預設採用的 IResponseCache 實作類型為 MemoryResponseCache，根據命名知道它採用的是基於本地記憶體的快取。如下面的程式碼所示，建立 MemoryResponseCache 物件時需要提供一個 IMemoryCache 物件，真正的快取設定和取得操作，最終會落在這個物件上。

```
internal class MemoryResponseCache : IResponseCache
{
    public MemoryResponseCache(IMemoryCache cache);
    public IResponseCacheEntry Get(string key);
    public void Set(string key, IResponseCacheEntry entry, TimeSpan validFor);
}
```

當 ResponseCachingMiddleware 中介軟體利用 MemoryResponseCache 快取回應檔案時，將建立一個 CachedResponse 物件表示需要快取的回應檔案。如下面的程式碼所示，可以利用這個物件得到產生回應的時間、狀態碼、標頭集合和主體內容。

```
internal class CachedResponse : IResponseCacheEntry
{
    public DateTimeOffset          Created { get; set; }
    public int                     StatusCode { get; set; }
    public IHeaderDictionary       Headers { get; set; }
    public Stream                  Body { get; set; }
}
```

ResponseCachingMiddleware 中 介 軟 體 交 給 MemoryResponseCache 快 取 的 是 一 個 CachedResponse 物 件，但 MemoryResponseCache 內 部 會 將 其 轉 換 成 MemoryCachedResponse 類型來儲存。如下面的程式碼所示，MemoryCachedResponse 類型並未實作 IResponseCacheEntry 介面，因此 MemoryCachedResponse 的 Get 方法 會將儲存的 MemoryCachedResponse 物件恢復成返回的 CachedResponse 物件。

```
internal class MemoryCachedResponse
{
    public DateTimeOffset Created { get; set; }
    public int StatusCode { get; set; }
    public IHeaderDictionary Headers { get; set; }
    public CachedResponseBody Body { get; set; }
}
```

實 際 上，前 文 介 紹 的 CachedVaryByRules 也 是 IResponseCacheEntry 介 面 的 實作類型之一。也就是説，CachedVaryByRules 物件可以作為一個快取條目來存 放，進一步佐證了前文提到關於 ResponseCachingKeyProvider 物件利用快取的 CachedVaryByRules 物件，以計算用於擷取快取回應檔案的 Key 的説法。何時該儲存 和擷取此物件，將詳述於下文。

22.3.5 ResponseCachingMiddleware

認識眾多輔助物件之後，接著正式介紹 ResponseCachingMiddleware 中介軟 體究竟是如何以它們實作回應快取。如下面的程式碼所示，建立一個 Response CachingMiddleware 物件時，除了需要提供上述 3 個核心物件（對應介面分別為 IResponseCachingPolicyProvider、IResponseCachingKeyProvider 和 IResponseCache） 外，還有一個 LoggerFactory 物件以產生記錄日誌的 Logger，以及提供組態選項的 IOptions<ResponseCachingOptions> 物件。

```
public class ResponseCachingMiddleware
{
    public ResponseCachingMiddleware(RequestDelegate next,
        IOptions<ResponseCachingOptions> options, ILoggerFactory loggerFactory,
        IResponseCachingPolicyProvider policyProvider, IResponseCache cache,
        IResponseCachingKeyProvider keyProvider);

    public Task Invoke(HttpContext httpContext);
}
```

　　ResponseCachingOptions 組態選項類型只包含 3 個屬性，MaximumBodySize 屬性表示快取的單個回應檔案的主體內容允許的最大容量（以位元組為單位），超過此容量便不快取回應，預設值為 64MB。SizeLimit 屬性表示快取的總容量，一旦超過此容量，就不再快取新的回應，直到現有的內容被逐出快取，預設值為 100MB。UseCaseSensitivePaths 屬性表示在以請求路徑產生 Key 時，是否需要考慮字母大小寫的問題。大部分情況下，由於路徑不區分字母大小寫，因此該屬性預設返回 False。

```
public class ResponseCachingOptions
{
    public long MaximumBodySize { get; set; }
    public long SizeLimit { get; set; }
    public bool UseCaseSensitivePaths { get; set; }
}
```

　　當 ResponseCachingMiddleware 中介軟體開始處理分發給它的請求時，會先建立一個作為快取上下文的 ResponseCachingContext 物件，再將其作為參數呼叫 IResponseCachingPolicyProvider 物件的 AttemptResponseCaching 方法，然後判斷目前請求是否能夠採用快取機制來處理。如果不能，則只需要將請求直接遞交給後續管道即可。

　　確定可以利用快取機制處理目前請求的前提下，就會呼叫 IResponseCaching PolicyProvider 物件的 AllowCacheLookup 方法。該方法判斷是否允許在不經過再驗證，以確定一致性的情況下，使用快取保持新鮮的檔案直接回應目前請求。如果允許，則 ResponseCachingMiddleware 中介軟體會先呼叫 IResponseCachingKeyProvider 物件的 CreateBaseKey 方法產生一個 Key，再將此 Key 作為參數呼叫 IResponseCache 物件的 Get 方法，以得到一個表示快取條目的 IResponseCacheEntry 物件。

　　如果這個 IResponseCacheEntry 是一個 CachedVaryByRules 物件，意謂著回應檔案應該基於 Vary 請求標頭或者 Vary 查詢字串（或者兩者都有）來儲存或者擷取。在此情況下，ResponseCachingMiddleware 中介軟體會呼叫 IResponseCachingKeyProvider 的 CreateLookupVaryByKeys 方法，以產生擷取回應檔案的 Key。接下來，它將再次利用這個 Key 呼叫 IResponseCache 物件的 Get 方法取得快取的回應檔案。如果成功的話，ResponseCachingMiddleware 中介軟體便以 IResponseCachingPolicyProvider 物件的 IsCachedEntryFresh 方法判斷它是否新鮮。對於新鮮的快取檔案，適當修正標頭之後便直接用來回應目前請求。

如果 IResponseCacheEntry 並不是一個 CachedVaryByRules 物件，則根據預設實作原理，它表示快取回應檔案的 CachedResponse 物件。在此情況下，ResponseCachingMiddleware 中介軟體將採用與上面一致的方式處理快取的回應檔案。

如果呼叫 AllowCacheLookup 方法返回的結果是 False，或者目前請求無法取得對應的快取檔案，又或者快取檔案已經不夠新鮮，並且需要進行再驗證，這幾種情況下 ResponseCachingMiddleware 中介軟體都會呼叫 IResponseCachingPolicyProvider 物件的 AllowCacheStorage 方法，以判斷是否可以儲存目前請求的回應。如果允許，ResponseCachingMiddleware 中介軟體便將請求遞交給後續管道來處理與產生回應。為了確保能夠快取產生的回應，它會呼叫 IResponseCachingPolicyProvider 物件的 IsResponseCacheable 方法。倘若該方法返回 True，ResponseCachingMiddleware 中介軟體就會快取回應檔案。

具體來說，如果回應快取需要考慮 Vary 請求標頭或者 Vary 查詢字串，ResponseCachingMiddleware 中介軟體就會對目前 HttpContext 建立一個 CachedVaryByRules 物件，並利用 IResponseCache 進行快取，對應的 Key 就是呼叫 IResponseCachingKeyProvider 物件的 CreateBaseKey 方法的返回值。隨後呼叫 IResponseCachingKeyProvider 物件的 CreateStorageVaryByKey 方法，並且產生用於儲存回應檔案的 Key。反之，如果無須考慮 Vary 請求標頭或者 Vary 查詢字串，那麼 ResponseCachingMiddleware 中介軟體只需要儲存回應檔案，對應的 Key 就是呼叫 IResponseCachingKeyProvider 物件的 CreateBaseKey 方法的返回結果。

上面的 ResponseCachingMiddleware 中介軟體是針對回應快取的整體實作流程，但忽略了 IResponseCachingFeature 特性的註冊和註銷。當 ResponseCachingMiddleware 中介軟體將請求遞交給後續管道處理之前，它會建立一個 IResponseCachingFeature 特性，並且註冊到表示目前請求的 HttpContext 上下文物件，因此才能透過它為目前回應設定 Vary 查詢字串名稱清單。處理完整個請求之前，

ResponseCachingMiddleware 中介軟體會負責將這個特性從目前 HttpContext 上下文物
件刪除。

22.3.6 註冊中介軟體

ResponseCachingMiddleware 中介軟體的註冊透過下列 UseResponseCaching 擴
展方法完成。只呼叫此擴展方法，在 ASP.NET Core 管道註冊 ResponseCaching
Middleware 中介軟體遠遠不夠，還得註冊依賴的服務。

```
public static class ResponseCachingExtensions
{
    public static IApplicationBuilder UseResponseCaching(this IApplicationBuilder app)
    {
        return app.UseMiddleware<ResponseCachingMiddleware>();
    }
}
```

具體來說，ResponseCachingMiddleware 中介軟體主要依賴 3 個核心的服務物
件，分別是根據 HTTP/1.1 快取規範提供策略的 IResponseCachingPolicyProvider 物
件、設定和擷取快取時根據目前上下文產生 Key 的 IResponseCachingKeyProvider
物件，以及完成回應快取存取的 IResponseCache 物件。由於預設的 ResponseCache
是一個 IMemoryResponseCache 物件，後者採用基於本地記憶體快取的方式儲存
回應檔案，因此還需要註冊與記憶體快取相關的服務。這些服務的註冊可以透過
IScrviceCollection 介面的兩個 AddResponseCaching 擴展方法來完成。

```
public static class ResponseCachingServicesExtensions
{
    public static IServiceCollection AddResponseCaching(
      this IServiceCollection services)
    {
        services.AddMemoryCache();
        services.TryAdd(ServiceDescriptor.Singleton
          <IResponseCachingPolicyProvider, ResponseCachingPolicyProvider>());
        services.TryAdd(ServiceDescriptor
            .Singleton<IResponseCachingKeyProvider, ResponseCachingKeyProvider>());
        services.TryAdd(ServiceDescriptor
            .Singleton<IResponseCache, MemoryResponseCache>());

        return services;
    }
```

```
public static IServiceCollection AddResponseCaching(
  this IServiceCollection services,
  Action<ResponseCachingOptions> configureOptions)
{
    services.Configure(configureOptions);
    services.AddResponseCaching();
    return services;
}
}
```

第 23 章

工作階段

　　HTTP 表示無狀態的傳輸協定。即使在使用長連接的情況下,同一個用戶端和伺服端之間進行的多個 HTTP 交易也是完全獨立,所以需要在應用層為兩者建立一個上下文,以保存多次訊息交換的狀態,此稱之為工作階段(Session)。ASP.NET Core 應用程式的工作階段是使用 SessionMiddleware 中介軟體實作,它利用分散式快取的方式來儲存。

23.1 利用工作階段保留「語境」

　　用戶端和伺服端基於 HTTP 的訊息交換,好比是兩個完全沒有記憶能力的人往交流,每次單一的 HTTP 交易體現為一次「一問一答」的對話。單一的對話毫無意義,同一語境下針對某個主題進行的多次對話才會有結果。工作階段的目的就是在同一個用戶端和伺服端之間,建立兩者交談的語境或者上下文,ASP.NET Core 利用一個名為 SessionMiddleware 的中介軟體實作工作階段。按照慣例,介紹該中介軟體之前,先利用幾個簡單的實例,以展示如何在 ASP.NET Core 應用程式以工作階段儲存使用者的狀態。

23.1.1 設定和擷取工作階段狀態

　　每個工作階段都有一個 Session Key 的標識(但不是唯一標識),工作階段狀態以資料字典的形式將 Session Key 存放在伺服端。當 SessionMiddleware 中介軟體處理工作階段的第一個請求時,便建立一個 Session Key,並依此產生一個獨立的資料字典儲存工作階段狀態。Session Key 最終以 Cookie 的形式寫入回應,然後返回用戶端,用戶端在每次發送請求時會自動加上這個 Cookie,應用程式就能夠準確地識別工作階段,並成功定位儲存工作階段狀態的資料字典。

下面利用一個簡單的實例展示工作階段狀態的讀寫。預設情況下，ASP.NET Core 應用程式會利用分散式快取儲存工作階段狀態。這裡採用基於 Redis 資料庫的分散式快取，因此需要增加「Microsoft.Extensions.Caching.Redis」NuGet 套件的依賴。下列程式呼叫 AddDistributedRedisCache 擴展方法，以增加基於 DistributedRedisCache 的服務註冊，SessionMiddleware 中介軟體則透過 UseSession 擴展方法進行註冊。

```
using System.Text;

var builder = WebApplication.CreateBuilder();
builder.Services
    .AddDistributedRedisCache(options => options.Configuration = "localhost")
    .AddSession();
var app = builder.Build();
app.UseSession();
app.MapGet("/{foobar?}", ProcessAsync);
app.Run();

static async ValueTask<IResult> ProcessAsync(HttpContext context)
{
    var session = context.Session;
    await session.LoadAsync();
    string sessionStartTime;
    if (session.TryGetValue("__SessionStartTime", out var value))
    {
        sessionStartTime = Encoding.UTF8.GetString(value);
    }
    else
    {
        sessionStartTime = DateTime.Now.ToString();
        session.SetString("__SessionStartTime", sessionStartTime);
    }

    var html = $@"
<html>
    <head><title>Session Demo</title></head>
    <body>
        <ul>
            <li>Session ID:{session.Id}</li>
            <li>Session Start Time:{sessionStartTime}</li>
            <li>Current Time:{DateTime.Now}</li>
        <ul>
    </body>
</html>";
    return Results.Content(html, "text/html");
}
```

　　針對路由範本「/{foobar?}」註冊一個終節點，後者的處理器指向 ProcessAsync 方法。該方法目前的 HttpContext 上下文物件取得表示工作階段的 Session 物件，並呼叫 TryGetValue 方法獲取工作階段開始時間，這裡使用的 Key 為「__SessionStartTime」。由於 TryGetValue 方法總是以位元組陣列的形式返回工作階段狀態值，因此以 UTF-8 編碼轉換成字串形式。如果尚未設定工作階段開始時間，則呼叫 SetString 方法採用相同的 Key 來設定。最終產生一段用於呈現 Session ID 和目前即時時間的 HTML，並封裝成返回的 ContentResult 物件。執行程式之後，利用 Chrome 和 Fifefox 存取請求註冊的終節點。從圖 23-1 看出，針對 Chrome 兩次請求的 Session ID 和工作階段狀態值一致，但是 IE 瀏覽器顯示的則不同。（S2301）

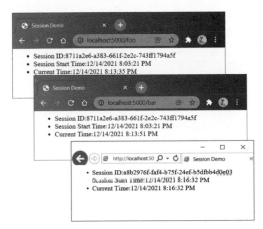

圖 23-1　以工作階段狀態保存的「工作階段開始時間」

23.1.2 查看儲存的工作階段狀態

　　預設情況下，工作階段狀態採用分散式快取的形式儲存，而本書實例採用的則是基於 Redis 資料庫的分散式快取。那麼，工作階段狀態是以什麼樣的形式存放在 Redis 資料庫呢？由於快取資料在 Redis 資料庫是以雜湊的形式儲存，因此只有知道具體的 Key 才能得知儲存的值。快取狀態是基於作為工作階段標識的 Session Key 來儲存，它與 Session ID 具有不同的值。到目前為止，不能使用公佈出來的 API 取得，但可利用反射的方式取得 Session Key。在預設情況下，表示 Session 的是一個 DistributedSession 物件，它透過下列 _sessionKey 欄位表示用來儲存工作階段狀態的 Session Key。

```
public class DistributedSession : ISession
{
```

```
private readonly string _sessionKey;
    ...
}
```

接下來簡單地修改上面的程式，進而呈現出 Session Key。如下面的程式碼所示，可以採用反射的方式得到表示目前工作階段的 DistributedSession 物件的 _sessionKey 欄位值，並將它寫入回應 HTML 檔案的主體內容。

```
static async ValueTask<IResult> ProcessAsync(HttpContext context)
{
    var session = context.Session;
    await session.LoadAsync();
    string sessionStartTime;
    if (session.TryGetValue("__SessionStartTime", out var value))
    {
        sessionStartTime = Encoding.UTF8.GetString(value);
    }
    else
    {
        sessionStartTime = DateTime.Now.ToString();
        session.SetString("__SessionStartTime", sessionStartTime);
    }

    var field = typeof(DistributedSession).GetTypeInfo()
        .GetField("_sessionKey", BindingFlags.Instance | BindingFlags.
        NonPublic)!;
    var sessionKey = field.GetValue(session);

    var html = $@"
<html>
    <head><title>Session Demo</title></head>
    <body>
        <ul>
            <li>Session ID:{session.Id}</li>
            <li>Session Start Time:{sessionStartTime}</li>
            <li>Session Key:{sessionKey}</li>
            <li>Current Time:{DateTime.Now}</li>
        <ul>
    </body>
</html>";
    return Results.Content(html, "text/html");
}
```

按照同樣的方式啟動程式後，以瀏覽器存取目標網站，得到的結果如圖 23-2 所示。由此得知，正常呈現 Session Key 的值，它是一個不同於 Session ID 的 GUID。（S2302）

圖 23-2　呈現目前工作階段 Session Key 的值

如果有保存目前工作階段狀態的 Session Key，就能按照圖 23-3 的方式，以命令列形式取出儲存於 Redis 資料庫的工作階段狀態資料。當工作階段狀態以預設的分散式快取儲存時，整個資料字典（包括 Key 和 Value）採用預定義的格式序列化成位元組陣列，基本上體現於圖 23-3 的結果。此外還能看出基於工作階段狀態的快取，預設採用的是根據滑動時間的過期策略，而滑動過期時間為 20 分鐘（12,000,000,000 納秒）。

圖 23-3　儲存在 Redis 資料庫的工作階段狀態

23.1.3　查看 Cookie

雖然整個工作階段狀態資料儲存於伺服端，但是擷取對應工作階段狀態資料的 Session Key，必須以 Cookie 的形式由用戶端來提供。如果請求未以 Cookie 的形式攜帶 Session Key，SessionMiddleware 中介軟體就會將目前請求視為工作階段的第一次請求。在此情況下，它會產生一個 GUID 作為 Session Key，最終以 Cookie 的形式返回用戶端。

```
HTTP/1.1 200 OK
...
Set-Cookie:.AspNetCore.Session=CfDJ8CYspSbYdOtFvhKqo9CYj2vdlf66AUAO2h2BDQ9%2FKoC2XILfJE2bk
IayyjXnXpNxMzMtWTceawO3eTWLV8KKQ5xZfsYNVlIf%2Fa175vwnCWFDeA5hKRyloWEpPPerphndTb8UJNv5R
68bGM8jP%2BjKVU7za2wgnEStgyVOceN%2FryfW; path=/; httponly
```

上述內容是回應標頭內含 Session Key 的 Set-Cookie 標頭，在預設情況下的呈現形式。由此看出 Session Key 的值是加密的，還有一個 httponly 標記防止跨網站讀取 Cookie 值。內定情況下，Cookie 採用的路徑為「/」。利用同一個瀏覽器存取目標網站時，傳送的請求將以下列形式加上這個 Cookie。

```
GET http://localhost:5000/ HTTP/1.1
...
Cookie: .AspNetCore.Session=CfDJ8CYspSbYdOtFvhKqo9CYj2vdlf66AUAO2h2BDQ9%2FKoC2XILfJE2b
kIayyjXnXpNxMzMtWTceawO3eTWLV8KKQ5xZfsYNVlIf%2Fa175vwnCWFDeA5hKRyloWEpPPerphndTb8UJNv5
R68bGM8jP%2BjKVU7za2wgnEStgyVOceN%2FryfW
```

除了 Session Key 外，前文還提到 Session ID，讀者或許不太瞭解這兩者之間的區別。Session Key 和 Session ID 是兩個不同的概念，上述實例也證實它們是不同的值。Session ID 允許作為工作階段的唯一標識，但是 Session Key 不行。兩個不同的 Session 肯定擁有不同的 Session ID，但是可能共用相同的 Session Key。當 SessionMiddleware 中介軟體收到工作階段的第一個請求時，它會建立兩個不同的 GUID，分別表示 Session Key 和 Session ID。其中 Session ID 將作為工作階段狀態的一部分儲存起來，而 Session Key 則以 Cookie 的形式返回用戶端。

工作階段具備有效期，基本上決定了儲存的工作階段狀態資料的有效期，預設過期時間為 20 分鐘。換句話説，20 分鐘之內的任意一次請求，都會將工作階段的壽命延長至 20 分鐘後。如果兩次請求的時間間隔超過 20 分鐘，工作階段就會過期，然後清除儲存的工作階段狀態資料（包括 Session ID），但是請求可能還是攜帶原來的 Session Key。在這種情況下，SessionMiddleware 中介軟體會建立一個新的工作階段，該工作階段具有不同的 Session ID，不過整個工作階段狀態依然沿用這個 Session Key，所以 Session Key 並不能唯一標識一個工作階段。

23.2 工作階段狀態的讀 / 寫

本質上，由於工作階段就是在應用層提供一個資料容器保存用戶端狀態（工作階段狀態），因此工作階段的核心功能便是針對工作階段狀態的讀 / 寫。預設情況下，工作階段狀態採用分散式快取的方式來儲存，那麼具體的讀 / 寫又是如何完成的呢？

23.2.1 ISession

在程式設計介面層面，ASP.NET Core 應用程式的工作階段透過下列所示的 ISession 介面表示。針對工作階段狀態的所有操作（設定、擷取、移除和清除）都是呼叫該介面相關的方法（Set、TryGetValue、Remove 和 Clear）而完成。和分散式快取一樣，設定和擷取快取狀態的值都是位元組陣列，應用程式需要自行完成序列化和反序列化的工作。除了這 4 個基本方法，還可以利用 ISession 物件的 Id 屬性得到目前工作階段的 Session ID，透過 Keys 屬性得到所有工作階段狀態條目的 Key。

```
public interface ISession
{
    string                  Id { get; }
    bool                    IsAvailable { get; }
    IEnumerable<string>     Keys { get; }

    void Set(string key, byte[] value);
    bool TryGetValue(string key, out byte[] value);
    void Remove(string key);
    void Clear();

    Task LoadAsync();
    Task CommitAsync();
}
```

Set 方法、TryGetValue 方法、Remove 方法和 Clear 方法針對工作階段狀態的設定、擷取、移除和清除，都是在記憶體中進行。不僅如此，執行這幾個方法時，ISession 物件還得確保已經載入後備儲存（如 Redis 資料庫）的工作階段狀態到記憶體。工作階段狀態的非同步載入，可以直接呼叫 LoadAsync 方法完成，而上述 4 個方法在未載入工作階段狀態的情況下，將以同步的方式載入。在工作階段狀態尚未全部載入到記憶體之前，ISession 物件處於不可用的狀態，此時 IsAvailable 屬性返回 False。一旦載入成功，IsAvailable 屬性變成 True。前述實例在操作快取狀態之前呼叫 ISession 物件的 LoadAsync 方法，以非同步的方式載入所有的工作階段狀態到記憶體，這是一種推薦的做法。由於 4 個方法都是針對記憶體的操作，最終必須呼叫 CommitAsync 方法統一提交。SessionMiddleware 中介軟體在完成請求處理之前呼叫 CommitAsync 方法，然後將目前請求針對工作階段狀態的更動存放到後備儲存中。請注意，只有在目前請求上下文實際對工作階段狀態進行相關改動的情況下，ISession 物件的 CommitAsync 方法才會真正執行提交操作。

除了呼叫 ISession 物件的 TryGetValue 方法判斷指定的快取狀態項目是否存在，並於存在的情況下透過輸出參數返回狀態值（位元組陣列），還能以 Get 擴展方法直接返回表示工作階段狀態值的位元組陣列。如果指定的工作階段狀態項目不存在，該方法便直接返回 Null。由於 ISession 物件總是將工作階段狀態的值表示為位元組陣列，因此應用程式總是得自行解決序列化與反序列化的問題。倘若工作階段狀態的數值型別是整數或者字串等簡單的類型，則針對它的設定和擷取，就可以直接呼叫下列幾個擴展方法完成。GetString 擴展方法和 SetString 擴展方法採用 UTF-8 編碼與解碼字串。另一個 Get 擴展方法則以返回值的形式得到位元組陣列。

```
public static class SessionExtensions
{
    public static byte[] Get(this ISession session, string key);
    public static int? GetInt32(this ISession session, string key);
    public static string GetString(this ISession session, string key);
    public static void SetInt32(this ISession session, string key, int value);
    public static void SetString(this ISession session, string key, string value);
    public static byte[] Get(this ISession session, string key);
}
```

23.2.2 DistributedSession

預設情況下，ASP.NET Core 應用程式採用分散式快取儲存工作階段狀態，如下所示的 DistributedSession 類型就是 ISession 介面的預設實作。一旦建立 DistributedSession 物件時，必須提供儲存工作階段狀態的 IDistributedCache 物件、Session Key 和工作階段過期時間。DistributedSession 建構函數的 tryEstablishSession 參數是一個 Func<bool> 委託物件，用來確定目前工作階段是否存在或者能否建立新的工作階段。isNewSessionKey 參數表示 Session Key 並不是由請求的 Cookie 提供的「舊值」，而是重新建立的「新值」。

```
public class DistributedSession : ISession
{
    public DistributedSession(IDistributedCache cache, string sessionKey,
        TimeSpan idleTimeout, Func<bool> tryEstablishSession, ILoggerFactory loggerFactory,
        bool isNewSessionKey);
    ...
}
```

DistributedSession 物件使用一個字典物件儲存所有的工作階段狀態，而快取狀態的設定、擷取、移除和清除等，都是針對這個字典物件的操作。執行這些操作之前，

DistributedSession 必須確保已經載入儲存於分散式快取的工作階段狀態到資料字典，載入操作透過 DistributedCache 物件的 Get 方法完成，Session Key 將作為對應快取項目的 Key。以這種方式觸發工作階段狀態的載入是以同步的方式進行，如果希望改用非同步的方式載入，則可在執行這些操作之前明確地呼叫 LoadAsync 方法。

執行 DistributedSession 物件的 CommitAsync 方法時，它會將整個工作階段狀態資料字典的內容和 Session ID，按照預定義的格式序列化成位元組陣列，並以 DistributedCache 物件存放到分散式快取。對應的 Key 自然就是最初提供的 Session Key，而工作階段過期時間將作為快取項目的滑動過期時間。一旦載入工作階段狀態，IDistributedCache 物件的 Get 方法就是返回序列化的位元組陣列，反序列化後的 Session ID 可以直接作為 DistributedSession 物件的 Id 屬性，而其他資料將加到工作階段狀態資料字典。

只有在目前請求上下文範圍內改動工作階段狀態的前提下，DistributedSession 物件才會呼叫 IDistributedCache 物件的 SetAsync 方法儲存目前狀態。判斷目前工作階段狀態是否改動過的方法也很簡單，只需要確定是否呼叫過 Set 方法、Remove 方法和 Clear 方法即可。如果本次請求並未修改工作階段狀態，則 DistributedSession 物件便呼叫 IDistributedCache 物件的 RefreshAsync 方法刷新物件的快取性，進而達到延長（Renew）工作階段的目的。

以建構函數建立一個 DistributedSession 物件時，首先透過 tryEstablishSession 參數提供一個 Func<bool> 委託物件，以確定目前請求是否位於一個現有的工作階段，或者目前能否建立一個新的工作階段，Set 方法會執行這個委託物件。如果該物件返回 False，則 Set 方法拋出異常。一般來說，倘若請求並未攜帶一個有效的 Session Key，或者在已經開始發送回應的情況下，呼叫 DistributedSession 物件的 Set 方法設定工作階段狀態，上述委託物件就會返回 False。

23.2.3 ISessionStore

可將 ISessionStore 介面視為建立 ISession 物件的工廠。如下面的程式碼所示，該介面定義唯一用來產生 ISession 物件的 Create 方法，其中的 4 個參數與 DistributedSession 建構函數定義的同名參數具有相同涵義。DistributedSessionStore 類型是對 ISessionStore 介面的預設實作，其內的 Create 方法會利用這些參數建立返回的 DistributedSession 物件。

```
public interface ISessionStore
{
    ISession Create(string sessionKey, TimeSpan idleTimeout,
        Func<bool> tryEstablishSession, bool isNewSessionKey);
}

public class DistributedSessionStore : ISessionStore
{
    public DistributedSessionStore(IDistributedCache cache, ILoggerFactory loggerFactory) ;
    public ISession Create(string sessionKey, TimeSpan idleTimeout,
        Func<bool> tryEstablishSession, bool isNewSessionKey) ;
}
```

綜合前言，應用程式利用 ISession 介面表示的服務讀 / 寫工作階段狀態，
ISessionStore 介 面 代 表 建 立 ISession 物 件 的 工 廠。DistributedSessionStore 是
對 ISessionStore 的預設實作，產生的是一個 DistributedSession 物件，後者利用
IDistributedCache 物件表示的分散式快取儲存工作階段狀態。圖 23-4 所示為工作階
段模型核心介面和類型之間的關係。

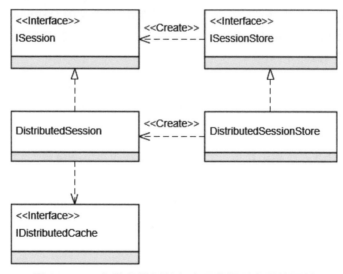

圖 23-4　工作階段模型核心介面與類型之間的關係

23.3 工作階段中介軟體

前文介紹了程式設計介面層面表示工作階段的 ISession 介面和建立它的 ISessionStore
介面，以及預設情況下採用分散式快取儲存工作階段狀態的 DistributedSession 和對應

的 DistributedSessionStore 類型。在請求處理過程中，利用註冊的 ISessionStore 物件產生表示工作階段的 ISession 物件，是由 SessionMiddleware 中介軟體完成。但在介紹 SessionMiddleware 中介軟體之前，首先説明對應的組態選項類型 SessionOptions。

23.3.1 SessionOptions

由 於 保 存 工 作 階 段 狀 態 的 Session Key 是 透 過 Cookie 來 傳 遞，所 以 SessionOptions 承載的核心組態選項是 Cookie 屬性表示的 CookieBuilder 物件。如下面的程式碼所示，SessionOptions 的 Cookie 屬性返回的是一個 SessionCookieBuilder 物件，它對 Cookie 的名稱（.AspNetCore.Session）、路徑（/）和安全性原則（None）等有一些預設的設定。

```
public class SessionOptions
{
    public CookieBuilder    Cookie { get; set; }
    public TimeSpan         IdleTimeout { get; set; } = TimeSpan.FromMinutes(20);
    public TimeSpan         IOTimeout { get; set; }   = TimeSpan.FromMinutes(1);

    private class SessionCookieBuilder : CookieBuilder
    {
        public SessionCookieBuilder()
        {
            Name            = SessionDefaults.CookieName;
            Path            = SessionDefaults.CookiePath;
            SecurePolicy    = CookieSecurePolicy.None;
            SameSite        = SameSiteMode.Lax;
            HttpOnly        = true;
            IsEssential     = false;
        }

        public override TimeSpan? Expiration
        {
            get => null;
            set => throw new InvalidOperationException();
        }
    }
}

public static class SessionDefaults
{
    public static readonly string CookieName = ".AspNetCore.Session";
    public static readonly string CookiePath = "/";
}
```

CookieBuilder 物件的 HttpOnly 屬性，表示回應的 Cookie 是否需要增加一個 httponly 標記，預設情況下該屬性為 True。SameSite 屬性表示是否會在產生的 Set-Cookie 回應標頭指定 SameSite 屬性，以阻止瀏覽器跨網域發送，預設值為 Lax。它的 IsEssential 屬性與 Cookie 的許可授權策略（Cookie Consent Policy）有關，表示為了實作工作階段支援針對 Cookie 的設定，是否需要得到最終使用者的明確授權，預設值為 False。

SessionOptions 的 IdleTimeout 屬性表示工作階段過期時間，具體來說應該是用戶端最後一次存取時間到工作階段過期之間的時長。如果未明確指定該屬性，則採用預設的工作階段過期時間為 20 分鐘。IOTimeout 屬性表示基於 ISessionStore 的工作階段狀態的讀取和提交所執行的最長時限，預設為 1 分鐘。

23.3.2 ISessionFeature

應用程式以 ISession 物件讀寫工作階段狀態，該物件由 HttpContext 上下文物件的 Session 屬性返回，最初來自於 ISessionFeature 特性。如下面的程式碼所示，ISession 物件的取得和設定，透過 ISessionFeature 特性的 Session 屬性完成，SessionFeature 類型是對該介面的預設實作。

```
public interface ISessionFeature
{
    ISession Session { get; set; }
}

public class SessionFeature : ISessionFeature
{
    public ISession Session { get; set; }
}
```

23.3.3 SessionMiddleware

下列程式碼模擬 SessionMiddleware 中介軟體針對工作階段的實作。建構函數注入了加密 Cookie 值的 IDataProtectionProvider 物件、建立工作階段的 SessionStore 物件，以及提供組態選項的 IOptions<SessionOptions> 物件。Invoke 方法根據 SessionOptions 的設定，從目前請求的 Cookie 擷取 Session Key。如果 Session Key 不存在，意謂著目前工作階段的第一個請求會建立一個新的 GUID 作為 Session Key。接下來，中介軟體呼叫 ISessionStore 物件的 Create 方法，以產生一個 ISession 物件。

```csharp
public class SessionMiddleware
{
    private readonly RandomNumberGenerator   _cryptoRandom;
    private const int                        SessionKeyLength = 36;
    private readonly RequestDelegate          _next;
    private readonly SessionOptions           _options;
    private readonly ILogger                  _logger;
    private readonly ISessionStore            _sessionStore;
    private readonly IDataProtector           _dataProtector;

    public SessionMiddleware(
        RequestDelegate next,
        ILoggerFactory loggerFactory,
        IDataProtectionProvider dataProtectionProvider,
        ISessionStore sessionStore,
        IOptions<SessionOptions> options)
    {
        _next              = next;
        _logger            = loggerFactory.CreateLogger<SessionMiddleware>();
        _dataProtector     =
            dataProtectionProvider.CreateProtector("SessionMiddleware");
        _options           = options.Value;
        _sessionStore      = sessionStore;
        _cryptoRandom      = RandomNumberGenerator.Create();
    }

    public async Task Invoke(HttpContext context)
    {
        string UnprotectSessionKey(string protectedKey)
        {
            var padding = 3 - ((protectedKey.Length + 3) % 4);
            var padValue = padding == 0
                ? protectedKey
                : protectedKey + new string('=', padding);
            var rawData = Convert.FromBase64String(padValue);
            return Convert.ToBase64String(_dataProtector.Unprotect(rawData));
        }

        string ProtectSessionKey(string unProtectedKey)
        {
            var bytes = Encoding.UTF8.GetBytes(unProtectedKey);
            bytes = _dataProtector.Protect(bytes);
            return Convert.ToBase64String(bytes);
        }
```

```
bool TryEstablishSession(string protectedKey)
{
    var response = context.Response;
    response.OnStarting(_ => {
        if (!response.HasStarted)
        {
            var cookieOptions = _options.Cookie.Build(context);
            response.Cookies.Append(_options.Cookie.Name, protectedKey,
                cookieOptions);
            response.Headers["Cache-Control"] = "no-cache";
            response.Headers["Pragma"] = "no-cache";
            response.Headers["Expires"] = "-1";
        }
        return Task.CompletedTask;
    }, null);
    return !response.HasStarted;
}

var isNewSessionKey = false;
Func<bool> tryEstablishSession = () =>true;
var cookieValue = context.Request.Cookies[_options.Cookie.Name];
var sessionKey = UnprotectSessionKey(cookieValue);
if (string.IsNullOrWhiteSpace(sessionKey) || sessionKey.Length != SessionKeyLength)
{
    //Try establish a new session
    var guidBytes = new byte[16];
    _cryptoRandom.GetBytes(guidBytes);
    sessionKey = new Guid(guidBytes).ToString();
    cookieValue = ProtectSessionKey(sessionKey);
    tryEstablishSession = ()=>TryEstablishSession(cookieValue);
    isNewSessionKey = true;
}

var feature = new SessionFeature
{
    Session = _sessionStore.Create(sessionKey, _options.IdleTimeout,
        _options.IOTimeout, tryEstablishSession, isNewSessionKey)
};
context.Features.Set<ISessionFeature>(feature);

try
{
    await _next(context);
}
finally
```

```
    {
        context.Features.Set<ISessionFeature>(null);
        await feature.Session?.CommitAsync(context.RequestAborted);
    }
    }
}
```

　　對於 ISessionStore 物件的 Create 方法來説，SessionMiddleware 中介軟體除了會把 Session Key 和由 SessionOptions 提供的工作階段過期時間作為參數外，還需要一個 Func<bool> 類型的委託物件，以協助建立的 ISession 物件確定工作階段是否已經存在，或者能夠正常建立。對於這個委託物件來説，只有在工作階段不存在並且已經開始發送目前回應的情況下，才會返回 False。當 SessionMiddleware 中介軟體將請求遞交給後續中介軟體處理之前，首先會將 ISession 物件封裝成 SessionFeature 特性，以附著到目前 HttpContext 上下文物件，然後呼叫 ISession 物件的 CommitAsync 方法提交工作階段狀態的修改。一旦傳送回應時，註冊的回呼將 Session Key 作為 Cookie 提供給用戶端。

第 24 章

HTTPS 策略

HTTPS 是確保傳輸安全最主要的手段，並且已經成為網際網路預設的傳輸協定。不知道讀者是否注意到當以瀏覽器（如 Chrome）瀏覽某個公共網站時，如果輸入的是一個 HTTP 位址，則在大部分情況下瀏覽器會自動重定向到對應的 HTTPS 位址。這個特性源於瀏覽器和伺服端針對 HSTS（HTTP Strict Transport Security）此 HTTP 規範的支援。ASP.NET Core 利用 HstsMiddleware 和 HttpsRedirectionMiddleware 兩個中介軟體，藉以提供 HSTS 的實作。

24.1 HTTPS 終節點的切換

雖然目前絕大部分的公共網站都提供 HTTPS 終節點，但由於使用者多年養成的習慣，以及用戶端（以瀏覽器為主的 User Agent）內建的一些自動化行為，網站的初始請求依然採用 HTTP 協定，因此還是會提供一個 HTTP 終節點。為了盡可能地採用 HTTPS 協定來通訊，「網際網路工程任務組（IETF）」制定一份名為「HSTS」的安全規範或者協定，ASP.NET Core 中 HSTS 的實作是由 HstsMiddleware 和 HttpsRedirectionMiddleware 兩個中介軟體來完成。接下來，透過一個簡單的實例介紹 HSTS 打算解決的問題，以及這兩個中介軟體的使用。

24.1.1 建構 HTTPS 網站

HTTPS 網站會繫結一張證書，並利用其內的金鑰對（公開金鑰 / 私密金鑰對）在前期透過協商，以產生一個對傳輸內容進行加解密的金鑰。HTTPS 網站繫結的證書相當於該網站的「身份證」，它解決了伺服端認證（確定目前存取的不是一個釣魚網站）的問題。之所以能夠利用證書確認網站的正式身份，是因為證書具有的兩個特性：第一，證書不能被篡改，附加數位簽章的證書可以很容易地確定目前的內容，是否與最初產生的一致；第二，證書由權威機構簽發，公共網站繫結的證書都是從少數幾個有公證性的提供商手中購買。

展示程式涉及的通訊僅限於本機範圍，並不需要實際從官方管道購買一張證書，因此選擇建立一個「自簽章」憑證。自簽章憑證有多種建立方式，可以採用下列方式在 PowerShell 執行「New-SelfSignedCertificate」命令，以建立「artech.com」、「blog.artech.com」與「foobar.com」3 張網域名稱證書。

```
New-SelfSignedCertificate -DnsName artech.com -CertStoreLocation "Cert:\CurrentUser\My"
New-SelfSignedCertificate -DnsName blog.artech.com
    -CertStoreLocation "Cert:\CurrentUser\My"
New-SelfSignedCertificate -DnsName foobar.com -CertStoreLocation "Cert:\CurrentUser\My"
```

執行「New-SelfSignedCertificate」命令時，利用 -CertStoreLocation 參數為產生的證書指定儲存位置。證書在 Windows 下是按照「帳號類型」來存放，具體的帳號分為下列 3 種類型，證書總是儲存於某種帳戶類型下的某個位置。對於產生的自簽章憑證，其儲存位置為「Cert:\CurrentUser\My」，意謂著它們最終會存放到目前使用者帳戶下的「個人（Personal）」儲存中。

- 目前用戶帳戶（Current user account）。
- 機器帳戶（Machine account）。
- 服務帳戶（Service account）。

可以利用 Certificate MMC（Microsoft Management Console）查看這 3 張證書。具體的做法是執行「mmc」命令開啟 MMC 對話方塊，並選擇「檔案」|「新增 / 移除嵌入式管理單元」命令，開啟「新增或移除嵌入式管理單元」視窗，接著選擇「憑證」選項。在「憑證式管理單元」對話方塊中，挑選「我的使用者帳號」。最終開啟的證書管理主控台上，可於「個人（Personal）」節點看到 3 張證書，如圖 24-1 所示。

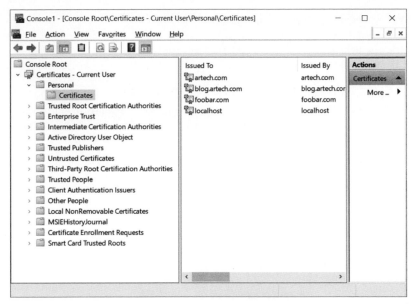

圖 24-1　手動建立的證書

　　由於產生的是 3 張「自簽章」的憑證（也就是自己給自己簽發的證書），預設情況下自然不具有廣泛的信任度。為了解決這個問題，可以將它們匯入「Trusted Root Certification Authorities」節點，這裡儲存的是表示信任簽發機構的證書。接著以檔案的形式從「Personal」匯出證書，再將證書檔匯入此處。請注意，匯出證書時應該選擇「匯出私密金鑰」選項。為了透過證書繫結的網域名稱存取網站，於是在 hosts 檔案將它們映射到本機 IP 位址（127.0.0.1）。

```
127.0.0.1        artech.com
127.0.0.1        blog.artech.com
127.0.0.1        foobar.com
```

　　完成網域名稱映射、證書建立，並解決證書的「信任危機」之後，接著新增一個 ASP.NET Core 程式，並為註冊的 Kestrel 伺服器增加 HTTP 協定和 HTTPS 協定的終節點。如下面的程式碼所示，以 IWeHostBuilder 介面的 UseKestrel 擴展方法增加的終節點採用預設埠（80 和 443），其中 HTTPS 終節點會利用 SelelctCertificate 方法，根據提供的網域名稱選擇對應的證書，為「/{foobar?}」路徑註冊的終節點會將表示協定類型的 Scheme 作為回應內容。

```
using Microsoft.AspNetCore.Connections;
using Microsoft.AspNetCore.Server.Kestrel.Https;
using System.Net;
```

```
using System.Security.Cryptography.X509Certificates;

var builder = WebApplication.CreateBuilder(args);
builder.WebHost.UseKestrel (kestrel =>
{
    kestrel.Listen(IPAddress.Any, 80);
    kestrel.Listen(IPAddress.Any, 443, listener => listener.UseHttps(
        https => https.ServerCertificateSelector = SelelctCertificate));
});

var app = builder.Build();
app.MapGet("/{foobar?}", (HttpRequest request) => request.Scheme);
app.Run();

static X509Certificate2? SelelctCertificate(ConnectionContext? context,string?
domain)
    => domain?.ToLowerInvariant() switch
    {
        "artech.com" => CertificateLoader
            .LoadFromStoreCert("artech.com", "My", StoreLocation.CurrentUser, true),
        "blog.artech.com" => CertificateLoader
            .LoadFromStoreCert("blog.artech.com", "My", StoreLocation.CurrentUser,
            true),
        "foobar.com" => CertificateLoader
            .LoadFromStoreCert("foobar.com", "My", StoreLocation.CurrentUser, true),
        _ => throw new InvalidOperationException($"Invalid domain '{domain}'.")
    };
```

執行程式之後，透過 3 個映射的網域名稱以 HTTP 或 HTTPS 的方式來存取。圖
24-2 所示為使用網域名稱「artech.com」分別發送 HTTP 請求和 HTTPS 請求後得到
的結果。對於 HTTP 終節點的存取，瀏覽器還會出現一個「不安全（Not secure）」
的警告。（S2401）

圖 24-2　存取 HTTP 和 HTTPS 終節點

24.1.2　HTTPS 重定向

從安全的角度來講，肯定是希望使用者的每個請求，指向的都是 HTTPS 終節點。但是不可能要求他們在網址列輸入的 URL 都以「https」作為前綴，這個問題可以透過伺服端以重定向的方式來解決。如圖 24-3 所示，如果伺服端收到一個 HTTP 請求，便立即回復一個狀態碼為 307 的臨時重定向回應，並將重定向位址指向對應的 HTTPS 終節點，則瀏覽器會自動對新的 HTTPS 終節點重新發起請求。

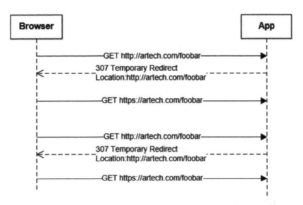

圖 24-3　基於 HTTPS 的重定向

上述針對 HTTPS 終節點的自動重定向，可以利用 HttpsRedirectionMiddleware 中介軟體來完成，或者按照下列方式呼叫 UseHttpsRedirection 擴展方法註冊此中介軟體，它所依賴的服務由 AddHttpsRedirection 擴展方法來註冊。呼叫這個擴展方法的同時，對 HTTPS 終節點使用的 443 埠進行設定。

```
...
var builder = WebApplication.CreateBuilder(args);
builder.WebHost.UseKestrel (kestrel =>
{
    kestrel.Listen(IPAddress.Any, 80);
    kestrel.Listen(IPAddress.Any, 443, listener => listener.UseHttps(
        https => https.ServerCertificateSelector = SelectCertificate));
});
builder.Services.AddHttpsRedirection(options => options.HttpsPort = 443);

var app = builder.Build();
app.UseHttpsRedirection();
app.MapGet("/{foobar?}", (HttpRequest request) => request.Scheme);
app.Run();
...
```

啟動更改的程式後，如果請求「http://artech.com/foobar」這個 URL，便自動重定向到新的位址「https://artech.com/foobar」。如下所示是這個過程涉及的兩輪 HTTP 交易的請求和回應封包。（S2402）

```
GET http://artech.com/foobar HTTP/1.1
Host: artech.com

HTTP/1.1 307 Temporary Redirect
Content-Length: 0
Date: Sun, 19 Sep 2021 11:57:56 GMT
Server: Kestrel
Location: https://artech.com/foobar


GET https://artech.com/foobar HTTP/1.1
Host: artech.com

HTTP/1.1 200 OK
Date: Sun, 19 Sep 2021 11:57:56 GMT
Server: Kestrel
Content-Length: 5

https
```

24.1.3 瀏覽器自動重定向

按照目前網際網路的安全標準來看，以明文傳輸的 HTTP 請求都是不安全的，所以上述利用 HttpsRedirectionMiddleware 中介軟體在伺服端回復一個 307 回應，將用戶端重定向到 HTTPS 終節點的解決方案，並沒有真正解決問題，因為瀏覽器後續還是有可能持續發送 HTTP 請求。雖然 HTTP 是無狀態的傳輸協定，但是瀏覽器可以有「記憶」。如果能夠讓應用程式以回應標頭的形式告訴瀏覽器：在未來一段時間內針對目前網域名稱的後續請求，都應該採用 HTTPS，瀏覽器便可將此資訊保存下來，即使使用者輸入的是 HTTP 位址，也會採用 HTTPS 的方式與伺服端互動。

其實這就是 HSTS 的意圖。HSTS 可能是所有 HTTP 規範最簡單的一個，因為整個規範只定義上述這個用來傳遞 HTTPS 策略的回應標頭，命名為「Strict-Transport-Security」。伺服端可以利用這個標頭，告訴瀏覽器後續的網域名稱應該採用 HTTPS 來存取，並指定採用此策略的時間範圍。如果瀏覽器遵循 HSTS 協定，則針對同一網站的後續請求將全部採用 HTTPS 傳輸，具體流程如圖 24-4 所示。

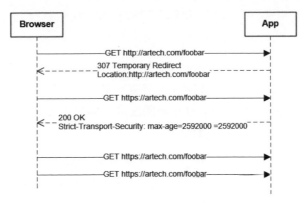

圖 24-4　採用 HSTS 協定

HSTS 涉及的「Strict-Transport-Security」回應標頭，允許以 HstsMiddleware 中介軟體發送。對於前述實例來說，可以按照下列方式呼叫 UseHsts 擴展方法註冊這個中介軟體。（S2403）

```
...
var builder = WebApplication.CreateBuilder(args);
builder.WebHost.UseKestrel (kestrel =>
{
    kestrel.Listen(IPAddress.Any, 80);
    kestrel.Listen(IPAddress.Any, 443, listener => listener.UseHttps(
        https => https.ServerCertificateSelector = SelelctCertificate));
});
builder.Services.AddHttpsRedirection(options => options.HttpsPort = 443);

var app = builder.Build();
app
    .UseHttpsRedirection()
    .UseHsts();
app.MapGet("/{foobar?}", (HttpRequest request) => request.Scheme);
app.Run();
...
```

執行程式之後，「artech.com」的第一個 HTTP 請求依然會正常發送出去。伺服端註冊的 HttpsRedirectionMiddleware 中介軟體會將請求重定向到對應的 HTTPS 終節點，此時 UseHsts 中介軟體將於回應增加下列「Strict-Transport-Security」標頭。

```
HTTP/1.1 200 OK
Date: Sun, 19 Sep 2021 12:59:37 GMT
Server: Kestrel
Strict-Transport-Security: max-age=2592000
Content-Length: 5
```

```
https
```

上述的「Strict-Transport-Security」標頭利用 max-age 屬性，將採用 HTTPS 策略的有效時間設成 2,592,000 秒（一個月）。這是一個「滑動時間」，瀏覽器每次在收到此標頭的回應之後，都會把有效截止時間設成一個月之後，意謂著對於經常存取的網站來說，HTTPS 策略永遠不會過期。

瀏覽器會對此規則進行持久化儲存，後續針對「artech.com」網域名稱的請求將一直採用 HTTPS 傳輸方式。對於 Chrome 來説，內部依然採用用戶端重定向的方式，實作從 HTTP 到 HTTPS 終節點的切換。具體來説，如果指定的是 HTTP 位址，則 Chrome 會在內部產生一個指向 HTTPS 終節點的 307 重定向回應，因此以 Chrome 的網路監測工具看到的還是兩次封包交換，如圖 24-5 所示，但是第一個請求並未真正地發送出去。內部產生的 307 回應，攜帶的是值為「HSTS」的 Non-Authoritative-Reason 標頭。

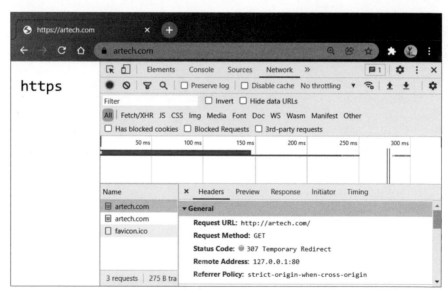

圖 24-5　Chrome 透過內部產生一個 307 回應，以實作 HTTPS 重定向

Chrome 提供專門的頁面查看和管理某個網域名稱的 HSTS 設定，只需要在網址列輸入「chrome://net-internals/#hsts」，就能進入 HSTS/PKP（Public Key Pinning）的網域名稱安全性原則管理頁面。可以在頁面中查詢、增加和刪除某個網域名稱的 HSTS 安全性原則。artech.com 網域名稱的安全性原則，顯示於圖 24-6 中。

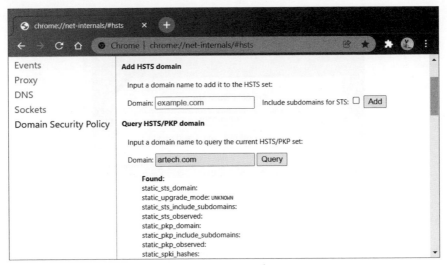

圖 24-6 查閱某個網域名稱的安全性原則

24.1.4 HSTS 選項組態

到目前為止,我們利用 HttpsRedirectionMiddleware 中介軟體將 HTTP 請求重定向到 HTTPS 終節點。HstsMiddleware 中介軟體透過在回應中增加 Strict-Transport-Security 標頭,告訴用戶端後續請求也應該採用 HTTPS 傳輸協定,貌似已經很完美地解決面臨的安全性問題。但是第一個請求採用的依舊是 HTTP 協定,駭客仍然會劫持該請求,並將使用者重定向到釣魚網站。

為了讓瀏覽器發出的第一個請求也無條件採用 HTTPS 傳輸方式,必須在全網範圍維護一個統一的網域名稱列表。安裝瀏覽器時會將此列表保存在本機,並於每次啟動瀏覽器時預先載入,因此這個網域名稱列表稱為「HSTS Preload List」。如果需要將某個網域名稱增加到 HSTS 預載入列表,則可連結 https://hstspreload.org 網站提交申請。

透過圖 24-7 的網站提交的預載入網域名稱列表,最初專供 Chrome 使用,但是目前大部分主流瀏覽器(Firefox、Opera、Safari、IE 11 和 Edge)也都會使用此列表。正是因為該列表被廣泛地使用,官方網站會對提交的網域名稱進行嚴格的審核,而且審核期為 1 ～ 2 個月。審核通過後,網域名稱也不會立即生效,還要等到發佈新版本的瀏覽器之後。有資質的網站必須滿足下列幾個條件。

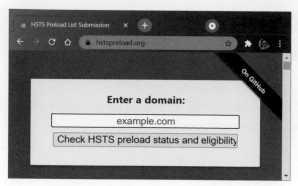

圖 24-7　HSTS 預載入列表提交官網

- 擁有一張有效的證書。

- 對於採用 80 埠的 HTTP 終節點，必須存在對應的、採用相同主機名稱（網域名稱）的 HTTPS 終節點。

- 所有子網域名稱均支援 HTTPS。

- 對於基礎網域名稱（Base Domain）的 HTTPS 請求，收到的回應必須包含「Strict-Transport-Security」這個 HSTS 標頭，並且該標頭的內容滿足如下條件。

  - max-age 屬性表示的有效時間為一年（含一年）以上，即大於 31,536,000 秒。

  - 包含 includeSubDomains 指令，該指令表示 HSTS 策略會應用到所有的子網域名稱。

  - 必須包含 preload 指令。

  - 如果需要對 HTTPS 請求實施重定向，則重定向的回應本身也必須包含 HSTS 標頭。

　　從上面的列表得知，HSTS 涉及的「Strict-Transport-Security」回應標頭除了包含必需表示有效期限的 max-age 屬性，還有 includeSubDomains 和 preload 兩個指令，它們都定義於對應的 HstsOptions 組態選項。可以呼叫 AddHsts 擴展方法，並以指定的 Action<HstsOptions> 委託物件進行設定。下列程式設定了 HstsOptions 組態選項的 4 個屬性。

```
...
var builder = WebApplication.CreateBuilder(args);
builder.WebHost.UseKestrel(kestrel =>
```

```
{
    kestrel.Listen(IPAddress.Any, 80);
    kestrel.Listen(IPAddress.Any, 443, listener => listener.UseHttps(
        https => https.ServerCertificateSelector = SelelctCertificate));
});

builder.Services.AddHttpsRedirection(options => options.HttpPort = 443);
builder.Services.AddHsts(options => {
    options.MaxAge                   = TimeSpan.FromDays(365);
    options.IncludeSubDomains        = true;
    options.Preload                  = true;
    options.ExcludedHosts.Add("foobar.com");
});

var app = builder.Build();
app
    .UseHttpsRedirection()
    .UseHsts();
app.MapGet("/{foobar?}", (HttpRequest request) => request.Scheme);
app.Run();
...
```

上述程式返回的回應都包含如下 HSTS 標頭。由於 includeSubDomains 指令的存在，如果之前發生過 artech.com 網域名稱的請求，那麼其子網域名稱 blog.artech.com 的請求也將自動切換成 HTTPS 傳輸方式。雖然有 preload 指令，但是並不能將網站增加到 HSTS 預載入列表，所以此設定沒有任何作用。由於網域名稱「foobar.com」明確排除在 HSTS 網站之外，因此瀏覽器不會將 HTTP 請求轉換成 HTTPS 傳輸方式。因為註冊了 HttpsRedirectionMiddleware 中介軟體，HTTP 請求還是會以用戶端重定向的方式，切換到對應的 HTTPS 終節點。（S2404）

```
strict-transport-security: max-age=31536000; includeSubDomains; preload
```

24.2 HTTPS 重定向

將 HTTP 終 節 點 的 請 求 重 定 向 到 對 應 的 HTTPS 終 節 點，主 要 是 由 HttpsRedirectionMiddleware 中介軟體完成。正式介紹該中介軟體之前，先解釋一下對應的 HttpsRedirectionOptions 組態選項。

24.2.1 HttpsRedirectionOptions

如下所示的 HttpsRedirectionOptions 組態選項類型定義 RedirectStatusCode 和 HttpsPort 兩個屬性，前者表示重定向狀態碼，預設值為 307；後者表示 HTTPS 終節點的埠。對於用戶端重定向所用的狀態碼，很多人只熟悉「301 Moved Permanently」和「302 Found」，分別表示「永久重定向」和「臨時重定向」。實際上這兩種類型的重定向，也可以透過狀態碼「307 Temporary Redirect」和「308 Permanent Redirect」來表示。301 與 308，以及 302 與 307 之間的差別在於：用戶端在收到狀態碼為 301 和 302 的回應後，無論原來的請求採用哪種方法（GET、POST、PUT 和 DELETE 等），都允許以 GET 請求對重定向位址發送請求，而且目前很多瀏覽器、用戶端工具和網路設備也都是這麼做。但是對於 307 和 308 回應，則要求重定向請求採用和原始請求一樣的方法。

```
public class HttpsRedirectionOptions
{
    public int        RedirectStatusCode { get; set; } = 307;
    public int?       HttpsPort { get; set; }
}
```

當 HttpsRedirectionMiddleware 中介軟體進行重定向時，除了將原始請求的 Scheme 從 HTTP 切換到 HTTPS 外，重定向位址會使用原始的網域名稱、路徑、查詢字串（?foo= 123&bar=456）和 Fragement（#foobar），但是確定使用哪個埠是一個相對複雜的過程。如果透過 HttpsRedirectionOptions 組態選項的 HttpsPort 屬性明確指定了埠，則重定向位址便直接使用。倘若將該屬性設為 -1，相當於關閉了 HttpsRedirectionMiddleware 中介軟體的 HTTPS 重定向功能。如果未設定 HttpsPort 屬性，則會採用哪個埠呢？

24.2.2 HttpsRedirectionMiddleware 中介軟體

HttpsRedirectionMiddleware 中介軟體針對請求的處理很簡單。如果目前為 HTTPS 請求，則它直接將請求遞交給後續的中介軟體處理。否則首先會按照約定的規則產生一個 HTTPS 重定向位址，並將其作為回應的 Location 標頭，然後根據 HttpsRedirectionOptions 組態選項對設定回應狀態碼。整個重定向的核心在於如何產生重定向位址。由於重定向位址會採用目前請求的網域名稱、路徑和 Fragement，如果沒有利用 HttpsRedirectionOptions 組態選項明確設定埠，則中介軟體便採用下列步驟確定回應的埠。

- 如果對目前組態的「HTTPS_PORT」組態節進行設定,則直接使用該埠。

- 如果對目前組態的「ANCM_HTTPS_PORT」 組態節進行設定,則直接使用該埠。以 IIS 進行整合時,ASP.NET Core Module(ANCM)模組會為承載應用程式的 HTTPS 終節點選擇一個監聽埠,並透過環境變數「ASPNETCORE_ANCM_HTTPS_PORT」保存,進而成為應用程式組態的一部分。

- 從 IServerAddressesFeature 特性提供的監聽位址清單選擇第一個採用 HTTPS 協定的位址,並且使用其埠。

下列程式碼模擬 HttpsRedirectionMiddleware 中介軟體的請求處理邏輯。它定義兩個建構函數,並於其中注入提供組態選項的 IOptions<HttpsRedirectionOptions> 物件、承載目前應用程式組態的 IConfiguration 物件,以及提供伺服器監聽位址清單的 IServerAddressesFeature 特性。上述重定向埠的解析實作於 TryGetHttpsPort 方法。Invoke 方法針對 HTTPS 重定向的實作也非常簡單,此處就不再贅述。請留意,如果最終無法找到一個相符的 HTTPS 埠,則中介軟體並不會拋出異常,而是放棄重定向,並將請求交給後續的中介軟體來處理。

```csharp
public class HttpsRedirectionMiddleware
{
    private readonly RequestDelegate        _next;
    private readonly Lazy<int>              _httpsPort;
    private readonly int                    _statusCode;
    private readonly IServerAddressesFeature _serverAddressesFeature;
    private readonly IConfiguration         _config;

    public HttpsRedirectionMiddleware(RequestDelegate next,
        IOptions<HttpsRedirectionOptions> options, IConfiguration config)
    {
        _next = next;
        _config = config;
        var httpsRedirectionOptions = options.Value;
        _httpsPort = httpsRedirectionOptions.HttpsPort.HasValue
            ? new Lazy<int>(httpsRedirectionOptions.HttpsPort.Value)
            : new Lazy<int>(TryGetHttpsPort);
        _statusCode = httpsRedirectionOptions.RedirectStatusCode;
    }

    public HttpsRedirectionMiddleware(RequestDelegate next,
        IOptions<HttpsRedirectionOptions> options, IConfiguration config,
        IServerAddressesFeature serverAddressesFeature)
        : this (next, options, config)
        => _serverAddressesFeature = serverAddressesFeature;
```

```csharp
public Task Invoke(HttpContext context)
{
    if (context.Request.IsHttps)
    {
        return _next(context);
    }

    var port = _httpsPort.Value;
    if (port == -1)
    {
        return _next(context);
    }

    var host = context.Request.Host;
    if (port != 443)
    {
        host = new HostString(host.Host, port);
    }
    else
    {
        host = new HostString(host.Host);
    }

    var request = context.Request;
    var redirectUrl = UriHelper.BuildAbsolute(
        "https",
        host,
        request.PathBase,
        request.Path,
        request.QueryString);

    context.Response.StatusCode = _statusCode;
    context.Response.Headers.Location = redirectUrl;

    return Task.CompletedTask;
}

private int TryGetHttpsPort()
{
    var port = _config.GetValue<int?>("HTTPS_PORT")
        ?? _config.GetValue<int?>("ANCM_HTTPS_PORT");
    if (port.HasValue)
    {
        return port.Value;
    }
```

```
        if (_serverAddressesFeature == null)
        {
            return -1;
        }

        foreach (var address in _serverAddressesFeature.Addresses)
        {
            var bindingAddress = BindingAddress.Parse(address);
            if (bindingAddress.Scheme.Equals("https",
                StringComparison.OrdinalIgnoreCase))
            {
                port = bindingAddress.Port;
            }
        }

        return port ?? -1;
    }
}
```

24.2.3 中介軟體註冊

HttpsRedirectionMiddleware 中介軟體由下列 UseHttpsRedirection 擴展方法註冊。由於中介軟體類型具有兩個建構函數（其中一個定義 IServerAddressesFeature 類型的參數），該擴展方法會根據目前是否註冊了 IServerAddressesFeature 物件，以選擇相關的註冊方式。中介軟體對應的 HttpsRedirectionOptions 組態選項，則透過如下 AddHttpsRedirection 擴展方法來設定。

```
public static class HttpsPolicyBuilderExtensions
{
    public static IApplicationBuilder UseHttpsRedirection(this IApplicationBuilder app)
    {
        var feature =
            app.ServerFeatures.Get<IServerAddressesFeature>();
        if (feature == null)
        {
            app.UseMiddleware<HttpsRedirectionMiddleware>();
        }
        else
        {
            var args = new object[] { feature };
            app.UseMiddleware<HttpsRedirectionMiddleware>(args);
        }
        return app;
```

```
        }
    }

public static class HttpsRedirectionServicesExtensions
{
    public static IServiceCollection AddHttpsRedirection(
      this IServiceCollection services,
      Action<HttpsRedirectionOptions> configureOptions)
    {
        services.Configure(configureOptions);
        return services;
    }
}
```

24.3 HSTS

在 ASP.NET Core 框架中，HSTS 是透過 HstsMiddleware 中介軟體實作。作為一個簡單的 HTTP 規範，HSTS 僅僅明確了「Strict-Transport-Security」回應標頭，因此其實作也很簡單。正式介紹此中介軟體之前，首先解釋對應的 HstsOptions 組態選項。

24.3.1 HstsOptions

HSTS 涉及的「Strict-Transport-Security」回應標頭，除了包含有效期限的 max-age 屬性外，還有 includeSubDomains 和 preload 兩個指令，它們都定義於 HstsOptions 組態選項類型。除了 HSTS 標頭相關的 3 個屬性，HstsOptions 還定義一個 ExcludedHosts 屬性。不需要強制使用 HTTPS 的網域名稱，就能加入此列表，預設列表包括本機的主機名稱「localhost」和對應的 IP 位址（「127.0.0.1」和「[::1]」）。

```
public class HstsOptions
{
    public TimeSpan        MaxAge { get; set; }
    public bool            IncludeSubDomains { get; set; }
    public bool            Preload { get; set; }
    public IList<string>   ExcludedHosts { get; }
        = new List<string> { "localhost", "127.0.0.1", "[::1]" };
}
```

24.3.2　HstsMiddleware 中介軟體

依然採用程式模擬 HstsMiddleware 中介軟體的定義。如下面的程式碼所示，中介軟體類型的建構函數注入提供組態選項的 IOptions<HstsOptions> 物件。處理器請求的 Invoke 方法針對「Strict-Transport-Security」標頭的設定，僅限於 HTTPS 請求，並且要求請求網域名稱不在 HstsOptions 組態選項的 ExcludedHosts 清單。為了提供更好的效能，初始化 HstsMiddleware 中介軟體時，就已經根據組態選項設定好標頭的值。

```csharp
public class HstsMiddleware
{
    private const string          IncludeSubDomains = "; includeSubDomains";
    private const string          Preload = "; preload";
    private readonly RequestDelegate _next;
    private readonly StringValues  _strictTransportSecurityValue;
    private readonly IList<string> _excludedHosts;

    public HstsMiddleware(RequestDelegate next, IOptions<HstsOptions> options)
    {
        _next = next;
        var hstsOptions = options.Value;
        var maxAge = Convert.ToInt64(Math.Floor(hstsOptions.MaxAge.TotalSeconds))
            .ToString(CultureInfo.InvariantCulture);
        var includeSubdomains = hstsOptions.IncludeSubDomains
            ? IncludeSubDomains : StringSegment.Empty;
        var preload = hstsOptions.Preload ? Preload : StringSegment.Empty;
        _strictTransportSecurityValue =
            new StringValues($"max-age={maxAge}{includeSubdomains}{preload}");
        _excludedHosts = hstsOptions.ExcludedHosts;
    }

    public Task Invoke(HttpContext context)
    {
        if (context.Request.IsHttps && !_excludedHosts.Any(it => string
            .Equals(context.Request.Host.Host, it,
            StringComparison.OrdinalIgnoreCase)))
        {
            context.Response.Headers.StrictTransportSecurity
                = _strictTransportSecurityValue;
        }
        return _next(context);
    }
}
```

24.3.3 中介軟體註冊

HstsMiddleware 中介軟體透過下列 UseHsts 擴展方法註冊，AddHsts 擴展方法利用提供的 Action<HstsOptions> 委託物件，以設定 HstsOptions 組態選項。

```
public static class HstsBuilderExtensions
{
    public static IApplicationBuilder UseHsts(this IApplicationBuilder app)
        =>return app.UseMiddleware<HstsMiddleware>();
}

public static class HstsServicesExtensions
{
    public static IServiceCollection AddHsts(this IServiceCollection services,
        Action<HstsOptions> configureOptions)
    {
        services.Configure(configureOptions);
        return services;
    }
}
```

在 HTTP 的語義中，重定向一般是指伺服端透過返回一個狀態碼為 3XX 的回應，促使用戶端對另一個位址再次發起請求，這種情況稱為「用戶端重定向」。既然有用戶端重定向，自然就有伺服端重定向，後者是指在伺服端藉由改變請求路徑，將請求導向到另一個終節點。ASP.NET Core 的重定向是透過 RewriteMiddleware 中介軟體實現。

25.1 基於規則的重定向

RewriteMiddleware 中介軟體提供的重定向功能，不僅賦予獨立設計 URL 的能力（例如設計出更有可讀性、更利於搜尋引擎收錄（SEO）的 URL），還能解決一些安全和負載平衡的問題。該中介軟體提供一種基於規則的重定向機制，好將請求導向至另一個終節點，照慣例先介紹一些簡單的實例。

25.1.1 用戶端重定向

RewriteMiddleware 中介軟體允許定義用戶端重定向規則，使之返回一個 Location 標頭，以指到重定向位址的 3XX 回應。用戶端（如瀏覽器）在收到這類的回應後，會根據狀態碼約定的語義向重定向位址重新發起請求，這種由用戶端對新的位址重新請求的方式，稱為「用戶端重定向」。

下面實例會將請求路徑以「foo/**」為前綴的請求，重定向到新的路徑「/bar/**」。呼叫 UseRewriter 擴展方法註冊 RewriteMiddleware 中介軟體，它將對應的 RewriteOptions 組態選項作為參數。這裡直接呼叫建構函數產生 RewriteOptions 物件，並呼叫 AddRedirect 擴展方法增加一個重定向規則，該擴展方法定義兩個參數，前者（^/foo/(.*)）表示參與重定向的原始路徑模式（規則運算式），後者（baz/$1）表示重定向目標位址範本，預留位置「$1」代表在進行規則運算式比對時，產生的首段捕獲內容（前綴「foo/」後面的部分）。請求的 URL 會作為回應的內容。

```
using Microsoft.AspNetCore.Rewrite;

var app = WebApplication.Create();
var options = new RewriteOptions().AddRedirect("^foo/(.*)", "bar/$1");
app.UseRewriter(options);
app.MapGet("/{**foobar}", (HttpRequest request) =>
    $"{request.Scheme}://{request.Host}{request.PathBase}{request.Path}");
app.Run();
```

展示程式註冊一個採用「/{**foobar}」路由範本的終節點，請求 URL 直接作為終節點的回應內容。執行程式之後，所有路徑以「/foo」為前綴的請求，都會自動重定向到以「/bar」為前綴的位址。如果請求路徑設定為「/foo/abc/123」，則最終將重定向到「/bar/abc/123」路徑，如圖 25-1 所示。（S2501）

圖 25-1　用戶端重定向

整個過程涉及 HTTP 封包交換，更能體現出用戶端重定向的本質。如下所示為整個過程兩次的封包交換，由此看出伺服端第一次返回狀態碼 302 的回應，根據映射規則產生的重定向位址，體現於 Location 標頭。

```
GET http://localhost:5000/foo/abc/123 HTTP/1.1
Host: localhost:5000

HTTP/1.1 302 Found
Content-Length: 0
Date: Wed, 22 Sep 2022 13:34:17 GMT
Server: Kestrel
Location: /bar/abc/123


GET http://localhost:5000/bar/abc/123 HTTP/1.1
Host: localhost:5000

HTTP/1.1 200 OK
Date: Wed, 22 Sep 2022 13:34:17 GMT
```

```
Server: Kestrel
Content-Length: 33

http://localhost:5000/bar/abc/123
```

25.1.2　伺服端重定向

　　伺服端重定向會在伺服端透過重寫請求路徑的方式，將請求重定向到新的終節點。對於前面的程式來說，只需要對它進行簡單的修改，就能切換成伺服端重定向。如下列程式碼所示，建立 RewriteOptions 物件後，呼叫 AddRewrite 擴展方法註冊一個伺服端重定向（URL 重寫）規則，原始請求路徑的規則運算式和重定向路徑均保持不變。

```
using Microsoft.AspNetCore.Rewrite;

var app = WebApplication.Create();
var options = new RewriteOptions().
    .AddRewrite(regex: "^foo/(.*)", replacement: "bar/$1", skipRemainingRules: true);;
app.UseRewriter(options);
app.MapGet("/{**foobar}", (HttpRequest request) =>
    $"{request.Scheme}://{request.Host}{request.PathBase}{request.Path}");
app.Run();
```

　　執行程式後，如果利用瀏覽器以相同的路徑（/foo/abc/123）對網站發起請求，便會得到圖 25-2 所示的內容，與圖 25-1 的回應內容相同。由於這次採用的是伺服端重定向，整個過程只會涉及一次封包交換，所以瀏覽器的請求位址不會改變。（S2502）

圖 25-2　伺服端重定向

25.1.3　IIS 重寫規則

　　重定向是絕大部分 Web 伺服器（如 IIS、Apache 和 Nginx 等）都會提供的功能，但是不同的伺服器類型針對重定向規則具有不同的定義方式。IIS 的重定向稱為「URL

重寫」，具體的 URL 重寫規則採用 XML 格式定義，RewriteMiddleware 中介軟體對它提供了原生的支援。以下列方式定義 URL 重寫規則至建立的 rewrite.xml 檔案，並將該檔存放在專案的根目錄下。

```xml
<rewrite>
    <rules>
        <rule name="foo">
          <match url="^foo/(.*)" />
          <action type="Redirect" url="baz/{R:1}" />
        </rule>
        <rule name="bar">
          <match url="^bar/(.*)" />
          <action type="Rewrite" url="baz/{R:1}" />
        </rule>
    </rules>
</rewrite>
```

上述的 XML 檔案定義兩個指向目標位址「baz/{R:1}」的規則，這裡的預留位置「{R:1}」和前面定義的「$1」一樣，都表示針對初始請求路徑進行規則運算式比對時，得到的第一段捕獲內容。兩個規則用來比對原始路徑的規則運算式，分別定義為「^foo/(.*)」和「^bar/(.*)」。它們採用的 Action 類型也不相同，前者為「Redirect」，表示用戶端重定向；後者為「Rewrite」，表示伺服端重定向。

為了將採用 XML 檔案定義的 IIS 重定向規則應用到程式中，於是略加修改程式。如下面的程式碼所示，產生 RewriteOptions 物件後，呼叫 AddIISUrlRewrite 擴展方法增加 IIS URL 重寫規則，擴展方法的兩個參數分別表示讀取規則檔的 IFileProvider 物件，以及規則檔中該物件的路徑。規則檔儲存於專案根目錄，而這也是 ASP.NET Core 應用程式「內容根目錄」所在的位置，因此可以使用內容根目錄對應的 IFileProvider 物件。

```csharp
using Microsoft.AspNetCore.Rewrite;

var app = WebApplication.Create();
var options = new RewriteOptions()
    .AddIISUrlRewrite(fileProvider: app.Environment.ContentRootFileProvider,
        filePath: "rewrite.xml");
app.UseRewriter(options);
app.MapGet("/{**foobar}", (HttpRequest request) =>
    $"{request.Scheme}://{request.Host}{request.PathBase}{request.Path}");
app.Run();
```

　　執行程式之後，針對增加的兩個重定向規則發送對應的請求，它們採用的請求路徑分別為「/foo/abc/123」和「/bar/abc/123」。從圖 25-3 的輸出結果看出，這兩個請求均被重定向到相同的目標路徑「/baz/abc/123」。（S2503）

圖 25-3　IIS 重定向規則

　　由於發送的兩個請求分別以用戶端和伺服端重定向方式導向到新的位址，瀏覽器對前者顯示的是重定向後的位址，後者則是原始的位址。整個過程涉及的三次封包交換，更能說明兩種重定向方式的差異，從封包內容進一步看出，第一次採用的是回應狀態碼為 301 的永久重定向。

```
GET http://localhost:5000/foo/abc/123 HTTP/1.1
Host: localhost:5000

HTTP/1.1 301 Moved Permanently
Content-Length: 0
Date: Wed, 22 Sep 2022 23:26:02 GMT
Server: Kestrel
Location: /baz/abc/123
```

```
GET http://localhost:5000/baz/abc/123 HTTP/1.1
Host: localhost:5000

HTTP/1.1 200 OK
Date: Wed, 22 Sep 2022 23:26:02 GMT
Server: Kestrel
Content-Length: 33


http://localhost:5000/baz/abc/123
```

```
GET http://localhost:5000/bar/abc/123 HTTP/1.1
Host: localhost:5000
```

```
HTTP/1.1 200 OK
Date: Wed, 22 Sep 2022 23:26:26 GMT
Server: Kestrel
Content-Length: 33


http://localhost:5000/baz/abc/123
```

25.1.4 Apache 重寫規則

上面展示 RewriteMiddleware 中介軟體針對 IIS 重定向規則的支援，實際上它還支援 Apache 的 mod_rewriter 模組所採用的重定向規則定義形式。照例先介紹一個簡單的程式。在專案根目錄增加一個名為 rewrite.config 的設定檔，並於其中定義下列兩個重定向規則。

```
RewriteRule ^/foo/(.*) /baz/$1 [R=307]
RewriteRule ^/bar/(.*) - [F]
```

第一個規則利用 R 這個 Flag，將路徑與規則運算式「^/foo/(.*)」相符的請求，重定向到新的路徑「/baz/$1」，具體採用的是針對狀態碼 307 的臨時用戶端重定向。對於路徑與規則運算式「^/bar/(.*)」相符的請求，可將其視為未經授權的請求，因此對應的規則採用 F（Forbidden）Flag。為了讓程式使用上述設定檔定義的 Apache 重定向規則，只需要按照下列方式呼叫 RewriteOptions 物件的 AddApacheModRewrite 擴展方法即可。

```
using Microsoft.AspNetCore.Rewrite;

var app = WebApplication.Create();
var options = new RewriteOptions()
    .AddApacheModRewrite(fileProvider: app.Environment.ContentRootFileProvider,
        filePath: "rewrite.config");
app.UseRewriter(options);
app.MapGet("/{**foobar}", (HttpRequest request) =>
    $"{request.Scheme}://{request.Host}{request.PathBase}{request.Path}");
app.Run();
```

執行程式之後，針對增加的兩個重定向規則發送對應的請求，它們採用的請求路徑分別為「/foo/abc/123」和「/bar/abc/123」。從圖 25-4 的輸出結果得知，第一個請求均重定向到相同的目標路徑「/baz/abc/123」，第二個請求則返回一個狀態碼 403 的回應。（S2504）

圖 25-4　Apache mod_rewrite 重定向規則

如下所示為整個過程涉及的三次封包交換。由此看出第一個請求得到的回應狀態碼，正是規則中明確設定的「307」。第二個請求由於被視為權限不足，伺服端直接返回一個狀態「403 Forbidden」的回應。

```
GET http://localhost:5000/foo/abc/123 HTTP/1.1
Host: localhost:5000

HTTP/1.1 307 Temporary Redirect
Content-Length: 0
Date: Wed, 22 Sep 2022 23:56:26 GMT
Server: Kestrel
Location: /baz/abc/123
```

```
GET http://localhost:5000/baz/abc/123 HTTP/1.1
Host: localhost:5000

HTTP/1.1 200 OK
Date: Wed, 22 Sep 2022 23:56:26 GMT
Server: Kestrel
Content-Length: 33
```

```
GET http://localhost:5000/bar/abc/123 HTTP/1.1
Host: localhost:5000

HTTP/1.1 403 Forbidden
Content-Length: 0
Date: Wed, 22 Sep 2022 23:56:33 GMT
Server: Kestrel
```

25.1.5 HTTPS 重定向

將 HTTP 請求重定向到對應的 HTTPS 終節點，可説是一種常見的重定向場景。「第 24 章 HTTPS 策略」介紹的 HttpsRedirectionMiddleware 中介軟體便具備此功能，RewriteMiddleware 中介軟體其實也能完成類似的功能。下列實例針對路徑「/foo」和「/bar」註冊兩個終節點，它們均由註冊的兩個中介軟體建構的 RequestDelegate 委託物件作為處理器，其中一個就是呼叫 UseRewriter 擴展方法註冊的 RewriteMiddleware 中介軟體，另一個中介軟體則是透過呼叫 Run 方法註冊，後者依然將最終請求的 URL 作為回應的內容。

```
using Microsoft.AspNetCore.Rewrite;

var app = WebApplication.Create();
app.MapGet("/foo", CreateHandler(app, 302));
app.MapGet("/bar", CreateHandler(app, 307));
app.Run();

static RequestDelegate CreateHandler(IEndpointRouteBuilder endpoints, int statusCode)
{
    var app = endpoints.CreateApplicationBuilder();
    app
        .UseRewriter(new RewriteOptions().AddRedirectToHttps(statusCode, 5001))
        .Run(httpContext => {
            var request = httpContext.Request;
            var address =
            $"{request.Scheme}://{request.Host}{request.PathBase}{request.Path}";
            return httpContext.Response.WriteAsync(address);
        });
    return app.Build();
}
```

兩個終節點的處理器是透過 CreateHandler 方法建立。它呼叫目前 WebApplication 物件的 CreateApplicationBuilder 方法建立一個新的 IApplicationBuilder 物件，並以後者的 UseRewriter 擴展方法註冊 RewriteMiddleware 中介軟體。為該中介軟體提供的 HTTPS 重定向規則是透過 RewriteOptions 物件的 AddRedirectToHttps 擴展方法定義，該方法指定重定向回應採用的狀態碼（302 和 307），以及 HTTPS 終節點採用的埠。執行程式之後，兩個終節點的 HTTP 請求（「http://localhost:5000/foo」和「http://localhost:5000/bar」）均以圖 25-5 所示的形式，重定向到對應的 HTTPS 終節點。（S2505）

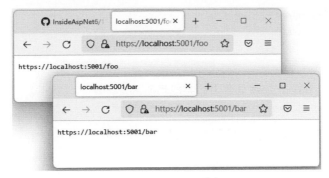

圖 25-5　HTTPS 重定向

　　整個過程涉及四次封包交換。由此看出透過呼叫 AddRedirectToHttps 擴展方法定義的規則，採用的是用戶端重定向。重定向回應使用的狀態碼，分別是「302 Found」和「307 Temporary Redirect」。

```
GET http://localhost:5000/foo HTTP/1.1
Host: localhost:5000

HTTP/1.1 302 Found
Content-Length: 0
Date: Thu, 23 Sep 2022 12:10:51 GMT
Server: Kestrel
Location: https://localhost:5001/foo
```

```
GET https://localhost:5001/foo HTTP/1.1
Host: localhost:5001

HTTP/1.1 200 OK
Date: Thu, 23 Sep 2022 12:10:51 GMT
Server: Kestrel
Content-Length: 26


https://localhost:5001/foo
```

```
GET http://localhost:5000/bar HTTP/1.1
Host: localhost:5000

HTTP/1.1 307 Temporary Redirect
Content-Length: 0
Date: Thu, 23 Sep 2022 12:10:57 GMT
Server: Kestrel
Location: https://localhost:5001/bar
```

```
GET https://localhost:5001/bar HTTP/1.1
Host: localhost:5001

HTTP/1.1 200 OK
Date: Thu, 23 Sep 2022 12:10:57 GMT
Server: Kestrel
Content-Length: 26


https://localhost:5001/bar
```

25.2 重定向中介軟體

前文透過幾個簡單的實例，展示 RewriteMiddleware 中介軟體在常見重定向場景的應用。接下來著重介紹該中介軟體針對請求的處理流程，首先說明如何表達中介軟體的重定向規則。

25.2.1 重定向規則

對於 RewriteMiddleware 中介軟體來說，它使用的重定向規則體現為一個 IRule 物件。如下面的程式碼所示，IRule 介面定義唯一的 ApplyRule 方法，好將對應的規則應用到重定向上下文。重定向上下文由一個 RewriteContext 物件表示，它是對目前 HttpContext 上下文物件的封裝。如果取得目前的 RewriteContext 上下文物件，便可透過它得到讀取靜態資源檔的 IFileProvider 物件，以及用來記錄日誌的 ILogger 物件。

```
public interface IRule
{
    void ApplyRule(RewriteContext context);
}

public class RewriteContext
{
    public HttpContext          HttpContext { get; set; }
    public IFileProvider        StaticFileProvider { get; set; }
    public ILogger              Logger { get; set; }

    public RuleResult           Result { get; set; }
}
```

IRule 物件承載的重定向規則，最終透過 ApplyRule 方法應用到目前的
HttpContext 上下文物件。執行 ApplyRule 方法後，還需要將「後續處理方式」藉助
Result 屬性附加到 RewriteContext 物件。該屬性返回名為 RuleResult 的列舉（如下所
示），RewriteMiddleware 中介軟體透過 ApplyRule 方法應用對應的重定向規則後，
還得根據列舉值執行後續的工作。對於定義的 3 個列舉項目，ContinueRules 表示會
繼續應用後續的規則，EndResponse 和 SkipRemainingRules 都表示不再使用後續的規
則，但是前者代表立即終止針對目前請求的處理，而後者會將請求交給後續中介軟
體來處理。

```
public enum RuleResult
{
    ContinueRules,
    EndResponse,
    SkipRemainingRules
}
```

25.2.2　RewriteMiddleware

RewriteMiddleware 中介軟體具有對應的 RewriteOptions 組態選項，重定向規則
最終註冊於 IList<IRule> 物件的 Rules 屬性，具體的規則透過 Add 擴展方法加到此清
單中。由於 RewriteMiddleware 中介軟體會根據規則在清單的順序逐個應用，因此註
冊規則的順序很重要。如果明確設定了組態選項的 StaticFileProvider 屬性，則提供的
IFileProvider 物件最終將轉移到上述 RewriteContext 上下文物件的同名屬性。

```
public class RewriteOptions
{
    public IList<IRule>      Rules { get; }
    public IFileProvider     StaticFileProvider { get; set; }
}

public static class RewriteOptionsExtensions
{
    public static RewriteOptions Add(this RewriteOptions options, IRule rule)
    {
        options.Rules.Add(rule);
        return options;
    }
}
```

RewriteMiddleware 類型的建構函數注入了提供承載環境資訊的 IWebHostEnvironment 物件、建置 ILogger 物件的 ILoggerFactory 工廠，以及提供組態選項的 IOptions<RewriteOptions> 物件。如果沒有利用 RewriteOptions 組態選項提供讀取靜態資源檔的 IFileProvider 物件，則最終使用的是提供 IWebHostEnvironment 物件的 WebRootFileProvider 屬性所返回的 IFileProvider 物件。

```
public class RewriteMiddleware
{
    private readonly RequestDelegate  _next;
    private readonly RewriteOptions   _options;
    private readonly IFileProvider    _fileProvider;
    private readonly ILogger          _logger;

    public RewriteMiddleware(RequestDelegate next,
      IWebHostEnvironment hostingEnvironment,
      ILoggerFactory loggerFactory, IOptions<RewriteOptions> options)
    {

        _next         = next;
        _options      = options.Value;
        _logger       = loggerFactory.CreateLogger<RewriteMiddleware>();
        _fileProvider = options.StaticFileProvider
            ?? hostingEnvironment.WebRootFileProvider;
    }

    public Task Invoke(HttpContext httpContext)
    {
        var context = new RewriteContext
        {
            HttpContext           = httpContext,
            StaticFileProvider    = _fileProvider,
            Logger                = _logger,
            Result                = RuleResult.ContinueRules
        };

        foreach (var rule in _options.Rules)
        {
            rule.ApplyRule(context);
            switch (context.Result)
            {
                case RuleResult.ContinueRules:
                    continue;
                case RuleResult.EndResponse:
                    return Task.CompletedTask;
                default:
                    return _next(httpContext);
```

```
            }
        }
        return _next(httpContext);
    }
}
```

　　處理請求的 Invoke 方法會先建立 RewriteContext 上下文物件，表示重定向規則結果的 Result 屬性被初始化為 ContinueRules。接下來將這個上下文物件作為參數，逐個呼叫每一個重定向規則的 ApplyRule 方法。應用完畢後，便檢查 RewriteContext 上下文物件承載的結果，並且合理的安排後續工作。如果規則結果為 ContinueRules，則中介軟體會繼續應用下一個規則。倘若規則結果為 EndResponse，則該方法就直接返回，整個中介軟體管道針對請求的處理到此終止。如果規則結果為 SkipRemainingRules，則該方法會忽略後續的規則，直接將請求交給下一個中介軟體來處理。

　　RewriteMiddleware 中介軟體透過下列兩個 UseRewriter 擴展方法註冊。可以為註冊的 RewriteMiddleware 中介軟體明確提供一個 RewriteOptions 組態選項。如果沒有指定的話，則使用預設組態。

```
public static class RewriteBuilderExtensions
{
    public static IApplicationBuilder UseRewriter(this IApplicationBuilder app)
        =>app.UseMiddleware<RewriteMiddleware>();

    public static IApplicationBuilder UseRewriter(this IApplicationBuilder app,
        RewriteOptions options)
    {
        var args = new object[] { Options.Create<RewriteOptions>(options) };
        return app.UseMiddleware<RewriteMiddleware>(args);
    }
}
```

　　如果以第一個 UseRewriter 擴展方法重新註冊 RewriteMiddleware 中介軟體，則可透過組態 RewriteOptions 的方式註冊重定向規則，以及提供用來讀取規則檔的 IFileProvider 物件。不過目前並沒有專門設定 RewriteOptions 的擴展方法，只能按照下列的「原始方式」進行組態。

```
using Microsoft.AspNetCore.Rewrite;
var buidler = WebApplication.CreateBuilder();
buidler.Services.Configure<RewriteOptions>(options => options
    .AddRedirect("^foo/(.*)", "baz/$1")
    .AddRedirect("^bar/(.*)", "baz/$1"));
```

```
var app = buidler.Build();
app.UseRewriter();
...
app.Run();
```

25.3 預定義規則

對於註冊 RewriteMiddleware 中介軟體的應用程式來説，是否會重定向某個請求，以及採用哪種類型的重定向，取決於預先註冊的重定向規則。重定向規則透過 IRule 介面表示，可以透過實作此介面定義任意的規則。ASP.NET Core 提供若干預定義的規則類型，接下來進行簡單的介紹。

25.3.1 「萬能」規則

由於 IRule 介面定義唯一的 ApplyRule 方法，將重定向規則應用到 RewriteContext 上下文物件，因此重定向規則完全能夠表示為一個 Action<RewriteContext> 委託物件。下列名為 DelegateRule 的規則類型，就是利用指定的 Action<RewriteContext> 委託物件實作 ApplyRule 方法。

```
internal class DelegateRule : IRule
{
    private readonly Action<RewriteContext> _onApplyRule;
    public DelegateRule(Action<RewriteContext> onApplyRule)
      => _onApplyRule = onApplyRule;
    public void ApplyRule(RewriteContext context)=>_onApplyRule(context);
}
```

這個規則允許實作任何重定向的功能，所以是一個萬能的規則。可以呼叫 RewriteOptions 類型的 Add 擴展方法，以註冊根據指定 Action<RewriteContext> 委託物件建立的 DelegateRule 規則。

```
public static class RewriteOptionsExtensions
{
public static RewriteOptions Add(this RewriteOptions options,
    Action<RewriteContext> applyRule)
    {
        options.Rules.Add(new DelegateRule(applyRule));
        return options;
    }
}
```

25.3.2　用戶端重定向

　　一般的用戶端重定向是藉助 RedirectRule 規則實現。建立這類規則時，必須提供用來比對請求位址的規則運算式、重定向位址範本（包含以「${N}」形式定義的規則運算式，以捕獲序列中對應位置的預留位置）和回應狀態碼。如果僅限於「站內轉移」，則重定向位址範本只需要包含路徑（查詢字串和 Fragment）。倘若需要對一個站外位址發起重定向，則得指定完整的 URL 範本。

```
internal class RedirectRule : IRule
{
    public Regex       InitialMatch { get; }
    public string      Replacement { get; }
    public int         StatusCode { get; }

public RedirectRule(string regex, string replacement, int statusCode);

    public virtual void ApplyRule(RewriteContext context);
}
```

　　如果確定請求路徑與指定的規則運算式相符，則 ApplyRule 方法會對回應狀態碼進行相關設定。根據指定的 URL 或者路徑範本產生完整的重定向位址後，該方法會將它作為回應的 Location 標頭的值。RedirectRule 採用的規則結果為 EndResponse，套用目前規則到相符的請求之後，請求的處理流程便到此終止。RedirectRule 規則透過下列 RewriteOptions 類型的兩個 AddRedirect 擴展方法註冊。如果沒有指定回應狀態碼，則預設採用 302。

```
public static class RewriteOptionsExtensions
{
    public static RewriteOptions AddRedirect(this RewriteOptions options, string regex,
        string replacement)
        => options.AddRedirect(regex, replacement, 302);

    public static RewriteOptions AddRedirect(this RewriteOptions options, string regex,
        string replacement, int statusCode)
    {
        options.Rules.Add(new RedirectRule(regex, replacement, statusCode));
        return options;
    }
}
```

25.3.3 伺服端重定向

ASP.NET Core 語義下的「重定向」，是指上述的「用戶端重定向」，所謂的「伺服端重定向」稱為「URL 重寫」。「伺服端重定向規則」是透過 RewriteRule 類型來表示。建構 RewriteRule 規則的前兩個參數（regex 和 replacement）和 RedirectRule 建構函數對應的參數具有相同的語義。第三個參數 stopProcessing 表示是否需要忽略後續的規則，如果設為 True，則在重定向規則與目前請求相符的情況下，RewriteContext 上下文物件的規則結果將會設定為 SkipRemainingRules。

```
internal class RewriteRule : IRule
{
    public Regex       InitialMatch { get; }
    public string      Replacement { get; }
    public bool        StopProcessing { get; }

    public RewriteRule(string regex, string replacement, bool stopProcessing);
    public virtual void ApplyRule(RewriteContext context);
}
```

雖然 RewriteRule 旨在實作伺服端重定向，但是依然可以使用重定向位址範本，並設定成一個完整的 URL 範本。在此情況下，如果規則與請求相符，則原始請求的協定名稱（Scheme）、主機名稱、路徑和查詢字串都會被修正。倘若指定的僅是重定向路徑（包含查詢字串），則只更正請求的路徑和查詢字串。RewriteRule 規則透過下列 AddRewrite 擴展方法來註冊。

```
public static class RewriteOptionsExtensions
{
    public static RewriteOptions AddRewrite(this RewriteOptions options, string regex,
        string replacement, bool skipRemainingRules)
    {
        options.Rules.Add(new RewriteRule(regex, replacement, skipRemainingRules));
        return options;
    }
}
```

25.3.4 WWW 重定向

在某些情況下，針對根網域名稱（如 artech.com）的請求，必須重定向到對應的「www 子網域名稱」（如 www.artech.com），反之亦然。這兩種用戶端重定向允許藉由 RedirectToWwwRule 規則和 RedirectToNonWwwRule 規則來實作。如下面的程式碼所示，建構這兩個規則時，需要指定回應狀態碼和限定的網域名稱清單（可選）。

```
internal class RedirectToWwwRule : IRule
{
    public RedirectToWwwRule(int statusCode);
    public RedirectToWwwRule(int statusCode, params string[] domains);
    public void ApplyRule(RewriteContext context);
}

internal class RedirectToNonWwwRule : IRule
{
    public RedirectToNonWwwRule(int statusCode);
    public RedirectToNonWwwRule(int statusCode, params string[] domains);
    public void ApplyRule(RewriteContext context);
}
```

　　如果沒有明確指定限定的網域名稱清單，意謂著規則對網域名稱沒有限制。請
注意，這兩個規則對於「localhost」的請求無效。確定規則與目前請求相符之後，這
兩個規則會對回應狀態碼進行相關設定，並將重定向位址改成對應標頭 Location 的
值。最終前述規則都會把 RewriteContext 上下文物件的規則結果設為 EndResponse。

　　可以呼叫下列多載擴展方法註冊 RedirectToWwwRule 和 RedirectToNonWww
Rule。網域名稱限制既可設定也能忽略，或者明確指定狀態碼。對於不包含狀態碼參
數的多載擴展方法來說，後綴為「Permanent」的擴展方法採用表示永久重定向的狀
態碼 308，不具有此後綴的擴展方法則採用表示暫時重定向的狀態碼 307。

```
public static class RewriteOptionsExtensions
{
    public static RewriteOptions AddRedirectToNonWww(this RewriteOptions options)
        => options.AddRedirectToNonWww(307);
    public static RewriteOptions AddRedirectToNonWww(this RewriteOptions options,
        params string[] domains)
        => options.AddRedirectToNonWww(307, domains);

    public static RewriteOptions AddRedirectToNonWww(this RewriteOptions options,
        int statusCode)
    {
        options.Rules.Add(new RedirectToNonWwwRule(statusCode));
        return options;
    }
    public static RewriteOptions AddRedirectToNonWww(this RewriteOptions options,
        int statusCode, params string[] domains)
    {
        options.Rules.Add(new RedirectToNonWwwRule(statusCode, domains));
        return options;
    }
}
```

```
    public static RewriteOptions AddRedirectToNonWwwPermanent(
      this RewriteOptions options)
        => options.AddRedirectToNonWww(308);
    public static RewriteOptions AddRedirectToNonWwwPermanent(
      this RewriteOptions options,
        params string[] domains) =>
        options.AddRedirectToNonWww(308, domains);

    public static RewriteOptions AddRedirectToWww(this RewriteOptions options) =>
        options.AddRedirectToWww(307);
    public static RewriteOptions AddRedirectToWww(this RewriteOptions options,
        params string[] domains) =>
        options.AddRedirectToWww(307, domains);

    public static RewriteOptions AddRedirectToWww(this RewriteOptions options,
        int statusCode)
    {
        options.Rules.Add(new RedirectToWwwRule(statusCode));
        return options;
    }
    public static RewriteOptions AddRedirectToWww(this RewriteOptions options,
        int statusCode, params string[] domains)
    {
        options.Rules.Add(new RedirectToWwwRule(statusCode, domains));
        return options;
    }

    public static RewriteOptions AddRedirectToWwwPermanent(this RewriteOptions options)
        => options.AddRedirectToWww(308);
    public static RewriteOptions AddRedirectToWwwPermanent(this RewriteOptions options,
         params string[] domains)
        => options.AddRedirectToWww(307, domains);
}
```

25.3.5 HTTPS 重定向

下列 RedirectToHttpsRule 規則類型實作了 HTTPS 終節點的用戶端重定向，它定義 SSLPort 和 StatusCode 兩個屬性，分別表示 HTTPS 終節點埠和回應狀態碼。

```
internal class RedirectToHttpsRule : IRule
{
    public int?        SSLPort { get; set; }
    public int         StatusCode { get; set; }
}
```

```
    public RedirectToHttpsRule();
    public virtual void ApplyRule(RewriteContext context);
}
```

　　如果請求與目前規則相符，則 RedirectToHttpsRule 物件的 ApplyRule 方法會對回應狀態碼進行相關設定。根據目前請求的 URL 建置對應的 HTTPS 位址之後，ApplyRule 方法會將該位址作為回應標頭 Location 的值。如果沒有設定埠，或者使用預設的 443 埠，則重定向 URL 將不會明確指定埠。RedirectToHttpsRule 規則透過下列 3 個 AddRedirectToHttps 多載擴展方法註冊，如果未指定回應狀態碼，則預設採用 302。

```
public static class RewriteOptionsExtensions
{
    public static RewriteOptions AddRedirectToHttps(this RewriteOptions options)
        => options.AddRedirectToHttps(302, null);

    public static RewriteOptions AddRedirectToHttps(this RewriteOptions options,
        int statusCode)
        => options.AddRedirectToHttps(statusCode, statusCode);

    public static RewriteOptions AddRedirectToHttps(this RewriteOptions options,
        int statusCode, int? sslPort)
    {
        var rule = new RedirectToHttpsRule
        {
            StatusCode      = statusCode,
            SSLPort         = sslPort
        };
        options.Rules.Add(rule);
        return options;
    }
}
```

25.3.6 IIS 重寫規則

　　重定向是伺服器產品必備的功能，如 IIS、Apache 和 Nginx 都提供基於規則的重定向或者 URL 重寫模組。從規則的表達功能來説，IIS 是最好的。IIS 的重定向規則透過 XML 的形式定義，一個規則由必需的 Match、Action 與一組可選的 Condition 節點組成。Match 根據指定的規則運算式確定與請求 URL 是否相符，Condition 則於此基礎上進一步設定額外的比對條件。確定請求與 Match 節點設定的規則運算式相符，並同時滿足 Condition 節點的條件之後，便根據 Action 節點的設定對請求實施重定向。

根節點為 <rule> 的 XML 片段，就是一個針對 HTTPS 終節點的重定向規則。一般是以 <rule> 元素的 name 屬性對規則進行命名，將 stopProcessing 屬性設為 True，意謂著一旦應用該規則之後，便忽略後續規則（相當於規則結果 RuleResult. SkipRemainingRules）。由於內嵌的 <match> 元素的 url 屬性，其內的規則運算式為「(.*)」，因此不限制任何的請求路徑。HTTPS 終節點的重定向只有對 HTTP 請求才有意義，所以將此前置條件定義於 <conditions> 元素。

```xml
<rule name="Redirect to HTTPS" stopProcessing="true">
    <match url="(.*)"/>
    <conditions>
        <add input="{HTTPS}" pattern="^OFf$" ignoreCase="true"/>
    </conditions>
    <action type="Redirect"
            url="https://{HTTP_HOST}/{R:1}"
            redirectType="Permanent"/>
</rule>
```

<conditions> 元素定義的前置條件，同樣採用規則運算式的形式進行定義，待比對的文字定義於 input 屬性。上述重定向規則使用的是一個名為 HTTPS 的伺服端變數，它表示目前是否為 HTTPS 請求。對於一般的 HTTP 請求來説，該變數的值為「off」，所以將透過 pattern 屬性表示的規則運算式設為「^OFf$」，並把 ignoreCase 屬性設為 True，促使在進行規則運算式比對時忽略字母大小寫。

滿足條件的 HTTP 請求會利用 <action> 元素定義的處理方式進行重定向。<action> 元素的 type 屬性表示處理類型，它有「Redirect」和「Rewrite」兩個值，分別表示用戶端重定向和伺服端重定向。redirectType 屬性進一步確定重定向的類型，「Permanent」表示採用基於 301 狀態碼的永久重定向。重定向位址定義於 url 屬性，這裡使用表示請求主機名稱的變數 {HTTP_HOST}，另一個預留位置 {R:1} 代表規則運算式比對得到的首個捕獲文字，亦即請求 URL 主機名稱後面的所有內容。IIS 重定向規則還涉及許多內容，由於篇幅所限，這裡就不再贅述。如下所示為 IISUrlRewriteRule 類型的定義。

```csharp
internal class IISUrlRewriteRule : IRule
{
    public string                  Name { get; }
    public UrlMatch                InitialMatch { get; }
    public ConditionCollection     Conditions { get; }
```

```
    public UrlAction                       Action { get; }
    public bool                            Global { get; }

    public IISUrlRewriteRule(string name, UrlMatch initialMatch,
        ConditionCollection conditions, UrlAction action);
    public IISUrlRewriteRule(string name, UrlMatch initialMatch,
        ConditionCollection conditions, UrlAction action, bool global);
    public virtual void ApplyRule(RewriteContext context);
}
```

IISUrlRewriteRule 表示的 IIS 重定向規則，透過下列兩個 AddIISUrlRewrite 擴展方法來註冊。有兩種提供承載規則內容 XML 文字的方式，一種是提供讀取規則文字的 TextReader 物件，另一種則是提供讀取規則檔的 IFileProvider 物件，以及規則檔中該物件的路徑。

```
public static class IISUrlRewriteOptionsExtensions
{
    public static RewriteOptions AddIISUrlRewrite(this RewriteOptions options,
        TextReader reader, bool alwaysUseManagedServerVariables = false);
    public static RewriteOptions AddIISUrlRewrite(this RewriteOptions options,
        IFileProvider fileProvider, string filePath,
        bool alwaysUseManagedServerVariables = false);
}
```

筆者之所以認為 IIS 提供的重定向規則具有強大的表達功能，是因為它對伺服端變數的廣泛應用，https://docs.microsoft.com/en-us/iis/web-dev-reference/server-variables 列出 IIS 本身提供的一系列標準的預定義變數。如果呼叫 AddIISUrlRewrite 擴展方法時，將 alwaysUseManagedServerVariables 參數設為 True，便可從 IServerVariablesFeature 特性取得變數。

```
public interface IServerVariablesFeature
{
    string this[string variableName] { get;  set; }
}
```

25.3.7 Apache 重寫規則

Apache 針對請求的重定向功能透過 mod_rewrite 模組提供，mod_rewrite 具有屬於自己的規則定義格式。整體來說，Apache mod_rewrite 重寫規則透過下列 RewriteRule 指令表示，該指令由 3 個元素組成，前兩個元素（pattern 和 substitution）分別表示比對請求位址的規則運算式和重定向位址，最後一個元素表示控制重定向行為的一組標籤（flags）。必須指定前兩者，即使不需要一個具體的重定向位址，也得要以一個「-」來代替。後面的標籤則可省略。

```
RewriteRule pattern substitution [flags]
```

RewriteRule 指令可以包含一組 RewriteCond 指令定義前置條件。RewriteCond 指令同樣由 3 個元素組成，testString 和 condPattern 分別表示測試的輸入文字和對應的規則運算式，flags 表示提供一組用來控制測試行為的標籤。

```
RewriteCond testString condPattern [flags]
```

HTTPS 終節點的重定向規則可以透過下列兩個指令表達。RewriteCond 指令藉由測試「HTTPS」變數的值是否為 off 來過濾 HTTPS 請求。RewriteRule 指令將具有任意路徑的請求，重定向（採用用戶端重定向）到對應的 HTTPS 終節點。設定為「(.*)」的規則運算式，意謂著不要求請求的路徑，替換的重定向 URL 包含兩個預留位置，「%{SERVER_NAME}」表示主機名稱，「$1」代表規則運算式捕獲的第一個文字，亦即原始請求 URL 中主機名稱後面的內容。對於增加的「R（Redirect）」標籤和「L（Last）」標籤，前者決定最終採用狀態碼 302 的用戶端重定向，後者將目前規則作為請求的最後一個規則，如果目前規則與請求相符，便忽略後續的規則。mod_rewrite 的重寫規則同樣具有豐富的內容，由於篇幅所限，這裡就不再贅述。

```
RewriteCond %{HTTPS} off
RewriteRule (.*) https://%{SERVER_NAME}/$1 [R=302,L]
```

IIS 和 Apache 兩種不同的 Web 伺服器類型，它們的重寫規則雖然具有完全不同的定義形式，但是最終表達的內容其實一樣。如下所示為 ApacheModRewriteRule 類型的定義。

```
internal class ApacheModRewriteRule : IRule
{
    public UrlMatch              InitialMatch { get; }
    public IList<Condition>      Conditions {  get; }
    public IList<UrlAction>      Actions { get; }

    public ApacheModRewriteRule(UrlMatch initialMatch, IList<Condition> conditions,
        IList<UrlAction> urlActions);
    public virtual void ApplyRule(RewriteContext context);
}
```

ApacheModRewriteRule 規則透過下列兩個 AddApacheModRewrite 多載擴展方法,增加到指定 RewriteOptions 組態選項的規則清單,這兩個擴展方法和前面介紹用來增加 IIS 重寫規則的 AddIISUrlRewrite 擴展方法,具有一致的定義。

```
public static class ApacheModRewriteOptionsExtensions
{
    public static RewriteOptions AddApacheModRewrite(this RewriteOptions options,
        TextReader reader);
    public static RewriteOptions AddApacheModRewrite(this RewriteOptions options,
        IFileProvider fileProvider, string filePath);
}
```

第 26 章

限流

承載 ASP.NET Core 應用程式的伺服器資源總是有限，短時間內湧入過多的請求，可能會瞬間耗盡可用資源而導致當機。為了解決這個問題，必須在伺服端設定一個門檻，將並行處理的請求數量限制在一個可控的範圍，即使造成請求的延遲回應，在極端的情況下還會放棄一些請求。ASP.NET Core 應用程式的流量限制，主要是透過 ConcurrencyLimiterMiddleware 中介軟體實作。

26.1 控制並行量

可將 ConcurrencyLimiterMiddleware 中介軟體視為 ASP.NET Core 應用程式的守門人。如果分發給它的請求並行量超過設定的門限值，便把部分的請求置於一個等待佇列，並採用某種策略於適當時機提交給後續管道處理。如果等待佇列也滿了，意謂著待處理的請求已經超過最大承受能力，此時不得不丟棄部分請求。至於是直接丟棄目前接收的請求還是等待佇列的請求，這也是一個策略問題。本章將詳細介紹 ConcurrencyLimiterMiddleware 中介軟體的限流策略，首先引入一個簡單的實例。

26.1.1 設定並行和等待請求門限值

由於各種 Web 伺服器、反向代理和負載平衡器都提供限流的功能，因此很少會在應用層面進行流量控制。ConcurrencyLimiterMiddleware 中介軟體由「Microsoft. AspNetCore. Core ConcurrencyLimiter」NuGet 套件提供，ASP.NET Core 應用程式採用的 SDK（Microsoft.NET. Sdk.Web）並沒有將該套件作為預設的參照，所以需要手動加入。

當請求並行量超過設定的門限值時，ConcurrencyLimiterMiddleware 中介軟體會將請求放到等待佇列，整個限流工作都是圍繞著這個佇列進行，以怎樣的策略管理等待佇列是整個限流模型的核心。無論採用哪種策略，一般都需要設定兩個門限值，

一個是目前允許的最大並行請求量，另一個是等待佇列的最大容量。如下面的程式
碼所示，透過呼叫 IServiceCollection 介面的 AddQueuePolicy 擴展方法註冊一個基於
佇列（Queue）的策略，並將上述兩個門限值都設為 2。（S2601）

```
using App;

var builder = WebApplication.CreateBuilder(args);
builder.Logging.ClearProviders();
builder.Services
    .AddHostedService<ConsumerHostedService>()
    .AddQueuePolicy(options =>
    {
        options.MaxConcurrentRequests = 2;
        options.RequestQueueLimit = 2;
    });
var app = builder.Build();
app
    .UseConcurrencyLimiter()
    .Run(httpContext => Task.Delay(1000)
        .ContinueWith(_ => httpContext.Response.StatusCode = 200));
app.Run();
```

ConcurrencyLimiterMiddleware 中 介 軟 體 是 透 過 呼 叫 IApplicationBuilder 的
UseConcurrencyLimiter 擴展方法來註冊，後續以 Run 方法提供的 RequestDelegate 委
託物件模擬 1 秒鐘的處理耗時。此外還註冊一個 ConsumerHostedService 類型的承載
服務，以模擬消費 API 的用戶端。如下面的程式碼所示，ConsumerHostedService 利
用注入的 IConfiguration 物件提供並行量組態。當啟動此承載服務之後，它便根據組
態建立對應數量的並行任務，然後持續地對應用程式發起請求。

```
public class ConsumerHostedService : BackgroundService
{
    private readonly HttpClient[] _httpClients;
    public ConsumerHostedService(IConfiguration configuration)
    {
        var concurrency = configuration.GetValue<int>("Concurrency");
        _httpClients = Enumerable
            .Range(1, concurrency)
            .Select(_ => new HttpClient())
            .ToArray();
    }

    protected override Task ExecuteAsync(CancellationToken stoppingToken)
    {
        var tasks = _httpClients.Select(async client =>
```

```
    {
        while (true)
        {
            var start = DateTimeOffset.UtcNow;
            var response = await client.GetAsync("http://localhost:5000");
            var duration = DateTimeOffset.UtcNow - start;
            var status = $"{(int)response.StatusCode},{response.StatusCode}";
            Console.WriteLine($"{status} [{(int)duration.TotalSeconds}s]");
            if (!response.IsSuccessStatusCode)
            {
                await Task.Delay(1000);
            }
        }
    });
    return Task.WhenAll(tasks);
}

public override Task StopAsync(CancellationToken cancellationToken)
{
    Array.ForEach(_httpClients, it => it.Dispose());
    return Task.CompletedTask;
}
}
```

對於發送的每個請求，ConsumerHostedService 都會在控制台記錄回應的狀態和耗時。為了避免控制台「洗版」，在接收到錯誤回應後模擬 1 秒鐘的等待。並行量是由組態系統提供，可以利用命令列參數（Concurrency）的方式設定並行量。如圖 26-1 所示，以命令列的方式啟動程式，並透過命令列參數將並行量設為 2。由於並行量並未超出門限值，所以每個請求均得到正常的回應。

圖 26-1　並行量未超出門限值

由於將並行量的門限值和等待佇列的容量均設為 2，從外部來看，程式所能承受的最大並行量為 4。當以此數量啟動程式之後，並行的請求便能夠收到成功的回應，但是除了前兩個請求得到即時的處理外，後續請求都會在等待佇列等待一段時間，導致整個耗時的延長。若將並行量設為 5，則顯然超出伺服端的極限，所以部分請求會得到狀態碼「503, ServiceUnavailable」的回應。

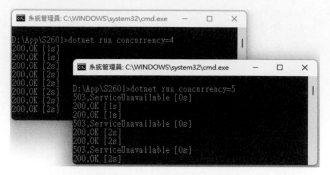

圖 26-2　並行量超出門限值

ASP.NET Core 應用程式並行處理的請求量，可以透過 dotnet-counters 工具的效能計數器查看。具體的效能計數器名稱為「Microsoft.AspNetCore.Hosting」。現在藉由這種方式看一下程式真正的並行處理指標，是否和預期一致。還是以並行量為 5 執行程式，以圖 26-3 的方式執行「dotnet-coutners ps」命令查看程式的處理序，並對處理序 ID 執行「dotnet-counters monitor」命令，查閱名為「Microsoft.AspNetCore. Hosting」的效能指標。

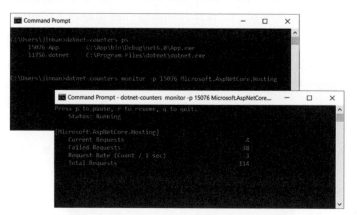

圖 26-3　執行「dotnet-counters monitor」命令查看並行量

如圖 26-3 所示，執行「dotnet-counters monitor」命令後顯示的並行請求為 4，這和設定值吻合。因為對於應用程式的中介軟體管道來說，並行處理的請求包含 ConcurrencyLimiterMiddleware 中介軟體等待佇列的兩個，加上中介軟體真正處理的兩個。此外還看到每秒處理的請求數量為 3，並有約 33% 的請求失敗率，這些指標和設定都是相符的。

26.1.2　初識基於佇列的處理策略

透過前面的實例得知，一旦填滿 ConcurrencyLimiterMiddleware 中介軟體維護的等待佇列，並且後續中介軟體管道正在「滿載執行（並行處理的請求達到設定的門限值）」的情況下，如果此時收到一個新的請求，則它只能放棄某個待處理的請求。具體來說，此刻有兩種選擇，一種是放棄剛剛接收的請求，另一種就是丟棄等待佇列的某個請求，其位置由新接收的請求佔據。

前述實例採用的等待佇列處理策略是透過 IServiceCollection 介面的 AddQueuePolicy 擴展方法註冊，這是一種基於「佇列」的策略。已知佇列的特點就是先進先出（FIFO），講究「先來後到」，如果採用這種策略就會放棄剛剛收到的請求。接著透過簡單的實例證實這一點。如下面的程式碼所示，在 ConcurrencyLimiterMiddleware 中介軟體之前註冊一個透過 DiagnosticMiddleware 方法表示的中介軟體，它會按照收到的時間順序對每個請求進行編號，利用它輸出每個請求對應的回應狀態，就知道 ConcurrencyLimiterMiddleware 中介軟體最終放棄的是哪個請求。

```csharp
using App;

var requestId = 1;
var @lock = new object();

var builder = WebApplication.CreateBuilder();
builder.Logging.ClearProviders();
builder.Services
    .AddHostedService<ConsumerHostedService>()
    .AddQueuePolicy(options =>
    {
        options.MaxConcurrentRequests    = 2;
        options.RequestQueueLimit        = 2;
    });
var app = builder.Build();
app
    .Use(InstrumentAsync)
    .UseConcurrencyLimiter()
    .Run(httpContext => Task.Delay(1000)
        .ContinueWith(_ => httpContext.Response.StatusCode = 200));
await app.StartAsync();

var tasks = Enumerable.Range(1, 5)
    .Select(_ => new HttpClient().GetAsync("http://localhost:5000"));
await Task.WhenAll(tasks);
Console.Read();
```

```
async Task InstrumentAsync(HttpContext httpContext, RequestDelegate next)
{
    Task task;
    int id;
    lock (@lock!)
    {
        id = requestId++;
        task = next(httpContext);
    }
    await task;
    Console.WriteLine($"Request {id}: {httpContext.Response.StatusCode}");
}
```

IServiceCollection 介面的 AddQueuePolicy 擴展方法提供的設定不變（最大並行量和等待佇列大小都是 2）。執行程式後，同時發送了 5 個請求，此時控制台的輸出結果如圖 26-4 所示。由此看出 ConcurrencyLimiterMiddleware 中介軟體在收到第 5 個請求，不得不做出取捨時，放棄的是目前接收到的請求。（S2602）

圖 26-4　基於佇列的處理策略

26.1.3　初識基於堆疊的處理策略

當 ConcurrencyLimiterMiddleware 中介軟體收到某個請求，並需要放棄某個待處理請求時，還可以採用另一種基於「堆疊」的處理策略。這種策略會先保持目前收到的請求，再以它替換儲存於等待佇列時間最長的那個。也就是說它不再講究先來後到，而是後來居上。對於前面的程式來說，只需要按照下列方式將 AddQueuePolicy 擴展方法的呼叫替換成 AddStackPolicy 擴展方法，就能切換成這種策略。

```
...
var builder = WebApplication.CreateBuilder();
builder.Logging.ClearProviders();
builder.Services
    .AddHostedService<ConsumerHostedService>()
    .AddStackPolicy(options =>
```

```
    {
        options.MaxConcurrentRequests      = 2;
        options.RequestQueueLimit          = 2;
    });
var app = builder.Build();
...
```

　　重新執行修改後的程式，控制台的輸出結果如圖 26-5 所示。由此看出這次 ConcurrencyLimiterMiddleware 中介軟體在接收到第 5 個請求，然後不得不做出取捨時，它放棄的是最先儲存到等待佇列的第 3 個請求。（S2603）

圖 26-5　基於堆疊的處理策略

26.2 並行限制中介軟體

　　接下來著重介紹 ConcurrencyLimiterMiddleware 中介軟體如何處理請求，藉以達到限流目的。正如前文所提，整個限流過程圍繞著等待佇列，等待佇列的處理策略是限流模型的核心，因此先講解如何表達等待佇列的處理策略。

26.2.1 等待佇列策略

　　ConcurrencyLimiterMiddleware 中 介 軟 體 透 過 IQueuePolicy 介 面 表 示 等 待 佇 列 處 理 策 略。 如 下 面 的 程 式 碼 所 示，IQueuePolicy 介 面 定 義 兩 個 方 法。 當 ConcurrencyLimiterMiddleware 中介軟體接收到遞交給它的請求時，便直接呼叫 TryEnterAsync 方法，並等待最終返回的結果。如果返回的結果為 True，意謂著目前應用程式有能力處理該請求，於是將請求交給後續的中介軟體管道來處理。如果返回的結果為 False，則 ConcurrencyLimiterMiddleware 中介軟體會認為目前已經超出應用程式的處理能力，然後按照預先設定的「拒絕請求」邏輯進行處理。如果後續中介軟體管道成功處理請求，則控制權再次返回 ConcurrencyLimiterMiddleware 中介軟體，此時它會呼叫 IQueuePolicy 物件的 OnExit 方法。

```
public interface IQueuePolicy
{
    ValueTask<bool> TryEnterAsync();
    void OnExit();
}
```

26.2.2 ConcurrencyLimiterMiddleware

正式介紹 ConcurrencyLimiterMiddleware 類型之前，先引入對應的組態選項類型 ConcurrencyLimiterOptions。如下面的程式碼所示，ConcurrencyLimiterOptions 類型 只定義一個唯一的 OnRejected 屬性，它返回的 RequestDelegate 委託物件用來處理因 超出限流門限值而被拒絕的請求。從給出的程式碼得知，預設情況下這個處理器什 麼都沒有做。

```
public class ConcurrencyLimiterOptions
{
    public RequestDelegate OnRejected { get; set; } = context => Task.CompletedTask;
}
```

以底下這個簡化的類型模擬 ConcurrencyLimiterMiddleware 中介軟體針對請求的 處理邏輯。如下面的程式碼所示，ConcurrencyLimiterMiddleware 類型的建構函數注 入表示等待佇列處理策略的 IQueuePolicy 物件，以及用來提供組態選項的 IOptions< ConcurrencyLimiterOptions> 物件。在處理請求的 Invoke 方法中，該中介軟體先呼叫 IQueuePolicy 物件的 TryEnterAsync 方法，並等待 ValueTask<bool> 的返回結果。如 果返回 True，便直接讓後續中介軟體管道接管請求，並於之後呼叫 IQueuePolicy 物 件的 OnExit 方法。

```
public partial class ConcurrencyLimiterMiddleware
{
    private readonly IQueuePolicy     _queuePolicy;
    private readonly RequestDelegate _next;
    private readonly RequestDelegate _onRejected;

    public ConcurrencyLimiterMiddleware(RequestDelegate next,
        IQueuePolicy queue, IOptions<ConcurrencyLimiterOptions> options)
    {
        _next       = next;
        _onRejected = options.Value.OnRejected;
        _queuePolicy = queue;
    }
```

```
    public async Task Invoke(HttpContext context)
    {
        var valueTask = _queuePolicy.TryEnterAsync();
        if (valueTask.IsCompleted ? valueTask.Result : await valueTask)
        {
            try
            {
                await _next(context);
            }
            finally
            {
                _queuePolicy.OnExit();
            }
        }
        else
        {
            context.Response.StatusCode = StatusCodes.Status503ServiceUnavailable;
            await _onRejected(context);
        }
    }
}
```

如果 IQueuePolicy 物件的 TryEnterAsync 方法返回的 ValueTask<bool> 物件承載的結果為 False，則視 ConcurrencyLimiterMiddleware 中介軟體目前已經超出應用程式的處理能力，然後將回應狀態碼設成「503 Service Available」，隨之執行註冊於 ConcurrencyLimiterOptions 組態選項的拒絕請求處理器。ConcurrencyLimiterMiddleware 中介軟體透過下列 UseConcurrencyLimiter 擴展方法註冊，但是並不存在一個專門設定 ConcurrencyLimiterOptions 的擴展方法。

```
public static class ConcurrencyLimiterExtensions
{
    public static IApplicationBuilder UseConcurrencyLimiter(
        this IApplicationBuilder app)
        => app.UseMiddleware<ConcurrencyLimiterMiddleware>();
}
```

26.2.3 處理拒絕請求

從 ConcurrencyLimiterMiddleware 中介軟體的實作得知，預設情況下因超出限流門限值而被拒絕處理的請求，應用程式最終會給予一個狀態碼「503 Service Available」的回應。如果對這個預設的處理方式不滿意，便可進一步設定組態選項 ConcurrencyLimiterOptions，以提供一個自訂的處理器。

列舉一個典型的場景，叢集部署的多台伺服器可能負載不均，如果將某台伺服器拒絕的請求分發給另一台伺服器，則可能被正常處理。為了確保能夠盡可能地處理請求，可以針對相同的 URL 發起一個用戶端重定向，具體的實作體現於下列程式。（S2604）

```csharp
using Microsoft.AspNetCore.ConcurrencyLimiter;
using Microsoft.AspNetCore.Http.Extensions;

var builder = WebApplication.CreateBuilder(args);
builder.Logging.ClearProviders();
builder.Services
    .Configure<ConcurrencyLimiterOptions>(options => options.OnRejected = RejectAsync)
    .AddStackPolicy(options =>
    {
        options.MaxConcurrentRequests      = 2;
        options.RequestQueueLimit          = 2;
    });
var app = builder.Build();
app
    .UseConcurrencyLimiter()
    .Run(httpContext => Task.Delay(1000)
        .ContinueWith(_ => httpContext.Response.StatusCode = 200));
app.Run();

static Task RejectAsync(HttpContext httpContext)
{
    var request = httpContext.Request;
    if (!request.Query.ContainsKey("reject"))
    {
        var response = httpContext.Response;
        response.StatusCode = 307;
        var queryString = request.QueryString.Add("reject", "true");
        var newUrl = UriHelper.BuildAbsolute(request.Scheme, request.Host,
            request.PathBase, request.Path, queryString);
        response.Headers.Location = newUrl;
    }
    return Task.CompletedTask;
}
```

如上面的程式碼所示，呼叫 IServiceCollection 介面的 Configure<TOptions> 擴展方法設定 ConcurrencyLimiterOptions 的組態。具體來說，將 RejectAsync 方法表示的 RequestDelegate 委託物件作為拒絕請求處理器，指派給 ConcurrencyLimiterOptions 組態選項的 OnRejected 屬性。在 RejectAsync 方法中，針對目前請求的 URL 返回一

個狀態碼 307 的臨時重定向回應。為了避免重複的重定向操作，位址增加一個名為「reject」的查詢字串，以識別重定向請求。

26.3　等待佇列策略

從上一節的內容得知，ConcurrencyLimiterMiddleware 中介軟體針對請求的處理邏輯非常簡單，它依賴於表示等待請求佇列處理策略的 IQueuePolicy 物件，並利用 ValueTask<bool> 決定是否需要將請求交給後續中介軟體管道來處理。在等待請求數量超出門限值的情況下，如何選擇放棄處理的請求，系統提供兩種不同的策略，它們對應 IQueuePolicy 介面的兩種實作類型。

正式介紹這兩種不同策略的 IQueuePolicy 介面實作類型之前，首先解說它們採用的組態選項 QueuePolicyOptions。如下面的程式碼所示，QueuePolicyOptions 類型定義兩個屬性，MaxConcurrentRequests 屬性用來設定並行處理的最大請求數，RequestQueueLimit 屬性則是設定請求等待佇列的最大容量。

```csharp
public class QueuePolicyOptions
{
    public int MaxConcurrentRequests { get; set; }
    public int RequestQueueLimit { get; set; }
}
```

26.3.1　基於佇列的處理策略

已知佇列採用先進先出（FIFO）的生成消費策略，如果 ConcurrencyLimiterMiddleware 中介軟體使用這樣的策略處理請求，則不僅能保證放入等待佇列的請求被處理，還能確保處理請求的順序和放入佇列的順序一致。這樣的策略是透過下列 QueuePolicy 類型實作，其建構函數注入了提供組態選項的 IOptions<QueuePolicyOptions> 物件。

```csharp
internal class QueuePolicy : IQueuePolicy, IDisposable
{
    private readonly int           _maxTotalRequest;
    private readonly SemaphoreSlim _semaphore;
    private int                    _totalRequests;

    public int TotalRequests => _totalRequests;

    public QueuePolicy(IOptions<QueuePolicyOptions> options)
    {
```

```csharp
        var queuePolicyOptions      = options.Value;
        var maxConcurrentRequests   = queuePolicyOptions.MaxConcurrentRequests;
        var requestQueueLimit       = queuePolicyOptions.RequestQueueLimit;
        _semaphore                  = new SemaphoreSlim(maxConcurrentRequests);
        _maxTotalRequest            = maxConcurrentRequests + requestQueueLimit;
    }

    public ValueTask<bool> TryEnterAsync()
    {
        int totalRequests = Interlocked.Increment(ref _totalRequests);
        if (totalRequests > _maxTotalRequest)
        {
            Interlocked.Decrement(ref _totalRequests);
            return new ValueTask<bool>(false);
        }

        var task = _semaphore.WaitAsync();
        return task.IsCompleted ? new ValueTask<bool>(true) : WaitAsync(task);

        static async ValueTask<bool> WaitAsync(Task task)
        {
            await task;
            return true;
        }
    }

    public void OnExit()
    {
        _semaphore.Release();
        Interlocked.Decrement(ref _totalRequests);
    }

    public void Dispose()=> _serverSemaphore.Dispose();
}
```

如上面的程式碼所示，QueuePolicy 內部透過 _totalRequests 欄位表示中介軟體交給它的請求量，而並行請求量的控制，則是透過一個 SemaphoreSlim 物件（並行數由承載組態選項的 QueuePolicyOptions 提供）實作，這也是 SemaphoreSlim（或者 Semaphore）典型的應用場景。在實作的 TryEnterAsync 方法中，_totalRequests 計數器加 1。如果該值超過最大並行處理請求和等待佇列容量的總和，意謂著請求量已經超出極限，此時計數器減 1，並直接返回結果為 False 的 ValueTask<bool> 物件。

如果請求量尚在許可的範圍內，則 TryEnterAsync 方法會呼叫 SemaphoreSlim 物件的 WaitAsync 方法。倘若後續中介軟體管道並行處理的請求少於設定的門限值，此時 WaitAsync 方法會立即返回一個完成狀態的 Task，否則返回的 Task 會一直等到 SemaphoreSlim 物件的 Release 方法被呼叫。從上面的程式碼得知，SemaphoreSlim 物件的 Release 方法是在某個請求處理完成後，執行 OnExit 方法時被呼叫，該方法還將 _totalRequests 計數器減 1。

IServiceCollection 介面的 AddQueuePolicy 擴展方法按照下列方式，將 QueuePolicy 註冊為一個單例服務，並在之前利用 Action<QueuePolicyOptions> 委託物件設定了組態選項。

```
public static class QueuePolicyServiceCollectionExtensions
{
    public static IServiceCollection AddQueuePolicy(this IServiceCollection services,
        Action<QueuePolicyOptions> configure)
    {
        services.Configure(configure);
        services.AddSingleton<IQueuePolicy, QueuePolicy>();
        return services;
    }
}
```

26.3.2　基於堆疊的處理策略

QueuePolicy 體現一種典型的延遲消費模型，待處理的請求按照抵達的順序儲存下來，並以相同的順序來處理，實作也很簡單。但是，有時這未必是一種好的策略，因為在高並行的情況下，這種「公平」的策略會讓每個消費者對應用程式的回應能力具有一致的體驗，有可能都是糟糕的體驗。

此時可以換一種思維，與其讓消費者都不滿意，不如將資源盡可能用到有把握滿足的消費者身上。此刻反而應該優先處理最新收到的請求，採用一種基於堆疊結構的後進先出策略，這種策略透過 StackPolicy 類型實作。StackPolicy 針對等待佇列的處理邏輯，遠比前面介紹的 QueuePolicy 複雜得多，所以下面先介紹一下大致的實作原理。

以一個長度為 4 的陣列表示具有對應容量的等待佇列。整個處理流程會即時維護兩個狀態，一個是指向下一個請求存放位置（從零開始）的指標（head），另一個是等待佇列的長度（Length）。如圖 26-6 所示，Head 和 Length 的初始值均為 0。在等待佇列未滿的情況下（透過 Length 判斷），增加的請求總是置於 Head 指向的位置，成功之後 Head 往後移，Length 數值加 1（圖 26-6 的上半部分）。如果成功處理了某個請求，此時會從等待佇列擷取最近增加的請求，也就是 Head 指標前面的那個（圖 26-6 的 C）。取出該請求後 Head 指標往前移，Length 數值同時減 1。

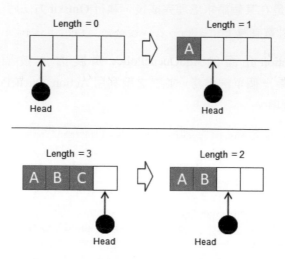

圖 26-6　將請求加到等待佇列，以及從佇列取出請求（未越界）

圖 26-6 所示為 Head 指標在未越界的情況下，增加和取出請求的邏輯。如果越界，則相關的操作會有所調整。如圖 26-7 所示，由於目前的 Head 指標已經指向最後的位置 3，增加請求後該指標會指向開始的位置 0。取出請求的操作也類似，由於 Head 指標的目前位置為 0，意謂著陣列尾端儲存的請求是最近接收的請求，因此便取出該請求並進行處理，Head 指標最後也會指向這裡。

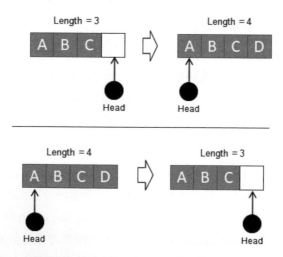

圖 26-7　將請求加到等待佇列，以及從佇列取出請求（越界）

上面介紹的都是在等待佇列未滿之前，針對請求的增加和擷取，對於「滿載」的等待佇列來説，此時 Head 指標正好指向最先進入佇列的請求。如圖 26-7 所示，如果此刻收到新的請求（E），就應該用它將 Head 指標指向的請求（A）「置換出來」並丟棄，Head 指標依然按照上述的方式向後移動，Length 保持不變。只要佇列存在待處理的請求，Head 指標前面的請求（倘若 Head 指向頭部，「前面」便是存放在尾部的請求）總是最近增加的請求，因此從佇列取出請求的邏輯與佇列是否滿載無關。

IQueuePolicy 物 件 透 過 TryEnterAsync 方 法 的 ValueTask<bool> 物 件， 告 訴 ConcurrencyLimiterMiddleware 中介軟體是否可以放棄目前請求，或者在適當時機將請求交給後續中介軟體處理。對於 QueuePolicy 來説，策略結果的非同步等待是藉助 SemaphoreSlim 物件完成，但是 StackPolicy 的 TryEnterAsync 方法需要利用一個 IValueTaskSource<bool> 物件提供返回的 ValueTask<bool> 物件，具體實作類型為 ResettableBooleanCompletionSource。

```
internal class ResettableBooleanCompletionSource : IValueTaskSource<bool>
{
    private ManualResetValueTaskSourceCore<bool> _valueTaskSource;
    private readonly StackPolicy _queue;

    public ResettableBooleanCompletionSource(StackPolicy queue)
    {
        _queue = queue;
        _valueTaskSource.RunContinuationsAsynchronously = true;
    }

    public ValueTask<bool> GetValueTask()
        => new ValueTask<bool>(this, _valueTaskSource.Version);

    bool IValueTaskSource<bool>.GetResult(short token)
    {
        var isValid = token == _valueTaskSource.Version;
        try
        {
            return _valueTaskSource.GetResult(token);
        }
        finally
        {
            if (isValid)
            {
                _valueTaskSource.Reset();
                _queue._cachedResettableTCS = this;
```

```
                    }
                }
        }
    public ValueTaskSourceStatus GetStatus(short token)
        => _valueTaskSource.GetStatus(token);

    void IValueTaskSource<bool>.OnCompleted(Action<object?> continuation, object state,
        short token, ValueTaskSourceOnCompletedFlags flags)
        => _valueTaskSource.OnCompleted(continuation, state, token, flags);

    public void Complete(bool result)=> _valueTaskSource.SetResult(result);
}

internal class StackPolicy : IQueuePolicy
{
    public ResettableBooleanCompletionSource _cachedResettableTCS;
    ...
}
```

顧名思義，ResettableBooleanCompletionSource 是一個可以重置重用的 IValueTaskSource<bool> 物件（實際上設計 IValueTaskSource<T> 的初衷，就是利用一個可重用的「來源」提供所需的 ValueTask<T> 物件，以避免頻繁地建立物件來降低 GC 壓力）。ResettableBooleanCompletionSource 透過 ManualResetValueTaskSourceCore 物件提供 IValueTaskSource<bool> 物件，它以 Complete 方法將建立任務的狀態切換至「完成（Completed）」狀態，並且設定其結果（True 或者 False）。Resett ableBooleanCompletionSource 的重用體現於 StackPolicy 的 _cachedResettableTCS 欄位。當 GetValueTask 方法完成提供 ValueTask<bool> 的任務之後，便重置 ManualResetValueTaskSourceCore 物件，本身物件會指派給 _cachedResettableTCS 欄位進行重用。

如下所示為 StackPolicy 類型的完整定義，實作的 TryEnterAsync 方法和 OnExit 方法完全是按照上面介紹的邏輯進行。它的 _buffer 表示清單就是等待佇列，儲存於等待佇列的請求體現為對應的 ResettableBooleanCompletionSource 物件。如果想將請求交給後續中介軟體管道處理，則得呼叫對應 ResettableBooleanCompletionSource 物件的 Complete 方法，並把參數設為 True。反之，倘若想要丟棄這個請求，便呼叫 Complete 方法，但是傳入的參數為 False。

```
internal class StackPolicy : IQueuePolicy
{
    private readonly List<ResettableBooleanCompletionSource> _buffer;
    public ResettableBooleanCompletionSource _cachedResettableTCS;
```

```csharp
private readonly int       _maxQueueCapacity;
private readonly int       _maxConcurrentRequests;
private bool               _hasReachedCapacity;
private int                _head;
private int                _queueLength;
private readonly object    _bufferLock = new Object();
private int                _freeServerSpots;

public StackPolicy(IOptions<QueuePolicyOptions> options)
{
    _buffer                = new List<ResettableBooleanCompletionSource>();
    _maxQueueCapacity      = options.Value.RequestQueueLimit;
    _maxConcurrentRequests = options.Value.MaxConcurrentRequests;
    _freeServerSpots       = options.Value.MaxConcurrentRequests;
}

public ValueTask<bool> TryEnterAsync()
{
    lock (_bufferLock)
    {
        // 沒有達到並行門限值，可以交付請求
        if (_freeServerSpots > 0)
        {
            _freeServerSpots--;
            return new ValueTask<bool>(true);
        }

        // 如果等待佇列已滿，則得放棄 _head 指向的請求
        if (_queueLength == _maxQueueCapacity)
        {
            _hasReachedCapacity = true;
            _buffer[_head].Complete(false);
            _queueLength--;
        }

        // 建立或者重用現有的 ResettableBooleanCompletionSource，並儲存到 _head
        //   指向的位置
        var tcs = _cachedResettableTCS ??=
          new ResettableBooleanCompletionSource(this);
        _cachedResettableTCS = null;
        if (_hasReachedCapacity || _queueLength < _buffer.Count)
        {
            _buffer[_head] = tcs;
        }
```

```
            else
            {
                _buffer.Add(tcs);
            }

            // 修正等待佇列的長度和 _head 指標
            _queueLength++;
            _head++;
            if (_head == _maxQueueCapacity)
            {
                _head = 0;
            }

            return tcs.GetValueTask();
        }
    }

    public void OnExit()
    {
        lock (_bufferLock)
        {
            // 如果沒有等待請求，便直接將提交的請求數量 +1
            if (_queueLength == 0)
            {
                _freeServerSpots++;
                return;
            }

            // 修正 _head 指標
            if (_head == 0)
            {
                _head = _maxQueueCapacity - 1;
            }
            else
            {
                _head--;
            }

            // 提交 _head 目前指向的請求
            _buffer[_head].Complete(true);
            _queueLength--;
        }
    }
}
```

　　上面介紹的 Head 指標和表示等待佇列長度的 Length 變數，分別透過 StackPolicy 類型的 _head 欄位和 _queueLength 欄位表示，_freeServerSpots 欄位代表目前可直接處理的請求數量（並行處理的請求數量還未達到限定的門限值）。有了前面的內容鋪墊，便能很好理解針對 StackPolicy 類型的定義，所以就不進一步介紹具體的程式碼。IServiceCollection 介面的 AddStackPolicy 擴展方法按照下列方式，將 QueuePolicy 註冊為一個單例服務，並於之前以提供的 Action<QueuePolicyOptions> 委託物件設定了組態選項。

```
public static class QueuePolicyServiceCollectionExtensions
{
    public static IServiceCollection AddStackPolicy(this IServiceCollection services,
      Action<QueuePolicyOptions> configure)
    {
      services.Configure(configure);
      services.AddSingleton<IQueuePolicy, StackPolicy>();
      return services;
    }
}
```

第 27 章

認證

在安全領域中，「認證」和「授權」是兩個重要的主題。認證是安全體系的第一道屏障，它守護整個應用程式或服務的第一道大門。當訪客的請求進入時，認證體系透過驗證對方的憑證確定其真實身份。只有在證實訪客真實身份的情況下，才會允許進入。ASP.NET Core 提供多種認證方式，它們的實作都基於本章介紹的認證模型。

27.1 認證、登錄與登出

認證是一種確定請求訪客真實身份的過程，與認證相關的還有其他兩個基本操作——登錄和登出。若想真正理解認證、登錄和登出 3 個核心操作的本質，就需要對 ASP.NET Core 採用基於「票據」的認證機制有一個基本的瞭解。

27.1.1 認證票據

ASP.NET Core 應用程式的認證實作於 AuthenticationMiddleware 中介軟體，該中介軟體在處理分發給它的請求時，會按照指定的認證方案（Authentication Scheme），從請求提取能夠驗證使用者真實身份的資訊，此資訊稱為「安全權杖」（Security Token）。ASP.NET Core 下的安全權杖稱為「認證票據」（Authentication Ticket），它採用基於票據的認證方式。此中介軟體實作的整個認證流程涉及圖 27-1 所示的 3 種認證票據的操作，亦即認證票據的「頒發」、「檢驗」與「撤銷」。這 3 種操作涉及的 3 種角色，稱為票據頒發者（Ticket Issuer）、驗證者（Authenticator）和撤銷者（Ticket Revoker），在大部分場景下，這 3 種角色都是由同一個主體來扮演。

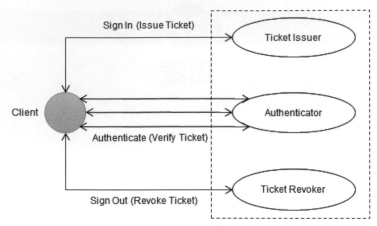

圖 27-1　基於票據的認證

頒發認證票據的過程就是登錄（Sign In）操作。使用者試圖以登錄獲取認證票據時提供用來證明本身身份的憑證（Credential），最常見的使用者憑證類型是「帳號＋密碼」。認證方在確定對方的真實身份之後，便頒發一個認證票據，該票據內含與使用者有關的身份、權限及其他相關資訊。

一旦擁有由認證方頒發的認證票據，用戶端就能按照雙方協商的方式（如透過 Cookie 或者標頭），在請求中攜帶認證票據，並以此認證票據宣告的身份執行目標操作或者存取目標資源。認證票據一般具有時效性，一旦過期將變得無效。如果希望在過期之前讓認證票據失效，就得進行登出（Sign Out）操作。

ASP.NET Core 的認證系統旨在建構一個標準的模型，以便完成請求的認證，以及與之相關的登錄和登出操作。按照慣例，介紹認證模型的架構設計之前，先透過一個簡單的實例展示如何在一個 ASP.NET Core 應用程式實作認證、登錄和登出的功能。（S2701）

27.1.2 基於 Cookie 的認證

本小節採用 ASP.NET Core 提供、基於 Cookie 的認證方案，該認證方案以 Cookie 攜帶認證票據。為了使讀者對基於認證的設計模式有一個深刻的理解，文章將從一個空白的 ASP.NET Core 應用程式開始。本程式呈現兩個頁面，認證使用者主頁顯示一個「歡迎」頁面，匿名請求會重定向到登錄頁面。這兩個頁面的呈現實作於下列 IPageRenderer 服務，PageRenderer 類型為該介面的預設實作。

```csharp
public interface IPageRenderer
{
    IResult RenderLoginPage(string? userName = null, string? password = null,
        string? errorMessage = null);
    IResult RenderHomePage(string userName);
}

public class PageRenderer : IPageRenderer
{
    public IResult RenderHomePage(string userName)
    {
        var html = @$"
<html>
  <head><title>Index</title></head>
  <body>
    <h3>Welcome {userName}</h3>
    <a href='Account/Logout'>Sign Out</a>
  </body>
</html>";
        return Results.Content(html, "text/html");
    }

    public IResult RenderLoginPage(string? userName, string? password,
        string? errorMessage)
    {
        var html = @$"
<html>
  <head><title>Login</title></head>
  <body>
    <form method='post'>
     <input type='text' name='username' placeholder='User name' value = '{userName}'
        />
     <input type='password' name='password' placeholder='Password'
        value = '{password}' />
     <input type='submit' value='Sign In' />
    </form>
    <p style='color:red'>{errorMessage}</p>
  </body>
</html>";
        return Results.Content(html, "text/html");
    }
}
```

　　此處採用「帳號＋密碼」的認證方式，金鑰驗證實作於如下 IAccountService
介面的 Validate 方法。在實作的 AccountService 類型中，預先建立了 3 個密碼為
「password」的帳號（「foo」、「bar」、「baz」）。

```
public interface IAccountService
{
    bool Validate(string userName, string password);
}

public class AccountService: IAccountService
{
    private readonly Dictionary<string, string> _accounts
        = new(StringComparer.OrdinalIgnoreCase)
        {
            { "Foo", "password"},
            { "Bar", "password"},
            { "Baz", "password"}
        };

    public bool Validate(string userName, string password)
        =>_accounts.TryGetValue(userName, out var pwd) && pwd == password;
}
```

即將建立的 ASP.NET Core 應用程式主要處理 4 種類型的請求。登錄之後才能存取主頁，所以匿名請求會重定向到登錄頁面。於登錄頁面輸入正確的帳號和密碼後，應用程式便自動重定向到主頁，該頁面會顯示目前認證帳號並提供登出的連結。按照下列方式註冊 4 個對應的終節點，其中登錄和登出採用的是約定的路徑「Account/Login」與「Account/Logout」。

```
using App;
using Microsoft.AspNetCore.Authentication;
using Microsoft.AspNetCore.Authentication.Cookies;
using System.Security.Claims;
using System.Security.Principal;

var builder = WebApplication.CreateBuilder();
builder.Services
    .AddSingleton<IPageRenderer, PageRenderer>()
    .AddSingleton<IAccountService, AccountService>()
    .AddAuthentication(CookieAuthenticationDefaults.AuthenticationScheme).AddCookie();
var app = builder.Build();
app.UseAuthentication();

app.Map("/", WelcomeAsync);
app.MapGet("Account/Login", Login);
app.MapPost("Account/Login", SignInAsync);
app.Map("Account/Logout", SignOutAsync);
app.Run();
```

```
Task WelcomeAsync () => throw new NotImplementedException();
IResult Login(IPageRenderer renderer) => throw new NotImplementedException();
Task SignInAsync()=> throw new NotImplementedException();
Task SignOutAsync() => throw new NotImplementedException();
```

上述程式以 UseAuthentication 擴展方法註冊 AuthenticationMiddleware 中介軟體，它依賴的服務是透過 AddAuthentication 擴展方法來註冊。呼叫該擴展方法時，還設定預設採用的認證方案，靜態類型 CookieAuthenticationDefaults 的 AuthenticationScheme 屬性返回的就是 Cookie 認證方案的預設方案名稱。上面定義的兩個服務也於此處進行註冊。作為應用程式的主頁在瀏覽器呈現的效果，如圖 27-2 所示。

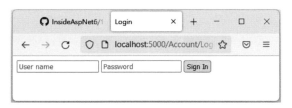

圖 27-2　應用程式主頁

27.1.3 強制認證

前一小節應用程式的主頁是透過下列所示的 WelcomeAsync 方法來呈現，該方法注入目前 HttpContext 上下文物件、表示目前使用者的 ClaimsPrincipal 物件和 IPageRenderer 物件。一般利用 ClaimsPrincipal 物件確定使用者是否經過認證，通過的話便呈現正常的歡迎頁面，匿名請求則直接呼叫 HttpContext 上下文物件的 ChallengeAsync 方法進行處理。基於 Cookie 的認證方案會自動將匿名請求重定向到登錄頁面，由於指定的登錄和登出路徑是基於 Cookie 認證方案約定的路徑，因此在呼叫 ChallengeAsync 方法時，根本不需要指定重定向路徑。

```
Task WelcomeAsync(HttpContext context, ClaimsPrincipal user, IPageRenderer renderer)
{
    if (user?.Identity?.IsAuthenticated ?? false)
    {
        return renderer.RenderHomePage(user.Identity.Name!).ExecuteAsync(context);
    }

    return  context.ChallengeAsync();
}
```

27.1.4 登錄與登出

針對登錄頁面所在網址的請求有兩種類型，GET 請求的 Login 方法會呈現登錄頁面，POST 請求的 SignInAsync 方法則檢驗輸入的帳號和密碼，並於驗證成功後實施登錄操作。如下面的程式碼所示，SignInAsync 方法注入目前 HttpContext 上下文物件、表示請求的 HttpRequest 物件和額外兩個服務。從請求表單提取出使用者和密碼後，便可利用 IAccountService 物件來驗證。一旦通過驗證，就根據帳號建立表示目前使用者的 ClaimsPrincipal 物件，然後將它作為參數，呼叫 HttpContext 上下文物件的 SignInAsync 方法實施登錄操作，該方法最終會自動重定向到初始方法的路徑，也就是應用程式的主頁。

```
IResult Login(IPageRenderer renderer) => renderer.RenderLoginPage();

Task SignInAsync(HttpContext context, HttpRequest request, IPageRenderer renderer,
    IAccountService accountService)
{
    var username = request.Form["username"];
    if (string.IsNullOrEmpty(username))
    {
        return renderer.RenderLoginPage(null, null,
            "Please enter user name.").ExecuteAsync(context);
    }

    var password = request.Form["password"];
    if (string.IsNullOrEmpty(password))
    {
        return renderer.RenderLoginPage(username, null,
            "Please enter user password.").ExecuteAsync(context);
    }

    if (!accountService.Validate(username, password))
    {
        return renderer.RenderLoginPage(username, null,
            "Invalid user name or password.").ExecuteAsync(context);
    }

    var identity = new GenericIdentity(name: username, type: "PASSWORD");
    var user = new ClaimsPrincipal(identity);
    return context.SignInAsync(user);
}
```

如果未提供帳號與密碼或者不相符，則登錄頁面會以圖 27-3 的形式再次呈現出來，並保留輸入的帳號和錯誤訊息。ChallengeAsync 方法會將目前路徑（主頁路徑「/」，經過編碼後為「%2F」）儲存於一個名為 ReturnUrl 的查詢字串中，SignInAsync 方法正是利用它實作初始路徑的重定向。

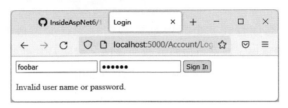

圖 27-3　登錄頁面

既然登錄操作允許透過目前 HttpContext 上下文物件的 SignInAsync 方法來完成，那麼登出操作對應的自然就是 SignOutAsync 方法。如下面的程式碼所示，正是呼叫 SignOutAsync 方法登出目前的登錄狀態，完成登出之後將應用程式重定向到主頁。

```
async Task SignOutAsync(HttpContext context)
{
    await context.SignOutAsync();
    context.Response.Redirect("/");
}
```

27.2 身份與使用者

認證是一個確定訪客真實身份的過程。透過 IPrincipal 物件表示的使用者，可以擁有一個或者多個以 IIdentity 物件表示的身份。ASP.NET Core 應用程式完全採用基於「宣告」（Claim）的認證與授權方式，由 Claim 物件表示的宣告用來描述使用者的身份、權限和其他相關的資訊。

27.2.1 IIdentity

使用者總是以某個聲稱的身份存取目標應用程式，認證的目的在於確定請求者是否與其聲稱的身份相符。他採用的身份透過如下 IIdentity 介面表示。IIdentity 的 Name 屬性和 AuthenticationType 屬性，分別表示帳號和認證類型，IsAuthenticated 屬性表示身份是否經過認證。

```
public interface IIdentity
{
    string       Name { get; }
    bool         IsAuthenticated { get; }
    string       AuthenticationType { get; }
}
```

ASP.NET Core 應用程式完全採用基於宣告的認證與授權方式，這種方式對 IIdentity 物件的具體實現，就是可以將任意與身份、權限及其他使用者相關的資訊，以「宣告」的形式附加到 IIdentity 物件，並透過 ClaimsIdentity 類型表示。但是在介紹 ClaimsIdentity 之前，首先解說表示宣告的 Claim 類型。

1. Claim

宣告是使用者在某方面的一種陳述（Statement）。一般來説，宣告應該是身份得到確認之後，由認證方賦予。宣告可以攜帶任何與認證使用者相關的資訊，用來描述使用者的身份（如 E-mail 帳號、電話號碼、指紋等），或者是描述使用者的權限（如擁有的角色或所在的使用者群組），以及其他描述目前使用者的基本資訊（如性別、年齡和國籍等）。

宣告透過如下所示的 Claim 類型表示，其 Subject 屬性返回作為宣告陳述主體的 ClaimsIdentity 物件。Type 屬性和 Value 屬性分別表示宣告陳述的類型與對應的值，內含使用者 E-mail 帳號的 Claim 物件的 Type 屬性值就是 EmailAddress，Value 屬性值便是具體的 E-mail 帳號（如 foobar@outlook.com）。除了單純以「鍵 - 值」對（Type 相當於 Key）陳述宣告，倘若需要附加一些額外資訊，則可將它們增加到 Properties 屬性表示的資料字典。

```
[Serializable]
public class Claim
{
    public ClaimsIdentity                  Subject { get; }
    public string                          Type { get; }
    public string                          Value { get; }
    public string                          ValueType { get; }
    public IDictionary<string, string>     Properties { get; }
    public string                          Issuer { get; }
    public string                          OriginalIssuer { get; }
    ...
}
```

　　宣告用來陳述任意主題,所以宣告的「值」針對不同的主題,將採用不同的呈現形式,或者具有不同的資料類型。例如,年齡值的宣告應該是一個整數。如果宣告描述的是出生日期,則對應的值應該是一個 DateTime 物件。雖然這些值最初都有不同的呈現形式,但是它們最終都需要轉換成字串。為了能在使用時還原值,必須記錄該值原本的類型,Claim 物件的 ValueType 屬性存在的目的就在於此。由於宣告承載使用者身份和權限資訊,它們是之後進行授權的基礎,因此宣告資訊必須是值得信任的。如果能夠確保使用者身份和權限資訊未被篡改,則能否信任宣告取決於它的頒發者。Claim 的 Issuer 屬性和 OriginalIssuer 屬性表示宣告的頒發者,前者表示目前頒發者,後者表示最初頒發者。

　　原則上可以採用任何字串表示宣告的類型,微軟為常用的宣告定義標準的類型,並以常數形式置於靜態類型 ClaimTypes 中。這些標準宣告類型有幾十個,下列程式僅列舉幾個表示使用者姓名(Surname 和 GivenName)、性別(Gender)及聯繫方式(Email、MobilePhone、PostalCode 和 StreetAddress)的宣告類型,它們都採用 URI 的形式來表示。

```
public static class ClaimTypes
{
    public const string Surname =
        "http://schemas.xmlsoap.org/ws/2005/05/identity/claims/surname";
    public const string GivenName =
        "http://schemas.xmlsoap.org/ws/2005/05/identity/claims/givenname";
    public const string Gender =
        "http://schemas.xmlsoap.org/ws/2005/05/identity/claims/gender";
    public const string Email =
        "http://schemas.xmlsoap.org/ws/2005/05/identity/claims/emailaddress";
    public const string MobilePhone =
        "http://schemas.xmlsoap.org/ws/2005/05/identity/claims/mobilephone";
    public const string PostalCode =
        "http://schemas.xmlsoap.org/ws/2005/05/identity/claims/postalcode";
    public const string StreetAddress =
        "http://schemas.xmlsoap.org/ws/2005/05/identity/claims/streetaddress";
    ...
}
```

　　微軟採用同樣的方式標準化常用的數值型別(對應 ValueType 屬性),這些表示數值型別的常數定義於如下靜態類型 ClaimValueTypes 中。與標準的宣告類型一樣,宣告這些標準數值型別,同樣以 URI 的形式表示。無論是宣告本身的類型還是它的數值型別,應該儘量使用這些標準的定義。

```
public static class ClaimValueTypes
{
    public const string Base64Binary = "http://www.w3.org/2001/XMLSchema#base64Binary";
    public const string Base64Octet = "http://www.w3.org/2001/XMLSchema#base64Octet";
    public const string Boolean     = "http://www.w3.org/2001/XMLSchema#boolean";
    public const string Date        = "http://www.w3.org/2001/XMLSchema#date";
    ...
}
```

2. ClaimsIdentity

ClaimsIdentity 表示以宣告來描述的身份。該類型除了實作定義於 IIdentity 介面的 3 個唯讀屬性（Name、IsAuthenticated 和 AuthenticationType）外，還有一個集合類型的 Claims 屬性，用來存放所有的宣告。

```
public class ClaimsIdentity : IIdentity
{
    string      Name { get; }
    bool        IsAuthenticated { get; }
    string      AuthenticationType { get; }

    public virtual IEnumerable<Claim> Claims { get; }
    ...
}
```

本質上，一個 ClaimsIdentity 物件就是一組 Claim 物件的封裝，加上如下這些操作宣告的方法。AddClaim/AddClaim(s) 方法或 RemoveClaim/TryRemoveClaim 方法用來增加或者刪除宣告；FindAll 方法或 FindFirst 方法則是查詢所有或者第一個滿足條件的宣告；HasClaim 方法確定是否包含某個滿足過濾條件的宣告。呼叫 FindAll、FindFirst 和 HasClaim 方法時，可以將指定的宣告類型或者 Predicate<Claim> 物件作為過濾條件。

```
public class ClaimsIdentity : IIdentity
{
    public virtual void AddClaim(Claim claim);
    public virtual void AddClaims(IEnumerable<Claim> claims);

    public virtual void RemoveClaim(Claim claim);
    public virtual bool TryRemoveClaim(Claim claim);

    public virtual IEnumerable<Claim> FindAll(Predicate<Claim> match);
    public virtual IEnumerable<Claim> FindAll(string type);

    public virtual Claim FindFirst(Predicate<Claim> match);
```

```
    public virtual Claim FindFirst(string type);

    public virtual bool HasClaim(Predicate<Claim> match);
    public virtual bool HasClaim(string type, string value);
    ...
}
```

　　除了表示認證類型的 AuthenticationType 屬性必須在建立時指定，ClaimsIdentity
物件的所有資訊都是根據內含的宣告解析而來，如 Name 屬性其實就來自於一個表示
帳號的宣告。ClaimsIdentity 物件往往攜帶與權限相關的宣告，權限控制系統利用這
些宣告，確定是否允許目前使用者存取目標資源或者執行目標操作。基於角色的授
權方式最為常用，為了方便取得目前使用者的角色集合，ClaimsIdentity 物件會提供
與角色對應的宣告類型。

```
public class ClaimsIdentity : IIdentity
{
    private string _authenticationType;
    private string _nameType;
    private string _roleType;

    public const string DefaultNameClaimType = ClaimTypes.Name;
    public const string DefaultRoleClaimType = ClaimTypes.Role;
    public const string DefaultIssuer = "LOCAL AUTHORITY";

    public string Name => FindFirst(this.NameClaimType)?.Value;

    public string NameClaimType => _nameType ?? DefaultNameClaimType;
    public string RoleClaimType => _roleType ?? DefaultRoleClaimType;
    public bool IsAuthenticated => !string.IsNullOrEmpty(_authenticationType);

    public ClaimsIdentity(IEnumerable<Claim> claims, string authenticationType,
        string nameType, string roleType)
    {
        ...
        _authenticationType = authenticationType;
        _nameType           = nameType;
        _roleType           = roleType;
    }
    ...
}
```

　　ClaimsIdentity 類型定義 NameClaimType 和 RoleClaimType 兩個宣告類型的屬性，
分別表示帳號和角色的宣告所採用的類型名稱。上述程式碼還反映一個重要的細節，
亦即表示身份是否經過認證的 IsAuthenticated 屬性，取決於 ClaimsIdentity 物件是否

設定了認證類型。它還定義一個名為 DefaultIssuer 的常數表示宣告的預設頒發者，其值為「LOCAL AUTHORITY」，又稱為「本地認證中心」。

3. GenericIdentity

ClaimsIdentity 類型還有一些子類別，如在 Windows 認證下表示使用者身份的 WindowsIdentity 類別。下文著重介紹另一個名為 GenericIdentity 的類型。GenericIdentity 表示一個「泛化」的身份，屬於經常使用的類型。GenericIdentity 重寫實作於基礎類別的 4 個屬性，其中 Name 屬性和 AuthenticationType 屬性會直接返回建構函數中以參數指定的帳號與認證類型（可預設），而重寫的 Claims 屬性其實有些多餘，實際上它是直接返回基礎類別的同名屬性。

```
public class GenericIdentity : ClaimsIdentity
{
    public override string                   Name { get; }
    public override bool                      IsAuthenticated { get; }
    public override string                   AuthenticationType { get; }
    public override IEnumerable<Claim>        Claims { get; }

    public GenericIdentity(string name);
    public GenericIdentity(string name, string type)
}
```

對於一個 ClaimsIdentity 物件來說，是否經過認證的 IsAuthenticated 屬性值，取決於是否設定一個確定的認證類型。換句話說，如果 AuthenticationType 屬性不是 Null 或者空字串，IsAuthenticated 屬性就會返回 True。但是 GenericIdentity 重寫的 IsAuthenticated 方法改變這個預設邏輯，IsAuthenticated 屬性的值取決於是否具有一個確定的帳號，如果表示帳號的 Name 屬性是一個空字串（由於經過建構函數的驗證，所以帳號不能為 Null），該屬性便返回 False。

27.2.2 IPrincipal

對於 ASP.NET Core 應用程式的認證系統來說，接受認證的對象或許是一個人，也可能是一個應用程式、處理序或者服務。無論是哪種類型，都統一採用一個如下定義的 IPrincipal 介面表示。大部分情況下，經常提及的「使用者」是指一個 IPrincipal 物件。

```
public interface IPrincipal
{
```

```
    IIdentity Identity {  get; }
    bool IsInRole(string role);
}
```

　　表示認證使用者的 IPrincipal 物件必須具有一個身份，透過唯讀屬性 Identity 表示。IPrincipal 介面還有一個名為 IsInRole 的方法，用來確定是否加入目前使用者到指定的角色。如果採用基於角色的授權方式，便可直接呼叫這個方法，以決定目前使用者是否具有存取目標資源或者執行目標操作的權限。

1. ClaimsPrincipal

　　基於宣告的認證與授權場景下的使用者，體現為一個 ClaimsPrincipal 物件，它以 ClaimsIdentity 物件表示身份。一位使用者允許有多個身份，所以 ClaimsPrincipal 物件是對多個 ClaimsIdentity 物件的封裝。它的 Identities 屬性用來返回這組 ClaimsIdentity 物件，可以呼叫 AddIdentity 方法或者 AddIdentities 方法為其增加任意的身份。對於實作的 IsInRole 方法來說，如果包含的任何一個 ClaimsIdentity 具有基於角色的宣告，並且該宣告的值與指定的角色一致，該方法就會返回 True。

```
public class ClaimsPrincipal : IPrincipal
{
    private static Func<IEnumerable<ClaimsIdentity>, ClaimsIdentity> _identitySelector;
    private List<ClaimsIdentity> _identities = new List<ClaimsIdentity>();

    static ClaimsPrincipal()
        => _identitySelector = ClaimsPrincipal.SelectPrimaryIdentity;

    public virtual IEnumerable<ClaimsIdentity> Identities
        => _identities.AsReadOnly();

    public IIdentity Identity
        => identitySelector ?? SelectPrimaryIdentity)(_identities);

    public static Func<IEnumerable<ClaimsIdentity>, ClaimsIdentity> PrimaryIdentitySelector
    {
        get { return _identitySelector; }
        set { _identitySelector = value; }
    }

    public virtual void AddIdentity(ClaimsIdentity identity) => _identities.Add(identity);
    public virtual void AddIdentities(IEnumerable<ClaimsIdentity> identities)
        => _identities.AddRange(identities);
    public bool IsInRole(string role)
```

```
        => _identities.Any(it => it.HasClaim(ClaimTypes.Role, role));

    private static ClaimsIdentity SelectPrimaryIdentity(
        IEnumerable<ClaimsIdentity> identities)
    {
        return identities.FirstOrDefault(it => it is WindowsIdentity)
            ?? identities.FirstOrDefault();
    }
    ...
}
```

　　雖然一個 ClaimsPrincipal 物件可能有多個身份，但是需要從中選擇一個作為主
身份，它的 Identity 屬性返回的就是作為主身份的 ClaimsIdentity 物件。如下列程式
碼所示，ClaimsPrincipal 有一個靜態屬性 PrimaryIdentitySelector，它提供的 Func<IE
numerable<ClaimsIdentity>, ClaimsIdentity> 委託物件用來完成主身份的選擇。預設的
選擇策略體現於私有方法 SelectPrimaryIdentity。由此得知，選擇主身份時會優先選
擇 WindowsIdentity。ClaimsPrincipal 利用 Claims 屬性返回攜帶的所有宣告。可以呼
叫 FindAll 方法或者 FindFirst 方法，以取得滿足指定條件的所有或者第一個宣告；也
可以呼叫 HasClaim 方法判斷是否有一個或者多個 ClaimsIdentity 攜帶某個指定條件
的宣告。

```
public class ClaimsPrincipal : IPrincipal
{
    public virtual IEnumerable<Claim> Claims { get; }

    public virtual IEnumerable<Claim> FindAll(Predicate<Claim> match);
    public virtual IEnumerable<Claim> FindAll(string type);
    public virtual Claim FindFirst(Predicate<Claim> match);
    public virtual Claim FindFirst(string type);
    public virtual bool HasClaim(Predicate<Claim> match);
    public virtual bool HasClaim(string type, string value);
    ...
}
```

2. GenericPrincipal

　　ClaimsPrincipal 同樣具有一些預定義的子類型，如針對 Windows 認證的
WindowsPrincipal 和針對 ASP.NET Roles 的 RolePrincipal，但這裡著重介紹的是
GenericPrincipal 類型。建立一個 GenericPrincipal 物件時，可以直接指定作為身份的
IIdentity 物件和角色清單。

```
public class GenericPrincipal : ClaimsPrincipal
{
    public override IIdentity Identity { get; }
    public GenericPrincipal(IIdentity identity, string[] roles);
    public override bool IsInRole(string role);
}
```

由於繼承 ClaimsPrincipal，GenericPrincipal 總是使用一個 ClaimsIdentity 物件表示身份，但是建構函數對應的參數類型是 IIdentity 介面，意謂著建立 GenericPrincipal 物件時，可以指定一個任意類型的 IIdentity 物件。如果不是一個 ClaimsIdentity 物件，則建構函數便將其轉換成 ClaimsIdentity 類型。但是 GenericPrincipal 的 Identity 屬性總是返回指定的 Identity，如下所示的偵錯斷言就證實了這一點。

```
var principal = new GenericPrincipal(AnonymousIdentity.Instance, null);
Debug.Assert(ReferenceEquals(AnonymousIdentity.Instance, principal.Identity));
Debug.Assert(principal.Identities.Single() is ClaimsIdentity);

public class AnonymousIdentity : IIdentity
{
    public string AuthenticationType { get; }
    public bool IsAuthenticated { get; } = false;
    public string Name { get; }
    private AnonymousIdentity(){}

    public static readonly AnonymousIdentity Instance = new AnonymousIdentity();
}
```

當透過指定一個帳號和 N 個角色建立 GenericPrincipal 物件時，實際上建構函數會產生 N+1 個宣告，一個是針對帳號的宣告，N 個則是針對角色的宣告。兩個宣告都採用標準的類型，此點體現於下列所示的偵錯斷言。

```
var principal = new GenericPrincipal(new GenericIdentity("Foobar"),
    new string[] { "Role1", "Role2" });
Debug.Assert(principal.Claims.Count() == 3);
Dcbug.Assert(principal.HasClaim(ClaimTypes.Name, "Foobar"));
Debug.Assert(principal.HasClaim(ClaimTypes.Role, "Role1"));
Debug.Assert(principal.HasClaim(ClaimTypes.Role, "Role2"));
```

前文介紹用於表示使用者身份的 IIdentity 介面和表示使用者的 IPrincipal 介面，這兩個介面及其實作類型的關係，如圖 27-4 所示。

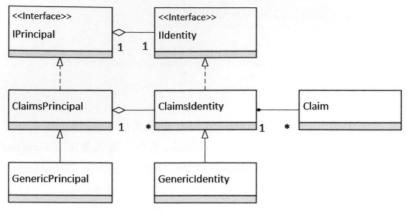

圖 27-4　IIdentity 介面和 IPrincipal 介面及其實作類型的關係

27.3　認證模型

有了上述實例作為鋪墊，同時瞭解關於身份和使用者的表達，理解 ASP.NET Core 的認證模型就會非常容易。實際上前文展示的實例已經涉及認證模型的大部分成員。由於 ASP.NET Core 採用的是基於票據的認證，因此底下先介紹認證模型是如何表示認證票據。

27.3.1　認證票據詳細介紹

認證票據透過下列 AuthenticationTicket 類型表示，實際上一個 AuthenticationTicket 物件是對一個 ClaimsPrincipal 物件的封裝。除了提供表示使用者的 ClaimsPrincipal 物件，AuthenticationTicket 物件還透過 AuthenticationScheme 屬性表示採用的認證方案。

```
public class AuthenticationTicket
{
    public string                       AuthenticationScheme { get; }
    public ClaimsPrincipal              Principal { get; }
    public AuthenticationProperties     Properties { get; }

    public AuthenticationTicket(ClaimsPrincipal principal, string authenticationScheme);
    public AuthenticationTicket(ClaimsPrincipal principal,
        AuthenticationProperties properties, string authenticationScheme);
}
```

1. AuthenticationProperties

AuthenticationTicket 的唯讀屬性 Properties 返回一個 AuthenticationProperties 物件，它包含很多與目前認證上下文（Authentication Context）或者認證工作階段（Authentication Session）相關的資訊，其中大部分是對認證票據的描述。AuthenticationProperties 物件承載的所有資料都保存於 Items 屬性表示的資料字典，如果需要為認證票據增加其他的描述資訊，便可直接將它們加到字典中。

```
public class AuthenticationProperties
{
    public DateTimeOffset?              IssuedUtc { get; set; }
    public DateTimeOffset?              ExpiresUtc { get; set; }
    public bool?                        AllowRefresh { get; set; }
    public bool                         IsPersistent { get; set; }
    public string                       RedirectUri { get; set; }

    public IDictionary<string, string>  Items { get; }
}
```

認證票據具備有效期限，如果超出規定的時間，它的持有人就得利用本身的憑證重新取得一張新的票據。認證票據的頒發時間和過期時間，透過 AuthenticationProperties 物件的 IssuedUtc 屬性與 ExpiresUtc 屬性表示。過期策略可以採用絕對時間和滑動時間。假設認證票據的有效期間為 30 分鐘，並於 1:00 獲取一個認證票據，如果採用絕對時間，則該票據總是在 1:30 過期。倘若採用滑動時間，意謂著對認證票據的每一次使用，都會將過期時間推遲到 30 分鐘後。如果每隔 29 分鐘就使用一次認證票據，則該票據將永遠不會過期。滑動時間過期策略相當於「自動刷新」認證票據，AuthenticationProperties 的 AllowRefresh 屬性決定是否可以自動刷新認證票據。

AuthenticationProperties 的 IsPersistent 屬性表示認證票據是否希望被用戶端以持久化的形式保存起來。以瀏覽器為例，如果持久化儲存認證票據，只要它尚未過期，即使多次重新啟動瀏覽器也可以使用。反之將不得不重新登錄，以獲取新的認證票據。AuthenticationProperties 的 RedirectUri 屬性攜帶一個重定向位址，不同情況下設定這個屬性，便可實作不同頁面的重定向。例如，登錄成功後重定向到初始連結的頁面，登出之後重定向到登錄頁面，在存取受限的情況下重定向到「拒絕連結」頁面等。

2. TicketDataFormat

認證票據是一種私密性資料，請求攜帶的認證票據不僅是對 AuthenticationTicket 物件簡單序列化的結果，還涉及資料的加密。這個過程稱為「對認證票據的格式化」，格式化透過 TicketDataFormat 物件完成。TicketDataFormat 實作 ISecureDataFormat<TData> 介面，其內定義兩組 Protect/Unprotect 方法，以實作資料物件的格式化和反格式化工作。Protect 方法和 Unprotect 方法都涉及一個 purpose 的參數，正是「第 13 章 資料保護」用於安全隔離的「Purpose 字串」。

```
public interface ISecureDataFormat<TData>
{
    string Protect(TData data);
    string Protect(TData data, string purpose);
    TData Unprotect(string protectedText);
    TData Unprotect(string protectedText, string purpose);
}
```

TicketDataFormat 類型繼承如下 SecureDataFormat<TData> 類型，後者能夠將資料的序列化 / 反序列化和加密 / 解密分開實作，並將序列化 / 反序列化交給一個由 IDataSerializer<TData> 物件表示的序列化器完成，而加密 / 解密工作則由另一個 IDataProtector 物件負責。

```
public class SecureDataFormat<TData> : ISecureDataFormat<TData>
{
    public SecureDataFormat(IDataSerializer<TData> serializer, IDataProtector protector);
    public string Protect(TData data);
    public string Protect(TData data, string purpose);
    public TData Unprotect(string protectedText);
    public TData Unprotect(string protectedText, string purpose);
}

public interface IDataSerializer<TModel>
{
    byte[] Serialize(TModel model);
    TModel Deserialize(byte[] data);
}
```

TicketDataFormat 物件預設使用的序列化器，來自於 TicketSerializer 類型的靜態屬性 Default 返回的 TicketSerializer 物件。加密 / 解密認證票據的 IDataProtector 物件需要手動指定，可以根據需求自訂對應的 IDataProtector 實作類型，並採用相關的演算法加密認證票據。

```
public class TicketDataFormat : SecureDataFormat<AuthenticationTicket>
{
    public TicketDataFormat(IDataProtector protector)
        : base(TicketSerializer.Default, protector){}
}

public class TicketSerializer : IDataSerializer<AuthenticationTicket>
{
    public virtual byte[] Serialize(AuthenticationTicket ticket);
    public virtual AuthenticationTicket Deserialize(byte[] data);

    public virtual AuthenticationTicket Read(BinaryReader reader);
    protected virtual Claim ReadClaim(BinaryReader reader, ClaimsIdentity identity);
    protected virtual ClaimsIdentity ReadIdentity(BinaryReader reader);

    public virtual void Write(BinaryWriter writer, AuthenticationTicket ticket);
    protected virtual void WriteClaim(BinaryWriter writer, Claim claim);
    protected virtual void WriteIdentity(BinaryWriter writer, ClaimsIdentity identity);

    public static TicketSerializer Default { get; }
}
```

前文主要介紹表示認證票據的 AuthenticationTicket，以及對其格式化的 TicketDataFormat。AuthenticationTicket 和 TicketDataFormat 及其相關類型的關係，如圖 27-5 所示。

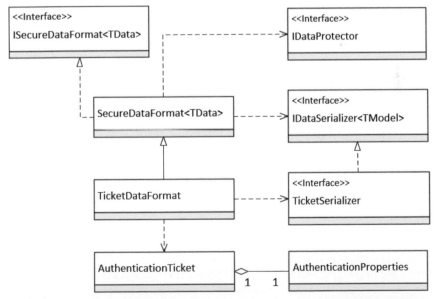

圖 27-5　AuthenticationTicket 和 TicketDataFormat 及其相關類型的關係

27.3.2 認證處理器

ASP.NET Core 應 用 程 式 允 許 選 擇 不 同 的 認 證 方 案。 認 證 方 案 透 過 AuthenticationScheme 類型表示，一個 AuthenticationScheme 物件最終的目的，在於提供方案對應的認證處理器類型。認證處理器在認證模型中以 IAuthenticationHandler 介面表示，每種認證方案都對應至該介面的某個實作類型。若想充分的認識 ASP. NET Core 的認證機制，必須先瞭解挑戰 / 應答（Challenge/Response）的認證模式。

1. 挑戰 / 應答模式

挑戰 / 應答模式體現下列的訊息交換模型：如果伺服端（認證方）判斷用戶端（被認證方）未提供有效的認證票據，便向用戶端發送一個質詢訊息。用戶端在收到訊息後會重新提供一個合法的認證票據，對質詢予以回應。挑戰 / 應答式認證在 Web 應用的實作比較有意思，因為挑戰體現為回應（Response），而回應體現為請求，但這兩個回應表示完全不同的涵義。前者是一般意義上對認證方質詢的回應，後者表示認證方透過 HTTP 回應對用戶端傳送質詢。伺服端通常會發送一個狀態碼「401 Unauthorized」的回應作為質詢訊息。

伺服端除了發送質詢訊息促使用戶端提供有效的認證票據，如果通過認證的請求無權執行目標操作或者取得目標資源，則它也會以質詢訊息的形式通知用戶端。一般來說，這樣的質詢訊息體現為一個狀態碼「403 Forbidden」的回應。雖然 IAuthenticationHandler 介面只是將前一種方法命名為 ChallengeAsync，後一種方法稱為 ForbidAsync，但此處還是將兩者統稱為「挑戰」（Challenge）。

2. IAuthenticationHandler

下列的 IAuthenticationHandler 介面定義 4 個方法，認證中介軟體最終呼叫 AuthenticateAsync 方法認證每個請求，而 ChallengeAsync 方法和 ForbidAsync 方法旨在實作前面兩種類型的質詢。當 IAuthenticationHandler 物件對請求實施認證之前，先以該物件的 InitializeAsync 方法完成一些初始化的工作，兩個參數分別是描述目前認證方案的 AuthenticationScheme 物件和目前 HttpContext 上下文物件。

```
public interface IAuthenticationHandler
{
    Task<AuthenticateResult> AuthenticateAsync();
    Task ChallengeAsync(AuthenticationProperties properties);
    Task ForbidAsync(AuthenticationProperties properties);
    Task InitializeAsync(AuthenticationScheme scheme, HttpContext context);
}
```

完成認證後，AuthenticateAsync 方法會將認證結果封裝成下列 AuthenticateResult 物件。認證結果有成功、失敗和 None 這 3 種狀態。對於一個成功的認證結果，除了 Succeeded 屬性返回 True 外，還可以從 Principal 屬性和 Ticket 屬性得到表示認證使用者的 ClaimsPrincipal 物件，以及表示認證票據的 AuthenticationTicket 物件。

```
public class AuthenticateResult
{
    public bool                         Succeeded { get; }
    public Exception                    Failure { get; protected set; }
    public bool                         None { get; protected set; }

    public ClaimsPrincipal              Principal { get; }
    public AuthenticationTicket         Ticket { get; protected set; }
    public AuthenticationProperties     Properties { get; protected set; }
}
```

AuthenticateResult 提供下列 3 組靜態工廠方法建立具有對應狀態的 AuthenticateResult 物件。請注意，如果呼叫 Fail 方法並指定錯誤訊息，則該方法會根據錯誤訊息產生一個 Exception 物件，以當成 AuthenticateResult 物件的 Failure 屬性。

```
public class AuthenticateResult
{
    public static AuthenticateResult Success(AuthenticationTicket ticket);

    public static AuthenticateResult Fail(Exception failure);
    public static AuthenticateResult Fail(string failureMessage);
    public static AuthenticateResult Fail(Exception failure,
        AuthenticationProperties properties);
    public static AuthenticateResult Fail(string failureMessage,
        AuthenticationProperties properties);

    public static AuthenticateResult NoResult();
}
```

IAuthenticationHandler 物件表示的認證處理器，承載了與認證相關的所有核心操作，但是目前只看到用來認證請求的 AuthenticateAsync 方法，以及分別在匿名請求和權限不足情況下發送質詢的 ChallengeAsync 方法和 ForbidAsync 方法，並沒有看到登錄操作和登出操作相關的方法。少掉的兩個方法分別定義於如下的 IAuthenticationSignInHandler 和 IAuthenticationSignOutHandler 介面。

```
public interface IAuthenticationSignOutHandler : IAuthenticationHandler
{
    Task SignOutAsync(AuthenticationProperties properties);
```

```
}

public interface IAuthenticationSignInHandler : IAuthenticationSignOutHandler,
{
    Task SignInAsync(ClaimsPrincipal user, AuthenticationProperties properties);
}
```

　　完整的認證方案包括請求認證、登錄和登出 3 個核心操作，對應的認證處理器類型一般會實作 IAuthenticationSignInHandler 介面。針對 Cookie 認證方案的 CookieAuthenticationHandler 類型就符合此要求。IAuthenticationHandler 還有一個特殊的子介面 IAuthenticationRequestHandler。對於一個普通的 IAuthenticationHandler 物件來說，認證中介軟體利用它對目前請求實施認證之後，總是將請求分發給後續管道，而 IAuthenticationRequestHandler 物件則對請求處理具有更大的控制權，因為它能夠決定是否有必要對目前請求進行後續處理。IAuthenticationRequestHandler 介面定義一個返回類型為 Task<bool> 的 HandleRequestAsync 方法，如果該方法返回 True，則整個請求處理流程便到此中止。

```
public interface IAuthenticationRequestHandler : IAuthenticationHandler
{
    Task<bool> HandleRequestAsync();
}
```

3. IAuthenticationHandlerProvider

　　AuthenticationMiddleware 中介軟體或者應用程式用來認證請求和完成登錄 / 登出操作的認證處理器物件，主要是透過 IAuthenticationHandlerProvider 物件取得。IAuthenticationHandlerProvider 介面定義唯一的 GetHandlerAsync 方法，並根據目前 HttpContext 上下文物件和認證方案名稱提供對應的 IAuthenticationHandler 物件。

```
public interface IAuthenticationHandlerProvider
{
    Task<IAuthenticationHandler> GetHandlerAsync(HttpContext context,
        string authenticationScheme);
}
```

　　前文曾提及，表示認證方案的 AuthenticationScheme 物件將提供對應認證處理器的類型。下列程式碼為 AuthenticationScheme 類型的定義，所需的認證處理器類型就是透過它的 HandlerType 屬性而來。AuthenticationScheme 還定義分別表示認證方案名稱和顯示名稱的 Name 屬性與 DisplayName 屬性。由於 AuthenticationScheme 已經能夠提供認證處理器的類型，現在的問題就變成如何根據認證方案名稱，以得到對應的 AuthenticationScheme 物件。IAuthenticationSchemeProvider 物件可以協助解決這個問題，它不僅能夠提供所需的認證方案，認證方案也是透過它來註冊。

```
public class AuthenticationScheme
{
    public string      Name { get; }
    public string      DisplayName { get; }
    public Type        HandlerType { get; }

    public AuthenticationScheme(string name, string displayName, Type handlerType);
}
```

　　如 下 面 的 程 式 碼 所 示，IAuthenticationSchemeProvider 介 面 除 了 定 義一 個 GetSchemeAsync 方法（該 方 法 根 據 指 定 的 認 證 方 案 名 稱 取 得 對 應 的 AuthenticationScheme 物件）外，還定義相關的方法為 5 種類型的操作（請求認證、登錄、登出和兩種質詢）提供預設的認證方案。認證方案透過 AddScheme 方法註冊，註冊的認證方案則由 RemoveScheme 方法刪除。GetAllSchemesAsync 方法用來獲取所有註冊的認證方案，而 GetRequestHandlerSchemesAsync 方法返回的認證方案是供 IAuthenticationRequestHandler 物件使用。

```
public interface IAuthenticationSchemeProvider
{
    Task<AuthenticationScheme> GetSchemeAsync(string name);

    Task<AuthenticationScheme> GetDefaultAuthenticateSchemeAsync();
    Task<AuthenticationScheme> GetDefaultChallengeSchemeAsync();
    Task<AuthenticationScheme> GetDefaultForbidSchemeAsync();
    Task<AuthenticationScheme> GetDefaultSignInSchemeAsync();
    Task<AuthenticationScheme> GetDefaultSignOutSchemeAsync();

    Task<IEnumerable<AuthenticationScheme>> GetAllSchemesAsync();
    Task<IEnumerable<AuthenticationScheme>> GetRequestHandlerSchemesAsync();

    void AddScheme(AuthenticationScheme scheme);
    void RemoveScheme(string name);
}
```

　　瞭解 IAuthenticationSchemeProvider 之後，再回到前面提到關於如何提供認證處理器的問題。目前已經解決根據指定的認證名稱得到對應認證處理器類型的問題，因此能夠根據 HttpContext 上下文物件提供的 IServiceProvider 物件建立 IAuthenticationHandler 物件，相關邏輯實作於如下 AuthenticationHandlerProvider 類型。AuthenticationHandlerProvider 類型的建構函數注入用於提供註冊認證方案的

IAuthenticationSchemeProvider 物件，在實作的 GetHandlerAsync 方法中，該物件會根據指定的認證方案名稱提供對應的認證方案。一旦擁有認證方案，就能知道認證處理器的類型，進而利用 HttpContext 上下文物件的依賴注入容器，以得到認證請求與完成登錄 / 登出操作的認證處理器。

```csharp
public class AuthenticationHandlerProvider : IAuthenticationHandlerProvider
{
    private Dictionary<string, IAuthenticationHandler> _handlerMap
        = new Dictionary<string, IAuthenticationHandler>(StringComparer.Ordinal);

    public IAuthenticationSchemeProvider Schemes { get; }

    public AuthenticationHandlerProvider(IAuthenticationSchemeProvider schemes)
        => Schemes = schemes;

    public async Task<IAuthenticationHandler> GetHandlerAsync(HttpContext context,
        string authenticationScheme)
    {
        if (_handlerMap.TryGetValue(authenticationScheme, out var handler))
        {
            return handler;
        }

        var scheme = await Schemes.GetSchemeAsync(authenticationScheme);
        if (scheme == null)
        {
            return null;
        }

        var serviceProvider = context.RequestServices;
        handler = (serviceProvider.GetService(scheme.HandlerType) ??
            ActivatorUtilities.CreateInstance(serviceProvider, scheme.HandlerType))
            as IAuthenticationHandler;
        if (handler != null)
        {
            await handler.InitializeAsync(scheme, context);
            _handlerMap[authenticationScheme] = handler;
        }
        return handler;
    }
}
```

　　從上面的程式碼得知，AuthenticationHandlerProvider 為了避免重複建立 IAuthenticationHandler 物件，而在內部提供了快取。GetHandlerAsync 方法在返回認證處理器物件之前，還會呼叫 InitializeAsync 方法進行初始化。

4. AuthenticationSchemeProvider

瞭解實作於 AuthenticationHandlerProvider 類型針對認證處理器的預設提供機制之後，下面介紹認證方案的預設註冊問題，此問題的解決方案體現於如下 AuthenticationSchemeProvider 類型，它是對 IAuthenticationSchemeProvider 介面的預設實作。它利用一個字典維護註冊認證方案的名稱，以及與對應 AuthenticationScheme 物件之間的映射，而此映射字典最初的內容由 AuthenticationOptions 組態選項提供。

```
public class AuthenticationSchemeProvider : IAuthenticationSchemeProvider
{
    public AuthenticationSchemeProvider(IOptions<AuthenticationOptions> options);

    public virtual Task<IEnumerable<AuthenticationScheme>> GetAllSchemesAsync();
    public virtual Task<IEnumerable<AuthenticationScheme>> GetRequestHandlerSchemesAsync();
    public virtual Task<AuthenticationScheme> GetSchemeAsync(string name);

    public virtual Task<AuthenticationScheme> GetDefaultAuthenticateSchemeAsync();
    public virtual Task<AuthenticationScheme> GetDefaultChallengeSchemeAsync();
    public virtual Task<AuthenticationScheme> GetDefaultForbidSchemeAsync();
    public virtual Task<AuthenticationScheme> GetDefaultSignInSchemeAsync();
    public virtual Task<AuthenticationScheme> GetDefaultSignOutSchemeAsync();

    public virtual void AddScheme(AuthenticationScheme scheme);
    public virtual void RemoveScheme(string name);
}
```

若想瞭解認證方案如何註冊到組態選項 AuthenticationOptions 上，就得先明白建構認證方案的 AuthenticationSchemeBuilder 類型。一般利用指定的認證方案名稱建立對應的 AuthenticationSchemeBuilder 物件，並透過兩個屬性設定認證方案的顯示名稱（可選）和認證處理器類型（必須），表示認證方案的 AuthenticationScheme 物件最終是由 Build 方法建構。

```
public class AuthenticationSchemeBuilder
{
    public string    Name {get; }
    public string    DisplayName { get; set; }
    public Type      HandlerType { get; set; }

    public AuthenticationSchemeBuilder(string name)
        => Name = name;

    public AuthenticationScheme Build()
        => new AuthenticationScheme(Name, DisplayName, HandlerType);
}
```

　　如下所示的程式碼為 AuthenticationOptions 組態選項類型的完整定義，由此看出真正註冊到組態選項的，其實是一個 AuthenticationSchemeBuilder 物件。AuthenticationScheme 透過唯讀屬性 SchemeMap，以維護一組認證方案名稱與對應 AuthenticationSchemeBuilder 物件之間的映射關係。當呼叫 AddScheme 方法註冊一個認證方案時，便建立一個 AuthenticationSchemeBuilder 物件並將其加到映射字典。

```csharp
public class AuthenticationOptions
{
    private readonly IList<AuthenticationSchemeBuilder> _schemes
        = new List<AuthenticationSchemeBuilder>();
    public IEnumerable<AuthenticationSchemeBuilder> Schemes => _schemes;

    public string DefaultScheme { get; set; }
    public string DefaultAuthenticateScheme { get; set; }
    public string DefaultSignInScheme { get; set; }
    public string DefaultSignOutScheme { get; set; }
    public string DefaultChallengeScheme { get; set; }
    public string DefaultForbidScheme { get; set; }

    public IDictionary<string, AuthenticationSchemeBuilder> SchemeMap { get; }
        = new Dictionary<string, AuthenticationSchemeBuilder>(StringComparer.Ordinal);

    public bool RequireAuthenticatedSignIn { get; set; }

    public void AddScheme(string name,
        Action<AuthenticationSchemeBuilder> configureBuilder)
    {
        if (SchemeMap.ContainsKey(name))
        {
            throw new InvalidOperationException("Scheme already exists: " + name);
        }
        var builder = new AuthenticationSchemeBuilder(name);
        configureBuilder(builder);
        _schemes.Add(builder);
        SchemeMap[name] = builder;
    }

    public void AddScheme<THandler>(string name, string displayName)
        where THandler : IAuthenticationHandler
        => AddScheme(name, b =>
        {
            b.DisplayName = displayName;
            b.HandlerType = typeof(THandler);
        });
}
```

　　AuthenticationOptions 還有一系列預設的認證方案名稱。如果在進行認證、登錄、登出及發送質詢時，沒有明確指定認證方案名稱，便採用這裡的預設認證方案名稱。以 IOptions<AuthenticationOptions> 物件建立 AuthenticationSchemeProvider 物件時，組態選項註冊的認證方案資訊將轉移到 AuthenticationSchemeProvider 物件上。AuthenticationOptions 組態選項的 RequireAuthenticatedSignIn 屬性表示在進行登錄操作時，是否要求目前是一個經過認證的使用者，亦即提供的 ClaimsPrincipal 物件必須具有一個明確的身份，並且表示該身份的 IIdentity 物件的 IsAuthenticated 屬性為 True。

27.3.3 認證服務

　　前面實例中的認證、登錄和登出，並沒有直接呼叫作為認證處理器的 IAuthenticationHandler 物 件 的 AuthenticateAsync 方 法、SignInAsync 方 法 和 SignOutAsync 方法，而是改用 HttpContext 上下文物件的同名方法。如下面的程式碼所示，認證方案的 5 個核心操作，都能以 HttpContext 上下文物件對應的方法來完成。

```
public static class AuthenticationHttpContextExtensions
{
    public static Task<AuthenticateResult> AuthenticateAsync(this HttpContext context);
    public static Task<AuthenticateResult> AuthenticateAsync(this HttpContext context,
        string scheme);

    public static Task ChallengeAsync(this HttpContext context);
    public static Task ChallengeAsync(this HttpContext context,
        AuthenticationProperties properties);
    public static Task ChallengeAsync(this HttpContext context, string scheme);
    public static Task ChallengeAsync(this HttpContext context, string scheme,
        AuthenticationProperties properties);

    public static Task ForbidAsync(this HttpContext context);
    public static Task ForbidAsync(this HttpContext context,
        AuthenticationProperties properties);
    public static Task ForbidAsync(this HttpContext context, string scheme);
    public static Task ForbidAsync(this HttpContext context, string scheme,
        AuthenticationProperties properties);

    public static Task SignInAsync(this HttpContext context, ClaimsPrincipal principal);
    public static Task SignInAsync(this HttpContext context, ClaimsPrincipal principal,
        AuthenticationProperties properties);
    public static Task SignInAsync(this HttpContext context, string scheme,
        ClaimsPrincipal principal);
```

```
    public static Task SignInAsync(this HttpContext context, string scheme,
        ClaimsPrincipal principal, AuthenticationProperties properties);

    public static Task SignOutAsync(this HttpContext context);
    public static Task SignOutAsync(this HttpContext context,
        AuthenticationProperties properties);
    public static Task SignOutAsync(this HttpContext context, string scheme);
    public static Task SignOutAsync(this HttpContext context, string scheme,
        AuthenticationProperties properties);
}
```

上述這些方法與 IAuthenticationHandler 物件之間的適配，乃是透過 IAuthenticationService 服務來實作。如下面的程式碼所示，IAuthenticationService 介面同樣定義了 5 個對應的方法。

```
public interface IAuthenticationService
{
    Task<AuthenticateResult> AuthenticateAsync(HttpContext context, string scheme);
    Task ChallengeAsync(HttpContext context, string scheme,
        AuthenticationProperties properties);
    Task ForbidAsync(HttpContext context, string scheme,
        AuthenticationProperties properties);
    Task SignInAsync(HttpContext context, string scheme, ClaimsPrincipal principal,
        AuthenticationProperties properties);
    Task SignOutAsync(HttpContext context, string scheme,
        AuthenticationProperties properties);
}
```

AuthenticationService 類型是 IAuthenticationService 介面的預設實作。由於建構函數注入了 IAuthenticationHandlerProvider 物件，因此能夠利用它得到對應的 IAuthenticationHandler 物件，並實作 5 個方法。建構函數還注入 IAuthentication SchemeProvider 物件，並由它提供預設的認證方案。

```
public class AuthenticationService : IAuthenticationService
{
    public IAuthenticationHandlerProvider    Handlers  { get; }
    public IAuthenticationSchemeProvider     Schemes   { get; }
    public IClaimsTransformation             Transform { get; }

    public AuthenticationService(IAuthenticationSchemeProvider schemes,
        IAuthenticationHandlerProvider handlers, IClaimsTransformation transform);

    public virtual Task<AuthenticateResult> AuthenticateAsync(
        HttpContext context, string scheme);
```

```
    public virtual Task ChallengeAsync(HttpContext context, string scheme,
        AuthenticationProperties properties);
    public virtual Task ForbidAsync(HttpContext context, string scheme,
        AuthenticationProperties properties);
    public virtual Task SignInAsync(HttpContext context, string scheme,
        ClaimsPrincipal principal, AuthenticationProperties properties);
    public virtual Task SignOutAsync(HttpContext context, string scheme,
        AuthenticationProperties properties);
}
```

除了 IAuthenticationHandlerProvider 方法和 IAuthenticationSchemeProvider 物件外，AuthenticationService 的建構函數還注入 IClaimsTransformation 物件。如下面的程式碼所示，IClaimsTransformation 介面提供的 TransformAsync 方法可以實作 ClaimsPrincipal 物件的轉換或者加工。認證模型預設提供的是沒有實作任何轉換操作的 NoopClaimsTransformation 類型，如果需要再加工認證使用者的 ClaimsPrincipal 物件，則可利用自訂的 IClaimsTransformation 服務來完成。

```
public interface IClaimsTransformation
{
    Task<ClaimsPrincipal> TransformAsync(ClaimsPrincipal principal);
}

public class NoopClaimsTransformation : IClaimsTransformation
{
    public virtual Task<ClaimsPrincipal> TransformAsync(ClaimsPrincipal principal) =>
        Task.FromResult<ClaimsPrincipal>(principal);
}
```

下列程式碼大致展示 AuthenticationService 類型的 AuthenticateAsync 方法的完整定義。如果沒有明確指定認證方案，該方法便使用 IAuthenticationSchemeProvider 物件預設的認證方案名稱。倘若連預設的認證方案也沒有，則該方法會直接拋出一個 InvalidOperationException 異常。

```
public class AuthenticationService : IAuthenticationService
{
    public virtual async Task<AuthenticateResult> AuthenticateAsync(
        HttpContext context, string scheme)
    {
        if (scheme == null)
        {
            var defaultScheme = await Schemes.GetDefaultAuthenticateSchemeAsync();
            scheme = defaultScheme?.Name;
            if (scheme == null)
```

```
        {
            throw new InvalidOperationException();
        }
    }

    var handler = await Handlers.GetHandlerAsync(context, scheme);
    if (handler == null)
    {
        throw await CreateMissingHandlerException(scheme);
    }

    var result = await handler.AuthenticateAsync();
    if (result != null && result.Succeeded)
    {
        var transformed = await Transform.TransformAsync(result.Principal);
        return AuthenticateResult.Success(new AuthenticationTicket(transformed,
            result.Properties, result.Ticket.AuthenticationScheme));
    }
    return result;
}
...
}
```

　　AuthenticateAsync 方法利用 IAuthenticationHandlerProvider 物件，根據認證方案（明確指定或者預設註冊）提供一個 IAuthenticationHandler 物件，並以後者對請求實施認證。一旦認證成功，表示會從認證結果取出認證使用者的 ClaimsPrincipal 物件，然後交給 IClaimsTransformation 物件加工或者轉換。實作於 AuthenticationService 的其他 4 個方法與 AuthenticateAsync 方法，具有類似的實作邏輯。

　　前文詳細介紹了作為認證服務的 AuthenticationService 物件如何根據指定或者註冊的認證方案，以獲取作為認證處理器的 IAuthenticationHandler 物件，並透過它完成整個認證方案所需的 5 個核心操作，下面進行簡單的概括。圖 27-6 的虛線表示物件之間的依賴關係，實線代表資料流向。對於 AuthenticationService 物件來說，預設情況下它會利用 AuthenticationHandlerProvider 提供所需的 IAuthenticationHandler 物件。

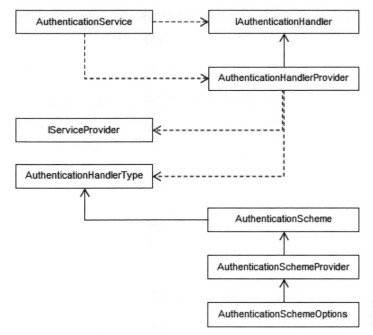

圖 27-6　AuthenticationService→IAuthenticationHandler

由於 IAuthenticationHandler 物件是在指定的 HttpContext 上下文物件中提供，所以 AuthenticationHandlerProvider 物件能夠得到目前請求的 IServiceProvider 物件。假設提供認證處理器類型的所有依賴服務，都預先註冊於依賴注入框架，一旦取得目標認證處理器的類型，AuthenticationHandlerProvider 就能利用這個 IServiceProvider 物件建立所需的 IAuthenticationHandler 物件。

認證處理器類型是表示認證方案的 AuthenticationScheme 物件的核心組成部分，預設情況下，認證方案的提供由 AuthenticationSchemeProvider 物件負責。由於應用程式會將認證方案註冊到 AuthenticationOptions 組態選項，而 AuthenticationSchemeProvider 物件正是根據此組態選項建立，因此能夠獲取所有註冊的認證方案資訊。

27.3.4　服務註冊

預設情況下，整個方案承載的 5 個核心操作（請求認證、登錄、登出和兩種類型的質詢），都是先透過呼叫 AuthenticationService 服務相關的方法來執行，而 AuthenticationService 物件最終會將方法呼叫轉移到指定或者註冊認證方案對應的認證處理器。依賴注入容器框架將整合這些獨立的服務，下面就介紹如何註冊相關的服務。

1. AddAuthentication

IServiceCollection 介面具有下列兩個 AddAuthentication 多載方法。服務註冊主要實作於第二個多載方法，核心服務透過 AddAuthenticationCore 方法註冊。AddAuthentication 方法呼叫其他的擴展方法，以完成 IDataProtectorProvider 服務、UrlEncoder 服務和 ISystemClock 服務的註冊。第一個多載方法在此基礎上提供認證組態選項 AuthenticationOptions 的設定，而認證方案最初便是註冊於這個組態選項。

```
public static class AuthenticationServiceCollectionExtensions
{
    public static AuthenticationBuilder AddAuthentication(this IServiceCollection services,
        Action<AuthenticationOptions> configureOptions)
    {
        services.Configure<AuthenticationOptions>(configureOptions);
        return services.AddAuthentication();
    }

    public static AuthenticationBuilder AddAuthentication(this IServiceCollection services)
    {
        services.AddAuthenticationCore();
        services.AddDataProtection();
        services.AddWebEncoders();
        services.TryAddSingleton<ISystemClock, SystemClock>();
        return new AuthenticationBuilder(services);
    }
}

public static class AuthenticationCoreServiceCollectionExtensions
{
    public static IServiceCollection AddAuthenticationCore(
        this IServiceCollection services)
    {
        services.TryAddScoped<IAuthenticationService, AuthenticationService>();
        services.TryAddSingleton<IClaimsTransformation, NoopClaimsTransformation>();
        services.TryAddScoped<IAuthenticationHandlerProvider,
            AuthenticationHandlerProvider>();
        services.TryAddSingleton<IAuthenticationSchemeProvider,
            AuthenticationSchemeProvider>();
        return services;
    }

    public static IServiceCollection AddAuthenticationCore(
```

```
            this IServiceCollection services, Action<AuthenticationOptions> configureOptions)
    {
        services.AddAuthenticationCore();
        services.Configure<AuthenticationOptions>(configureOptions);
        return services;
    }
}
```

2. AuthenticationBuilder

AddAuthentication 方法僅僅註冊了定義於認證模型的基礎服務，採用認證方案相關的服務，則由該方法返回的 AuthenticationBuilder 物件進一步註冊。實際上，AuthenticationBuilder 物件是對一個 IServiceCollection 物件的封裝。可以呼叫 AuthenticationBuilder 物件的兩個 AddScheme <TOptions, THandler> 多載方法，以註冊某種認證方案的認證處理器類型，並進一步設定對應的組態選項。

```
public class AuthenticationBuilder
{
    public virtual IServiceCollection Services { get; }
    public AuthenticationBuilder(IServiceCollection services)
        => Services = services;

    public virtual AuthenticationBuilder AddScheme<TOptions, THandler>(
        string authenticationScheme, string displayName, Action<TOptions> configureOptions)
        where TOptions : AuthenticationSchemeOptions, new()
        where THandler : AuthenticationHandler<TOptions>
        => AddSchemeHelper<TOptions, THandler>(authenticationScheme, displayName,
            configureOptions);

    public virtual AuthenticationBuilder AddScheme<TOptions, THandler>(
        string authenticationScheme, Action<TOptions> configureOptions)
        where TOptions : AuthenticationSchemeOptions, new()
        where THandler : AuthenticationHandler<TOptions>
        => AddScheme<TOptions, THandler>(authenticationScheme, null,configureOptions);

    private AuthenticationBuilder AddSchemeHelper<TOptions, THandler>(
        string authenticationScheme, string displayName,
        Action<TOptions> configureOptions)
        where TOptions : class, new()
        where THandler : class, IAuthenticationHandler
    {
        Services.Configure<AuthenticationOptions>(o =>
        {
            o.AddScheme(authenticationScheme, scheme => {
                scheme.HandlerType = typeof(THandler);
```

```
                    scheme.DisplayName = displayName;
            });
        });
        if (configureOptions != null)
        {
            Services.Configure(authenticationScheme, configureOptions);
        }
        Services.AddTransient<THandler>();
        return this;
    }
}
```

3. AuthenticationSchemeOptions

呼叫 AuthenticationBuilder 的 AddScheme 方法註冊認證方案時，必須同時指定認證處理器和對應組態選項的類型，該類型一般繼承如下 AuthenticationSchemeOptions 類型。AuthenticationSchemeOptions 的 ClaimsIssuer 屬性表示在認證過程建立的宣告所採用的頒發者名稱，也就是前文介紹 Claim 類型的 Issuer 屬性。為了使某種認證方式具有更好的擴展性，往往希望應用程式可以對認證的流程進行干預，此功能可以利用動態註冊的事件（Events）物件或類型來實作。AuthenticationSchemeOptions 的 Events 屬性與 EventsType 屬性，指的就是註冊的事件物件和類型，下一節介紹基於 Cookie 的認證方案具有對此擴展的應用。

```
public class AuthenticationSchemeOptions
{
    public string ClaimsIssuer { get; set; }

    public object      Events { get; set; }
    public Type        EventsType { get; set; }

    public string ForwardAuthenticate { get; set; }
    public string ForwardChallenge { get; set; }
    public string ForwardForbid { get; set; }
    public string ForwardSignIn { get; set; }
    public string ForwardSignOut { get; set; }
    public string ForwardDefault { get; set; }
    public Func<HttpContext, string> ForwardDefaultSelector { get; set; }

    public virtual void Validate();
    public virtual void Validate(string scheme);
}
```

　　完整的認證流程涉及一系列相關的操作，如認證票據的驗證、登錄、登出及發送認證質詢等，可能大部分操作對於不同的認證方案來說並沒有什麼不同，此時某個認證方案就可以利用 AuthenticationSchemeOptions 組態選項定義的一系列 ForwardXxx 屬性和 ForwardDefaultSelector 方法，然後採用另一種方案完成對應的操作。除了上述這些屬性成員外，AuthenticationSchemeOptions 還提供兩個 Validate 方法，用來驗證設定的組態選項是否合法。在認證處理器初始化過程中（當呼叫 InitializeAsync 方法時），Validate 方法用來驗證設定的組態選項對指定的認證方案是否合法。

27.3.5　AuthenticationMiddleware

　　認證模型針對請求的認證，最終是藉助 AuthenticationMiddleware 中介軟體完成。由於具體認證的實作已經分散到前文介紹的若干服務類型，因此實作於該中介軟體的認證邏輯就顯得非常簡單。基本上，下面的程式碼體現了 AuthenticationMiddleware 中介軟體的完整實作。

```
public class AuthenticationMiddleware
{
    private readonly RequestDelegate        _next;
    public IAuthenticationSchemeProvider    Schemes { get; set; }

    public AuthenticationMiddleware(RequestDelegate next,
        IAuthenticationSchemeProvider schemes)
    {
        _next       = next;
        Schemes     = schemes;
    }

    public async Task Invoke(HttpContext context)
    {
        context.Features.Set<IAuthenticationFeature>(new AuthenticationFeature
        {
            OriginalPath            = context.Request.Path,
            OriginalPathBase        = context.Request.PathBase
        });

        // 先利用 IAuthenticationRequestHandler 處理請求
        // IAuthenticationRequestHandler 用來終止目前請求的處理
        var handlers = context.RequestServices
            .GetRequiredService<IAuthenticationHandlerProvider>();
        foreach (var scheme in await Schemes.GetRequestHandlerSchemesAsync())
        {
```

```
            var handler = await handlers.GetHandlerAsync(context, scheme.Name)
                as IAuthenticationRequestHandler;
            if (handler != null && await handler.HandleRequestAsync())
            {
                return;
            }
        }

        // 採用預設的認證方案來認證
        var defaultAuthenticate = await Schemes.GetDefaultAuthenticateSchemeAsync();
        if (defaultAuthenticate != null)
        {
            var result = await context.AuthenticateAsync(defaultAuthenticate.Name);
            if (result?.Principal != null)
            {
                context.User = result.Principal;
            }

            if (result?.Succeeded ?? false)
            {
                var authFeatures = new AuthenticationFeatures(result);
                context.Features.Set<IHttpAuthenticationFeature>(authFeatures);
                context.Features.Set<IAuthenticateResultFeature>(authFeatures);
            }
        }

        await _next(context);
    }
}
```

　　如上面的程式碼所示，AuthenticationMiddleware 中介軟體類型的建構函數
注入一個用來提供認證方案的 IAuthenticationSchemeProvider 物件。處理請求
的 Invoke 方法先將目前請求的路徑（Path）和基礎路徑（PathBase），透過一個
IAuthenticationFeature 介面表示的特性，附加到目前的 HttpContext 上下文物件。接
著先取出 IAuthenticationRequestHandler 處理器並執行，而提供給它們的認證方案是
呼叫 IAuthenticationSchemeProvider 物件的 GetRequestHandlerSchemesAsync 方法返回
的結果。如果任何一個 IAuthenticationRequestHandler 物件的 HandleRequestAsync 方
法返回 True，代表整個認證過程到此中止。

```
public interface IAuthenticationFeature
{
    PathString OriginalPathBase { get; set; }
    PathString OriginalPath { get; set; }
}
```

如果目前應用程式並未註冊任何 IAuthenticationRequestHandler 處理器，或者它們沒有中止目前請求的處理，則 AuthenticationMiddleware 中介軟體便利用 IAuthenticationSchemeProvider 物件提供一個預設的認證方案，並藉助 IAuthenticationHandlerProvider 服務的 IAuthenticationHandler 物件認證目前請求。如果認證成功，則封裝認證結果為 AuthenticationFeatures 特性，然後附著到 HttpContext 上下文物件。其中的 ClaimsPrincipal 物件將作為目前使用者，指派給 HttpContext 上下文物件的 User 屬性。

```
public interface IHttpAuthenticationFeature
{
    ClaimsPrincipal User { get; set; }
}


public interface IAuthenticateResultFeature
{
    AuthenticateResult AuthenticateResult { get; set; }
}
```

AuthenticationMiddleware 中介軟體透過 IApplicationBuilder 介面的 UseAuthentication 擴展方法註冊。

```
public static class AuthAppBuilderExtensions
{
    public static IApplicationBuilder UseAuthentication(this IApplicationBuilder app)
        => app.UseMiddleware<AuthenticationMiddleware>();
}
```

27.4 Cookie 認證方案

前述實例展示利用 Cookie 攜帶認證票據的認證方案，下文詳細介紹此認證方案的實作原理。透過前面的說明得知，某個認證方案的核心功能實作於 IAuthenticationHandler 介面表示的認證處理器，Cookie 的認證方案則實作於 CookieAuthenticationHandler 類型。具體介紹該類型之前，首先瞭解其基礎類別。

27.4.1 AuthenticationHandler<TOptions>

包括 CookieAuthenticationHandler 在內，認證模型提供的所有原生認證處理器類型，都繼承自如下 AuthenticationHandler<TOptions> 抽象類別。如果需要實作額外的認證方案，則對應的認證處理器最好也直接繼承此基礎類別。如下面的程式碼所示，AuthenticationHandler<TOptions> 直接實作 IAuthenticationHandler 介面，泛型參數類型 TOptions 表示承載對應認證方案的組態選項，繼承於基礎類別 AuthenticationSchemeOptions。

```
public abstract class AuthenticationHandler<TOptions> : IAuthenticationHandler
    where TOptions : AuthenticationSchemeOptions, new()
{
    protected IOptionsMonitor<TOptions>    OptionsMonitor { get; }
    protected ILogger                      Logger { get; }
    protected UrlEncoder                   UrlEncoder { get; }
    protected ISystemClock                 Clock { get; }

    protected AuthenticationHandler1(IOptionsMonitor<TOptions> options,
        ILoggerFactory logger, UrlEncoder encoder, ISystemClock clock)
    {
        Logger            = logger.CreateLogger(this.GetType().FullName);
        UrlEncoder        = encoder;
        Clock             = clock;
        OptionsMonitor    = options;
    }
    ...
}
```

AuthenticationHandler<TOptions> 類型在建構函數注入了 4 個服務物件，其中包括提供即時組態選項的 IOptionsMonitor<TOptions> 物件、建立 Logger 的 ILoggerFactory 物件、實作 URL 編碼的 UrlEncoder 物件，以及提供同步系統時鐘的 ISystemClock 物件等。認證模型針對系統時鐘內建一個名為 SystemClock 的預設實作類型，UtcNow 會返回本地目前的 UTC 時間。

```
public class SystemClock : ISystemClock
{
    public DateTimeOffset UtcNow { get; }
}
```

1. 初始化（InitializeAsync）

AuthenticationHandlerProvider 物件根據目前 HttpContext 上下文物件和指定的認證方案名稱，以提供某個 IAuthenticationHandler 物件時，就呼叫後者的 InitializeAsync 方法，以便完成一些初始化工作。現在看一下 AuthenticationHandler<TOptions> 在這個方法究竟做了什麼。

```
public abstract class AuthenticationHandler<TOptions>
    : IAuthenticationHandler
    where TOptions : AuthenticationSchemeOptions, new()
{
    public TOptions                      Options { get; private set; }
    protected IOptionsMonitor<TOptions>  OptionsMonitor { get; }
    protected HttpContext                Context { get; private set; }
    public AuthenticationScheme          Scheme { get; private set; }
    protected virtual object             Events { get; set; }

    public async Task InitializeAsync(AuthenticationScheme scheme, HttpContext context)
    {
        Scheme    = scheme;
        Context   = context;

        Options = OptionsMonitor.Get(Scheme.Name) ?? new TOptions();
        Options.Validate(Scheme.Name);

        await InitializeEventsAsync();
        await InitializeHandlerAsync();
    }

    protected virtual async Task InitializeEventsAsync()
    {
        Events = Options.Events;
        if (Options.EventsType != null)
        {
            Events = Context.RequestServices.GetRequiredService(Options.EventsType);
        }
        Events = Events ?? await CreateEventsAsync();
    }
    protected virtual Task<object> CreateEventsAsync() => Task.FromResult(new object());
    protected virtual Task InitializeHandlerAsync() => Task.CompletedTask;
}
```

InitializeAsync 方法利用 IOptionsMonitor<TOptions> 物件獲取目前的組態選項，該方法的每個請求都會被呼叫一次，雖然認證處理器是 Singleton 物件，但是它的組態選項則是即時刷新。AuthenticationSchemeOptions 類型的 Events 屬性和 EventsType 屬性會干預整個認證流程，它們被 InitializeAsync 方法應用到對應的 IAuthenticationHandler 物件。如上面的程式碼所示，InitializeAsync 方法將初始化 Events 物件，並將它指派給對應的屬性。這一切都實作於一個名為 InitializeEventsAsync 的虛擬方法。InitializeAsync 方法呼叫另一個名為 InitializeHandlerAsync 的虛擬方法，目的是執行一些額外的初始化操作，目前這個虛擬方法並沒有任何具體的操作。如果自訂認證處理器類型的實作要求執行一些額外的初始化操作，便可將它們實作於重寫的 InitializeHandlerAsync 方法。

2. 認證（AuthenticateAsync）

檢視一下如何實作真正用來認證請求的 AuthenticateAsync 方法。承載認證方案組態選項的 AuthenticationSchemeOptions 類型定義一系列 ForwardXxx 方法，可以利用它們將一些操作「轉移」到其他相容認證方案，此點直接體現於 AuthenticateAsync 方法的實作。

```
public abstract class AuthenticationHandler<TOptions>
    : IAuthenticationHandler
    where TOptions : AuthenticationSchemeOptions, new()
{
    private Task<AuthenticateResult> _authenticateTask;

    public async Task<AuthenticateResult> AuthenticateAsync()
    {
        var target = ResolveTarget(Options.ForwardAuthenticate);
        if (target != null)
        {
            return await Context.AuthenticateAsync(target);
        }
        return await HandleAuthenticateOnceAsync();

    }

    protected virtual string ResolveTarget(string scheme)
    {
        var target = scheme
            ?? Options.ForwardDefaultSelector?.Invoke(Context)
            ?? Options.ForwardDefault;
        return string.Equals(target, Scheme.Name, StringComparison.Ordinal)
            ? null
            : target;
    }

    protected Task<AuthenticateResult> HandleAuthenticateOnceAsync()
        => _authenticateTask ?? HandleAuthenticateAsync();

    protected async Task<AuthenticateResult> HandleAuthenticateOnceSafeAsync()
    {
        try
        {
            return await HandleAuthenticateOnceAsync();
```

```
        }
        catch (Exception ex)
        {
            return AuthenticateResult.Fail(ex);
        }
    }

    protected abstract Task<AuthenticateResult> HandleAuthenticateAsync();
}
```

AuthenticateAsync 方 法 先 呼 叫 ResolveTarget 方 法， 後 者 根 據 AuthenticationSchemeOptions 組態選項解析轉移的目標認證方案。如果需要轉移，便直接呼叫目前 HttpContext 上下文物件的 AuthenticateAsync 方法，對採用新認證方案的請求實施認證。倘若不需要認證轉移，AuthenticateAsync 方法會呼叫 HandleAuthenticateOnceAsync 方法完成請求的認證，真正的認證體現於 HandleAuthenticateAsync 方法。AuthenticationHandler <TOptions> 還定義一個名為 HandleAuthenticateOnceSafeAsync 的虛擬方法，以便提供更加「安全」的認證，因為它實作了異常處理。

3. 質詢（ChallengeAsync 和 ForbidAsync）

接下來透過 IAuthenticationHandler 物件的 ChallengeAsync 方法和 ForbidAsync 方法完成的操作，統一稱為「質詢」。前者旨在透過一個回應，促使用戶端提供一個合法的認證票據；後者告知使用者無權執行目前操作，或者無權獲取目前資源。

```
public abstract class AuthenticationHandler<TOptions>
    : IAuthenticationHandler where TOptions : AuthenticationSchemeOptions, new()
{
    public async Task ChallengeAsync(AuthenticationProperties properties)
    {
        var target = ResolveTarget(Options.ForwardChallenge);
        if (target != null)
        {
            await Context.ChallengeAsync(target, properties);
            return;
        }

        properties = properties ?? new AuthenticationProperties();
        await HandleChallengeAsync(properties);
    }

    public async Task ForbidAsync(AuthenticationProperties properties)
    {
```

```
        var target = ResolveTarget(Options.ForwardForbid);
        if (target != null)
        {
            await Context.ForbidAsync(target, properties);
            return;
        }

        properties = properties ?? new AuthenticationProperties();
        await HandleForbiddenAsync(properties);
    }

    protected virtual Task HandleChallengeAsync(AuthenticationProperties properties)
    {
        Response.StatusCode = 401;
        return Task.CompletedTask;
    }

    protected virtual Task HandleForbiddenAsync(AuthenticationProperties properties)
    {
        Response.StatusCode = 403;
        return Task.CompletedTask;
    }
}
```

如上面的程式碼所示，跨方案認證轉移機制同樣應用於 ChallengeAsync 方法 和 HandleChallengeAsync 方 法。 真 正 的 質 詢 體 現 在 HandleChallengeAsync 和 HandleForbiddenAsync 兩個虛擬方法，這兩個虛擬方法分別返回一個狀態碼為「401 Unauthorized」與「403 Forbidden」的回應。如果需要提供不一樣的質詢回應，例如 重定向到登錄和授權失敗的頁面，便可透過重寫這兩個虛擬方法來完成。

4. SignOutAuthenticationHandler<TOptions>

如下所示的 SignOutAuthenticationHandler<TOptions> 繼承 AuthenticationHandler <TOptions> 類型，同時作為 IAuthenticationSignOutHandler 介面的預設實作。該類型 將前文介紹的跨方案認證轉移，實作於 SignOutAsync 方法，具體的登出操作則體現 在 HandleSignOutAsync 抽象方法。

```
public abstract class SignOutAuthenticationHandler<TOptions> :
    AuthenticationHandler<TOptions>,
    IAuthenticationSignOutHandler,
    where TOptions: AuthenticationSchemeOptions, new()
{
    public SignOutAuthenticationHandler(IOptionsMonitor<TOptions> options,
        ILoggerFactory logger, UrlEncoder encoder, ISystemClock clock)
```

```
        : base(options, logger, encoder, clock)
    {}

    protected abstract Task HandleSignOutAsync(AuthenticationProperties properties);
    public virtual Task SignOutAsync(AuthenticationProperties properties)
    {
        string scheme = this.ResolveTarget(base.Options.ForwardSignOut);
        if (scheme != null)
        {
            return base.Context.SignOutAsync(scheme, properties);
        }
        return HandleSignOutAsync(properties ?? new AuthenticationProperties());
    }
}
```

5. SignInAuthenticationHandler<TOptions>

　　如下所示的 SignInAuthenticationHandler<TOptions> 是 SignOutAuthenticationH
andler<TOptions> 的子類別。它實作了 IAuthenticationSignInHandler 介面，與 SignOut
AuthenticationHandler<TOptions> 具有完全一致的定義模式。SignInAsync 方法達到跨
方案認證的轉移，並定義 HandleSignInAsync 抽象方法完成具體的登錄操作。

```
public abstract class SignInAuthenticationHandler<TOptions> :
    SignOutAuthenticationHandler<TOptions>,
    IAuthenticationSignInHandler,
    where TOptions: AuthenticationSchemeOptions, new()
{
    public SignInAuthenticationHandler(IOptionsMonitor<TOptions> options,
        ILoggerFactory logger, UrlEncoder encoder, ISystemClock clock)
        : base(options, logger, encoder, clock)
    {}

    protected abstract Task HandleSignInAsync(ClaimsPrincipal user,
        AuthenticationProperties properties);
    public virtual Task SignInAsync(ClaimsPrincipal user,
        AuthenticationProperties properties)
    {
        var scheme = this.ResolveTarget(base.Options.ForwardSignIn);
        if (scheme != null)
        {
            return base.Context.SignInAsync(scheme, user, properties);
        }
        return HandleSignInAsync(user, properties ?? new AuthenticationProperties());
    }
}
```

27.4.2 CookieAuthenticationHandler

基本上，Cookie 的認證邏輯都實作於 CookieAuthenticationHandler 類型。正式介紹這個認證處理器針對認證、登錄和登出的實作原理之前，下面先引入幾個與其相關的類型。

1. CookieAuthenticationEvents

根據可擴展的目的，AuthenticationHandler<TOptions> 採用一種特殊的事件（Event）機制，促使應用程式干預整個認證流程。每種認證方案具有各自不同的認證流程，作為基礎類別的 AuthenticationHandler<TOptions> 只能提供一個 Object 物件作為認證事件，繼承此抽象類別的認證處理器定義一個強型別的認證事件。CookieAuthenticationHandler 採用的認證事件類型，便是具有下列定義的 CookieAuthenticationEvents。

```
public class CookieAuthenticationEvents
{
    public Func<CookieSigningInContext, Task>          OnSigningIn { get; set; }
    public Func<CookieSignedInContext, Task>           OnSignedIn { get; set; }
    public Func<CookieSigningOutContext, Task>         OnSigningOut { get; set; }
    public Func<CookieValidatePrincipalContext, Task>  OnValidatePrincipal { get; set; }

    public Func<RedirectContext<CookieAuthenticationOptions>, Task>
        OnRedirectToAccessDenied { get; set; }
    public Func<RedirectContext<CookieAuthenticationOptions>, Task>
        OnRedirectToLogin { get; set; }
    public Func<RedirectContext<CookieAuthenticationOptions>, Task>
        OnRedirectToLogout { get; set; }
    public Func<RedirectContext<CookieAuthenticationOptions>, Task>
        OnRedirectToReturnUrl { get; set; }
}
```

如上面的程式碼所示，CookieAuthenticationEvents 定義一系列委託類型的屬性，以作為對應事件觸發時的回呼，從名稱便可看出呼叫這些屬性的時機。此處將其劃分成兩組，前一組會在登錄、登出和驗證表示使用者的 ClaimsPrincipal 物件時被呼叫，後一組則與認證過程所需的重定向有關。一般是透過它們控制登錄、登出、權限不足和初始連結頁面的重定向。

從 CookieAuthenticationEvents 的定義得知，它從事的每個操作都是在一個上下文中進行，這些上下文類型將以 BaseContext<TOptions> 作為共同的基礎類別。利用 BaseContext<TOptions> 物件便可得到目前的 HttpContext 上下文物件、組 態 選 項 和 認 證 方 案。此 上 下 文 類 型 具 有 PropertiesContext<TOptions> 和
PrincipalContext<TOptions> 兩個子類型，前者提供承載目前認證工作階段資訊的
AuthenticationProperties 物件，後者提供表示目前認證使用者的 ClaimsPrincipal 物件。

```
public abstract class BaseContext<TOptions> where TOptions: AuthenticationSchemeOptions
{
    public HttpContext        HttpContext { get; }
    public HttpRequest        Request { get; }
    public HttpResponse       Response { get; }
    public TOptions           Options { get; }
    public AuthenticationScheme  Scheme { get; }

    protected BaseContext(HttpContext context, AuthenticationScheme scheme,
        TOptions options);
}

public abstract class PropertiesContext<TOptions> : BaseContext<TOptions>
    where TOptions: AuthenticationSchemeOptions
{
    public virtual AuthenticationProperties Properties { get; protected set; }
    protected PropertiesContext(HttpContext context, AuthenticationScheme scheme,
        TOptions options, AuthenticationProperties properties);
}

public abstract class PrincipalContext<TOptions> : PropertiesContext<TOptions>
    where TOptions: AuthenticationSchemeOptions
{
    public virtual ClaimsPrincipal Principal { get;  set; }
    protected PrincipalContext(HttpContext context, AuthenticationScheme scheme,
        TOptions options, AuthenticationProperties properties);
}
```

　　CookieAuthenticationEvents 將 登 錄 和 認 證 使 用 者 檢 驗 的 3 個 上 下 文 類 型
（CookieSigningInContext、CookieSignedInContext 和 CookieValidatePrincipalContext）
繼承上面的 PrincipalContext<TOptions> 類型，而登出的 CookieSigningOutContext
是 PropertiesContext <TOptions> 的 子 類 型。如 下 面 的 程 式 碼 所 示，透 過
CookieSigningInContext 和 CookieSigningOutContext 完成登錄與登出之前，先取得承
載認證票據 Cookie 的組態選項（CookieOptions）。

```
public class CookieSigningInContext : PrincipalContext<CookieAuthenticationOptions>
{
    public CookieOptions CookieOptions { get; set; }
    public CookieSigningInContext(HttpContext context, AuthenticationScheme scheme,
        CookieAuthenticationOptions options, ClaimsPrincipal principal,
```

```
        AuthenticationProperties properties, CookieOptions cookieOptions);
}

public class CookieSignedInContext : PrincipalContext<CookieAuthenticationOptions>
{
    public CookieSignedInContext(HttpContext context, AuthenticationScheme scheme,
        ClaimsPrincipal principal, AuthenticationProperties properties,
        CookieAuthenticationOptions options);
}

public class CookieValidatePrincipalContext : PrincipalContext<CookieAuthenticationOptions>
{
    public bool ShouldRenew { get; set; }

    public CookieValidatePrincipalContext(HttpContext context, AuthenticationScheme scheme,
        CookieAuthenticationOptions options, AuthenticationTicket ticket);
    public void RejectPrincipal();
    public void ReplacePrincipal(ClaimsPrincipal principal);
}

public class CookieSigningOutContext : PropertiesContext<CookieAuthenticationOptions>
{
    public CookieOptions CookieOptions { get; set; }
    public CookieSigningOutContext(HttpContext context, AuthenticationScheme scheme,
        CookieAuthenticationOptions options, AuthenticationProperties properties,
        CookieOptions cookieOptions);
}
```

　　CookieValidatePrincipalContext 上下文物件以相關的屬性和方法決定最終的檢驗結果。如果驗證失敗，可直接呼叫 RejectPrincipal 方法，以便將 Principal 屬性設為 Null，並依此拒絕目前請求使用認證票據提供的 ClaimsPrincipal 物件。如果決定延長認證票據的過期時間，便可設定 ShouldRenew 屬性。接著改用 ReplacePrincipal 方法替換目前上下文表示認證使用者的 ClaimsPrincipal 物件。CookieAuthenticationEvents 針對登錄、登出、拒絕存取提示頁面，以及初始請求路徑的重定向，是在如下 RedirectContext<TOptions> 上下文物件中進行，它是 PropertiesContext<TOptions> 的子類別。可以透過 RedirectUri 屬性設定重定向的目標路徑。

```
public class RedirectContext<TOptions> : PropertiesContext<TOptions> where TOptions:
    AuthenticationSchemeOptions
{
    public string RedirectUri { get; set; }
    public RedirectContext(HttpContext context, AuthenticationScheme scheme,
```

```
            TOptions options, AuthenticationProperties properties, string redirectUri);
}
```

2. CookieBuilder

CookieAuthenticationHandler 利用 Cookie 的形式傳遞認證票據，與 Cookie 相關的屬性由一個 CookieBuilder 物件提供。如下面的程式碼所示，CookieBuilder 定義一系列的屬性客製化這個承載認證票據的 Cookie。可以利用它們設定 Cookie 的名稱、路徑、網域名稱、過期時間和安全性原則等屬性。最終使用 Build 方法建立 CookieOptions 組態選項。

```
public class CookieBuilder
{
    public virtual string                Name { get; set; }
    public virtual string                Path { get; set; }
    public virtual string                Domain { get; set; }
    public virtual bool                  HttpOnly { get; set; }
    public virtual bool                  IsEssential { get; set; }
    public virtual TimeSpan?             MaxAge { get; set; }
    public virtual TimeSpan?             Expiration { get; set; }
    public virtual SameSiteMode          SameSite { get; set; }
    public virtual CookieSecurePolicy    SecurePolicy { get; set; }

    public CookieOptions Build(HttpContext context);
    public virtual CookieOptions Build(HttpContext context, DateTimeOffset expiresFrom);
}
```

3. ICookieManager

CookieAuthenticationHandler 透過 ICookieManager 物件實作 Cookie 操作。一旦登錄過程成功驗證存取者的真實身份，CookieAuthenticationHandler 就呼叫 CookieBuilder 的 Build 方法建立對應的 CookieOptions 組態選項，並依此產生承載認證票據的 Cookie。此 Cookie 最終透過 ICookieManager 物件的 AppendResponseCookie 方法寫入目前回應。

```
public interface ICookieManager
{
    void AppendResponseCookie(HttpContext context, string key, string value,
        CookieOptions options);
    void DeleteCookie(HttpContext context, string key, CookieOptions options);
    string GetRequestCookie(HttpContext context, string key);
}
```

　　AuthenticationMiddleware 中 介 軟 體 實 施 認 證 時，ICookieManager 介 面 的 GetRequestCookie 方法會從請求擷取承載認證票據的 Cookie。DeleteCookie 方法則用來刪除這個 Cookie，以達到登出的目的。下列 ChunkingCookieManager 類型是對 ICookieManager 介面的預設實作。

```
public class ChunkingCookieManager : ICookieManager
{
    public const int DefaultChunkSize = 0xfd2;
    public int? ChunkSize { get; set; }
    public bool ThrowForPartialCookies { get; set; }

    public void AppendResponseCookie(HttpContext context, string key, string value,
        CookieOptions options);
    public void DeleteCookie(HttpContext context, string key, CookieOptions options);
    public string GetRequestCookie(HttpContext context, string key);
}
```

4. CookieAuthenticationOptions

　　下列定義的 CookieAuthenticationOptions 承載與 CookieAuthenticationHandler 相關的所有組態選項。它的 LoginPath 屬性和 LogoutPath 屬性能夠設定登錄頁面與登出頁面的路徑，在存取權限不足的情況下，還可利用 AccessDeniedPath 設定重定向路徑。如果以匿名形式請求一個只允許認證使用者才能存取的位址，該請求就會重定向到登錄路徑，目前的請求位址則以查詢字串的形式附加到重定向位址，以便登錄成功後還能回到原來的地方。ReturnUrlParameter 屬性便是這個查詢字串的名稱。

```
public class CookieAuthenticationOptions : AuthenticationSchemeOptions
{
    public PathString           LoginPath { get; set; }
    public PathString           LogoutPath { get; set; }
    public PathString           AccessDeniedPath { get; set; }
    public string               ReturnUrlParameter { get; set; }

    public TimeSpan             ExpireTimeSpan { get; set; }
    public bool                 SlidingExpiration { get; set; }
    public CookieBuilder        Cookie { get; set; }
    public ICookieManager       CookieManager { get; set; }


    public ITicketStore         SessionStore { get; set; }

    public ISecureDataFormat<AuthenticationTicket> TicketDataFormat { get; set; }
    public IDataProtectionProvider              DataProtectionProvider { get; set; }
    public CookieAuthenticationEvents           Events { get; set; }
}
```

認證票據都具有時效性，CookieAuthenticationHandler 類型利用 Cookie 的過期時間控制認證票據的時效性。具體的過期時間透過 ExpireTimeSpan 屬性設定，而 SlidingExpiration 屬性表示採用的是建立 Cookie 時間的絕對過期策略，還是最近一次存取時間的滑動過期策略。除了過期時間外，如果還想設定 Cookie 的其他屬性，則可利用 Cookie 屬性返回的 CookieBuilder 物件來完成。若想客製化 Cookie 的建立、擷取和刪除，則可自訂一個 ICookieManager 實作類型，並透過 CookieManager 屬性來註冊。

如果認證票據承載使用者身份、權限及其他個人資訊，則承載的資料量可能會很大，大型認證票據附加到每個請求上，必然影響應用程式的效能。為了解決這個問題，可以採用一種認證工作階段（Authentication Session）的機制。具體來說，首先賦予每個認證票據一個唯一標識，並將其內容存放於伺服端，請求的 Cookie 只需要儲存此標識。CookieAuthenticationOptions 類型的 SessionStore 屬性返回的 ITicketStore 物件，就是為了實作認證票據的儲存。下列 ITicketStore 介面定義 4 個方法，實作了認證票據的儲存、擷取、移除和延期。

```
public interface ITicketStore
{
    Task<string> StoreAsync(AuthenticationTicket ticket);
    Task<AuthenticationTicket> RetrieveAsync(string key);
    Task RemoveAsync(string key);
    Task RenewAsync(string key, AuthenticationTicket ticket);
}
```

CookieAuthenticationOptions 類型的 TicketDataFormat 可以設定和取得格式化認證票據的格式化器，加密和解密認證票據承載的核心內容，則由 DataProtectionProvider 屬性提供的 IDataProtectionProvider 物件完成。Events 屬性就是前文介紹用來制定或者干預認證流程的 CookieAuthenticationEvents 物件。

5. CookieAuthenticationHandler

瞭解上述這些輔助類型之後，正式介紹 CookieAuthenticationHandler 這個最核心的類型。為了讓讀者瞭解 CookieAuthenticationHandler 針對認證、登錄、登出和質詢幾個基本操作的實作原理，文內忽略很多具體的細節，改以一種極簡的方式重建這個類型。該類型繼承 SignInAuthenticationHandler <CookieAuthenticationOptions> 類型，它定義的 CookieAuthenticationEvents 類型的 Events 屬性，覆蓋了基礎類別的同名屬性（返回類型為 Object），並透過重寫的 CreateEventsAsync 方法，確保 CookieAuthenticationOptions 在沒有提供 Events 物件或者類型的情況下，Events 屬性總是有一個預設值。

```
public class CookieAuthenticationHandler
    : SignInAuthenticationHandler<CookieAuthenticationOptions>
{
    protected new CookieAuthenticationEvents Events
    {
        get { return (CookieAuthenticationEvents)base.Events; }
        set { base.Events = value; }
    }

    public CookieAuthenticationHandler(
        IOptionsMonitor<CookieAuthenticationOptions> options, ILoggerFactory logger,
        UrlEncoder encoder, ISystemClock clock) : base(options, logger, encoder, clock)
    {}

    protected override Task<object> CreateEventsAsync()
        => Task.FromResult<object>(new CookieAuthenticationEvents());
}
```

重寫的 HandleSignInAsync 方法根據組態選項建構一個 CookieOptions 組態選項，並依此產生 CookieSigningInContext 上下文物件，最終將其作為參數呼叫 CookieAuthenticationEvents 物件的 SigningIn 方法，這樣透過 Events 註冊的回呼，就會執行於登錄操作之前。接下來，該方法建立表示認證票據的 AuthenticationTicket 物件，並利用 CookieAuthenticationOptions 組態選項提供的 ISecureDataFormat <AuthenticationTicket> 物件進行加密，加密使用的「Purpose 字串」由 GetTlsTokenBinding 方法提供。

```
public class CookieAuthenticationHandler
    : SignInAuthenticationHandler<CookieAuthenticationOptions>
{
    protected override async Task HandleSignInAsync(ClaimsPrincipal user,
        AuthenticationProperties properties)
    {
        properties = properties ?? new AuthenticationProperties();
        var cookieOptions = Options.Cookie.Build(Context);

        var signInContext = new CookieSigningInContext(
            Context, Scheme, Options, user, properties, cookieOptions);
        await Events.SigningIn(signInContext);

        var ticket = new AuthenticationTicket(signInContext.Principal,
            signInContext.Properties, signInContext.Scheme.Name);
        var cookieValue = Options.TicketDataFormat.Protect(ticket, GetTlsTokenBinding());
        Options.CookieManager.AppendResponseCookie(
            Context, Options.Cookie.Name, cookieValue, signInContext.CookieOptions);
```

```
        var signedInContext = new CookieSignedInContext(
            Context, Scheme, signInContext.Principal, signInContext.Properties, Options);
        await Events.SignedIn(signedInContext);
    }


    private string GetTlsTokenBinding()
    {
        var binding = Context.Features.Get<ITlsTokenBindingFeature>()
            ?.GetProvidedTokenBindingId();
        return binding == null ? null : Convert.ToBase64String(binding);
    }
}
```

　　加密的認證票據交由組態選項提供的 ICookieManager 物件，寫入目前回應的 Cookie 清單（Set-Cookie 標頭）。在此之後，產生一個 CookieSignedInContext 上下文物件，並作為參數呼叫 CookieAuthenticationEvents 物件的 SignedIn 方法，此時會執行註冊到 Events 物件的 OnSignedIn 回呼。

　　相較於登錄操作，實作於重寫的 HandleSignOutAsync 方法的登出操作比較簡單。如下面的程式碼所示，首先 HandleSignOutAsync 方法建立一個 CookieSigningOutContext 上下文物件，並將其作為參數呼叫 CookieAuthenticationEvents 物件的 SigningOut，以執行 Events 物件的登出回呼。然後組態選項提供的 ICookieManager 物件便刪除承載認證票據的 Cookie，進而實作登出的目的。

```
public class CookieAuthenticationHandler
    : SignInAuthenticationHandler<CookieAuthenticationOptions>
{
    protected override async Task HandleSignOutAsync(AuthenticationProperties properties)
    {
        var cookieOptions = Options.Cookie.Build(Context);
        properties = properties ?? new AuthenticationProperties();
        var context = new CookieSigningOutContext(
            Context, Scheme, Options, properties, cookieOptions);

        await Events.SigningOut(context);
        Options.CookieManager.DeleteCookie(
            Context,
            Options.Cookie.Name,
            context.CookieOptions);
    }
    ...
}
```

在重寫對目前請求實施認證的 HandleAuthenticateAsync 方法中，它利用組態選項的 ICookieManager 物件取得承載認證票據的 Cookie，並利用 ISecureDataFormat<AuthenticationTicket> 物件解密 Cookie 值。如果解密之後能夠得到一個有效的 AuthenticationTicket 物件，意謂著請求提供的是合法的認證票據，説明認證成功，反之則認證失敗。

```
public class CookieAuthenticationHandler
    : SignInAuthenticationHandler<CookieAuthenticationOptions>
{
    protected override Task<AuthenticateResult> HandleAuthenticateAsync()
    {
        var cookie = Options.CookieManager.GetRequestCookie(Context, Options.Cookie.Name);
        var ticket = Options.TicketDataFormat.Unprotect(cookie, GetTlsTokenBinding());
        var result =  ticket == null
            ? AuthenticateResult.Fail("Unprotect ticket failed")
            : AuthenticateResult.Success(ticket);
        return Task.FromResult(result);
    }
}
```

對於定義在基礎類別 AuthenticationHandler<TOptions> 中，用來發送質詢的 HandleChallengeAsync 方法和 HandleForbiddenAsync 方法來説，它們會分別返回一個狀態碼「401 UnAuthorized」和「403 Forbidden」的回應。CookieAuthenticationHandler 按照下列方式重寫這兩個方法，並實作「登錄」和「拒絕存取」頁面的重定向。

```
public class CookieAuthenticationHandler
    : SignInAuthenticationHandler<CookieAuthenticationOptions>
{
    protected override async Task HandleChallengeAsync(AuthenticationProperties properties)
    {
        var redirectUri = properties.RedirectUri;
        if (string.IsNullOrEmpty(redirectUri))
        {
            redirectUri = OriginalPathBase + Request.Path + Request.QueryString;
        }

        var loginUri = Options.LoginPath +
            QueryString.Create(Options.ReturnUrlParameter, redirectUri);
        var redirectContext = new RedirectContext<CookieAuthenticationOptions>(
            Context, Scheme, Options, properties, BuildRedirectUri(loginUri));
        await Events.RedirectToLogin(redirectContext);
    }

    protected override async Task HandleForbiddenAsync(AuthenticationProperties properties)
```

```
    {
        var returnUrl = properties.RedirectUri;
        if (string.IsNullOrEmpty(returnUrl))
        {
            returnUrl = OriginalPathBase + Request.Path + Request.QueryString;
        }
        var accessDeniedUri = Options.AccessDeniedPath +
            QueryString.Create(Options.ReturnUrlParameter, returnUrl);
        var redirectContext = new RedirectContext<CookieAuthenticationOptions>(
            Context, Scheme, Options, properties, BuildRedirectUri(accessDeniedUri));
        await Events.RedirectToAccessDenied(redirectContext);
    }
    ...
}
```

　　前文重點介紹了承載基於 Cookie 認證方案的 CookieAuthenticationHandler
的實作，其中涉及直接或者間接繼承的一系列基礎類別。表示認證處理器的
IAuthenticationHandler 介面是整個認證模型的核心，其示意圖如圖 27-7 所示，
展示 ASP.NET Core 提供幾乎所有原生的 IAuthenticationHandler 實作類型。
除了上述的 CookieAuthenticationHandler 外，還有基於 OAuth 2.0 認證方案的
OAuthHandler<TOptions>、基於 Open ID 認證方案的 OpenIdConnectHandler，以及基
於 JWT（Json Web Token）的 JwtBeareHandler 等。

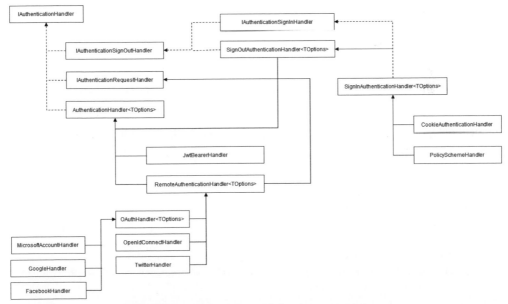

圖 27-7　IAuthenticationHandler「全家桶」

27.4.3 註冊 CookieAuthenticationHandler

介紹 CookieAuthenticationHandler 的實作原理之後，下面說明如何在應用程式註冊此認證處理器。CookieAuthenticationHandler 涉及許多組態選項，全部定義於 CookieAuthenticationOptions 類型。如果應用程式沒有設定相關的組態選項，預設便會使用定義在 CookieAuthenticationDefaults 靜態類型的值。

1. CookieAuthenticationDefaults

靜態類型 CookieAuthenticationDefaults 以常數和靜態唯讀屬性的形式，為基於 Cookie 的認證方案定義一系列的預設組態選項，其中包括認證方案名稱（Cookies）、Cookie 前綴（.AspNetCore.），登錄、登出和存取拒絕頁面的路徑（「/Account/Login」「/Account/Logout」「/Account/AccessDenied」），以及表示初始存取位址的查詢字串名稱（ReturnUrl）。

```
public static class CookieAuthenticationDefaults
{
    public const string              AuthenticationScheme = "Cookies";
    public static readonly string    CookiePrefix = ".AspNetCore.";
    public static readonly string    ReturnUrlParameter = "ReturnUrl";
    public static readonly PathString LoginPath = "/Account/Login";
    public static readonly PathString LogoutPath = "/Account/Logout";
    public static readonly PathString AccessDeniedPath = "/Account/AccessDenied";
}
```

2. PostConfigureCookieAuthenticationOptions

CookieAuthenticationDefaults 的常數藉助 PostConfigureCookieAuthenticationOptions 參與 CookieAuthenticationOptions 組態選項的初始化設定。PostConfigureCookieAuthenticationOptions 實作 IPostConfigureOptions<CookieAuthenticationOptions> 介面，在下列的 PostConfigure 方法中，CookieAuthenticationOptions 相關的屬性指派了對應的預設值。

```
public class PostConfigureCookieAuthenticationOptions :
    IPostConfigureOptions<CookieAuthenticationOptions>
{
    private readonly IDataProtectionProvider _dp;
    public PostConfigureCookieAuthenticationOptions(IDataProtectionProvider dataProtection)
        =>_dp = dataProtection;

    public void PostConfigure(string name, CookieAuthenticationOptions options)
```

```
{
    options.DataProtectionProvider = options.DataProtectionProvider ?? _dp;
    if (string.IsNullOrEmpty(options.Cookie.Name))
    {
        options.Cookie.Name = CookieAuthenticationDefaults.CookiePrefix + name;
    }
    if (options.TicketDataFormat == null)
    {
        var dataProtector = options.DataProtectionProvider.CreateProtector(
            "Microsoft.AspNetCore.Authentication.Cookies.CookieAuthenticationMiddleware",
            name, "v2");
        options.TicketDataFormat = new TicketDataFormat(dataProtector);
    }
    if (options.CookieManager == null)
    {
        options.CookieManager = new ChunkingCookieManager();
    }
    if (!options.LoginPath.HasValue)
    {
        options.LoginPath = CookieAuthenticationDefaults.LoginPath;
    }
    if (!options.LogoutPath.HasValue)
    {
        options.LogoutPath = CookieAuthenticationDefaults.LogoutPath;
    }
    if (!options.AccessDeniedPath.HasValue)
    {
        options.AccessDeniedPath = CookieAuthenticationDefaults.AccessDeniedPath;
    }
}
}
```

3. AddCookie

　　具體認證方案的認證處理器，最終是透過 AuthenticationBuilder 物件來註冊，CookieAuthenticationHandler 的註冊就體現於底下幾個 AddCookie 擴展方法。呼叫這些擴展方法時，可以指定認證方案的名稱（預設的認證方案名稱為「Cookies」），或者利用指定的 Action<CookieAuthenticationOptions> 委託物件設定相關的組態選項。CookieAuthenticationHandler 物件的註冊，最後是透過呼叫 AuthenticationBuilder 類型的 AddScheme 方法完成。

```csharp
public static class CookieExtensions
{
    public static AuthenticationBuilder AddCookie(this AuthenticationBuilder builder)
        => builder.AddCookie(CookieAuthenticationDefaults.AuthenticationScheme);

    public static AuthenticationBuilder AddCookie(this AuthenticationBuilder builder,
        string authenticationScheme)
        => builder.AddCookie(authenticationScheme, configureOptions: null);

    public static AuthenticationBuilder AddCookie(this AuthenticationBuilder builder,
        Action<CookieAuthenticationOptions> configureOptions)
        => builder.AddCookie(CookieAuthenticationDefaults.AuthenticationScheme,
        configureOptions);

    public static AuthenticationBuilder AddCookie(this AuthenticationBuilder builder,
        string authenticationScheme, Action<CookieAuthenticationOptions> configureOptions)
        => builder.AddCookie(authenticationScheme, null,configureOptions);

    public static AuthenticationBuilder AddCookie(this AuthenticationBuilder builder,
        string authenticationScheme, string displayName,
        Action<CookieAuthenticationOptions> configureOptions)
    {
        builder.Services.TryAddEnumerable(ServiceDescriptor
            .Singleton<IPostConfigureOptions<CookieAuthenticationOptions>,
            PostConfigureCookieAuthenticationOptions>());
        return builder.AddScheme<CookieAuthenticationOptions,
            CookieAuthenticationHandler>(authenticationScheme, displayName,
            configureOptions);
    }
}
```

第 28 章

授權

認證的目的是確定使用者的真實身份，而授權則是透過權限控制他只能做允許的事情。授權的本質就是以某種策略決定究竟具有何種特性的使用者，有權利存取某個資源或者執行某項操作。通常可以採用任何授權策略，例如根據使用者擁有的角色授權，或者根據使用者的等級和所在部門授權，有的甚至可以依據使用者的年齡、性別和所在國家來進行。

28.1 基於「角色」的授權

ASP.NET Core 應用程式並未對如何定義授權策略做硬性規定，完全根據使用者具有的任意特性（如性別、年齡、學歷、所在地區、宗教信仰、政治面貌等），判斷其是否擁有取得目標資源或者執行目標操作的權限，但是最常用的依然是針對角色的授權策略。角色（或者使用者群組）實際上就是對一組權限集合的描述，將一個使用者加到某個角色，就是將對應的權限授予他。「第 27 章 認證」提供一個用來展示登錄、認證和登出的程式，現在則在此基礎上增加基於「角色授權的部分」。

28.1.1 基於「要求」的授權

下面的實例提供 IAccountService 和 IPageRenderer 兩個服務，前者用來校驗金鑰，後者則是呈現主頁和登錄頁面。為了在認證時一併擷取使用者擁有的角色，於是為 IAccountService 介面的 Validate 方法增加表示角色清單的輸出參數。對於實作類別 AccountService 提供的 3 個帳號來説，只有「Bar」擁有一個名為「Admin」的角色。

```
public interface IAccountService
{
    bool Validate(string userName, string password, out string[] roles);
}
```

```
public class AccountService : IAccountService
{
    private readonly Dictionary<string, string> _accounts
        = new(StringComparer.OrdinalIgnoreCase)
    {
        { "Foo", "password" },
        { "Bar", "password" },
        { "Baz", "password" }
    };

    private readonly Dictionary<string, string[]> _roles
        = new(StringComparer.OrdinalIgnoreCase)
    {
            { "Bar", new string[]{"Admin" } }
    };

    public bool Validate(string userName, string password, out string[] roles)
    {
        if (_accounts.TryGetValue(userName, out var pwd) && pwd == password)
        {
            roles = _roles.TryGetValue(userName, out var value)
                ? value : Array.Empty<string>();
            return true;
        }
        roles = Array.Empty<string>();
        return false;
    }
}
```

　　假設展示程式是供擁有「Admin」角色的管理人員使用，則只有該角色的使用者才能存取其主頁，未授權存取將自動重定向到「拒絕存取」的頁面。另一個 IPageRenderer 服務介面增加下列 RenderAccessDeniedPage 方法，並於 PageRenderer 類型完成對應的實作。

```
public interface IPageRenderer
{
    IResult RenderLoginPage(string? userName = null, string? password = null,
        string? errorMessage = null);
    IResult RenderAccessDeniedPage(string userName);
    IResult RenderHomePage(string userName);
}

public class PageRenderer : IPageRenderer
{
```

```
    public IResult RenderAccessDeniedPage(string userName)
    {
        var html = @$"
<html>
    <head><title>Index</title></head>
    <body>
        <h3>{userName}, your access is denied.</h3>
        <a href='/Account/Logout'>Change another account</a>
    </body>
</html>";
        return Results.Content(html, "text/html");
    }
    ...
}
```

在現有程式的基礎上，不需要進行太大的修改。由於需要引用授權功能，因此以 IServiceCollection 介面的 AddAuthorization 擴展方法註冊必要的服務。加上引入「拒絕存取」頁面，所以註冊對應的終節點，該終節點依然採用標準的路徑「Account/AccessDenied」，對應的處理方法 DenyAccess 直接呼叫上面的 RenderAccessDeniedPage 方法呈現該頁面。

```
using App;
using Microsoft.AspNetCore.Authentication;
using Microsoft.AspNetCore.Authentication.Cookies;
using Microsoft.AspNetCore.Authorization;
using Microsoft.AspNetCore.Authorization.Infrastructure;
using System.Security.Claims;
using System.Security.Principal;

var builder = WebApplication.CreateBuilder();
builder.Services
    .AddSingleton<IPageRenderer, PageRenderer>()
    .AddSingleton<IAccountService, AccountService>()
    .AddAuthentication(CookieAuthenticationDefaults.AuthenticationScheme).
AddCookie();
builder.Services.AddAuthorization();
var app = builder.Build();
app.UseAuthentication();

app.Map("/", WelcomeAsync);
app.MapGet("Account/Login", Login);
app.MapPost("Account/Login", SignInAsync);
app.Map("Account/Logout", SignOutAsync);
app.Map("Account/AccessDenied", DenyAccess);
```

```
app.Run();

Task WelcomeAsync(HttpContext context, ClaimsPrincipal user, IPageRenderer renderer,
    IAuthorizationService authorizationService);
IResult Login(IPageRenderer renderer);
Task SignInAsync(HttpContext context, HttpRequest request, IPageRenderer renderer,
    IAccountService accountService);
Task SignOutAsync(HttpContext context);
IResult DenyAccess(ClaimsPrincipal user, IPageRenderer renderer)
    => renderer.RenderAccessDeniedPage(user?.Identity?.Name!);
```

接著修改認證請求的 SignInAsync 方法。如下面的程式碼所示，對於成功通過認證的使用者，必須建立一個 ClaimsPrincipal 物件表示目前使用者。這個也是授權的目標物件，授權的本質就是確定該物件是否攜帶授權資源或者操作要求的「資質」。由於採用基於「角色」的授權，因此將擁有的角色以「宣告」（Claim）的形式，加到表示身份的 ClaimsIdentity 物件。

```
Task SignInAsync(HttpContext context, HttpRequest request, IPageRenderer renderer,
    IAccountService accountService)
{
    var username = request.Form["username"];
    if (string.IsNullOrEmpty(username))
    {
        return renderer.RenderLoginPage(null, null,
            "Please enter user name.").ExecuteAsync(context);
    }

    var password = request.Form["password"];
    if (string.IsNullOrEmpty(password))
    {
        return renderer.RenderLoginPage(username, null,
            "Please enter user password.").ExecuteAsync(context);
    }

    if (!accountService.Validate(username, password, out var roles))
    {
        return renderer.RenderLoginPage(username, null,
            "Invalid user name or password.").ExecuteAsync(context);
    }

    var identity = new GenericIdentity(name: username,
        type: CookieAuthenticationDefaults.AuthenticationScheme);
    foreach (var role in roles)
    {
        identity.AddClaim(new Claim(ClaimTypes.Role, role));
```

```
        }
        var user = new ClaimsPrincipal(identity);
        return context.SignInAsync(user);
}
```

　　程式授權的效果就是讓擁有「Admin」角色的使用者才能存取主頁，所以授權實作於如下 WelcomeAsync 方法。如果目前使用者（由注入的 ClaimsPrincipal 物件表示）並未通過認證，依然能夠呼叫 HttpContext 上下文物件的 ChallengeAsync 擴展方法返回一個「匿名請求」的質詢。在確定使用者通過認證的前提下，建立一個 RolesAuthorizationRequirement 表示主頁針對授權使用者的「角色要求」。授權檢驗透過注入的 IAuthorizationService 物件的 AuthorizeAsync 方法完成，可以將表示目前使用者的 ClaimsPrincipal 物件，以及包含 RolesAuthorizationRequirement 物件的陣列作為參數。倘若授權成功，便能正常呈現主頁，否則呼叫 HttpContext 上下文物件的 ForbidAsync 擴展方法返回「權限不足」的回應，然後呈現上面提供的「拒絕存取」頁面。

```
async Task WelcomeAsync(HttpContext context, ClaimsPrincipal user, IPageRenderer
renderer,
    IAuthorizationService authorizationService)
{
    if (user?.Identity?.IsAuthenticated ?? false)
    {
        var requirement = new RolesAuthorizationRequirement(new string[] { "admin" });
        var result = await authorizationService.AuthorizeAsync(
            user:user, resource: null,
            requirements: new IAuthorizationRequirement[] { requirement });
        if (result.Succeeded)
        {
            await renderer.RenderHomePage(user.Identity.Name!).ExecuteAsync(context);
        }
        else
        {
            await context.ForbidAsync();
        }
    }
    else
    {
      await  context.ChallengeAsync();
    }
}
```

執行程式後，具有「Admin」權限的「Bar」使用者能夠正常存取主頁，其他的使用者（如 Foo）將自動重定向到「拒絕存取」頁面，如圖 28-1 所示。（S2801）

圖 28-1　針對主頁的授權

28.1.2　預定義授權策略

呼叫 IAuthorizationService 服務的 AuthorizeAsync 方法進行授權檢驗時，實際上是將授權要求定義於一個 RolesAuthorizationRequirement 物件，這是一種比較繁瑣的設計方式。另一種推薦的做法是在啟動程式的過程中，建立一系列透過 AuthorizationPolicy 物件表示的授權規則，並指定一個唯一的名稱做全域註冊，那麼後續就可以對註冊的策略名稱進行授權檢驗。如下面的程式碼所示，呼叫 AddAuthorization 擴展方法註冊授權相關服務時，利用作為輸入參數的 Action<AuthorizationOptions> 物件對授權策略做了全域註冊。表示授權策略的 AuthorizationPolicy 物件，實際上是對基於角色「Admin」的 RolesAuthorizationRequirement 物件的封裝。最後呼叫 AuthorizationOptions 組態選項的 AddPolicy 方法註冊授權策略，並將註冊名稱設為「Home」。

```
using App;
using Microsoft.AspNetCore.Authentication;
using Microsoft.AspNetCore.Authentication.Cookies;
using Microsoft.AspNetCore.Authorization;
using Microsoft.AspNetCore.Authorization.Infrastructure;
using System.Security.Claims;
using System.Security.Principal;

var builder = WebApplication.CreateBuilder();
builder.Services
    .AddSingleton<IPageRenderer, PageRenderer>()
    .AddSingleton<IAccountService, AccountService>()
```

```
    .AddAuthentication(CookieAuthenticationDefaults.AuthenticationScheme).AddCookie();
builder.Services.AddAuthorization(AddAuthorizationPolicy);
var app = builder.Build();
app.UseAuthentication();
app.Map("/", WelcomeAsync);
app.MapGet("Account/Login", Login);
app.MapPost("Account/Login", SignInAsync);
app.Map("Account/Logout", SignOutAsync);
app.Map("Account/AccessDenied", DenyAccess);
app.Run();

void AddAuthorizationPolicy(AuthorizationOptions options)
{
    var requirement = new RolesAuthorizationRequirement(new string[] { "admin" });
    var requirements = new IAuthorizationRequirement[] { requirement };
    var policy = new AuthorizationPolicy(requirements: requirements,
        authenticationSchemes: Array.Empty<string>());
    options.AddPolicy("Home", policy);
}
```

在呈現主頁的 WelcomeAsync 方法中，依然呼叫 IAuthorizationService 服務的 AuthorizeAsync 方法檢驗使用者是否具有對應的權限，但這次採用的是另一個允許直接指定授權策略註冊名稱的 AuthorizeAsync 多載方法。（S2802）

```
async Task WelcomeAsync(HttpContext context, ClaimsPrincipal user,
  IPageRenderer renderer,IAuthorizationService authorizationService)
{
    if (user?.Identity?.IsAuthenticated ?? false)
    {
        var result = await authorizationService.AuthorizeAsync(
            user: user, policyName: "Home");
        if (result.Succeeded)
        {
            await renderer.RenderHomePage(user.Identity.Name!).ExecuteAsync(context);
        }
        else
        {
            await context.ForbidAsync();
        }
    }
    else
    {
      await  context.ChallengeAsync();
    }
}
```

28.1.3 基於終節點的自動化授權

上述實例都呼叫 IAuthorizationService 物件的 AuthorizeAsync 方法，以確定指定的使用者是否滿足授權策略。實際上請求的授權直接交給 AuthorizationMiddleware 中介軟體來完成，該中介軟體可以採用下列方式呼叫 UseAuthorization 擴展方法來註冊。

```
...
var builder = WebApplication.CreateBuilder();
builder.Services
    .AddSingleton<IPageRenderer, PageRenderer>()
    .AddSingleton<IAccountService, AccountService>()
    .AddAuthentication(CookieAuthenticationDefaults.AuthenticationScheme).AddCookie();
builder.Services.AddAuthorization();
var app = builder.Build();
app
    .UseAuthentication()
.UseAuthorization();
...
```

當 AuthorizationMiddleware 中介軟體進行授權檢驗時，會從目前終節點的中繼資料取得授權規則，所以在註冊對應終節點時必須提供對應的授權策略。WelcomeAsync 方法不再需要自行完成授權檢驗，因此只需呈現主頁即可。「Admin」角色的授權要求，直接利用標注在該方法上的 Authorize Attribute 特性來指定，該特性就是為 AuthorizationMiddleware 中介軟體提供授權策略的中繼資料。（S2803）

```
[Authorize(Roles ="admin")]
IResult WelcomeAsync(ClaimsPrincipal user, IPageRenderer renderer)
=> renderer.RenderHomePage(user.Identity!.Name!);
```

如果呼叫 AddAuthorization 擴展方法時已經定義授權策略，則可按照下列方式，將授權策略名稱設為 Authorize Attribute 特性的 Policy 屬性。（S2804）

```
[Authorize(Policy = "Home")]
IResult WelcomeAsync(ClaimsPrincipal user, IPageRenderer renderer)
=> renderer.RenderHomePage(user.Identity!.Name!);
```

如果採用 Lambda 運算式定義終節點處理器，則可按照下列方式，將 Authorize Attribute 特性標注在運算式上。註冊終節點的各種 Map 方法會返回一個 IEndpointConventionBuilder 物件，接著按照如下方式呼叫 RequireAuthorization 擴展方法，將 Authorize Attribute 特性作為一個 IAuthorizeData 物件，加到註冊終節點的中繼資料集合。RequireAuthorization 有一個將授權策略名稱作為參數的多載擴展方法。

```
app.Map("/",[Authorize(Roles ="sadmin")]ClaimsPrincipal user, IPageRenderer renderer)
    => renderer.RenderHomePage(user.Identity!.Name!));

app.Map("/",[Authorize(Policy = "Home")](ClaimsPrincipal user, IPageRenderer renderer)
    => renderer.RenderHomePage(user.Identity!.Name!));

app.Map("/", WelcomeAsync).RequireAuthorization(
  new AuthorizeAttribute {  Roles = "Admin"});

app.Map("/", WelcomeAsync).RequireAuthorization(
  new AuthorizeAttribute {  Policy = "Home"});

app.Map("/", WelcomeAsync).RequireAuthorization(policyNames: "Home");
```

28.2 基於「要求」的授權

ASP.NET Core 應用程式的授權由 IAuthorizationService 服務完成，它提供兩種授權方式，分別是針對 IAuthorizationRequirement 物件按照「要求」的授權，以及針對 AuthorizationPolicy 物件按照「策略」的授權，本節介紹前者。

28.2.1 IAuthorizationHandler

授權的目標資源或者操作，之所以不對所有使用者開放，主要是因為對其具有某些「資質」上的要求，IAuthorizationRequirement 介面就是對此「授權要求」的抽象。「授權要求」具有不同的呈現形式，所以 IAuthorizationRequirement 定義成一個不具有任何成員的「標記介面」。一旦明確授權要求，也就確定了檢驗使用者滿足此要求的處理方式。IAuthorizationHandler 介面是對授權處理器的抽象，因此大部分 IAuthorizationRequirement 介面的實作類型也實作了 IAuthorizationHandler 介面。

```
public interface IAuthorizationRequirement{}

public interface IAuthorizationHandler
{
    Task HandleAsync(AuthorizationHandlerContext context);
}
```

上述的 IAuthorizationHandler 介面定義唯一的 HandleAsync 方法，其內的授權處理在作為參數的 AuthorizationHandlerContext 上下文物件中完成。此物件提供待授權的使用者、目標資源物件和描述授權要求的一組 IAuthorizationRequirement 物件。除了作為授權輸入的 3 個屬性外，輸出結果也保存於此上下文物件。授權成功和失敗體現在 HasSucceeded 屬性與 HasFailed 屬性，PendingRequirements 屬性則返回尚未參與授權檢驗的 IAuthorizationRequirement 物件。

```
public class AuthorizationHandlerContext
{
    public virtual ClaimsPrincipal                           User { get; }
    public virtual object                                    Resource { get; }
    public virtual IEnumerable<IAuthorizationRequirement> Requirements {  get; }

    public virtual bool                                      HasSucceeded { get; }
    public virtual bool                                      HasFailed { get; }
    public virtual IEnumerable<IAuthorizationRequirement> PendingRequirements { get; }


    public AuthorizationHandlerContext(IEnumerable<IAuthorizationRequirement> requirements,
        ClaimsPrincipal user, object resource);

    public virtual void Fail();
    public virtual void Succeed(IAuthorizationRequirement requirement);
    ...
}
```

在以某個 IAuthorizationRequirement 物件實施授權檢驗時，如果確定滿足授權要求，則該物件會作為參數呼叫目前上下文物件的 Succeed 方法，然後從 PendingRequirements 表示的清單移除。倘若授權檢驗失敗，便直接呼叫上下文物件的 Fail 方法，將 HasFailed 屬性設為 True。只有在未曾呼叫 Fail 方法，並且 PendingRequirements 清單為空的情況下，才代表授權成功，此時上下文物件的 HasSucceeded 屬性會返回 True。

正如上文所說，IAuthorizationHandler 介面和 IAuthorizationRequirement 介面分別是授權策略不同面向的表達，下列 AuthorizationHandler<TRequirement> 抽象類別將兩者整合在一起。該類型實作 IAuthorizationHandler 介面，而泛型參數類型 TRequirement 則是對 IAuthorizationRequirement 介面的實作。HandleAsync 方法會從 AuthorizationHandlerContext 上下文物件取得對應類型的 IAuthorizationRequirement 物件，並將它們作為參數逐一呼叫 HandleRequirementAsync 受保護的抽象方法，以完成授權檢驗。採用類似設計的抽象類別 AuthorizationHandler<TRequirement, TResource>，進一步利用泛型參數 TResource 表示授權的資源類型。

```
public abstract class AuthorizationHandler<TRequirement> : IAuthorizationHandler
    where TRequirement : IAuthorizationRequirement
{
    public virtual async Task HandleAsync(AuthorizationHandlerContext context)
    {
        foreach (var requirement in context.Requirements.OfType<TRequirement>())
        {
            await HandleRequirementAsync(context, requirement);
        }
    }
    protected abstract Task HandleRequirementAsync(AuthorizationHandlerContext context,
        TRequirement requirement);
}

public abstract class AuthorizationHandler<TRequirement, TResource> : IAuthorizationHandler
    where TRequirement : IAuthorizationRequirement
{
    public virtual async Task HandleAsync(AuthorizationHandlerContext context)
    {
        if (context.Resource is TResource)
        {
            foreach (var req in context.Requirements.OfType<TRequirement>())
            {
                await HandleRequirementAsync(context, req, (TResource)context.Resource);
            }
        }
    }
    protected abstract Task HandleRequirementAsync(AuthorizationHandlerContext context,
        TRequirement requirement, TResource resource);
}
```

28.2.2 預定義授權處理器

介紹 IAuthorizationRequirement 介面、IAuthorizationHandler 介面及上述這些抽象基礎類別之後，下面說明幾個針對它們的實作類型。

1. DenyAnonymousAuthorizationRequirement

如下所示的 DenyAnonymousAuthorizationRequirement 直接拒絕未驗證匿名使用者的存取。它繼承 AuthorizationHandler<DenyAnonymousAuthorizationRequirement>，重寫的 HandleRequirementAsync 方法透過表示使用者的 ClaimsPrincipal 物件是否具有一個經過認證的身份，以確定是否為匿名請求。

```
public class DenyAnonymousAuthorizationRequirement :
    AuthorizationHandler<DenyAnonymousAuthorizationRequirement>, IAuthorizationRequirement
{
    protected override Task HandleRequirementAsync(AuthorizationHandlerContext context,
        DenyAnonymousAuthorizationRequirement requirement)
    {
        var user = context.User;
        var isAnonymous =
            user?.Identity == null ||
            !user.Identities.Any(i => i.IsAuthenticated);
        if (!isAnonymous)
        {
            context.Succeed(requirement);
        }
        return Task.CompletedTask;
    }
}
```

2. ClaimsAuthorizationRequirement

ClaimsAuthorizationRequirement 透過確定使用者是否具有希望的宣告，以確定是否對其授權，它繼承 AuthorizationHandler<ClaimsAuthorizationRequirement>。ClaimType 屬性和 AllowedValues 屬性分別表示希望的宣告類型和候選值，它們都是在建構函數初始化。只指定宣告類型，不包括宣告的候選值，那麼只要求表示目前使用者的 ClaimsPrincipal 物件，攜帶任意一個與指定類型一致的宣告。倘若指定宣告的候選值，便得比較宣告值。請注意，宣告類型的比較不區分字母大小寫，但是宣告值的比較則需要。具體的授權檢驗，體現於重寫的 HandleRequirementAsync 方法。

```
public class ClaimsAuthorizationRequirement :
    AuthorizationHandler<ClaimsAuthorizationRequirement>, IAuthorizationRequirement
{
    public string                  ClaimType { get; }
    public IEnumerable<string>     AllowedValues { get; }

    public ClaimsAuthorizationRequirement(string claimType,
        IEnumerable<string> allowedValues)
    {
        ClaimType     = claimType;
        AllowedValues = allowedValues;
    }

    protected override Task HandleRequirementAsync(AuthorizationHandlerContext context,
```

```
        ClaimsAuthorizationRequirement requirement)
    {
        if (context.User != null)
        {
            var found = false;
            if (requirement.AllowedValues == null || !requirement.AllowedValues.Any())
            {
                found = context.User.Claims.Any(c => string.Equals(
                    c.Type, requirement.ClaimType, StringComparison.OrdinalIgnoreCase));
            }
            else
            {
                found = context.User.Claims.Any(c => string.Equals(c.Type,
                    requirement.ClaimType, StringComparison.OrdinalIgnoreCase) &&
                    requirement.AllowedValues.Contains(c.Value, StringComparer.Ordinal));
            }
            if (found)
            {
                context.Succeed(requirement);
            }
        }
        return Task.CompletedTask;
    }
}
```

3. NameAuthorizationRequirement

NameAuthorizationRequirement 類型的目的在完成具體某個帳號的授權，它繼承 AuthorizationHandler <NameAuthorizationRequirement> 類型，RequiredName 屬性表示授權的帳號。重寫的 HandleRequirementAsync 方法透過確定目前使用者是否具有指定帳號的身份，以決定授權結果。從下列程式碼得知，帳號比較區分字母大小寫，作者認為這一點不合理。

```
public class NameAuthorizationRequirement :
    AuthorizationHandler<NameAuthorizationRequirement>, IAuthorizationRequirement
{
    public string RequiredName { get; }
    public NameAuthorizationRequirement(string requiredName)
     => RequiredName = requiredName;

    protected override Task HandleRequirementAsync(AuthorizationHandlerContext context,
        NameAuthorizationRequirement requirement)
    {
```

```
        if (context.User.Identities.Any(i => string.Equals(i.Name,
            requirement.RequiredName,
          StringComparison.Ordinal)))
        {
            context.Succeed(requirement);
        }
        return Task.CompletedTask;
    }
}
```

4. RolesAuthorizationRequirement

前文已經展示了以 RolesAuthorizationRequirement 類型實作針對角色的授權，該類型繼承 AuthorizationHandler<RolesAuthorizationRequirement>，AllowedRoles 屬性表示授權使用者應該擁有的角色。實作的 HandleRequirementAsync 方法透過確定目前使用者是否擁有指定的任何一個角色，以確定授權的結果。

```
public class RolesAuthorizationRequirement :
    AuthorizationHandler<RolesAuthorizationRequirement>, IAuthorizationRequirement
{
    public IEnumerable<string> AllowedRoles { get; }
    public RolesAuthorizationRequirement(IEnumerable<string> allowedRoles)
        => AllowedRoles = allowedRoles;

    protected override Task HandleRequirementAsync(AuthorizationHandlerContext context,
        RolesAuthorizationRequirement requirement)
    {
        if (context.User != null && requirement.AllowedRoles.Any(
            role => context.User.IsInRole(role)))
        {
            context.Succeed(requirement);
        }
        return Task.CompletedTask;
    }
}
```

5. AssertionRequirement

下列 AssertionRequirement 類型直接以指定的授權斷言（Assertion）或者授權處理器實施授權檢驗，沒有基礎類別的它，直接實作了 IAuthorizationRequirement 介面。授權斷言體現為 Handler 屬性返回的 Func<AuthorizationHandlerContext, bool> 委託物件，HandleAsync 方法直接執行這個委託物件完成授權檢驗。

```
public class AssertionRequirement : IAuthorizationHandler, IAuthorizationRequirement
{
    public Func<AuthorizationHandlerContext, Task<bool>> Handler { get; }

    public AssertionRequirement(Func<AuthorizationHandlerContext, bool> handler)
        => Handler = context => Task.FromResult(handler(context));

    public AssertionRequirement(Func<AuthorizationHandlerContext, Task<bool>> handler)
        => Handler = handler;

    public async Task HandleAsync(AuthorizationHandlerContext context)
    {
        if (await this.Handler (context))
        {
            context.Succeed(this);
        }
    }
}
```

6. OperationAuthorizationRequirement

前面介紹的 5 個 IAuthorizationRequirement 類型同時實作了 IAuthorizationHandler 介面，但不包括 OperationAuthorizationRequirement 類型。該類型的目的是將授權的目標物件映射到一個預定義的操作，所以只包含下列表示操作名稱的 Name 屬性。

```
public class OperationAuthorizationRequirement : IAuthorizationRequirement
{
    public string Name { get; set; }
}
```

7. PassThroughAuthorizationHandler

PassThroughAuthorizationHandler 是一個特殊且重要的授權處理器類型，它並未提供具體的授權策略，而是其他 IAuthorizationHandler 物件的「驅動器」。HandleAsync 方法從目前的 AuthorizationHandlerContext 上下文物件取出所有 IAuthorizationHandler 物件，並逐個呼叫它們的 HandleAsync 方法。

```
public class PassThroughAuthorizationHandler : IAuthorizationHandler
{
    public async Task HandleAsync(AuthorizationHandlerContext context)
    {
        foreach (var handler in context.Requirements.OfType<IAuthorizationHandler>())
        {
```

```
            await handler.HandleAsync(context);
        }
    }
}
```

28.2.3 授權檢驗

應 用 程 式 和 AuthorizationMiddleware 中 介 軟 體 使 用 IAuthorizationService 物件完成指定使用者的授權檢驗。授權檢驗體現於 IAuthorizationService 介面的 AuthorizeAsync 方法，作為輸入的 3 個參數，分別表示待授權使用者、授權的目標資源和授權要求，授權的最終結果由返回的 AuthorizationResult 物件表示。

```
public interface IAuthorizationService
{
    Task<AuthorizationResult> AuthorizeAsync(ClaimsPrincipal user, object resource,
        IEnumerable<IAuthorizationRequirement> requirements);
    ...
}
```

1. AuthorizationResult

授 權 檢 驗 的 結 果 利 用 下 列 AuthorizationResult 類 型 表 示。 如 果 授 權 成 功， 則 Succeeded 屬 性 便 返 回 True。 授 權 失 敗 的 資 訊 則 保 存 在 Failure 屬 性 返 回 的 AuthorizationFailure 物件。由於 AuthorizationResult 類型只包含一個私有建構函數，若想建立 AuthorizationResult 物件，只能透過 Success 和 Failed 這兩組靜態工廠方法來完成，它們分別產生一個「成功」和「失敗」的授權結果。

```
public class AuthorizationResult
{
    public bool                      Succeeded { get; }
    public AuthorizationFailure      Failure { get;  }

    private AuthorizationResult();

    public static AuthorizationResult Failed();
    public static AuthorizationResult Failed(AuthorizationFailure failure);
    public static AuthorizationResult Success();
}


public class AuthorizationFailure
{
    public bool                                  FailCalled { get; }
```

```
    public IEnumerable<IAuthorizationRequirement>  FailedRequirements { get; }

    private AuthorizationFailure();

    public static AuthorizationFailure ExplicitFail();
    public static AuthorizationFailure Failed(
        IEnumerable<IAuthorizationRequirement> failed);
}
```

2. IAuthorizationHandlerContextFactory

IAuthorizationHandlerContextFactory 介面表示建立 AuthorizationHandlerContext 上下文物件的工廠，該介面定義的 CreateContext 方法根據提供的 IAuthorizationRequirement 物件清單、授權使用者和授權的目標資源，以建立 AuthorizationHandlerContext 上下文物件。DefaultAuthorizationHandlerContextFactory 是對該介面的預設實作。

```
public interface IAuthorizationHandlerContextFactory
{
    AuthorizationHandlerContext CreateContext(
        IEnumerable<IAuthorizationRequirement> requirements, ClaimsPrincipal user,
        object resource);
}

public class DefaultAuthorizationHandlerContextFactory :
    IAuthorizationHandlerContextFactory
{
    public virtual AuthorizationHandlerContext CreateContext(
        IEnumerable<IAuthorizationRequirement> requirements,
        ClaimsPrincipal user, object resource)
        => new AuthorizationHandlerContext(requirements, user, resource);
}
```

3. IAuthorizationHandlerProvider

IAuthorizationHandlerProvider 物件負責從 AuthorizationHandlerContext 上下文物件擷取所有的授權處理器，本功能位於 GetHandlersAsync 方法。DefaultAuthorization HandlerProvider 類型是對該介面的預設實作，GetHandlersAsync 方法返回的是在建構函數指定的處理器清單。

```
public interface IAuthorizationHandlerProvider
{
    Task<IEnumerable<IAuthorizationHandler>> GetHandlersAsync(
        AuthorizationHandlerContext context);
}
```

```
public class DefaultAuthorizationHandlerProvider : IAuthorizationHandlerProvider
{
    private readonly IEnumerable<IAuthorizationHandler> _handlers;

    public DefaultAuthorizationHandlerProvider(IEnumerable<IAuthorizationHandler> handlers)
        => _handlers = handlers;

    public Task<IEnumerable<IAuthorizationHandler>> GetHandlersAsync(
        AuthorizationHandlerContext context)
        => Task.FromResult<IEnumerable<IAuthorizationHandler>>(_handlers);
}
```

4. IAuthorizationEvaluator

授權是多個授權處理器在同一個 AuthorizationHandlerContext 上下文物件執行的過程，上下文物件最終承載這些處理器的授權結果，IAuthorizationEvaluator 物件利用這些授權結果做出最終的「判決」，此任務體現於 IAuthorizationHandlerContert 介面的 Evaluate 方法。DefaultAuthorizationEvaluator 類型是對 IAuthorizationHandlerContert 介面的預設實作，Evaluate 方法會根據 AuthorizationHandlerContext 上下文物件的 HasSucceeded 屬性決定授權的結果。

```
public interface IAuthorizationEvaluator
{
    AuthorizationResult Evaluate(AuthorizationHandlerContext context);
}

public class DefaultAuthorizationEvaluator : IAuthorizationEvaluator
{
    public AuthorizationResult Evaluate(AuthorizationHandlerContext context)
    {
        if (!context.HasSucceeded)
        {
            return AuthorizationResult.Failed(
                context.HasFailed
                ? AuthorizationFailure.ExplicitFail()
                : AuthorizationFailure.Failed(context.PendingRequirements));
        }
        return AuthorizationResult.Success();
    }
}
```

5. AuthorizationOptions

AuthorizationOptions 承載著與授權檢驗相關的組態選項,此處主要關注下列布林類型的 InvokeHandlersAfterFailure 屬性。授權涉及多個授權處理器的執行,如果使用者沒有通過某個處理器的授權,那麼針對後續處理器的授權檢驗是否還需要繼續呢?這個行為就由 InvokeHandlersAfterFailure 屬性決定。

```
public class AuthorizationOptions
{
    public bool InvokeHandlersAfterFailure { get; set; } = true;
    ...
}
```

6. DefaultAuthorizationService

DefaultAuthorizationService 類型是對 IAuthorizationService 介面的預設實作,代表預設的授權流程就體現於此處。該類型以建構函數注入的方式提供 IAuthorizationHandlerProvider 物件、IAuthorizationHandlerContextFactory 物件、IAuthorizationEvaluator 物件,以及承載組態選項的 IOptions<AuthorizationOptions> 物件。

```
public class DefaultAuthorizationService : IAuthorizationService
{
    private readonly IAuthorizationHandlerContextFactory    _contextFactory;
    private readonly IAuthorizationEvaluator                _evaluator;
    private readonly IAuthorizationHandlerProvider           _handlers;
    private readonly ILogger                                 _logger;
    private readonly AuthorizationOptions                    _options;
    private readonly IAuthorizationPolicyProvider            _policyProvider;

    public DefaultAuthorizationService(IAuthorizationPolicyProvider policyProvider,
        IAuthorizationHandlerProvider handlers,
        ILogger<DefaultAuthorizationService> logger,
        IAuthorizationHandlerContextFactory contextFactory,
        IAuthorizationEvaluator evaluator,
        IOptions<AuthorizationOptions> options)
    {
        _options            = options.Value;
        _handlers           = handlers;
        _policyProvider     = policyProvider;
        _logger             = logger;
        _evaluator          = evaluator;
        _contextFactory     = contextFactory;
    }
```

```
public async Task<AuthorizationResult> AuthorizeAsync(ClaimsPrincipal user,
    object resource, IEnumerable<IAuthorizationRequirement> requirements)
{
    var authContext = _contextFactory.CreateContext(requirements, user, resource);
    var handlers = await _handlers.GetHandlersAsync(authContext);
    foreach (var handler in handlers)
    {
        await handler.HandleAsync(authContext);
        if (!_options.InvokeHandlersAfterFailure && authContext.HasFailed)
        {
            break;
        }
    }
    return _evaluator.Evaluate(authContext);
}
}
```

如上面的程式碼所示，實作的 AuthorizeAsync 方法首先透過 IAuthorization HandlerContextFactory 工廠建立 AuthorizationHandlerContext 上下文物件，然後利用 IAuthorizationHandlerProvider 物件，從此上下文物件擷取表示授權處理器的 IAuthorizationHandler 物件，並於 AuthorizationHandlerContext 上下文物件中執行。如果使用者沒有通過某個處理器的授權，並且 AuthorizationOptions 組態選項的 InvokeHandlersAfterFailure 屬性為 False，那麼整個授權檢驗過程將立即中止。AuthorizeAsync 方法最終返回的是 IAuthorizationEvaluator 物件針對授權上下文評估的結果。

7. 服務註冊

DefaultAuthorizationService 及其依賴的服務，主要是由如下 AddAuthorization 擴展方法註冊，它們採用的生命週期模式都是 Transient。該擴展方法還增加一個 IAuthorizationHandler 的服務註冊，具體的實作類型為 PassThroughAuthorizationHandler。在 DefaultAuthorizationHandlerProvider 的建構函數注入的授權處理器集合，其實只包含 PassThroughAuthorizationHandler 物件，該物件會從授權上下文取得真正的 IAuthorizationHandler 物件，以進行最終的授權檢驗。

```
public static class PolicyServiceCollectionExtensions
{
    public static IServiceCollection AddAuthorization(this IServiceCollection services)
    {
        services.AddAuthorizationCore();
```

```
        services.AddAuthorizationPolicyEvaluator();
        return services;
    }


    public static IServiceCollection AddAuthorization(this IServiceCollection services,
        Action<AuthorizationOptions> configure)
    {
        services.AddAuthorizationCore(configure);
        services.AddAuthorizationPolicyEvaluator();
        return services;
}


    public static IServiceCollection AddAuthorizationPolicyEvaluator(
        this IServiceCollection services)
    {
        services.TryAddSingleton<AuthorizationPolicyMarkerService>();
        services.TryAddTransient<IPolicyEvaluator, PolicyEvaluator>();
        services.TryAddTransient<IAuthorizationMiddlewareResultHandler,
            AuthorizationMiddlewareResultHandler>();
        return services;
    }
}

public static class AuthorizationServiceCollectionExtensions
{
    public static IServiceCollection AddAuthorizationCore(
      this IServiceCollection services)
    {
        services.AddOptions();
        services.TryAdd(ServiceDescriptor.Transient
            <IAuthorizationService, DefaultAuthorizationService>());
        services.TryAdd(ServiceDescriptor.Transient
            <IAuthorizationPolicyProvider, DefaultAuthorizationPolicyProvider>());
        services.TryAdd(ServiceDescriptor.Transient
            <IAuthorizationHandlerProvider, DefaultAuthorizationHandlerProvider>());
        services.TryAdd(ServiceDescriptor.Transient
            <IAuthorizationEvaluator, DefaultAuthorizationEvaluator>());
        services.TryAdd(ServiceDescriptor.Transient<IAuthorizationHandlerContextFactory,
            DefaultAuthorizationHandlerContextFactory>());
        services.TryAddEnumerable(ServiceDescriptor.Transient
            <IAuthorizationHandler, PassThroughAuthorizationHandler>());
        return services;
    }


    public static IServiceCollection AddAuthorizationCore(
```

```
      this IServiceCollection services,
      Action<AuthorizationOptions> configure)
   {
      services.Configure(configure);
      return services.AddAuthorizationCore();
   }
}
```

28.3 基於「策略」的授權

如果實施授權檢驗時，總是對授權的目標資源建立對應的 IAuthorizationRequirement 物件，這將是一項非常繁瑣的工作。通常更加希望採用底下的設計模式：預先註冊一組可重用的授權策略，需要時根據註冊名稱提取對應的授權策略。

授權策略由如下 AuthorizationPolicy 類型表示。AuthenticationSchemes 屬性返回目前採用的認證方案清單，表示「授權要求」的 Requirements 屬性返回一組 IAuthorizationRequirement 物件的清單。基於策略的授權是透過 IAuthorizationService 介面的另一個 AuthorizeAsync 多載方法提供，該多載方法的參數 policyName 表示授權策略的註冊名稱。

```
public class AuthorizationPolicy
{
    public IReadOnlyList<string>                      AuthenticationSchemes { get; }
    public IReadOnlyList<IAuthorizationRequirement> Requirements { get; }

    public AuthorizationPolicy(IEnumerable<IAuthorizationRequirement> requirements,
        IEnumerable<string> authenticationSchemes);
}

public interface IAuthorizationService
{
    Task<AuthorizationResult> AuthorizeAsync(ClaimsPrincipal user,
        object resource, IEnumerable<IAuthorizationRequirement> requirements)
    Task<AuthorizationResult> AuthorizeAsync(ClaimsPrincipal user, object resource,
        string policyName);
}
```

28.3.1 授權策略的建構

　　表示授權策略的 AuthorizationPolicy 物件，是由如下 AuthorizationPolicyBuilder 物件建構而來。可以透過指定初始的認證方案，以建立一個 AuthorizationPolicyBuilder 物件；或者根據指定的 AuthorizationPolicy 物件建立該物件。此時 AuthorizationPolicyBuilder 物件自動擁有 AuthorizationPolicy 物件的認證方案清單，以及所有的 IAuthorizationRequirement 物件。新的認證方案和 IAuthorizationRequirement 物件能夠利用 AddAuthenticationSchemes 方法和 AddRequirements 方法進一步追加。對於許多預定義的 IAuthorizationRequirement 實作類型，都可以透過對應的以「Require」前綴命名的方式新增。表示授權策略的 AuthorizationPolicy 物件，最終由 Build 方法建構出來。

```
public class AuthorizationPolicyBuilder
{
    public IList<string>                       AuthenticationSchemes { get; set; }
    public IList<IAuthorizationRequirement> Requirements { get; set; }

    public AuthorizationPolicyBuilder(params string[] authenticationSchemes);
    public AuthorizationPolicyBuilder(AuthorizationPolicy policy);

    public AuthorizationPolicyBuilder AddAuthenticationSchemes(params string[] schemes);
    public AuthorizationPolicyBuilder AddRequirements(
        params IAuthorizationRequirement[] requirements);

    public AuthorizationPolicy Build();

    public AuthorizationPolicyBuilder RequireAssertion(
        Func<AuthorizationHandlerContext, bool> handler);
    public AuthorizationPolicyBuilder RequireAssertion(
        Func<AuthorizationHandlerContext, Task<bool>> handler);

    public AuthorizationPolicyBuilder RequireAuthenticatedUser();

    public AuthorizationPolicyBuilder RequireClaim(string claimType);
    public AuthorizationPolicyBuilder RequireClaim(string claimType,
        IEnumerable<string> requiredValues);
    public AuthorizationPolicyBuilder RequireClaim(string claimType,
        params string[] requiredValues);

    public AuthorizationPolicyBuilder RequireRole(IEnumerable<string> roles);
    public AuthorizationPolicyBuilder RequireRole(params string[] roles);

    public AuthorizationPolicyBuilder RequireUserName(string userName);
}
```

一個 AuthorizationPolicy 物件的核心，就是一組認證方案和 IAuthorization Requirement 物件清單。有時需要將兩個 AuthorizationPolicy 物件的兩組資料，合併後建構一個新的授權策略，此時可以呼叫如下 Combine 方法。AuthorizationPolicy 類型還提供兩個 Combine 靜態方法，以完成多個 AuthorizationPolicy 物件的合併。

```
public class AuthorizationPolicyBuilder
{
    public AuthorizationPolicyBuilder Combine(AuthorizationPolicy policy);
}

public class AuthorizationPolicy
{
    public static AuthorizationPolicy Combine(IEnumerable<AuthorizationPolicy> policies);
    public static AuthorizationPolicy Combine(params AuthorizationPolicy[] policies);
}
```

28.3.2 授權策略的註冊

授權策略註冊於 AuthorizationOptions 組態選項，而 DefaultAuthorizationService 會利用注入的 IAuthorizationPolicyProvider 物件提供註冊的授權策略。AuthorizationOptions 組態選項除了擁有前文介紹的 InvokeHandlersAfterFailure 屬性，還有下列屬性和方法。它透過一個字典物件維護一組 AuthorizationPolicy 物件和對應名稱的映射關係。兩個 AddPolicy 方法用來對這個字典增加新的映射關係，或者以 GetPolicy 方法根據授權策略名稱得到對應的 AuthorizationPolicy 物件。如果呼叫 GetPolicy 方法指定的策略名稱不存在，該方法便返回 Null。在這種情況下，可以改用預設的授權策略，其設定透過 AuthorizationOptions 物件的 DefaultPolicy 屬性實作。

```
public class AuthorizationOptions
{
    public AuthorizationPolicy        DefaultPolicy { get; set; }
    public bool                       InvokeHandlersAfterFailure { get; set; }

    public void AddPolicy(string name, AuthorizationPolicy policy);
    public void AddPolicy(string name, Action<AuthorizationPolicyBuilder> configurePolicy);
    public AuthorizationPolicy GetPolicy(string name);
}
```

DefaultAuthorizationService 利用注入的 IAuthorizationPolicyProvider 物件提供所需的授權策略。IAuthorizationPolicyProvider 介面定義如下 GetDefaultPolicyAsync 和 GetPolicyAsync 兩個方法，分別提供預設和指定名稱的授權策略。DefaultA

uthorizationPolicyProvider 類型是對該介面的預設實作，其建構函數透過注入的
IOptions<AuthorizationOptions> 物件，以提供所需的組態選項，兩個方法正是利用
AuthorizationOptions 組態選項擷取對應的授權策略。前文介紹的 AddAuthorization 擴
展方法提供 DefaultAuthorizationPolicyProvider 的服務註冊。

```
public interface IAuthorizationPolicyProvider
{
    Task<AuthorizationPolicy> GetDefaultPolicyAsync();
    Task<AuthorizationPolicy> GetPolicyAsync(string policyName);
}

public class DefaultAuthorizationPolicyProvider : IAuthorizationPolicyProvider
{
    private readonly AuthorizationOptions _options;
    public DefaultAuthorizationPolicyProvider(IOptions<AuthorizationOptions> options)
        =>_options = options.Value;

    public Task<AuthorizationPolicy> GetDefaultPolicyAsync() =>
        Task.FromResult<AuthorizationPolicy>(this._options.DefaultPolicy);

    public virtual Task<AuthorizationPolicy> GetPolicyAsync(string policyName) =>
        Task.FromResult<AuthorizationPolicy>(this._options.GetPolicy(policyName));
}
```

28.3.3　授權檢驗

DefaultAuthorizationService 的 AuthorizeAsync 方法會利用 IAuthorizationPolicy
Provider 物件，根據指定的策略名稱得到對應的授權策略，並從表示授權策略的
AuthorizationPolicy 物件得到所有的 IAuthorizationRequirement 物件。AuthorizeAsync
方法將它們作為參數呼叫另一個 AuthorizeAsync 多載方法，以完成授權檢驗。如果
未註冊指定的策略名稱，則該方法會直接拋出一個 InvalidOperationException 類型的
異常，而不會選擇預設的授權策略。

```
public class DefaultAuthorizationService : IAuthorizationService
{
    ...
    private readonly IAuthorizationPolicyProvider _policyProvider;

    public DefaultAuthorizationService(IAuthorizationPolicyProvider policyProvider,
        IAuthorizationHandlerProvider handlers,
        ILogger<DefaultAuthorizationService> logger,
```

```
        IAuthorizationHandlerContextFactory contextFactory,
        IAuthorizationEvaluator evaluator,
        IOptions<AuthorizationOptions> options)
    {
        _policyProvider = policyProvider;
        ...
    }

    public Task<AuthorizationResult> AuthorizeAsync(ClaimsPrincipal user, object resource,
        IEnumerable<IAuthorizationRequirement> requirements);

    public async Task<AuthorizationResult> AuthorizeAsync(ClaimsPrincipal user,
        object resource, string policyName)
    {
        var policy = await _policyProvider.GetPolicyAsync(policyName);
        if (policy == null)
        {
            throw new InvalidOperationException($"No policy found: {policyName}.");
        }
        return service.AuthorizeAsync(user, resource, policy.Requirements);
    }
}
```

綜合前言，應用程式最終利用 IAuthorizationService 服務對目標操作或者資源實施授權檢驗，DefaultAuthorizationService 類型是對該服務介面的預設實作。IAuthorizationService 服務具體提供兩種授權檢驗模式，一種是針對 IAuthorizationRequirement 物件清單實施授權，另一種則是針對預定義的授權策略。表示授權策略的 AuthorizationPolicy 物件，則由 IAuthorizationPolicyProvider 物件提供。具體的授權檢驗由 IAuthorizationHandler 介面表示的授權處理器處理，它們由註冊的 IAuthorizationHandlerProvider 物件提供。授權處理器均在同一個透過 AuthorizationHandlerContext 物件表示的授權上下文實施授權檢驗，該上下文由註冊的 IAuthorizationHandlerContextFactory 工廠建立。當所有授權處理器均完成授權檢驗之後 IAuthorizationEvaluator 物件根據授權上下文得到由 AuthorizationResult 表示的授權結果。授權模型的核心介面與類型，如圖 28-2 所示。

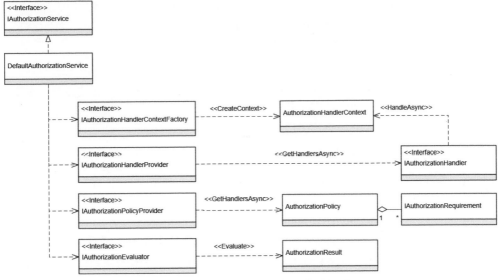

圖 28-2　授權模型的核心介面與類型

28.4 授權與路由

　　一般可以在任何地方利用 IAuthorizationService 服務以手動的方式，針對待存取的資源或者待執行操作實施授權檢驗。如果授權的目標物件是某個註冊的終節點，便可將授權策略應用到註冊的終節點，最終由 AuthorizationMiddleware 中介軟體自動實施授權檢驗。

28.4.1 IAuthorizeData

　　可以將授權策略以路由中繼資料的形式，附加到註冊的終節點。與授權相關的中繼資料類型，基本上實作了如下 IAuthorizeData 介面，該介面利用 Policy、Roles 和 AuthenticationSchemes 3 個屬性，分別提供授權策略名稱、角色清單（以逗號隔開）和認證方案清單。AuthorizeAttribute 特性實作了 IAuthorizeData 介面。

```
public interface IAuthorizeData
{
    string Policy { get; set; }
    string Roles { get; set; }
    string AuthenticationSchemes { get; set; }
}
```

```
[AttributeUsage((AttributeTargets.Method | AttributeTargets.Class,
    AllowMultiple = true, Inherited=true)]
public class AuthorizeAttribute : Attribute, IAuthorizeData
{
    public string? Policy { get; set; }
    public string? Roles { get; set; }
    public string? AuthenticationSchemes { get; set; }

    public AuthorizeAttribute() { }
    public AuthorizeAttribute(string policy) => Policy = policy;
}
```

下面這些針對 IEndpointConventionBuilder 介面的 RequireAuthorization 擴展方法，不僅可以將指定的 IAuthorizeData 物件加到目前終節點的中繼資料清單，還能把指定的授權策略名稱轉換成對應的 AuthorizeAttribute 物件，並以中繼資料的方式註冊。如果沒有指定任何參數，則增加的中繼資料便是一個空的 AuthorizeAttribute 物件。

```
public static class5 AuthorizationEndpointConventionBuilderExtensions
{
    public static TBuilder RequireAuthorization<TBuilder>(this TBuilder builder)
        where TBuilder : IEndpointConventionBuilder
        => builder.RequireAuthorization(new AuthorizeAttribute());

    public static TBuilder RequireAuthorization<TBuilder>(this TBuilder builder,
        params string[] policyNames) where TBuilder : IEndpointConventionBuilder
        => builder.RequireAuthorization(
        policyNames.Select(name => new AuthorizeAttribute(name)).ToArray());

    public static TBuilder RequireAuthorization<TBuilder>(this TBuilder builder,
        params IAuthorizeData[] authorizeData)
        where TBuilder : IEndpointConventionBuilder
    {
        RequireAuthorizationCore(builder, authorizeData);
        return builder;
    }

    private static void RequireAuthorizationCore<TBuilder>(TBuilder builder,
        IEnumerable<IAuthorizeData> authorizeData)
        where TBuilder : IEndpointConventionBuilder
    {
        builder.Add(endpointBuilder =>
        {
            foreach (var data in authorizeData)
```

```
        {
            endpointBuilder.Metadata.Add(data);
        }
    });
    }
}
```

IAuthorizationPolicyProvider 物件可作為參數呼叫 AuthorizationPolicy 類型的 CombineAsync 靜態方法，以組合一組 IAuthorizeData 物件，最終建構一個 AuthorizationPolicy 物件。當 AuthorizationMiddleware 中介軟體處理請求時，它會從目前終節點以中繼資料的形式，擷取出所有的 IAuthorizeData 物件，並呼叫 CombineAsync 靜態方法建置一個 AuthorizationPolicy 物件進行授權檢驗。

```
public class AuthorizationPolicy
{
    public static async Task<AuthorizationPolicy?> CombineAsync(
        IAuthorizationPolicyProvider policyProvider,
        IEnumerable<IAuthorizeData> authorizeData);
    ...
}
```

28.4.2 IAllowAnonymous

很多終節點不僅不需要授權，甚至允許未經認證的使用者以匿名的方式存取。為了遮罩匿名終節點增加的其他授權中繼資料，可在中繼資料清單加上一個 IAllowAnonymous 物件。由於這個中繼資料具有更高的優先順序，一旦目標終節點內含此中繼資料，就能夠匿名存取。IAllowAnonymous 介面不包含任何成員，底下的 AllowAnonymousAttribute 特性實作了該介面。如果在註冊終節點時呼叫如下 AllowAnonymous 擴展方法，便會為註冊的中介軟體增加一個 AllowAnonymousAttribute 物件作為中繼資料。

```
public interface IAllowAnonymous
{}

[AttributeUsage(AttributeTargets.Method | AttributeTargets.Class, AllowMultiple=false,
    Inherited=true)]
public class AllowAnonymousAttribute : Attribute, IAllowAnonymous
{}

public static class AuthorizationEndpointConventionBuilderExtensions
```

```
{
    private static readonly IAllowAnonymous _allowAnonymousMetadata
        = new AllowAnonymousAttribute();

    public static TBuilder AllowAnonymous<TBuilder>(this TBuilder builder)
        where TBuilder : IEndpointConventionBuilder
    {
        builder.Add(endpointBuilder
            => endpointBuilder.Metadata.Add(_allowAnonymousMetadata));
        return builder;
    }
}
```

28.4.3 IPolicyEvaluator

得到應用程式目前終節點的授權策略後，便擷取對應 AuthorizationPolicy 物件的所有 IAuthorizationRequirement 物件和認證方案，AuthorizationMiddleware 中介軟體會將它們提供給 IAuthorizationService 物件實施授權，並得到最終的授權結果。由於表示授權結果的 AuthorizationResult 物件只能識別「成敗」，因此需要轉換成如下 PolicyAuthorizationResult 類型。

```
public class PolicyAuthorizationResult
{
    public bool Challenged { get; }
    public bool Forbidden { get; }
    public bool Succeeded { get; }

    public AuthorizationFailure AuthorizationFailure { get; }

    public static PolicyAuthorizationResult Challenge();
    public static PolicyAuthorizationResult Forbid();
    public static PolicyAuthorizationResult Forbid(
        AuthorizationFailure authorizationFailure);
    public static PolicyAuthorizationResult Success();
}
```

在不允許匿名存取的前提下，針對授權的請求處理主要分為 3 種場景。對於未經驗證的匿名請求，必須回復「匿名質詢（Challenged）」回應。預設情況下會返回一個狀態碼「401 Unauthorized」的回應，如果採用 Cookie 認證方案，則請求會被重定向到登錄頁面。倘若使用者權限不足，便應該回復「禁止存取質詢（Forbidden）」回應，內定情況下會返回一個狀態碼「403 Forbidden」的回應，如果採用 Cookie 認證方案，則請求會被重定向到「拒絕存取」頁面。一旦授權成功，請求才會分發給後續中介軟體來處理。PolicyAuthorizationResult 的 3 個屬性分別對應至這 3 種場景，並由對應的工廠方法建立。產生一個表示授權失敗的 PolicyAuthorizationResult 物件時，可以利用 AuthorizationFailure 物件進一步描述，AuthorizationFailure 類型的定義如下。

```
public class AuthorizationFailure
{
    public bool                                    FailCalled { get; }
    public IEnumerable<IAuthorizationRequirement>  FailedRequirements { get; }
    public IEnumerable<AuthorizationFailureReason> FailureReasons { get; }

    public static AuthorizationFailure Failed(
        IEnumerable<AuthorizationFailureReason> reasons);
    public static AuthorizationFailure Failed(
        IEnumerable<IAuthorizationRequirement> failed);
}

public class AuthorizationFailureReason
{
    public string                Message { get; }
    public IAuthorizationHandler Handler { get; }
    public AuthorizationFailureReason(IAuthorizationHandler handler, string message);
}
```

　　AuthorizationMiddleware 中介軟體擷取表示授權策略的 AuthorizationPolicy 物件，便交給 IPolicyEvaluator 物件的 AuthorizeAsync 方法，最終得到由 PolicyAuthorizationResult 物件表示的授權結果。由於認證是授權的前置操作，所以 IPolicyEvaluator 介面還定義下列 AuthenticateAsync 方法，該方法利用提供的 AuthorizationPolicy 物件對請求實施認證，返回認證結果的 AuthenticateResult 物件將作為 AuthorizeAsync 方法的參數。AuthorizeAsync 方法除了提供授權策略和認證結果的參數外，還有一個表示授權目標資源的參數，前面介紹的 IAuthorizationService 介面的 AuthorizeAsync 方法也有對應的參數。

```
public interface IPolicyEvaluator
{
    Task<AuthenticateResult> AuthenticateAsync(AuthorizationPolicy policy,
        HttpContext context);
    Task<PolicyAuthorizationResult> AuthorizeAsync(
        AuthorizationPolicy policy, AuthenticateResult authenticationResult,
        HttpContext context, object resource);
}
```

　　如下所示的 PolicyEvaluator 類型是對 IPolicyEvaluator 介面的預設實作，建構函數注入了真正進行授權檢驗的 IAuthorizationService 物件。在實作的 AuthenticateAsync 方法中，如果提供的 AuthorizationPolicy 物件包含認證方案，便呼叫 HttpContext 上下文物件的 AuthenticateAsync 方法對每一種方案實施認證，並得到一組認證結果。「成功」的認證結果中，合併 ClaimsPrincipal 物件攜帶的宣告後，將產生一個新的 ClaimsPrincipal 物件，並作為使用者指派給目前 HttpContext 上下文物件的 User 屬性。AuthenticateAsync 方法還會根據 ClaimsPrincipal 物件，以產生一個表示認證票據的 AuthenticationTicket 物件。成功認證結果內的最短過期時間會應用到此認證票據，依此產生的 AuthenticateResult 物件就返回認證結果。

```
public class PolicyEvaluator : IPolicyEvaluator
{
    private readonly IAuthorizationService _authorization;
    public PolicyEvaluator(IAuthorizationService authorization)
        => _authorization = authorization;

    public virtual async Task<AuthenticateResult> AuthenticateAsync(
        AuthorizationPolicy policy, HttpContext context)
    {
        if (policy.AuthenticationSchemes?.policy.AuthenticationSchemes.Count > 0)
        {
            ClaimsPrincipal? principal = null;
            DateTimeOffset? minExpiresUtc = null;
            foreach (var scheme in policy.AuthenticationSchemes)
            {
                var result = await context.AuthenticateAsync(scheme);
                if (result != null && result.Succeeded)
                {
                    principal = MergeUserPrincipal(principal, result.Principal);
                    if (minExpiresUtc is null || r
                        esult.Properties?.ExpiresUtc < minExpiresUtc)
                    {
                        minExpiresUtc = result.Properties?.ExpiresUtc;
                    }
                }
            }

            if (principal != null)
            {
                context.User = principal;
                var ticket = new AuthenticationTicket(principal,
                    string.Join(";", policy.AuthenticationSchemes));
```

```
                    ticket.Properties.ExpiresUtc = minExpiresUtc;
                    return AuthenticateResult.Success(ticket);
                }
                else
                {
                    context.User = new ClaimsPrincipal(new ClaimsIdentity());
                    return AuthenticateResult.NoResult();
                }
            }

            return context.Features.Get<IAuthenticateResultFeature>()
              ?.AuthenticateResult ?? DefaultAuthenticateResult(context);

            static AuthenticateResult DefaultAuthenticateResult(HttpContext context)
            {
                return (context.User?.Identity?.IsAuthenticated ?? false)
                    ? AuthenticateResult.Success(new AuthenticationTicket(
                         context.User, "context.User"))
                    : AuthenticateResult.NoResult();
            }
    }
    public virtual async Task<PolicyAuthorizationResult>
      AuthorizeAsync(AuthorizationPolicy policy,
      AuthenticateResult authenticationResult,
      HttpContext context, object? resource)
    {
        var result = await _authorization.AuthorizeAsync(context.User, resource,
          policy);
        if (result.Succeeded)
        {
            return PolicyAuthorizationResult.Success();
        }
        return authenticationResult.Succeeded
            ? PolicyAuthorizationResult.Forbid(result.Failure)
            : PolicyAuthorizationResult.Challenge();
    }
}
```

　　如果所有方案的認證無一成功，則 AuthenticateAsync 方法會為目前 HttpContext
上下文物件的 User 屬性設成一個空的 ClaimsPrincipal 物件，並返回一個「沒有結
果」的 AuthenticateResult 物件。倘若授權策略並未設定任何認證方案，便試圖從
IAuthenticateResultFeature 特性取得返回的認證結果，如果該特性不存在，就根據目
前的認證狀態返回對應的 AuthenticateResult 物件。

實作的 AuthorizeAsync 方法直接呼叫 IAuthorizationService 物件的 AuthorizeAsync 方法進行授權檢驗，如果授權成功，則返回一個成功狀態的 PolicyAuthorizationResult 物件。針對其他兩種情況（未經認證和拒絕存取），該方法會呼叫 Challenge 方法和 Forbid 方法，以建立回傳的 PolicyAuthorizationResult 物件。

28.4.4 IAuthorizationMiddlewareResultHandler

當 IPolicyEvaluator 物件利用授權策略完成最終的授權檢驗，並得到最終的授權結果後，此結果連同授權策略會一併交給 IAuthorizationMiddlewareResultHandler 物件，以完成請求的處理。IAuthorizationMiddlewareResultHandler 介面定義下列這個唯一的 HandleAsync 方法，第一個參數表示後續中介軟體處理管道。AuthorizationMiddlewareResultHandler 類型是對該介面的預設實作。HandleAsync 方法會將授權成功的請求交給後續管道來處理。如果請求未經認證，便呼叫目前 HttpContext 上下文物件的 ChallengeAsync 擴展方法返回「匿名質詢」回應。倘若權限不足，就呼叫另一個 ForbidAsync 擴展方法返回「禁止存取質詢」回應。

```
public interface IAuthorizationMiddlewareResultHandler
{
    Task HandleAsync(RequestDelegate next, HttpContext context, AuthorizationPolicy
      policy, PolicyAuthorizationResult authorizeResult);
}
public class AuthorizationMiddlewareResultHandler :
  IAuthorizationMiddlewareResultHandler
{
    public async Task HandleAsync(RequestDelegate next, HttpContext context,
        AuthorizationPolicy policy, PolicyAuthorizationResult authorizeResult)
    {
        if (authorizeResult.Challenged)
        {
            if (policy.AuthenticationSchemes.Count > 0)
            {
                foreach (var scheme in policy.AuthenticationSchemes)
                {
                    await context.ChallengeAsync(scheme);
                }
            }
            else
            {
                await context.ChallengeAsync();
            }
```

```
                return;
            }
        else if (authorizeResult.Forbidden)
        {
            if (policy.AuthenticationSchemes.Count > 0)
            {
                foreach (var scheme in policy.AuthenticationSchemes)
                {
                    await context.ForbidAsync(scheme);
                }
            }
            else
            {
                await context.ForbidAsync();
            }

            return;
        }

        await next(context);
    }
}
```

IAuthorizationMiddlewareResultHandler 和 IPolicyEvaluator/PolicyEvaluator 的 服務註冊實作於 IServiceCollection 介面的 AddAuthorizationPolicyEvaluator 擴展方法。AddAuthorization 擴展方法內部會呼叫 AddAuthorizationPolicyEvaluator 擴展方法。

```
public static class PolicyServiceCollectionExtensions
{
    public static IServiceCollection AddAuthorizationPolicyEvaluator(
        this IServiceCollection services)
    {
        ...
        services.TryAddTransient<IPolicyEvaluator, PolicyEvaluator>();
        services.TryAddTransient<IAuthorizationMiddlewareResultHandler,
            AuthorizationMiddlewareResultHandler>();
        return services;
    }
}
```

28.4.5 AuthorizationMiddleware

如下所示為 AuthorizationMiddleware 中介軟體的完整定義。整體來說，它對請求的處理大致分為三個步驟：第一步，從目前終節點擷取相關中繼資料，並產生表示授權策略的 AuthorizationPolicy 物件；第二步，利用 IPolicyEvaluator 物件對授權策略實施授權檢驗，以得到授權結果；第三步，使用 IAuthorizationMiddlewareResultHandler 根據授權結果完成請求的處理。AuthorizationMiddleware 中介軟體是透過 IApplicationBuilder 介面的 UseAuthorization 擴展方法來註冊。

```csharp
public class AuthorizationMiddleware
{
    private readonly RequestDelegate              _next;
    private readonly IAuthorizationPolicyProvider _policyProvider;

    public AuthorizationMiddleware(RequestDelegate next,
        IAuthorizationPolicyProvider policyProvider)
    {
        _next = next;
        _policyProvider = policyProvider;
    }

    public async Task Invoke(HttpContext context)
    {
        var endpoint = context.GetEndpoint();
        var authorizeData = endpoint?.Metadata.GetOrderedMetadata<IAuthorizeData>()
            ?? Array.Empty<IAuthorizeData>();
        var policy = await AuthorizationPolicy.CombineAsync(
            _policyProvider, authorizeData);
        if (policy == null)
        {
            await _next(context);
            return;
        }
        var policyEvaluator =
            context.RequestServices.GetRequiredService<IPolicyEvaluator>();
        var authenticateResult = await policyEvaluator.AuthenticateAsync(policy,
          context);

        if (authenticateResult?.Succeeded ?? false)
        {
            if (context.Features.Get<IAuthenticateResultFeature>()
                is IAuthenticateResultFeature authenticateResultFeature)
            {
                authenticateResultFeature.AuthenticateResult = authenticateResult;
            }
```

```
        else
        {
            var authFeatures = new AuthenticationFeatures(authenticateResult);
            context.Features.Set<IHttpAuthenticationFeature>(authFeatures);
            context.Features.Set<IAuthenticateResultFeature>(authFeatures);
        }
    }

    if (endpoint?.Metadata.GetMetadata<IAllowAnonymous>() != null)
    {
        await _next(context);
        return;
    }

    var switchName =

"Microsoft.AspNetCore.Authorization.SuppressUseHttpContextAsAuthorizationResource";
        object? resource = AppContext.TryGetSwitch(switchName,
            out var useEndpointAsResource) && useEndpointAsResource
            ? endpoint: context;
        var authorizeResult = await policyEvaluator.AuthorizeAsync(
            policy, authenticateResult!, context, resource);
        var authorizationMiddlewareResultHandler = context.RequestServices
            .GetRequiredService<IAuthorizationMiddlewareResultHandler>();
        await authorizationMiddlewareResultHandler.HandleAsync(_next, context, policy,
            authorizeResult);
    }
}
```

第 29 章

跨來源資源共享

同源策略是所有瀏覽器都得遵循的一項安全原則，它的存在決定了瀏覽器在預設情況下，無法進一步處理跨來源請求的資源。為了達到跨來源資源的共用，W3C 制定 CORS 規範。ASP.NET Core 利用 CorsMiddleware 中介軟體提供 CORS 規範的實作。

29.1 處理跨來源資源

ASP.NET Core 應用程式透過 CorsMiddleware 中介軟體按照標準的 CORS 規範，實作了資源的跨來源共享。按照慣例，正式介紹 CorsMiddleware 中介軟體的實作原理之前，先引進幾個簡單的實例。

29.1.1 跨來源呼叫 API

為了方便在本機環境模擬跨來源呼叫 API，此處藉由修改 Host 檔案，將本地 IP 映射為多個不同的網域名稱。首先以管理員身份開啟檔案「%windir%\System32\drivers\etc\hosts」，並以下列方式增加 4 個網域名稱的映射。

```
127.0.0.1        www.foo.com
127.0.0.1        www.bar.com
127.0.0.1        www.baz.com
127.0.0.1        www.qux.com
```

範例由兩個 ASP.NET Core 程式組成（見圖 29-1）。API 定義於 Api 專案，App 則是一個 JavaScript 腳本，它會在瀏覽器環境下，以跨來源請求的方式呼叫承載 Api 專案中的 API。

圖 29-1　展示實例的解決方案結構

　　下列 Api 程式定義了表示連絡人的 Contact 記錄類型。首先註冊針對路徑「/contacts」的路由，使之以 JSON 的形式返回一組連絡人清單。呼叫 Application 物件的 Run 方法時，明確指定了監聽位址「http://0.0.0.0:8080」。

```
var app = Application.Create();
app.MapGet("/contacts", GetContacts);
app.Run(url:"http://0.0.0.0:8080");

static IResult GetContacts()
{
    var contacts = new Contact[]
    {
        new Contact("張三", "123", "zhangsan@gmail.com"),
        new Contact("李四", "456", "lisi@gmail.com"),
        new Contact("王五", "789", "wangwu@gmail.com")
    };
    return Results.Json(contacts);
}

public readonly record struct Contact(string Name,string PhoneNo ,string EmailAddress);
```

　　下面的程式碼展示 App 應用程式的完整定義。透過註冊根路徑的路由，使其呈現一個包含連絡人清單的 Web 頁面，該頁面採用 jQuery 以 AJAX 的方式呼叫上述的 API，以取得連絡人清單。AJAX 請求的目標位址設定為「http://www.qux.com:8080/contacts」。在 AJAX 請求的回呼操作中，便可將返回的連絡人以無序清單的形式呈現出來。

```
var app = Application.Create();
app.MapGet("/", Render);
app.Run(url:"http://0.0.0.0:3721");
```

```
static IResult Render()
{
    var html = @"
<html>
    <body>
        <ul id='contacts'></ul>
        <script src='http://code.jquery.com/jquery-3.3.1.min.js'></script>
        <script>
        $(function()
        {
            var url = 'http://www.qux.com:8080/contacts';
            $.getJSON(url, null, function(contacts) {
                $.each(contacts, function(index, contact)
                {
                    var html = '<li><ul>';
                    html += '<li>Name: ' + contact.name + '</li>';
                    html += '<li>Phone No:' + contact.phoneNo + '</li>';
                    html += '<li>Email Address: ' + contact.emailAddress + '</li>';
                    html += '</ul>';
                    $('#contacts').append($(html));
                });
            });
        });
        </script >
    </body>
</html>";
    return Results.Text(content: html, contentType: "text/html");
}
```

　　先後啟動應用程式 Api 和 App。如果以瀏覽器採用映射的網域名稱（www.foo. com）存取 App 應用程式，就會發現沒有呈現出期待的連絡人清單。倘若按 F12 鍵開啟開發工具，便會看到關於 CORS 的錯誤（見圖 29-2），具體的錯誤訊息為「Access to XMLHttpRequest at 'http://www.qux.com:8080/contacts' from origin 'http://www.foo. com:3721' has been blocked by CORS policy: No 'Access-Control-Allow-Origin' header is present on the requested resource.」。（S2901）

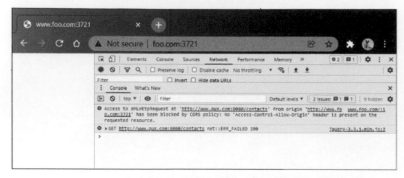

圖 29-2　跨來源存取導致無法呈現連絡人清單

有的讀者可能會想是否是 AJAX 呼叫發生錯誤，導致沒有得到連絡人資訊呢？如果利用抓封包工具捕捉 AJAX 請求和回應的內容，就會捕捉如下 HTTP 封包。由此看出 AJAX 呼叫其實是成功的，只是瀏覽器阻止針對跨來源請求返回資料的進一步處理。下列請求有一個名為 Origin 的標頭，表示的正是 AJAX 請求的「來源」，也就是跨來源（Cross-Orgin）中的「來源」。

```
GET http://www.qux.com:8080/contacts HTTP/1.1
Host: www.qux.com:8080
Connection: keep-alive
Accept: application/json, text/javascript, */*; q=0.01
Origin: http://www.foo.com:3721
User-Agent: Mozilla/5.0 (Windows NT 10.0; Win64; x64) AppleWebKit/537.36
(KHTML, like Gecko) Chrome/70.0.3538.67 Safari/537.36
Referer: http://www.foo.com:3721/
Accept-Encoding: gzip, deflate
Accept-Language: en-US,en;q=0.9,zh-CN;q=0.8,zh;q=0.7
HTTP/1.1 200 OK
Date: Sat, 13 Nov 2022 11:24:58 GMT
Server: Kestrel
Content-Length: 205

[{"name":"張三 ","phoneNo":"123","emailAddress":"zhangsan@gmail.com"},{"name":"李四 ",
"phoneNo":"456","emailAddress":"lisi@gmail.com"},{"name":"王五 ","phoneNo":"789",
"emailAddress":"wangwu@gmail.com"}]
```

29.1.2　提供者明確授權

可以利用註冊的 CorsMiddleware 中介軟體解決上面的問題。對於展示的實例來說，如果作為資源提供者的 Api 應用程式，希望將資源授權給某個應用程式，便可把作為資源消費程式的「來源」加到授權來源清單。程式呼叫 UseCors 擴展方法完成 CorsMiddleware 中介軟體的註冊，並指定兩個授權的「來源」。中介軟體涉及的服務則透過 AddCors 擴展方法來註冊。

```
var builder = WebApplication.CreateBuilder();
builder.Services.AddCors();
var app = builder.Build();
app.UseCors(cors => cors.WithOrigins(
    "http://www.foo.com:3721",
    "http://www.bar.com:3721"));
app.MapGet("/contacts", GetContacts);
app.Run(url:"http://0.0.0.0:8080");
...
```

由於 Api 應用程式對「http://www.foo.com:3721」和「http://www.bar.com:3721」兩個來源進行明確的授權，如果透過它們存取 App 應用程式，瀏覽器就會呈現連絡人清單（見圖 29-3）。倘若將瀏覽器位址列的 URL 設定成未被授權的「http://www.baz.com:3721」，則依然得不到想要的結果。（S2902）

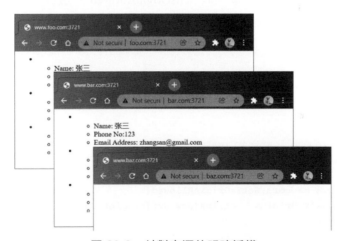

圖 29-3　針對來源的明確授權

下文從 HTTP 訊息交換的角度，介紹這次由 Api 應用程式回應的封包有何差異。下列是 Api 針對位址「http://www.foo.com:3721」的回應封包，由此看出增加了名稱分別為 Vary 和 Access-Control-Allow-Origin 的標頭。前者與快取有關，它要求在快取回應封包時，選用的 Key 應該包含請求的 Origin 標頭值，它對瀏覽器提供授權，以存取目前資源的來源。

```
HTTP/1.1 200 OK
Date: Sat, 13 Nov 2022 11:24:58 GMT
Server: Kestrel
Vary: Origin
Access-Control-Allow-Origin: http://www.foo.com:3721
Content-Length: 205

[{"name":"張三","phoneNo":"123","emailAddress":"zhangsan@gmail.com"},{"name":"李四",
"phoneNo":"456","emailAddress":"lisi@gmail.com"},{"name":"王五","phoneNo":"789",
"emailAddress":"wangwu@gmail.com"}]
```

　　對於展示的實例來説，當 AJAX 成功呼叫並返回連絡人清單之後，瀏覽器正是利用 Access-Control-Allow-Origin 標頭確定目前請求採用的來源，是否有權進一步處理取得的資源。只有在明確授權之後，瀏覽器才允許執行呈現資料的操作。由程式看出「跨來源資源共享」的「來源」，是由協定前綴（如「http://」或者「https://」）、主機名稱（或網域名稱）和埠組成。但在多數情況下，授權時資源提供者往往只需要考慮網域名稱，授權策略可以採用下列方式解決。UseCors 擴展方法返回一個 CorsPolicyBuilder 物件，接著呼叫 SetIsOriginAllowed 方法以提供的 Func<string, bool> 設定授權規則，此規則只會考慮網域名稱。（S2903）

```
var validOrigins = new HashSet<string>(StringComparer.OrdinalIgnoreCase)
{
    "www.foo.com",
    "www.bar.com"
};

var builder = WebApplication.CreateBuilder();
builder.Services.AddCors();
var app = builder.Build();
app.UseCors(cors => cors.SetIsOriginAllowed(
    origin => validOrigins.Contains(new Uri(origin).Host)));
app.MapGet("/contacts", GetContacts);
app.Run(url:"http://0.0.0.0:8080");
...
```

29.1.3 基於策略的資源授權

　　本質上 CORS 還是屬於授權的問題，因此採用類似「第 28 章 授權」的方式，將資源授權的規則定義成相關的策略，CorsMiddleware 中介軟體就能針對某個預定義的策略實施跨來源資源授權。呼叫 AddCors 擴展方法時，可以利用下列方式註冊一個預設的 CORS 策略。（S2904）

```
var validOrigins = new HashSet<string>(StringComparer.OrdinalIgnoreCase)
{
    "www.foo.com",
    "www.bar.com"
};

var builder = WebApplication.CreateBuilder();
builder.Services.AddCors(options => options.AddDefaultPolicy(policy => policy.
    SetIsOriginAllowed(origin => validOrigins.Contains(new Uri(origin).Host))));
var app = builder.Build();
app.UseCors();
app.MapGet("/contacts", GetContacts);
app.Run(url:"http://0.0.0.0:8080");
...
```

　　除了註冊一個預設的匿名 CORS 策略，還可以為註冊的策略命名。下列程式在呼叫 AddCors 擴展方法時，註冊了一個名為「foobar」的 CORS 策略。一旦以 UseCors 擴展方法註冊 CorsMiddleware 中介軟體時，便能明確地指定使用的策略名稱。（S2905）

```
var validOrigins = new HashSet<string>(StringComparer.OrdinalIgnoreCase)
{
    "www.foo.com",
    "www.bar.com"
};

var builder = WebApplication.CreateBuilder();
builder.Services.AddCors(options => options.AddPolicy("foobar", policy =>
policy.
    SetIsOriginAllowed(origin => validOrigins.Contains(new Uri(origin).Host))));
var app = builder.Build();
app.UseCors(policyName:"foobar");
app.MapGet("/contacts", GetContacts);
app.Run(url:"http://0.0.0.0:8080");
...
```

29.1.4 將 CORS 策略應用到路由

　　除了在呼叫 UseCors 擴展方法時指定 CORS 策略，還可以在註冊終節點時，將 CORS 策略作為路由中繼資料應用到終節點。下列程式呼叫 MapGet 擴展方法註冊「/contacts」路徑的終節點後，便會返回一個 RouteHandlerBuilder 物件，接著以該物件的 RequireCors 擴展方法指定使用的 CORS 策略名稱。（S2906）

```
var validOrigins = new HashSet<string>(StringComparer.OrdinalIgnoreCase)
{
    "www.foo.com",
    "www.bar.com"
};

var builder = WebApplication.CreateBuilder();
builder.Services.AddCors(options => options.AddPolicy("foobar", policy => policy.
    SetIsOriginAllowed(origin => validOrigins.Contains(new Uri(origin).Host))));
var app = builder.Build();
app.UseCors();
app.MapGet("/contacts", GetContacts).RequireCors(policyName:"foobar");
app.Run(url:"http://0.0.0.0:8080");
...
```

　　一般也可以按照如下方式，在終節點處理方法 GetContacts 上標註 EnableCors Attribute 特性，並透過 policyName 參數指定採用的 CORS 策略名稱。如果利用 Lambda 運算式定義終節點處理器，便可將 EnableCorsAttribute 特性直接標註在 Lambda 運算式前面。（S2907）

```
using Microsoft.AspNetCore.Cors;

var validOrigins = new HashSet<string>(StringComparer.OrdinalIgnoreCase)
{
    "www.foo.com",
    "www.bar.com"
};

var builder = WebApplication.CreateBuilder();
builder.Services.AddCors(options => options.AddPolicy("foobar", policy => policy.
    SetIsOriginAllowed(origin => validOrigins.Contains(new Uri(origin).
Host))));
var app = builder.Build();
app.UseCors();
app.MapGet("/contacts", GetContacts);
app.Run(url:"http://0.0.0.0:8080");

[EnableCors(policyName: "foobar")]
static IResult GetContacts()
{
    var contacts = new Contact[]
    {
        new Contact("張三", "123", "zhangsan@gmail.com"),
        new Contact("李四","456", "lisi@gmail.com"),
        new Contact("王五", "789", "wangwu@gmail.com")
    };
```

```
    return Results.Json(contacts);
}
...
```

29.2　CORS 規範

雖然目前存取 Internet 的用戶端越來越多，但是瀏覽器依舊是一個常用的入口。隨著 Web 開放的程度越來越高，透過瀏覽器跨來源取得資源的需求，業已變得非常普遍。提到瀏覽器的核心競爭力，安全性必然是重要的組成部分；而提及瀏覽器的安全，就不得不說到同源策略。

29.2.1　同源策略

同源策略是瀏覽器一項最基本的安全性原則。毫不誇張地說，瀏覽器的整個安全體系均建立於此基礎之上。同源策略限制「源」自 A 網站的腳本，只能操作「同源」頁面的 DOM，「跨源」操作來自 B 網站的頁面將被拒絕。所謂的「同源網站」，必須要求它們的 URI 在下列 3 個方面保持一致。

- 主機名稱（網域名稱 / 子網域名稱或者 IP 位址）。

- 埠。

- 網路通訊協定（Scheme，分別採用「http」協定和「https」協定的兩個 URI 被視為不同來源）。

請注意，對於一段 JavaScript 腳本來說，其「源」與儲存的位址無關，而是取決於載入腳本的頁面。如果在同一個頁面以如下 <script> 標籤，引用來自於不同地方（「http://www.artech.top/」和「http://www.jinnan.me/」）的兩個 JavaScript 腳本，則它們均與目前頁面同源。基於 JSONP 跨來源資源共享就是利用了這個特性。

```
<script src="http://www.artech.top/scripts/common.js"></script>
<script src="http://www.jinnan.me/scripts/utility.js"></script>
```

除了 <script> 標籤，HTML 還提供其他一些具有 src 屬性的標記（如 <img>、<iframe> 和 <link> 等），它們均具備跨來源載入資源的功能，同源策略對它們不進行限制。對於這些具有 src 屬性的 HTML 標記來說，標記的每次載入都伴隨著目標位址的一次 GET 請求。大部分情況下，同源策略及跨來源資源共享針對的是 AJAX 請求，如果請求指向一個異源位址，則瀏覽器在預設情況下不允許讀取返回的內容。

29.2.2 針對資源的授權

基於 Web 的資源分享涉及兩個基本角色，亦即資源的提供者和消費者。CORS 旨在定義一種規範，進而使瀏覽器在接收從提供者獲取的資源時，能夠決定是否應該將此資源分發給消費者做進一步處理。CORS 根據資源提供者的明確授權，決定目標資源是否應該與消費者分享。換句話說，瀏覽器必須得到提供者的授權之後，才會將其資源分發給消費者。那麼資源的提供者應該如何進行資源的授權，然後把授權的結果告知瀏覽器？

其實具體的實作很簡單。如果瀏覽器本身提供 CORS 的支援，則由它發送的請求將攜帶一個名為 Origin 的標頭，以表明請求頁面所在的網站。對於前面實例呼叫 Web API 取得連絡人清單的請求來說，它就具有下列的 Origin 標頭。

```
Origin: http://www.foo.com:3721
```

提供者在收到資源取得請求之後，便可根據標頭確定提供的資源需要與誰共用。資源提供者的授權結果透過一個名為 Access-Control-Allow-Origin 的標頭承載，它表示得到授權的網站清單。一般來說，如果資源的提供者認可目前請求的 Origin 標頭攜帶的網站，就會將該網站作為 Access-Control-Allow-Origin 標頭的值。

除了指定具體的「來源」並對其進行針對性授權，資源提供者還可將 Access-Control-Allow-Origin 標頭的值設為「*」，進而對所有消費者進行授權。換句話說，倘若做了這樣的設定，意謂著提供的是一種公共資源，因此在設定之前需要慎重。如果拒絕資源的請求，則資源提供者便可將此回應標頭值設定為 Null，或者讓回應不具有此標頭。

當瀏覽器接收到包含資源的回應之後，就擷取 Access-Control-Allow-Origin 標頭的值。如果此值為「*」，或者提供的網站清單包含此前請求的網站（即請求的 Origin 標頭的值），意謂著資源的消費者獲得提供者授予的權限。在此情況下，瀏覽器允許 JavaScript 操作獲取的資源。如果 Acess-Control-Allow-Origin 標頭不存在或者其值為 Null，則拒絕用戶端 JavaScript 腳本針對資源的操作。

資源提供者除了透過設定 Access-Control-Allow-Origin 標頭對提供的資源進行授權，還能設定另一個名為 Access-Control-Expose-Headers 的標頭對回應標頭進行授權。具體來說，此 Access-Control-Expose-Headers 標頭用來設定一組直接開放給用戶端 JavaScript 的回應標頭，沒有在此清單的回應標頭，對用戶端 JavaScript 來說是不可見的。以這種方式的回應標頭授權，對簡單回應標頭來說是無效的。就 CORS 規範而言，這裡包含下列 6 種簡單回應標頭（Simple Response Header）。也就是說，它們是不需要授權存取的公共回應標頭。

- Cache-Control。

- Content-Language。

- Content-Type。

- Expires。

- Last-Modified。

- Pragma。

用於實作 AJAX 請求的 XMLHttpRequest 具有一個 getResponseHeader 方法，該方法會返回一組回應標頭的清單。按照此處介紹的回應標頭的授權原則，只有在 Access-Control-Expose-Headers 標頭指定的標頭和簡單回應標頭，才會包含於該方法返回的清單。

29.2.3　獲取授權的方式

W3C 的 CORS 規範將跨來源資源請求分為兩種類型，亦即簡單請求（Simple Request）和預檢請求（Preflight Request）。若想搞懂 CORS 規範將哪些類型的跨來源資源請求分為簡單請求的範疇，需要額外瞭解幾個定義於 CORS 規範的概念，其中包括簡單（HTTP）方法（Simple Method）、簡單（請求）標頭（Simple Header）和自訂請求標頭（Author Request Header/Custom Request Header）。CORS 規範將 GET、HEAD 和 POST 這 3 個 HTTP 方法視為「簡單 HTTP 方法」，而把請求標頭 Accept、Accept-Language、Content-Language，以及採用下列 3 種媒體類型的 Content-Type 標頭稱為「簡單請求標頭」。

- application/x-www-form-urlencoded。

- multipart/form-data。

- text/plain。

請求標頭有兩種類型：一種是透過瀏覽器自動產生的標頭，另一種則是由 JavaScript 自動增加的標頭（如呼叫 XMLHttpRequest 物件的 setRequestHeader 方法，便可為產生的 AJAX 請求增加任意標頭），後者稱為「自訂標頭」。

　　瞭解什麼是簡單 HTTP 方法、簡單請求標頭和自訂標頭之後，下面介紹 CORS 規範定義的簡單請求和預檢請求。可以將跨來源取得 Web 資源，人為地分為兩個環節，亦即獲取授權資訊和獲取資源。如果採用簡單請求模式，相當於將這兩個環節合併到一個 HTTP 交易中進行，即在資源請求的回應封包同時包含請求的資源和授權資訊。在請求滿足下列兩個條件的情況下，瀏覽器會採用簡單請求模式完成跨來源資源請求。

- 請求採用簡單 HTTP 方法。

- 請求攜帶的均為簡單標頭。

　　在其他情況下，瀏覽器應該採用一種預檢請求模式的機制，以完成跨來源資源請求。所謂的預檢機制，就是瀏覽器在發送真正的跨來源資源請求前，會先傳送一個採用 OPTIONS 方法的預檢請求。預檢請求封包不包含主體內容，也會移除使用者憑證相關的標頭。預檢請求的標頭清單內含一些反映真實資源請求的資訊。除了表示請求頁面所在網站的 Origin 標頭，如下所示為兩個典型的 CORS 預檢請求標頭。

- Access-Control-Request-Method：跨來源資源請求採用的 HTTP 方法。

- Access-Control-Request-Headers：跨來源資源請求攜帶的自訂標頭清單。

　　以前面的實例來説，假設修改 App 中用來呈現 HTML 頁面的 Render 方法，讓它在載入頁面時發送一個採用 PUT 方法的 AJAX 請求，以修改連絡人資訊。除此之外，該請求還攜帶一個名為 x-foo-bar 的自訂標頭。

```
static IResult Render()
{
    var html =@"
<html>
    <body>
        <script src='http://code.jquery.com/jquery-3.3.1.min.js'></script>
        <script>
        $(function()
        {
            $.ajax({
                url: 'http://www.qux.com:8080/contacts/foobar',
                headers: {
                    'x-foo-bar': 'foobar'
                },
                type: 'PUT',
                data: {
                    name            : 'foobar',
                    phoneNo         : '123456',
```

```
                    emailAddress    : 'foobar@outlook.com'
                }
            });
        });
    </script>
    </body>
</html>";
    return Results.Text(content: html, contentType: "text/html");
}
```

由於 PUT 方法並非一個簡單的 HTTP 方法，因此瀏覽器在試圖分發這個 AJAX 請求之前，會先傳送下列一個預檢請求獲得授權資訊。由此得知，這是一個不包含主體內容的 OPTIONS 請求，除了具有一個表示請求來源的 Origin 標頭外，還有一個表示 HTTP 方法的 Access-Control-Request-Method 標頭。此外，自訂的標頭 x-foo-bar 也包含於 Access-Control-Request-Headers 標頭。

```
OPTIONS http://www.qux.com:8080/contacts HTTP/1.1
Host: www.qux.com:8080
Connection: keep-alive
Access-Control-Request-Method: PUT
Origin: http://www.foo.com:3721
Access-Control-Request-Headers: x-foo-bar
Accept: */*
Accept-Encoding: gzip, deflate
Accept-Language: en-US,en;q=0.9,zh-CN;q=0.8,zh;q=0.7
```

資源的提供者在收到預檢請求之後，將根據提供的資訊實施授權檢驗，具體的檢驗包括確定請求網站是否值得信任，以及是否允許請求採用的 HTTP 方法和自訂標頭。如果沒有通過授權檢驗，則一般會返回一個狀態碼「400，Bad Request」的回應，反之便返回一個狀態碼「200 OK」或者「204 No Content」的回應，授權相關資訊包含於回應標頭中。除了上面介紹的 Access-Control-Request-Method 標頭和 Access-Control-Request-Headers 標頭外，預檢請求的回應還有下列 3 個典型的標頭。

- Access-Control-Allow-Methods：跨來源資源請求允許採用的 HTTP 方法清單。

- Access-Control-Allow-Headers：跨來源資源請求允許攜帶的自訂標頭清單。

- Access-Control-Max-Age：瀏覽器允許快取回應結果的時間（單位為秒），針對回應的快取，主要是為了使瀏覽器避免頻繁地發送預檢請求。

瀏覽器收到預檢回應之後，便根據回應標頭確定能否接收真正的跨來源資源請求。只有在確定伺服端一定授權的情況下，瀏覽器才會發送真正的跨來源資源請求。如果預檢回應滿足下列條件，則瀏覽器認為真正的跨來源資源請求會被授權。

- 透過請求的 Origin 標頭表示的來源網站，必須存在於 Access-Control-Allow-Origin 標頭標識的網站清單，或者 Access-Control-Allow-Origin 標頭的值為「*」。

- Access-Control-Allow-Methods 回應標頭不存在，或者預檢請求的 Access-Control-Request-Method 標頭表示的請求方法在其清單之內。

- 預檢請求的 Access-Control-Request-Headers 標頭儲存的標頭名稱，均在回應標頭 Access-Control-Allow-Headers 表示的標頭清單之內。

瀏覽器會快取預檢回應結果，在 Access-Control-Max-Age 標頭設定的時間內，瀏覽器將快取的結果用於授權檢驗，所以在此期間不會再傳送預檢請求。對於上面發送的跨來源 PUT 請求，伺服端在授權檢驗通過的情況下，會返回如下類似的回應。對於狀態碼「204 No Content」的回應，它的 Access-Control-Allow-Headers 標頭和 Access-Control-Allow-Methods 標頭會攜帶請求提供的 HTTP 方法與自訂標頭名稱，另一個值為「*」的 Access-Control-Allow-Origin 標頭表示不限制請求的來源。

```
HTTP/1.1 204 No Content
Date: Sat, 13 Nov 2022 11:56:58 GMT
Server: Kestrel
Access-Control-Allow-Headers: x-foo-bar
Access-Control-Allow-Methods: PUT
Access-Control-Allow-Origin: *
```

29.2.4 用戶憑證

預設情況下，利用 XMLHttpRequest 發送的 AJAX 請求不會攜帶與使用者憑證相關的敏感資訊。內含 Cookie、HTTP-Authentication 標頭及用戶端 X.509 證書（採用支援用戶端證書的 TLS/SSL）的請求，將視為攜帶了使用者憑證。如果想把該憑證附加到 AJAX 請求，就得將 XMLHttpRequest 物件的 withCredentials 屬性設為 True。

對於 CORS 規範來說，是否支援使用者憑證也是授權檢驗的一個重要環節。只有在伺服端明確允許請求提供使用者憑證的前提下，內含該憑證的請求才會視為有效。對於 W3C 的 CORS 規範來說，伺服端利用 Access-Control-Allow-Credentials 回應標頭表明是否允許請求攜帶使用者憑證。如果用戶端 JavaScript 利用一個將 withCredentials 屬性設為 True 的 XMLHttpRequest 物件，發送一個跨來源資源請求，但是得到的回應卻不包含一個值為 True 的 Access-Control-Allow-Credentials 回應標頭，那麼瀏覽器便拒絕針對取得資源的操作。

29.3　CORS 中介軟體

實際上，CorsMiddleware 中介軟體是針對 CORS 規範的實作。下面介紹上述 CORS 制定的規範如何落實到此中介軟體。CORS 最終體現為資源的授權，具體的授權規則定義於 CORS 策略。

29.3.1　CORS 策略

CorsMiddleware 中介軟體收到跨來源資源的請求（包括簡單請求和預檢請求）時，總會根據預先指定的 CORS 策略確定授權結果，其結果最終體現在 CORS 規範定義的一系列回應標頭。授權策略透過 CorsPolicy 類型表示。

1. CorsPolicy

CORS 策略利用相關的規則，以確定請求資源能否授權給由 Origin 標頭表示的消費者，因此授權策略體現為一個 Func<string, bool> 委託物件，對應至 CorsPolicy 類型的 IsOriginAllowed 屬性。它的 Origins 屬性維護一組授權網域。對於無須授權的資源，CorsPolicy 物件的 AllowAnyOrigin 屬性返回 True。如果有要求請求採用的 HTTP 方法，便可將許可的 HTTP 方法加到 Methods 屬性表示的清單，否則將 AllowAnyMethod 屬性設為 True 支援任意的 HTTP 方法。倘若要求請求提供期望的標頭，就可將它們加到 Headers 屬性。如果對請求標頭沒有任何要求，可將 AllowAnyHeader 屬性設為 True。CorsPolicy 類型的 ExposedHeaders 屬性，表示能夠開放給用戶端的回應標頭清單。

```
public class CorsPolicy
{
    public Func<string, bool>        IsOriginAllowed { get; set; }
    public IList<string>             Origins { get; }
    public bool                      AllowAnyOrigin { get; }

    public IList<string>             Methods { get; }
    public bool                      AllowAnyMethod { get; }

    public IList<string>             Headers { get; }
    public bool                      AllowAnyHeader { get; }
    public IList<string>             ExposedHeaders { get; }

    public bool                      SupportsCredentials { get; set; }
    public TimeSpan?                 PreflightMaxAge { get; set; }
```

```
    }
```

CORS 授權結果還與請求是否攜帶使用者憑證有關。如果允許攜帶與使用者憑證相關的請求標頭，就可將 SupportsCredentials 屬性設為 True。而 PreflightMaxAge 屬性對應至 CORS 規範定義的 Access-Control-Max-Age 標頭，表示快取的預檢回應的有效時長。

2. CorsPolicyBuilder

表示 CORS 策略的 CorsPolicy 物件由 CorsPolicyBuilder 建構。可以根據一組授權網域清單或一組 CorsPolicy 物件建立 CorsPolicyBuilder 物件，並呼叫一系列方法設定 CorsPolicy 物件上述的這些屬性。最終的 CORS 透過 Build 方法產生。

```
public class CorsPolicyBuilder
{
    public CorsPolicyBuilder(params string[] origins);
    public CorsPolicyBuilder(CorsPolicy policy);

    public CorsPolicyBuilder AllowAnyHeader();
    public CorsPolicyBuilder AllowAnyMethod();
    public CorsPolicyBuilder AllowAnyOrigin();
    public CorsPolicyBuilder AllowCredentials();
    public CorsPolicyBuilder DisallowCredentials();
    public CorsPolicyBuilder SetIsOriginAllowed(Func<string, bool> isOriginAllowed);
    public CorsPolicyBuilder SetIsOriginAllowedToAllowWildcardSubdomains();
    public CorsPolicyBuilder SetPreflightMaxAge(TimeSpan preflightMaxAge);
    public CorsPolicyBuilder WithExposedHeaders(params string[] exposedHeaders);
    public CorsPolicyBuilder WithHeaders(params string[] headers);
    public CorsPolicyBuilder WithMethods(params string[] methods);
    public CorsPolicyBuilder WithOrigins(params string[] origins);

    public CorsPolicy Build();
}
```

3. CorsOptions

最終 CORS 策略註冊到下列 CorsOptions 組態選項。此組態選項利用 PolicyMap 屬性返回的字典，以維護 CorsPolicy 物件與註冊名稱之間的映射關係。CORS 策略的註冊和擷取，分別由 AddPolicy 方法和 GetPolicy 方法完成。CorsOptions 組態選項的 DefaultPolicyName 屬性表示預設 CORS 策略的註冊名稱，兩個 AddDefaultPolicy 方法提供的 CORS 策略將使用這個名稱註冊，該屬性的預設值為「__DefaultCorsPolicy」。

```
public class CorsOptions
{
    internal IDictionary<string, CorsPolicy> PolicyMap { get; }

    public void AddDefaultPolicy(CorsPolicy policy);
    public void AddDefaultPolicy(Action<CorsPolicyBuilder> configurePolicy);

    public void AddPolicy(string name, CorsPolicy policy);
    public void AddPolicy(string name, Action<CorsPolicyBuilder> configurePolicy);
    public CorsPolicy GetPolicy(string name);

    public string DefaultPolicyName { get; set; }
}
```

4. ICorsPolicyProvider

CorsMiddleware 中介軟體使用的 CORS 策略，由如下 ICorsPolicyProvider 物件提供。ICorsPolicyProvider 介面定義的 GetPolicyAsync 方法，將根據目前 HttpContext 上下文物件和策略名稱提供對應的 CorsPolicy 物件。DefaultCorsPolicyProvider 類型是對該介面的預設實作，其建構函數注入了內含組態選項的 IOptions<CorsOptions> 物件，實作的 GetPolicyAsync 方法利用 CorsOptions 組態選項提供 CORS 策略。如果指定的策略名稱為 Null，則該方法便返回註冊的預設策略。

```
public interface ICorsPolicyProvider
{
    Task<CorsPolicy?> GetPolicyAsync(HttpContext context, string? policyName);
}

public class DefaultCorsPolicyProvider : ICorsPolicyProvider
{
    private readonly CorsOptions _options;

    public DefaultCorsPolicyProvider(IOptions<CorsOptions> options)
        => _options = options.Value;
    public Task<CorsPolicy?> GetPolicyAsync(HttpContext context, string? policyName)
        => Task.FromResult<CorsPolicy>(_options.GetPolicy(policyName
        ?? t_options.DefaultPolicyName));
}
```

29.3.2 CORS 與路由

CORS 策略允許以路由中繼資料的形式應用到註冊的終節點，CorsMiddleware 中介軟體在處理請求時，會從目前終節點中繼資料清單取出來。CORS 相關的路由中繼資料類型都實作了下列 ICorsMetadata 標記介面。ICorsPolicyMetadata 介面和 IEnableCorsAttribute 介面用來提供 CORS 策略，前者返回一個具體的 CorsPolicy 物件，後者則是註冊的策略名稱。IDisableCorsAttribute 介面直接禁用 CORS。CorsPolicyMetadata、EnableCorsAttribute 和 DisableCorsAttribute 分別實作了上述 3 個介面。

```
public interface ICorsMetadata {}
public interface ICorsPolicyMetadata : ICorsMetadata
{
    CorsPolicy Policy { get; }
}
public interface IEnableCorsAttribute : ICorsMetadata
{
    string PolicyName { get; set; }
}
public interface IDisableCorsAttribute : ICorsMetadata {}
```

```
public class CorsPolicyMetadata : ICorsPolicyMetadata
{
    public CorsPolicy Policy {get;}
    public CorsPolicyMetadata(CorsPolicy policy) => Policy = policy;
}
[AttributeUsage(AttributeTargets.Method | AttributeTargets.Class,
    AllowMultiple=false, Inherited=true)]
public class EnableCorsAttribute : Attribute, IEnableCorsAttribute
{
    public string? PolicyName { get; set; }

    public EnableCorsAttribute() : this(null) {}
    public EnableCorsAttribute(string? policyName) =>PolicyName = policyName;
}
[AttributeUsage(AttributeTargets.Method | AttributeTargets.Class,
    AllowMultiple=false, Inherited=false)]
public class DisableCorsAttribute : Attribute, IDisableCorsAttribute {}
```

為中介軟體建構路由約定的 IEndpointConventionBuilder 介面提供下列兩個 RequireCors 擴展方法。第一個擴展方法利用 CORS 策略名稱建立一個 EnableCorsAttribute 物件，並作為中繼資料應用到註冊的終節點。而第二個擴展方法則利用 Action<CorsPolicyBuilder> 委託物件產生 CorsPolicy 物件後，進一步封裝成 CorsPolicyMetadata 物件，後者作為中繼資料應用到註冊的終節點。

```
public static class CorsEndpointConventionBuilderExtensions
{
```

```
    public static TBuilder RequireCors<TBuilder>(this TBuilder builder,
      string policyName)
        where TBuilder : IEndpointConventionBuilder
    {
        builder.Add(endpointBuilder
            => endpointBuilder.Metadata.Add(new EnableCorsAttribute(policyName)));
        return builder;
    }

    public static TBuilder RequireCors<TBuilder>(this TBuilder builder,
        Action<CorsPolicyBuilder> configurePolicy)
        where TBuilder : IEndpointConventionBuilder
    {
        var policyBuilder = new CorsPolicyBuilder();
        configurePolicy(policyBuilder);
        var policy = policyBuilder.Build();

        builder.Add(endpointBuilder
            => endpointBuilder.Metadata.Add(new CorsPolicyMetadata(policy)));
        return builder;
    }
}
```

29.3.3 CORS 授權

CorsMiddleware 中介軟體利用 ICorsService 物件完成 CORS 授權檢驗。介紹 ICorsService 介面及其實作類型之前，首先說明一下表示 CORS 授權結果的 CorsResult 類型、ICorsService 服務和服務註冊。

1. CorsResult

由 CorsResult 物件表示的 CORS 授權結果，最終體現在幾個回應標頭。AllowedOrigin、AllowedMethods、AllowedHeaders 和 AllowedExposedHeaders 分別表示許可的請求網域、請求網域 HTTP 方法、請求標頭和開放給用戶端的回應標頭，對應的 CORS 標頭分別為 Access-Control-Allow-Origin、Access-Control-Allow-Methods、Access-Control-Request-Headers 與 Access-Control-Expose-Headers。表示預檢回應快取時間的 PreflightMaxAge 屬性，對應的 CORS 標頭為 Access-Control-Max-Age。SupportsCredentials 屬性表示是否允許跨來源請求攜帶使用者憑證，對應的 CORS 標頭為 Access-Control-Allow-Credentials。如果 VaryByOrigin 屬性返回 True，則回應將內含一個值為 Origin 的「Vary」標頭，指示請求的「網域」對回應封包實施快取。

```
public class CorsResult
{
    public string              AllowedOrigin { get; set; }
    public IList<string>       AllowedMethods { get; }
    public IList<string>       AllowedHeaders { get; }
    public IList<string>       AllowedExposedHeaders { get; }

    public TimeSpan?           PreflightMaxAge { get; set; }
    public bool                SupportsCredentials { get; set; }
    public bool                VaryByOrigin { get; set; }
}
```

2. ICorsService

ICorsService 服務旨在完成兩個方面的任務：其一，根據指定的 CORS 策略對跨來源資源請求實施授權檢驗，最終得到表示 CORS 授權結果的 CorsResult 物件；其二，將授權結果以標頭的形式應用到目前的回應封包。這兩個方面的任務，分別體現於 EvaluatePolicy 方法和 ApplyResult 方法。CorsService 類型為 ICorsService 介面的預設實作，它將具體的 CORS 授權檢驗分別實作在 EvaluateRequest 方法和 EvaluatePreflightRequest 方法，前者針對簡單請求，後者針對預檢請求。

```
public interface ICorsService
{
    CorsResult EvaluatePolicy(HttpContext context, CorsPolicy policy);
    void ApplyResult(CorsResult result, HttpResponse response);
}

public class CorsService : ICorsService
{
    public CorsService(IOptions<CorsOptions> options);
    public CorsService(IOptions<CorsOptions> options, ILoggerFactory loggerFactory);

    public CorsResult EvaluatePolicy(HttpContext context, CorsPolicy policy);
    public CorsResult EvaluatePolicy(HttpContext context, string policyName);

    public virtual void EvaluatePreflightRequest(HttpContext context, CorsPolicy policy,
        CorsResult result);
    public virtual void EvaluateRequest(HttpContext context, CorsPolicy policy,
        CorsResult result);

    public virtual void ApplyResult(CorsResult result, HttpResponse response);
}
```

3. 服務註冊

CorsMiddleware 中介軟體在處理跨來源資源請求時，它依賴的服務透過下列兩個 AddCors 擴展方法註冊，分別完成 ICorsService 介面和 ICorsPolicyProvider 介面的服務註冊。此外還可利用 setupAction 參數提供的 Action<CorsOptions> 物件進一步設定組態選項，例如註冊 CORS 策略。

```
public static class CorsServiceCollectionExtensions
{
    public static IServiceCollection AddCors(this IServiceCollection services)
    {
        services.AddOptions();
        services.TryAdd(ServiceDescriptor.Transient<ICorsService, CorsService>());
        services.TryAdd(ServiceDescriptor
            .Transient<ICorsPolicyProvider, DefaultCorsPolicyProvider>());
        return services;
    }

    public static IServiceCollection AddCors(this IServiceCollection services,
        Action<CorsOptions> setupAction)
    {
        services.AddCors();
        services.Configure<CorsOptions>(setupAction);
        return services;
    }
}
```

29.3.4 CorsMiddleware

CorsMiddleware 中介軟體最終會利用建構函數注入的 ICorsService 物件處理跨來源請求。該中介軟體總是採用一個具體的 CORS 策略對跨來源資源請求實施授權，所以在初始化時，還需要提供一個表示 CORS 策略的 CorsPolicy 物件。

```
public class CorsMiddleware
{
    public CorsMiddleware(RequestDelegate next, ICorsService corsService,
        ILoggerFactory loggerFactory);
    public CorsMiddleware(RequestDelegate next, ICorsService corsService, CorsPolicy policy,
        ILoggerFactory loggerFactory);
    public CorsMiddleware(RequestDelegate next, ICorsService corsService,
        ILoggerFactory loggerFactory, string policyName);

    public Task Invoke(HttpContext context, ICorsPolicyProvider corsPolicyProvider);
}
```

　　CorsMiddleware 類型的 3 個建構函數分別體現了 3 種 CORS 策略的提供方式。第一個建構函數建立的 CorsMiddleware 物件會使用預設策略，後面兩個建構函數則提供一個具體的 CorsPolicy 物件，或者 CORS 策略的註冊名稱。底下採用盡量簡潔的程式碼，模擬 CorsMiddleware 中介軟體針對跨來源資源請求的處理邏輯。

```csharp
public class CorsMiddleware
{
    private readonly RequestDelegate  _next;
    private readonly ICorsService     _corsService;
    private readonly CorsPolicy        _policy;
    private readonly string            _corsPolicyName;

    public async Task Invoke(HttpContext context,
      ICorsPolicyProvider corsPolicyProvider)
    {
        var request  = context.Request;
        var response = context.Response;
        var endpoint = context.GetEndpoint();

        if (!request.Headers.ContainsKey(CorsConstants.Origin))
        {
            await _next(context);
            return;
        }
        var corsMetadata = endpoint?.Metadata.GetMetadata<ICorsMetadata>();

        // 禁用 CORS 策略
        if (corsMetadata is IDisableCorsAttribute)
        {
            // 對於預檢請求，返回狀態碼 204 回應，不再執行後續中介軟體
            var isOptionsRequest = HttpMethods.IsOptions(request.Method);
            var isCorsPreflightRequest = isOptionsRequest
                && request.Headers.ContainsKey(HeaderNames.AccessControlRequestMethod);
            if (isCorsPreflightRequest)
            {
                response.StatusCode = 204;
                return;
            }

            // 執行後續中介軟體
            await _next(context);
            return;
        }

        // 從路由中繼資料取得 CORS 策略或者策略名稱
        var corsPolicy = _policy;
```

```
            var policyName = _corsPolicyName;
            if (corsMetadata is ICorsPolicyMetadata corsPolicyMetadata)
            {
                policyName = null;
                corsPolicy = corsPolicyMetadata.Policy;
            }
            else if (corsMetadata is IEnableCorsAttribute enableCorsAttribute
                && enableCorsAttribute.PolicyName != null)
            {
                policyName = enableCorsAttribute.PolicyName;
                corsPolicy = null;
            }

            // 提供策略名稱，並且利用 ICorsPolicyProvider 擷取策略物件
            corsPolicy ??= await corsPolicyProvider.GetPolicyAsync(context, policyName);

            // 應用 CORS 策略
            if (corsPolicy != null)
            {
                var corsResult = _corsService.EvaluatePolicy(context, corsPolicy);
                if (corsResult.IsPreflightRequest)
                {
                    _corsService.ApplyResult(corsResult, response);
                    response.StatusCode = 204;
                }
                else
                {
                    response.OnStarting(OnResponseStarting,
                        Tuple.Create(response, corsResult));
                    await _next(context);
                }
            }

            Task OnResponseStarting(object state)
            {
                var (response, result) = (Tuple<HttpResponse, CorsResult>)state;
                _corsService.ApplyResult(result, response);
                return Task.CompletedTask;
            }
        }
    }
}
```

　　CorsMiddleware 中介軟體透過下列 3 個 UseCors 擴展方法註冊，分別呼叫上述 3 個建構函數產生註冊的 CorsMiddleware 物件。第一個 UseCors 擴展方法註冊的中介軟體，將採用注入的 ICorsPolicyProvider 物件提供的預設 CORS 策略；第二個 UseCors 擴展方法則利用 CorsPolicyBuilder 物件建立 CORS 策略；第三個 UseCors 擴

展方法註冊的 CorsMiddleware 中介軟體，會採用指定名稱的 CORS 策略處理跨來源資源請求。

```
public static class CorsMiddlewareExtensions
{
    public static IApplicationBuilder UseCors(this IApplicationBuilder app);
    public static IApplicationBuilder UseCors(this IApplicationBuilder app,
        Action<CorsPolicyBuilder> configurePolicy);
    public static IApplicationBuilder UseCors(this IApplicationBuilder app,
        string policyName);
}
```

　　綜合前言，CorsMiddleware 中介軟體最終利用 ICorsService 物件處理跨來源資源請求，後者利用提供的 CorsPolicy 物件解析 CorsResult 物件表示的 CORS 授權結果，授權結果落實於目前回應的相關 CORS 標頭。CorsService 是對 ICorsService 介面的預設實作。CorsMiddleware 中介軟體利用 ICorsPolicyProvider 物件提供 CORS 策略，預設實作的 DefaultCorsPolicyProvider 提供的 CORS 策略來自於 CorsOptions 組態選項。作為 CORS 策略的 CorsPolicy 物件，則由 CorsPolicyBuilder 建構。CORS 模型的核心介面與類型之間的關係，如圖 29-4 所示。

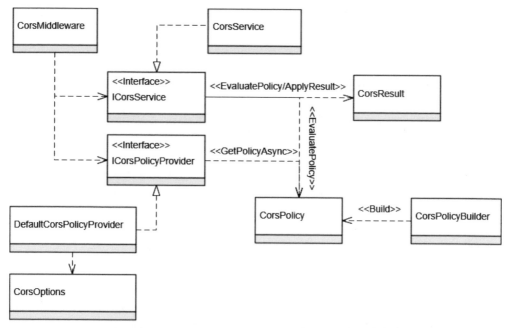

圖 29-4　CORS 模型的核心介面與類型之間的關係

第 30 章

健康檢查

現代化應用程式及服務的部署場景，主要體現於叢集化、微服務和容器化，一切都建立在部署應用程式或者服務的健康檢查。ASP.NET Core 提供的健康檢查不僅能確定目標程式或者服務的可用性，還具有健康報告發佈功能。

30.1 檢查應用程式的健康狀況

ASP.NET Core 框架的健康檢查功能，主要是透過 HealthCheckMiddleware 中介軟體完成。除了利用該中介軟體確定目前程式的可用性外，還可以註冊相關的 IHealthCheck 物件完成个同方面的健康檢查。下面透過實例展示一些典型的健康檢查應用場景。

30.1.1 確定目前應用程式是否可用

對於部署到叢集或者容器的程式或服務來説，它需要對外開放一個終節點。負載平衡器或者容器編排框架，以一定的頻率對該終節點發送「心跳」請求，藉以確定程式和服務的可用性。展示程式採用下列方式提供健康檢查的終節點。

```
var builder = WebApplication.CreateBuilder();
builder.Services.AddHealthChecks();
var app = builder.Build();
app.UseHealthChecks(path: "/healthcheck");
app.Run();
```

程式呼叫 UseHealthChecks 擴展方法註冊 HealthCheckMiddleware 中介軟體，並以指定的參數將健康檢查終節點的路徑設為「/healthcheck」。中介軟體依賴的服務透過 AddHealthChecks 擴展方法註冊。在正常執行程式的情況下，如果開啟瀏覽器向註冊的健康檢查路徑「/healthcheck」發送一個簡單的 GET 請求，就能得到圖 30-1 所示的「健康狀態」。（S3001）

圖 30-1　健康檢查結果

　　下列程式碼是健康檢查回應封包的內容。這是一個狀態碼「200 OK」且媒體類型為「text/plain」的回應，主體內容就是健康狀態的字串描述。在大部分情況下，傳送健康檢查請求，希望得到的是目標程式或者服務即時的健康狀況，因此不應該快取回應封包，「Cache-Control」標頭和「Pragma」標頭也體現出這一點。

```
HTTP/1.1 200 OK
Content-Type: text/plain
Date: Sat, 13 Nov 2022 05:08:00 GMT
Server: Kestrel
Cache-Control: no-store, no-cache
Expires: Thu, 01 Jan 1970 00:00:00 GMT
Pragma: no-cache
Content-Length: 7

Healthy
```

30.1.2　客製化健康檢查邏輯

　　對於前面的實例來說，只要程式正常啟動，就被視為「健康」（完全可用），有時候這種情況可能不是期望的結果。如果啟動程式之後需要做一些初始化工作，並希望在這些工作完成之前程式處於不可用的狀態，如此請求就不會傳送進來。這類需求必須自行實作具體的健康檢查邏輯。下列程式碼將健康檢查實作於內建的 Check 方法，該方法會隨機返回 3 種健康狀態（Healthy、Unhealthy 和 Degraded）。呼叫 AddHealthChecks 擴展方法註冊所需依賴服務，並返回 IHealthChecksBuilder 物件後，接著以該物件的 AddCheck 方法註冊一個 IHealthCheck 物件，後者呼叫 Check 方法決定目前的健康狀態。

```
using Microsoft.Extensions.Diagnostics.HealthChecks;

var random = new Random();
var builder = WebApplication.CreateBuilder();
builder.Services
    .AddHealthChecks()
```

```
    .AddCheck(name:"default",check: Check);
var app = builder.Build();
app.UseHealthChecks(path: "/healthcheck");
app.Run();

HealthCheckResult Check() => random!.Next(1, 4) switch
{
    1 => HealthCheckResult.Unhealthy(),
    2 => HealthCheckResult.Degraded(),
    _ => HealthCheckResult.Healthy(),
};
```

　　下列程式碼是針對 3 種健康狀態的回應封包，由此看出它們有不同的狀態碼。健康狀態 Healthy 和 Degraded 的回應碼都是「200 OK」，此時的程式或者服務均被視為可用（Available）狀態，兩者之間只是「完全可用」和「部分可用」的區別。狀態為 Unhealthy 的服務被視為不可用（Unavailable），所以回應狀態碼為「503 Service Unavailable」。（S3002）

```
HTTP/1.1 200 OK
Content-Type: text/plain
Date: Sat, 13 Nov 2022 05:08:00 GMT
Server: Kestrel
Cache-Control: no-store, no-cache
Expires: Thu, 01 Jan 1970 00:00:00 GMT
Pragma: no-cache
Content-Length: 7

Healthy
```

```
HTTP/1.1 503 Service Unavailable
Content-Type: text/plain
Date: Sat, 13 Nov 2022 05:13:42 GMT
Server: Kestrel
Cache-Control: no-store, no-cache
Expires: Thu, 01 Jan 1970 00:00:00 GMT
Pragma: no-cache
Content-Length: 9

Unhealthy
```

```
HTTP/1.1 200 OK
Content-Type: text/plain
Date: Sat, 13 Nov 2022 05:14:05 GMT
Server: Kestrel
```

```
Cache-Control: no-store, no-cache
Expires: Thu, 01 Jan 1970 00:00:00 GMT
Pragma: no-cache
Content-Length: 8
```

Degraded

30.1.3 改變回應狀態碼

前文已經簡單介紹 3 種健康狀態與對應的回應狀態碼。雖然健康檢查預設回應狀態碼是合理的設定，但是無法以狀態碼區分 Healthy 和 Unhealthy 兩種可用狀態，於是透過下列方式改變預設的回應狀態碼。

```
using Microsoft.AspNetCore.Diagnostics.HealthChecks;
using Microsoft.Extensions.Diagnostics.HealthChecks;

var random = new Random();
var options = new HealthCheckOptions
{
    ResultStatusCodes = new Dictionary<HealthStatus, int>
    {
        [HealthStatus.Healthy]      = 299,
        [HealthStatus.Degraded]     = 298,
        [HealthStatus.Unhealthy]    = 503
    }
};

var builder = WebApplication.CreateBuilder();
builder.Services
    .AddHealthChecks()
    .AddCheck(name:"default",check: Check);
var app = builder.Build();
app.UseHealthChecks(path: "/healthcheck", options: options);
app.Run();

HealthCheckResult Check() => random!.Next(1, 4) switch
{
    1 => HealthCheckResult.Unhealthy(),
    2 => HealthCheckResult.Degraded(),
    _ => HealthCheckResult.Healthy(),
};
```

上述程式在呼叫 UseHealthChecks 擴展方法註冊 HealthCheckMiddleware 中介軟體時，提供一個 HealthCheckOptions 組態選項。此組態選項透過 ResultStatusCodes 屬性返回的字典，維護 3 種健康狀態與對應回應狀態碼之間的映射關係。程式將 Healthy 和 Degraded 兩種健康狀態對應的回應狀態碼，分別設定為「299」與「298」，它們體現於下列 2 種回應封包。（S3003）

```
HTTP/1.1 299
Content-Type: text/plain
Date: Sat, 13 Nov 2022 05:19:34 GMT
Server: Kestrel
Cache-Control: no-store, no-cache
Expires: Thu, 01 Jan 1970 00:00:00 GMT
Pragma: no-cache
Content-Length: 7

Healthy
```

```
HTTP/1.1 298
Content-Type: text/plain
Date: Sat, 13 Nov 2022 05:19:30 GMT
Server: Kestrel
Cache-Control: no-store, no-cache
Expires: Thu, 01 Jan 1970 00:00:00 GMT
Pragma: no-cache
Content-Length: 8

Degraded
```

30.1.4 細緻性的健康檢查

如果目前應用程式承載或依賴若干的元件 / 服務，則可對它們進行細緻性的健康檢查。前述實例透過註冊的 IHealthCheck 物件客製化「應用程式級別」的健康檢查，接著採用同樣的形式為某個元件或者服務註冊相關的 IHealthCheck 物件，以確定它們的健康狀況。

```
using Microsoft.Extensions.Diagnostics.HealthChecks;

var random = new Random();
var builder = WebApplication.CreateBuilder();
builder.Services.AddHealthChecks()
    .AddCheck(name: "foo", check: Check)
    .AddCheck(name: "bar", check: Check)
```

```
    .AddCheck(name: "baz", check: Check);
var app = builder.Build();
app.UseHealthChecks(path: "/healthcheck");
app.Run();

HealthCheckResult Check() => random!.Next(1, 4) switch
{
    1 => HealthCheckResult.Unhealthy(),
    2 => HealthCheckResult.Degraded(),
    _ => HealthCheckResult.Healthy(),
};
```

　　假設目前應用程式承載 3 個服務，分別命名為 foo、bar 和 baz，則可採用下列方式註冊 3 個 IHealthCheck 物件，以完成它們的健康檢查。註冊的 3 個 IHealthCheck 物件均以同一個 Check 方法決定最後的健康狀態，因此最終具有 27 種不同的組合。針對 3 個服務的 27 種健康狀態組合，最後會產生如下 3 種不同的回應封包。（S3004）

```
HTTP/1.1 200 OK
Date: Sat, 13 Nov 2022 05:20:30 GMT
Content-Type: text/plain
Server: Kestrel
Cache-Control: no-store, no-cache
Pragma: no-cache
Expires: Thu, 01 Jan 1970 00:00:00 GMT
Content-Length: 7

Healthy
```

```
HTTP/1.1 200 OK
Date: Sat, 13 Nov 2022 05:21:30 GMT
Content-Type: text/plain
Server: Kestrel
Cache-Control: no-store, no-cache
Pragma: no-cache
Expires: Thu, 01 Jan 1970 00:00:00 GMT
Content-Length: 8

Degraded
```

```
HTTP/1.1 503 Service Unavailable
Date: Sat, 13 Nov 2022 05:22:23 GMT
Content-Type: text/plain
Server: Kestrel
Cache-Control: no-store, no-cache
```

```
Pragma: no-cache
Expires: Thu, 01 Jan 1970 00:00:00 GMT
Content-Length: 9

Unhealthy
```

　　健康檢查回應並未返回具體 3 個服務的健康狀態，而是應用程式的整體健康狀態，此狀態是根據 3 個服務目前的健康狀態組合計算得出。按照嚴重程度，3 種健康狀態的順序應該是 Unhealthy > Degraded > Healthy，組合中最嚴重的健康狀態就是應用程式整體的健康狀態。按照前述邏輯，如果應用程式的整體健康狀態為 Healthy，意謂著 3 個服務的健康狀態都是 Healthy；倘若是 Degraded，意謂著至少有一個服務的健康狀態為 Degraded，並且沒有 Unhealthy；如果其中某個服務的健康狀態為 Unhealthy，代表應用程式的整體健康狀態是 Unhealthy。

30.1.5　客製化回應內容

　　雖然上述實例註冊相關的 IHealthCheck 物件檢驗獨立服務的健康狀況，但是最終得到的依然是應用程式的整體健康狀態。一般更希望得到一份詳細、針對所有服務的「健康診斷書」，於是修改了展示程式。為 Check 方法返回的表示健康檢查結果的 HealthCheckResult 物件，設定了對應的描述性文字（Normal、Degraded 和 Unavailable）。呼叫 AddCheck 方法時指定了兩個標記（Tag），例如將服務 foo 的 IHealthCheck 物件的標記設為 foo1 和 foo2。以 UseHealthChecks 擴展方法註冊 HealthCheckMiddleware 中介軟體時，為其提供 HealthCheckOptions 組態選項，並透過 ResponseWriter 屬性完成健康報告的呈現。

```
...
var options = new HealthCheckOptions
{
    ResponseWriter = ReportAsync
};

var builder = WebApplication.CreateBuilder();
builder.Services.AddHealthChecks()
    .AddCheck(name: "foo", check: Check,tags: new string[] { "foo1", "foo2" })
    .AddCheck(name: "bar", check: Check, tags: new string[] { "bar1", "bar2" })
    .AddCheck(name: "baz", check: Check, tags: new string[] { "baz1", "baz2" });

var app = builder.Build();
app.UseHealthChecks(path: "/healthcheck", options: options);
app.Run();
```

```
static Task ReportAsync(HttpContext context, HealthReport report)
{
    context.Response.ContentType = "application/json";
    var options = new JsonSerializerOptions();
    options.WriteIndented = true;
    options.Converters.Add(new JsonStringEnumConverter());
    return context.Response.WriteAsync(JsonSerializer.Serialize(report, options));
}
...
```

HealthCheckOptions 組態選項的 ResponseWriter 屬性返回一個 Func<HttpContext, HealthReport, Task> 委託物件，健康報告透過 HealthReport 物件標識。提供委託物件指向的 ReportAsync 會直接將指定的 HealthReport 物件序列化成 JSON 格式，並作為回應的主體內容。由於沒有設定相關的狀態碼，因此可以直接在瀏覽器看到完整的健康報告，如圖 30-2 所示。（S3005）

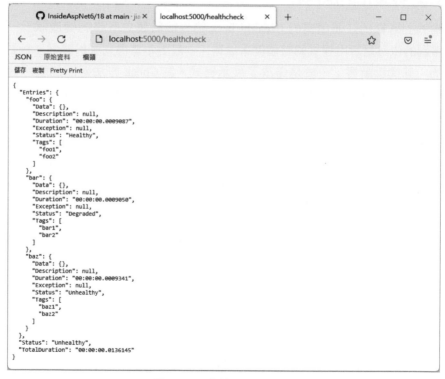

圖 30-2　完整的健康報告

30.1.6 過濾 IHealthCheck 物件

HealthCheckMiddleware 中介軟體擷取註冊的 IHealthCheck 物件完成具體的健康檢查工作之前，可先進一步過濾它們。前述實例註冊的 IHealthCheck 物件指定了相關的標記，該標記不僅會出現在健康報告中，還能作為過濾條件。下列程式透過設定 HealthCheckOptions 組態選項的 Predicate 屬性，使其選擇 Tag 前綴不為「baz」的 IHealthCheck 物件。

```
...
var options = new HealthCheckOptions
{
    ResponseWriter = ReportAsync,
    Predicate = reg => reg.Tags.Any(
        tag => !tag.StartsWith("baz", StringComparison.OrdinalIgnoreCase))
};

...
```

由於設定的過濾規則相當於忽略針對服務 baz 的健康檢查，所以圖 30-3 的健康報告就看不到對應的健康狀態。（S3006）

圖 30-3　部分 IHealthCheck 過濾後的健康報告

30.2 設計與實作

前面的實例展示健康檢查的典型用法，下面深入介紹 HealthCheckMiddleware 中介軟體針對健康檢查請求的處理邏輯。核心的健康檢查由註冊的 IHealthCheck 物件完成，因此先解說此核心物件。

30.2.1 IHealthCheck

健康檢查的邏輯實作於下列 IHealthCheck 介面的 CheckHealthAsync 方法。具體的健康檢查在該方法第一個參數提供的 HealthCheckContext 上下文物件中進行，最終的診斷結果則透過返回的 HealthCheckResult 物件表示。健康檢查通常不是一種耗時的操作，或者說如果健康檢查本身花費太多的時間，意謂著對應的程式或者服務是不健康的，因此 CheckHealthAsync 方法還提供一個 CancellationToken 類型的參數，以便即時中止進行中的健康檢查。

```
public interface IHealthCheck
{
    Task<HealthCheckResult> CheckHealthAsync(HealthCheckContext context,
        CancellationToken cancellationToken = default);
}
```

表示健康檢查診斷結果的 HealthCheckResult 是一個結構體，其核心是透過 Status 屬性表示的健康狀態。這是一個 HealthStatus 類型的列舉，3 個列舉項目體現出 3 種對應的健康狀態。建立 HealthCheckResult 物件時，除了指定必要的健康狀態外，還能以 Description 屬性提供一些針對狀態的描述，甚至在其 Data 屬性表示的字典增加任何的輔助資料。對於非健康狀態（Degraded 和 Unhealthy）的兩種結果，還可以把健康檢查過程捕獲的異常指派給 Exception 屬性。雖然可以呼叫建構函數建立 HealthCheckResult 物件，但在更多情況下，通常傾向於呼叫下列 3 個靜態方法產生 HealthCheckResult 物件。

```
public struct HealthCheckResult
{
    public HealthStatus                              Status { get; }
    public string?                                   Description { get; }
    public Exception?                                Exception { get; }
    public IReadOnlyDictionary<string, object>       Data { get; }

    public HealthCheckResult(HealthStatus status, string? description = null,
```

```
        Exception? exception = null,
        IReadOnlyDictionary<string, object>? data = null);

    public static HealthCheckResult Healthy(string? description = null,
        IReadOnlyDictionary<string, object>? data = null);
    public static HealthCheckResult Degraded(string? description = null,
        Exception? exception = null,
        IReadOnlyDictionary<string, object>? data = null);
    public static HealthCheckResult Unhealthy(string? description = null,
        Exception? exception = null,
        IReadOnlyDictionary<string, object>? data = null);
}

public enum HealthStatus
{
    Unhealthy,
    Degraded,
    Healthy
}
```

HealthCheckContext 並不是對目前 HttpContext 上下文物件的封裝，而是利用 Registration 屬性返回的 HealthCheckRegistration 物件提供了 IHealthCheck 物件的封裝。HealthCheckRegistration 物件的核心是 Factory 屬性返回的 Func<IServiceProvider, IHealthCheck> 委 託 物 件， 就 是 由 它 提 供 封 裝 的 IHealthCheck 物 件。 註 冊 IHealthCheck 物件時指定的名稱，體現於 HealthCheckRegistration 物件的 Name 屬性。HealthCheckRegistration 物件的 FailureStatus 屬性，表示在健康檢查操作失敗的情況下，應該採用的健康狀態，屬性的預設值為 Unhealthy。

```
public sealed class HealthCheckContext
{
    public HealthCheckRegistration Registration { get; set; } = default!;
}

public sealed class HealthCheckRegistration
{
    public Func<IServiceProvider, IHealthCheck>    Factory { get; set; }
    public string                                  Name { get; set; }
    public HealthStatus                            FailureStatus { get; set; }
    public TimeSpan                                Timeout { get; set; }
    public ISet<string>                            Tags { get; }

    public HealthCheckRegistration(string name, IHealthCheck instance,
        HealthStatus? failureStatus, IEnumerable<string> tags);
```

```
    public HealthCheckRegistration(string name,
        Func<IServiceProvider, IHealthCheck> factory,
        HealthStatus? failureStatus, IEnumerable<string> tags);
    public HealthCheckRegistration(string name, IHealthCheck instance,
        HealthStatus? failureStatus, IEnumerable<string> tags, TimeSpan? timeout);
    public HealthCheckRegistration(string name,
        Func<IServiceProvider, IHealthCheck> factory, HealthStatus? failureStatus,
        IEnumerable<string> tags, TimeSpan? timeout);
}
```

註冊 IHealthCheck 物件時可以指定健康檢查的逾時時限，該設定位於 HealthCheckRegistration 類型的 Timeout 屬性。呼叫 IHealthCheck 物件的 CheckHealthAsync 方法時，逾時時限將轉換成 CancellationToken 物件，並成為該方法的參數。HealthCheckRegistration 組態選項的 Tags 屬性返回的集合用來存放設定的標記。

1. IHealthChecksBuilder

IHealthCheck 物件是由下列 IHealthChecksBuilder 物件建構，IHealthChecksBuilder 介面定義的 Add 方法用來增加新的 HealthCheckRegistration 物件。如果註冊的 IHealthCheck 物件具有對其他服務的依賴，則可利用 Services 屬性返回的 IServiceCollection 物件註冊對應的服務。

```
public interface IHealthChecksBuilder
{
    IServiceCollection Services { get; }
    IHealthChecksBuilder Add(HealthCheckRegistration registration);
}
```

下列所示的內部類型 HealthChecksBuilder 是對 IHealthChecksBuilder 介面的預設實作。Add 方法沒有保存增加的 HealthCheckRegistration 物件，而是將其存放到 HealthCheckServiceOptions 組態選項。

```
internal class HealthChecksBuilder : IHealthChecksBuilder
{
    public IServiceCollection Services { get; }

    public HealthChecksBuilder(IServiceCollection services)
        => Services = services;

    public IHealthChecksBuilder Add(HealthCheckRegistration registration)
    {
```

```
        Services.Configure<HealthCheckServiceOptions>(options =>
        {
            options.Registrations.Add(registration);
        });

        return this;
    }
}

public sealed class HealthCheckServiceOptions
{
    public ICollection<HealthCheckRegistration> Registrations { get; }
}
```

　　IHealthChecksBuilder 介 面 提 供 下 列 一 系 列 註 冊 IHealthCheck 物 件 的 擴 展方法。呼叫 AddCheck 擴展方法時，需要指定具體的 IHealthCheck 物件；而在呼 叫 AddCheck<T> 方 法 或 者 AddTypeActivatedCheck<T> 方 法 時， 只 需 要 指 定 IHealthCheck 實作類型。兩個泛型方法註冊的 IHealthCheck 物件，分別是透過 ActivatorUtilities 的 GetServiceOrCreateInstance<T> 方法和 CreateInstance<T> 方法提供。

```
public static class HealthChecksBuilderAddCheckExtensions
{
    public static IHealthChecksBuilder AddCheck(this IHealthChecksBuilder builder,
        string name, IHealthCheck instance, HealthStatus? failureStatus = null,
        IEnumerable<string> tags = null, TimeSpan? timeout = null)
        => builder.Add(new HealthCheckRegistration(name, instance, failureStatus,
            tags, timeout));

    public static IHealthChecksBuilder AddCheck(this IHealthChecksBuilder builder,
        string name, IHealthCheck instance, HealthStatus? failureStatus,
        IEnumerable<string> tags)
        => AddCheck(builder, name, instance, failureStatus, tags, default);

    public static IHealthChecksBuilder AddCheck<T>(
        this IHealthChecksBuilder builder, string name,
        HealthStatus? failureStatus = null, IEnumerable<string> tags = null,
        TimeSpan? timeout = null) where T : class, IHealthCheck
        => builder.Add(new HealthCheckRegistration(name, s => ActivatorUtilities
            .GetServiceOrCreateInstance<T>(s), failureStatus, tags, timeout));

    public static IHealthChecksBuilder AddCheck<T>(
        this IHealthChecksBuilder builder, string name, HealthStatus? failureStatus,
        IEnumerable<string> tags) where T : class, IHealthCheck
        => AddCheck<T>(builder, name, failureStatus, tags, default);
```

```
    public static IHealthChecksBuilder AddTypeActivatedCheck<T>(
        this IHealthChecksBuilder builder, string name,
        HealthStatus? failureStatus, IEnumerable<string> tags, TimeSpan timeout,
        params object[] args) where T : class, IHealthCheck
        => builder.Add(new HealthCheckRegistration(name, s => ActivatorUtilities
            .CreateInstance<T>(s, args), failureStatus, tags, timeout));

    public static IHealthChecksBuilder AddTypeActivatedCheck<T>(
        this IHealthChecksBuilder builder, string name, params object[] args)
        where T : class, IHealthCheck
        => AddTypeActivatedCheck<T>(builder, name, failureStatus: null,
            tags: null, args);

    public static IHealthChecksBuilder AddTypeActivatedCheck<T>(
        this IHealthChecksBuilder builder, string name,
        HealthStatus? failureStatus, params object[] args)
        where T : class, IHealthCheck
        => AddTypeActivatedCheck<T>(builder, name, failureStatus, tags: null, args);

    public static IHealthChecksBuilder AddTypeActivatedCheck<T>(
        this IHealthChecksBuilder builder, string name,
        HealthStatus? failureStatus, IEnumerable<string> tags, params object[] args)
        where T : class, IHealthCheck
        => builder.Add(new HealthCheckRegistration(name, s => ActivatorUtilities
            .CreateInstance<T>(s, args), failureStatus, tags));
}
```

2. DelegateHealthCheck

DelegateHealthCheck 是 IHealthCheck 介 面 的 實 作。 它 利 用 提 供 的 Func<CancellationToken, Task<HealthCheckResult>> 委託物件完成健康檢查工作。

```
internal sealed class DelegateHealthCheck : IHealthCheck
{
    private readonly Func<CancellationToken, Task<HealthCheckResult>> _check;
    public DelegateHealthCheck(
        Func<CancellationToken, Task<HealthCheckResult>> check)
        => _check = check;

    public Task<HealthCheckResult> CheckHealthAsync(HealthCheckContext context,
        CancellationToken cancellationToken = default)
        => _check(cancellationToken);
}
```

IHealthChecksBuilder 介面的擴展方法，最終註冊的都是一個 DelegateHealthCheck
物件，如下所示。它們都要求提供一個委託物件，類型可以是 Func<CancellationToken,
Task <HealthCheckResult>>、 Func<Task<HealthCheckResult>>、Func<Cancellation
Token, HealthCheckResult> 和 Func< HealthCheckResult>。

```csharp
public static class HealthChecksBuilderDelegateExtensions
{
    public static IHealthChecksBuilder AddCheck(this IHealthChecksBuilder builder,
        string name, Func<HealthCheckResult> check, IEnumerable<string> tags = null,
        TimeSpan? timeout = default)
    {
        var instance = new DelegateHealthCheck((ct) => Task.FromResult(check()));
        return builder.Add(new HealthCheckRegistration(name, instance,
            failureStatus: null, tags, timeout));
    }

    public static IHealthChecksBuilder AddCheck(this IHealthChecksBuilder builder,
        string name, Func<HealthCheckResult> check, IEnumerable<string> tags)
        => AddCheck(builder, name, check, tags, default);

    public static IHealthChecksBuilder AddCheck(this IHealthChecksBuilder builder,
        string name, Func<CancellationToken, HealthCheckResult> check,
        IEnumerable<string> tags = null, TimeSpan? timeout = default)
    {
        var instance = new DelegateHealthCheck((ct) => Task.FromResult(check(ct)));
        return builder.Add(new HealthCheckRegistration(name, instance,
            failureStatus: null, tags, timeout));
    }

    public static IHealthChecksBuilder AddCheck(this IHealthChecksBuilder builder,
        string name, Func<CancellationToken, HealthCheckResult> check,
        IEnumerable<string> tags)
        => AddCheck(builder, name, check, tags, default);

    public static IHealthChecksBuilder AddAsyncCheck(
        this IHealthChecksBuilder builder, string name,
        Func<Task<HealthCheckResult>> check,
        IEnumerable<string> tags = null, TimeSpan? timeout = default)
    {
        var instance = new DelegateHealthCheck((ct) => check());
        return builder.Add(new HealthCheckRegistration(name, instance,
            failureStatus: null, tags, timeout));
    }
```

```
    public static IHealthChecksBuilder AddAsyncCheck(
        this IHealthChecksBuilder builder, string name,
        Func<Task<HealthCheckResult>> check, IEnumerable<string> tags)
        => AddAsyncCheck(builder, name, check, tags, default);

    public static IHealthChecksBuilder AddAsyncCheck(
        this IHealthChecksBuilder builder, string name,
        Func<CancellationToken, Task<HealthCheckResult>> check,
        IEnumerable<string> tags = null, TimeSpan? timeout = default)
    {
        var instance = new DelegateHealthCheck((ct) => check(ct));
        return builder.Add(new HealthCheckRegistration(name, instance,
            failureStatus: null, tags, timeout));
    }

    public static IHealthChecksBuilder AddAsyncCheck(
        this IHealthChecksBuilder builder, string name,
        Func<CancellationToken, Task<HealthCheckResult>> check,
        IEnumerable<string> tags)
        => AddAsyncCheck(builder, name, check, tags, default);
}
```

30.2.2 HealthCheckService

其實，HealthCheckMiddleware 中介軟體並沒有直接以註冊的 IHealthCheck 物件進行健康檢查，而是間接地利用如下 HealthCheckService 驅動註冊的 IHealthCheck 物件來完成。這個抽象類別定義兩個用來執行健康檢查的 CheckHealthAsync 方法。

```
public abstract class HealthCheckService
{
    public Task<HealthReport> CheckHealthAsync(CancellationToken cancellationToken
        = new CancellationToken())
        => CheckHealthAsync(null, cancellationToken);

    public abstract Task<HealthReport> CheckHealthAsync(
        Func<HealthCheckRegistration, bool> predicate,
        CancellationToken cancellationToken = new CancellationToken());
}
```

抽象 CheckHealthAsync 方法的第一個參數類型為 Func<HealthCheckRegistration, bool>，它是一個委託物件，用來過濾註冊的 IHealthCheck 物件。執行 CheckHealthAsync 方法之後，將得到一份由 HealthReport 物件表示的完整的健康報告。

```
public sealed class HealthReport
{
    public IReadOnlyDictionary<string, HealthReportEntry> Entries { get; }
    public HealthStatus                                   Status { get; }
    public TimeSpan                                       TotalDuration { get; }

    public HealthReport(IReadOnlyDictionary<string, HealthReportEntry> entries,
        TimeSpan totalDuration);
}
```

　　HealthCheckService 服務總是驅動註冊的 IHealthCheck 物件完成最終的健康檢查。完成之後，IHealthCheck 物件會將結果封裝成一個 HealthCheckResult 物件。一旦 HealthCheckService 產生健康報告時，便把 HealthCheckResult 轉換成下列表示健康報告條目的 HealthReportEntry 物件，並儲存到 Entries 屬性返回的字典。該字典的 Key 就是註冊 IHealthCheck 物件時指定的名稱，對應至 HealthCheckRegistration 物件的 Name 屬性。

```
public struct HealthReportEntry
{
    public HealthStatus                           Status { get; }
    public string?                                Description { get; }
    public TimeSpan                               Duration { get; }
    public Exception?                             Exception { get; }
    public IReadOnlyDictionary<string, object>    Data { get; }
    public IEnumerable<string>                    Tags { get; }

    public HealthReportEntry(HealthStatus status, string? description,
        TimeSpan duration, Exception? exception,
        IReadOnlyDictionary<string, object>? data);
    public HealthReportEntry(HealthStatus status, string? description,
        TimeSpan duration, Exception? exception,
        IReadOnlyDictionary<string, object>? data, IEnumerable<string>? tags = null);
}
```

　　HealthReportEntry 物件的 Status 屬性、Description 屬性、Duration 屬性和 Data 屬性，均來自於 HealthCheckResult 物件的同名屬性，表示標記的 Tags 則來自於 HealthCheckRegistration 物件的同名屬性。HealthReport 類型的 Status 屬性表示應用程式整體的健康狀態，該狀態與所有 HealthReportEntry 條目的最嚴重健康狀態一致。HealthReport 類型還定義一個 TotalDuration屬性，表示執行整個健康檢查消耗的時間。下列 DefaultHealthCheckService 類型繼承抽象類別 HealthCheckService，其建構函數注入了提供組態選項的 IOptions <HealthCheckServiceOptions> 物件。IHealthCheck 物件建立的 HealthCheckRegistration，便儲存於 HealthCheckServiceOptions 組態選項。

```
internal class DefaultHealthCheckService : HealthCheckService
{
    public DefaultHealthCheckService(IServiceScopeFactory scopeFactory,
        IOptions<HealthCheckServiceOptions> options,
        ILogger<DefaultHealthCheckService> logger);

    public override Task<HealthReport> CheckHealthAsync(
        Func<HealthCheckRegistration, bool> predicate,
        CancellationToken cancellationToken = new CancellationToken());
}
```

　　下列程式碼模擬 DefaultHealthCheckService 服務針對健康檢查的實作。CheckHealthAsync 首先以 HealthCheckServiceOptions 組態選項，根據註冊的 IHealthCheck 物件建立一系列 HealthCheckRegistration 物件，然後按照 CheckHealthAsync 方法傳入的 Func<HealthCheckRegistration, bool> 進行進一步過濾。接下來該方法便建立 HealthCheckContext 上下文物件，並將其作為參數呼叫每個 IHealthCheck 物件的 CheckHealthAsync 方法，然後把返回的 HealthCheckResult 物件轉換成 HealthReportEntry 類型。最終回傳的健康報告，就是由這些 HealthReportEntry 組成。

```
internal class DefaultHealthCheckService : HealthCheckService
{
    private readonly IServiceScopeFactory                    _scopeFactory;
    private readonly ICollection<HealthCheckRegistration>  _registrations;

    public DefaultHealthCheckService(IServiceScopeFactory scopeFactory,
        IOptions<HealthCheckServiceOptions> options)
    {
        _scopeFactory        = scopeFactory;
        _registrations       = options.Value.Registrations;
    }

    public override async Task<HealthReport> CheckHealthAsync(
        Func<HealthCheckRegistration, bool> predicate,
        CancellationToken cancellationToken = default)
    {
        var registrations = predicate == null
            ? _registrations
            : _registrations.Where(predicate);

        var stopwatch = Stopwatch.StartNew();
        using (var scope = _scopeFactory.CreateScope())
```

```
    {
        var tasks = registrations.Select(registration => RunCheckAsync(
            scope.ServiceProvider, registration, cancellationToken));
        var result = await Task.WhenAll(tasks);
        return new HealthReport(result.ToDictionary(it => it.Name,
            it => it.Entry), stopwatch.Elapsed);
    }
}


private async Task<(string Name, HealthReportEntry Entry)> RunCheckAsync(
    IServiceProvider serviceProvider, HealthCheckRegistration registration,
    CancellationToken cancellationToken)
{
    cancellationToken.ThrowIfCancellationRequested();
    var check = registration.Factory(serviceProvider);

    var stopwatch = Stopwatch.StartNew();
    var context = new HealthCheckContext
    {
        Registration = registration
    };
    HealthReportEntry entry;
    CancellationTokenSource tokenSource = null;
    try
    {
        var token = cancellationToken;
        if (registration.Timeout > TimeSpan.Zero)
        {
            tokenSource = CancellationTokenSource
                .CreateLinkedTokenSource(cancellationToken);
            tokenSource.CancelAfter(registration.Timeout);
            token = tokenSource.Token;
        }
        var result = await check.CheckHealthAsync(context, token);
        entry = new HealthReportEntry(result.Status, result.Description,
            stopwatch.Elapsed, result.Exception, result.Data, registration.Tags);
        return (registration.Name, entry);
    }
    catch (OperationCanceledException ex)
        when (!cancellationToken.IsCancellationRequested)
    {
        entry = new HealthReportEntry(HealthStatus.Unhealthy,
            "A timeout occured while running check.", stopwatch.Elapsed, ex,
            null);
    }
```

```
    catch (Exception ex) when (ex as OperationCanceledException == null)
    {
        entry = new HealthReportEntry(HealthStatus.Unhealthy, ex.Message,
            stopwatch.Elapsed, ex, null);
    }
    finally
    {
        tokenSource?.Dispose();
    }
    return (registration.Name, entry);
    }
}
```

　　DefaultHealthCheckService 建 構 函 數 注 入 了 IServiceScopeFactory 工 廠，
當 CheckHealthAsync 方 法 透 過 HealthCheckRegistration 物 件 提 供 對 應 註 冊 的
IHealthCheck 物件時，它會利用 IServiceScopeFactory 工廠建立一個服務範圍，而
IHealthCheck 物件則是在這個服務範圍內建構。其目的是確保依賴的服務能夠根據註
冊的生命週期模式得到釋放。如果某個 IHealthCheck 物件在進行健康檢查的過程拋
出異常，就會返回一個健康狀態為 Unhealthy 的物件。個人認為這裡的實作有待商榷。
由於 HealthCheckRegistration 類型定義的 FailureStatus 屬性，用來表示在健康檢查失
敗的情況下採用的健康狀態，因此該屬性似乎應該應用在這裡。

30.2.3 HealthCheckMiddleware

　　正式介紹 HealthCheckMiddleware 中介軟體之前，首先引進 HealthCheckOptions
組態選項類型。該類型的 Predicate 屬性返回一個 Func<HealthCheckRegistration, bool>
委託物件，以便過濾註冊的 IHealthCheck 物件。該屬性的預設值為 Null，意謂著會
使用所有註冊的 IHealthCheck 物件。ResultStatusCodes 屬性返回的字典提供健康狀態
與最終回應狀態碼的映射關係。預設情況下，Healthy 和 Degraded 對應的回應狀態碼
都是「200 OK」，而 Unhealthy 對應的回應狀態碼則為「503 Service Unavailable」。

```
public class HealthCheckOptions
{
    ppublic Func<HealthCheckRegistration, bool>?    Predicate { get; set; }
    ppublic IDictionary<HealthStatus, int>          ResultStatusCodes { get; set; }
    ppublic Func<HttpContext, HealthReport, Task>   ResponseWriter { get; set; }
    ppublic bool                                    AllowCachingResponses { get; set; }

    public HealthCheckOptions()
```

```
{
    ResultStatusCodes = new Dictionary<HealthStatus, int>
    {
        {HealthStatus.Healthy, 200},
        {HealthStatus.Degraded, 200},
        {HealthStatus.Unhealthy, 503},
    };
    ResponseWriter = (context, report) =>
    {
        context.Response.ContentType = "text/plain";
        return context.Response.WriteAsync(report.Status.ToString());
    };
}
}
```

　　HealthCheckOptions 類 型 的 ResponseWriter 屬 性， 其 Func<HttpContext, HealthReport, Task> 委託物件用來設定回應的主體內容。預設情況下，健康請求的回應封包採用的媒體類型為「text/plain」，具體的內容就是應用程式整體健康狀態的文字描述。AllowCachingResponses 屬性決定是否要用戶端快取健康檢查的回應。通常都希望在做健康檢查時能得到即時的健康狀況，因此該屬性的預設值為 False。

　　HealthCheckMiddleware 中介軟體在利用 HealthCheckService 服務完成絕大部分的健康檢查工作，並得到作為健康報告的 HealthReport 物件後，必須對請求做出最終的回應。下列程式碼模擬 HealthCheckMiddleware 中介軟體針對健康檢查請求的處理流程。

```
public class HealthCheckMiddleware
{
    private readonly RequestDelegate        _next;
    private readonly HealthCheckOptions     _healthCheckOptions;
    private readonly HealthCheckService     _healthCheckService;

    public HealthCheckMiddleware(RequestDelegate next,
        HealthCheckOptions healthCheckOptions,
        HealthCheckService healthCheckService)
    {
        _next               = next;
        _healthCheckOptions = healthCheckOptions;
        _healthCheckService = healthCheckService;
    }

    public async Task InvokeAsync(HttpContext httpContext)
```

```
    {
        var report = await _healthCheckService.CheckHealthAsync(
            _healthCheckOptions.Predicate, httpContext.RequestAborted);
        httpContext.Response.StatusCode =
            _healthCheckOptions.ResultStatusCodes[report.Status];

        if (!_healthCheckOptions.AllowCachingResponses)
        {
            var headers = httpContext.Response.Headers;
            headers["Cache-Control"] = "no-store, no-cache";
            headers["Pragma"] = "no-cache";
            headers["Expires"] = "Thu, 01 Jan 1970 00:00:00 GMT";
        }
        await _healthCheckOptions.ResponseWriter(httpContext, report);
    }
}
```

下列 AddHealthChecks 擴展方法將註冊 HealthCheckMiddleware 中介軟體依賴的 HealthCheckService 服務。該擴展方法返回一個封裝目前 IServiceCollection 物件的 HealthChecksBuilder 物件，以便完成進一步的服務註冊。

```
public static class HealthCheckServiceCollectionExtensions
{
    public static IHealthChecksBuilder AddHealthChecks(
        this IServiceCollection services)
    {
        services.TryAddSingleton<HealthCheckService, DefaultHealthCheckService>();
        ...
        return new HealthChecksBuilder(services);
    }
}
```

可以呼叫底下一系列 UseHealthChecks 擴展方法註冊 HealthCheckMiddleware 中介軟體。呼叫這些擴展方法時，需要指定健康檢查終節點的路徑和埠（可以預設，整數和字串類型均可），或者提供一個 HealthCheckOptions 組態選項。只有在目前請求的路徑和埠與設定相符的情況下，註冊的 HealthCheckMiddleware 中介軟體才會處理目前的請求。

```
public static class HealthCheckApplicationBuilderExtensions
{
    public static IApplicationBuilder UseHealthChecks(this IApplicationBuilder app,
        PathString path)
        => UseHealthChecksCore(app, path, null);
```

```
public static IApplicationBuilder UseHealthChecks(this IApplicationBuilder app,
    PathString path, HealthCheckOptions options)
    => UseHealthChecksCore(app, path, null, Options.Create(options));

public static IApplicationBuilder UseHealthChecks(this IApplicationBuilder app,
    PathString path, int port)
    =>UseHealthChecksCore(app, path, new int?(port), Array.Empty<object>());

public static IApplicationBuilder UseHealthChecks(this IApplicationBuilder app,
    PathString path, string port)
{
    int? parsedPort = string.IsNullOrEmpty(port)
        ? (int?)null
        : int.Parse(port);
    UseHealthChecksCore(app, path, parsedPort);
    return app;
}

public static IApplicationBuilder UseHealthChecks(this IApplicationBuilder app,
    PathString path, int port, HealthCheckOptions options)
    =>UseHealthChecksCore(app, path, port, Options.Create(options));

public static IApplicationBuilder UseHealthChecks(this IApplicationBuilder app,
    PathString path, string port, HealthCheckOptions options)
{
    int? parsedPort = string.IsNullOrEmpty(port)
        ? (int?)null
        : int.Parse(port);
    return UseHealthChecksCore(app, path, parsedPort, Options.Create(options));
}

private static IApplicationBuilder UseHealthChecksCore(IApplicationBuilder app,
    PathString path, int? port, params object[] arguments)
{
    bool Match(HttpContext context)
    {
        if (port.HasValue && context.Connection.LocalPort != port.Value)
        {
            return false;
        }
        return context.Request.Path.StartsWithSegments(path, out var remaining)
            && string.IsNullOrEmpty(remaining);
    }
    return app.MapWhen(Match, builder
```

```
                    => builder.UseMiddleware<HealthCheckMiddleware>(arguments));
    }
}
```

建構路由終節點的 **IEndpointRouteBuilder** 介面擁有下列兩個 **MapHealthChecks** 擴展方法，意謂著 HealthCheckMiddleware 中介軟體還可以採用路由終節點的形式來註冊，好處是可以將健康檢查終節點的路徑，設定為一個包含路由參數預留位置的路徑範本。

```
public static class HealthCheckEndpointRouteBuilderExtensions
{
    public static IEndpointConventionBuilder MapHealthChecks(
        this IEndpointRouteBuilder endpoints, string pattern)
        => MapHealthChecksCore(endpoints, pattern, null);

    public static IEndpointConventionBuilder MapHealthChecks(
        this IEndpointRouteBuilder endpoints, string pattern,
        HealthCheckOptions options)
        => MapHealthChecksCore(endpoints, pattern, options);

    private static IEndpointConventionBuilder MapHealthChecksCore(
        IEndpointRouteBuilder endpoints, string pattern, HealthCheckOptions options)
    {
        var handler = endpoints.CreateApplicationBuilder()
            .UseMiddleware<HealthCheckMiddleware>(
                options == null ? null : Options.Create(options))
            .Build();
        return endpoints.Map(pattern, handler).WithDisplayName("Health checks");
    }
}
```

截至目前為止，已經從設計和實作層面介紹 HealthCheckMiddleware 中介軟體進行健康檢查的整個流程。圖 30-4 所示為 HealthCheckmiddleware 中介軟體的整體設計。首先 HealthCheckMiddleware 中介軟體利用 HealthCheckService 物件完成健康檢查操作，並得到一份透過 HealthReport 物件表示的健康報告，然後根據 HealthCheckOptions 組態選項提供的設定回應健康報告。

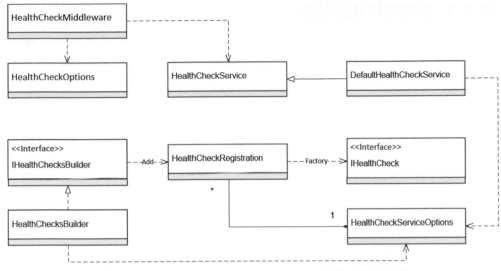

圖 30-4 HealthCheckMiddleware 中介軟體的整體設計

DefaultHealthCheckService 是 抽 象 類 別 HealthCheckService 的 預 設 實 作，它利 用 註 冊 到 HealthCheckServiceOptions 組 態 選 項 的 HealthCheckRegistration 提供 對 應 的 IHealthCheck 物 件。於 是 篩 選 出 來 的 IHealthCheck 物 件 會 完 成 自 己 的健康檢查工作，並得到由 HealthCheckResult 物件表示的診斷結果。表示單個服務健康狀態的 HealthCheckResult 物件將轉換成 HealthReportEntry 物件，所有這些 HealthReportEntry 物件彙集，產生一份由 HealthReport 物件標記的健康報告。DefaultHealthCheckService 物件能夠利用 HealthCheckServiceOptions 組態選項註冊IHealthCheck 物件，這一切來自於健康檢查系統採用的註冊方式。IHealthCheck 物件及其他依賴服務的註冊，都是透過 IHealthCheckBuilder 物件完成，預設實作該介面的 HealthCheckBuilder 把註冊的 IHealthCheck 物件封裝成 HealthCheckRegistration，並儲存到 HealthCheckServiceOptions 組態選項。

30.3 發佈健康報告

除了針對具體的請求返回目前的健康報告，還能以設定的間隔定期收集和發佈健康報告，這是個很實用的功能。

30.3.1 定期發佈健康報告

健康報告的發佈透過 IHealthCheckPublisher 服務完成。程式定義下列實作 IHealthCheckPublisher 介面的 ConsolePublisher 類型，它會輸出健康報告到控制台。

```
using Microsoft.Extensions.Diagnostics.HealthChecks;

var random = new Random();
var builder = WebApplication.CreateBuilder();
builder.Logging.ClearProviders();
builder.Services
    .AddHealthChecks()
    .AddCheck("foo", Check)
    .AddCheck("bar", Check)
    .AddCheck("baz", Check)
    .AddConsolePublisher()
    .ConfigurePublisher(options =>options.Period = TimeSpan.FromSeconds(5));
var app = builder.Build();
app.UseHealthChecks(path: "/healthcheck");
app.Run();
HealthCheckResult Check() => random!.Next(1, 4) switch
{
    1 => HealthCheckResult.Unhealthy(),
    2 => HealthCheckResult.Degraded(),
    _ => HealthCheckResult.Healthy(),
};
```

上述程式註冊 3 個 DelegateHealthCheck 物件，它們會隨機返回 3 種健康狀態。ConsolePublisher 透過自訂的 AddConsolePublisher 擴展方法註冊，ConfigurePublisher 也是自訂的擴展方法，用來將健康報告發佈間隔設定為 5 秒。執行程式之後，健康報告會以圖 30-5 的形式輸出到控制台。（S3007）

圖 30-5 定期發佈健康報告

30.3.2　IHealthCheckPublisher

健康報告由如下 IHealthCheckPublisher 物件發佈,具體的發佈工作體現於 PublishAsync 方法。可以在同一個應用程式註冊多個 IHealthCheckPublisher 服務,例如註冊多個服務,以便將健康報告分別輸出到控制台、日誌檔,或者直接傳送給另一個健康報告處理服務。

```
public interface IHealthCheckPublisher
{
    Task PublishAsync(HealthReport report, CancellationToken cancellationToken);
}
```

下列實例使用 ConsolePublisher 類型的定義。實作的 PublishAsync 方法將表示健康報告的 HealthReport 物件格式化成字串,並輸出到控制台。前述過程涉及 StringBuilder 物件的運用,由於以物件池的方式使用這個物件,所以在 ConsolePublisher 建構函數注入了 ObjectPoolProvider 物件。

```
public class ConsolePublisher : IHealthCheckPublisher
{
    private readonly ObjectPool<StringBuilder> _stringBuilderPool;

    public ConsolePublisher(ObjectPoolProvider provider)
        => _stringBuilderPool = provider.CreateStringBuilderPool();

    public Task PublishAsync(HealthReport report, CancellationToken cancellationToken)
    {
        cancellationToken.ThrowIfCancellationRequested();
        var builder = _stringBuilderPool.Get();
        try
        {
            builder.AppendLine(
              @$"Status: {report.Status}[{ DateTimeOffset.Now.ToString("yy-MM-dd
              hh:mm:ss")}]");
            foreach (var name in report.Entries.Keys)
            {
                builder.AppendLine(@$"    {name}: {report.Entries[name].Status}");
            }
            Console.WriteLine(builder);
            return Task.CompletedTask;
        }
        finally
        {
            _stringBuilderPool.Return(builder);
```

```
            }
        }
    }
```

發佈健康報告的 IHealthCheckPublisher 服務必須註冊到依賴注入框架。上述實例將 ConsolePublisher 物件的註冊，實作於 IHealthChecksBuilder 介面的 AddConsolePublisher 擴展方法，如下所示。

```
public static class Extensions
{
    public static IHealthChecksBuilder AddConsolePublisher(
        this IHealthChecksBuilder builder)
    {
        builder.Services.AddSingleton<IHealthCheckPublisher, ConsolePublisher>();
        return builder;
    }
}
```

30.3.3 HealthCheckPublisherHostedService

健康報告的收集和發佈是透過 HealthCheckPublisherHostedService 服務驅動，這是一個實作 IHostedService 介面的承載服務。介紹該類型的定義之前，首先解說對應的組態選項類型 HealthCheckPublisherOptions。

```
public sealed class HealthCheckPublisherOptions
{
    public TimeSpan                                 Delay { get; set; }
    public TimeSpan                                 Period { get; set; }
    public TimeSpan                                 Timeout { get; set; }

    public Func<HealthCheckRegistration, bool>?     Predicate { get; set; }
}
```

除了控制健康報告發佈時間間隔的 Period 屬性，HealthCheckPublisherOptions 組態選項還有 Delay 和 Timeout 兩個 TimeSpan 類型的屬性。前者表示健康發佈服務啟動之後，到開始收集發佈工作之間的延時，用來確保各項初始化工作盡可能正常完成之後，才開始收集健康報告。後者表示 IHealthCheckPublisher 物件發佈健康報告的逾時時間。Period 屬性、Delay 屬性和 Timeout 屬性的預設值，分別是 30 秒、5 秒和 30 秒。HealthCheckPublisherOptions 組態選項還有一個 Predicate 的屬性，目的是過濾註冊的 IHealthCheck 物件。

HealthCheckPublisherHostedService 物件針對健康報告的收集和發佈邏輯，基本體現於下列的程式碼。其建構函數注入了產生健康報告的 HealthCheckService 物件、發佈健康報告的一組 IHealthCheckPublisher 物件，以及提供組態選項的 IOptions\<HealthCheckPublisherOptions\> 物件。

```csharp
internal sealed class HealthCheckPublisherHostedService : IHostedService
{
    private readonly HealthCheckService                  _healthCheckService;
    private readonly HealthCheckPublisherOptions          _options;
    private readonly IEnumerable<IHealthCheckPublisher>   _publishers;
    private readonly CancellationTokenSource              _stopSource;

    private Timer    _timer;

    public HealthCheckPublisherHostedService(
        HealthCheckService healthCheckService,
        IOptions<HealthCheckPublisherOptions> optionsAccessor,
        IEnumerable<IHealthCheckPublisher> publishers)
    {
        _healthCheckService  = healthCheckService;
        _options             = optionsAccessor.Value;
        _publishers          = publishers;
        _stopSource          = new CancellationTokenSource();
    }

    public Task StartAsync(CancellationToken cancellationToken)
    {
        var restoreFlow = false;
        try
        {
            if (!ExecutionContext.IsFlowSuppressed())
            {
                restoreFlow = true;
                ExecutionContext.SuppressFlow();
            }
            _timer = new Timer(Tick, null, _options.Delay, _options.Period);
            return Task.CompletedTask;
        }
        finally
        {
            if (restoreFlow)
            {
                ExecutionContext.RestoreFlow();
            }
        }
```

```
        async void Tick(object state) => await RunAsync();
    }

    private async Task RunAsync()
    {
        var stopwatch = Stopwatch.StartNew();

        CancellationTokenSource source = null;
        try
        {
            var timeout = _options.Timeout;
            source = CancellationTokenSource
                .CreateLinkedTokenSource(_stopSource.Token);
            source.CancelAfter(timeout);

            await Task.Yield();
            var token = source.Token;
            var report = await _healthCheckService
                .CheckHealthAsync(_options.Predicate, token);
            var tasks = _publishers.Select(it => it.PublishAsync(report, token));
            await Task.WhenAll();
        }
        catch {}
        finally
        {
            source?.Dispose();
        }
    }

    public Task StopAsync(CancellationToken cancellationToken)
    {
        _stopSource.Cancel();
        _timer?.Dispose();
        _timer = null;
        return Task.CompletedTask;
    }
}
```

　　StartAsync 方法利用 HealthCheckPublisherOptions 組態選項的延遲時間和間隔時間建立一個計時器，以定期發佈健康報告。計時器的回呼用來檢驗目前應用程式的健康狀況，並產生由 HealthReport 物件表示的健康報告，此報告會同時發送給所有 IHealthCheckPublisher 物件來發佈。以 HealthCheckPublisherHostedService 類型為核心的健康報告發佈模型，如圖 30-6 所示。

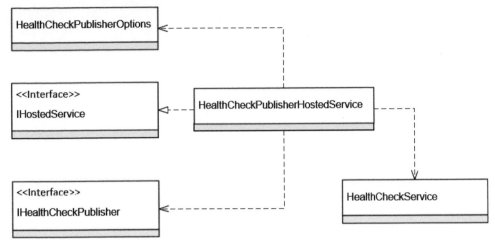

圖 30-6　以 HealthCheckPublisherHostedService 類型為核心的健康報告發佈模型

HealthCheckPublisherHostedService 物件的註冊實作於如下 AddHealthChecks 擴展方法，該擴展方法同時提供 HealthCheckService 服務的註冊。由於沒有一個專門的擴展方法設定 HealthCheckPublisherOptions 物件承載的組態選項，因此前述實例特別定義了下列的 ConfigurePublisher 擴展方法。

```
public static class HealthCheckServiceCollectionExtensions
{
    public static IHealthChecksBuilder AddHealthChecks(
        this IServiceCollection services)
    {
        services.TryAddSingleton<HealthCheckService, DefaultHealthCheckService>();
        services.TryAddEnumerable(ServiceDescriptor
            .Singleton<IHostedService, HealthCheckPublisherHostedService>());
        return new HealthChecksBuilder(services);
    }
}

public static class Extensions
{
    public static IHealthChecksBuilder ConfigurePublisher(
        this IHealthChecksBuilder builder,
        Action<HealthCheckPublisherOptions> configure)
    {
        builder.Services.Configure(configure);
        return builder;
    }
}
```

章節	編號	描述
第 14 章	S1401	利用承載服務收集效能指標
	S1402	依賴注入的應用
	S1403	組態選項的應用
	S1404	提供環境組態
	S1405	日誌的應用
	S1406	在組態定義日誌過濾規則
	S1407	利用 IHostApplicationLifetime 物件關閉應用程式
	S1408	與合作廠商依賴注入框架的整合
	S1409	利用組態初始化承載環境
第 15 章	S1501	基於 IWebHostBuilder/IWebHost 的承載方式
	S1502	將初始化設定定義於 Startup 類型
	S1503	基於 IHostBuilder/IHost 的承載方式
	S1504	基於 Minimal API 的承載方式
	S1505	以 Func<RequestDelegate, RequestDelegate> 形式定義中介軟體
	S1506	定義強型別中介軟體類型
	S1507	定義基於約定的中介軟體類型
	S1508	查看預設註冊的服務
	S1509	中介軟體類型的建構函數注入
	S1510	中介軟體類型的方法注入
	S1511	服務實例的生命週期
	S1512	針對服務範圍的驗證
	S1513	基於環境變數的組態初始化

章節	編號	描述
	S1514	以「鍵 - 值」對形式讀取和修改組態
	S1515	利用 IWebHostBuilder 註冊組態來源
	S1516	註冊組態來源（推薦方式）
	S1517	預設的承載環境
	S1518	透過組態制定承載環境
	S1519	利用 WebApplicationOptions 制定承載環境
第 16 章	S1601	Mini 版的 ASP.NET Core 框架
第 17 章	S1701	ASP.NET Core 針對請求的診斷日誌
	S1702	收集 DiagnosticSource 輸出的診斷日誌
	S1703	收集 EventSource 輸出的診斷日誌
	S1704	模擬 Mininal API 的實作
第 18 章	S1801	自訂伺服器
	S1802	兩種終節點的選擇
	S1803	直接建立連接接收請求和返回回應
	S1804	模擬 KestrelServer 的實作
	S1805	基於 In-Process 模式的 IIS 部署
	S1806	基於 Out-of-Process 模式的 IIS 部署
第 19 章	S1901	以 Web 形式發佈圖片檔
	S1902	以 Web 形式發佈 PDF 檔
	S1903	顯示檔案目錄結構
	S1904	顯示目錄的預設頁面
	S1905	客製化目錄的預設頁面
	S1906	設定預設的媒體類型
	S1907	映射檔案副檔名的媒體類型
	S1908	改變目錄結構的呈現方式
第 20 章	S2001	註冊路由終節點
	S2002	以內連方式設定路由參數的約束
	S2003	定義可預設的路由參數
	S2004	為路由參數指定預設值
	S2005	一個路徑分段定義多個路由參數

章節	編號	描述
	S2006	一個路由參數跨越多個路徑分段
	S2007	主機名稱繫結
	S2008	將終節點處理定義為任意類型的委託物件
	S2009	IResult 的應用
	S2010	解析路由模式
	S2011	利用多個中介軟體建構終節點處理器
	S2012	在參數上標註特性決定繫結的資料來源
	S2013	預設的參數繫結規則
	S2014	針對 TryParse 靜態方法的參數繫結
	S2015	針對 BindAsync 靜態方法的參數繫結
	S2016	自訂路由約束
第 21 章	S2101	開發者異常頁面的呈現
	S2102	客製化異常頁面的呈現
	S2103	利用註冊的中介軟體處理異常
	S2104	針對異常頁面的重定向
	S2105	基於回應狀態碼錯誤頁面的呈現（設定回應內容範本）
	S2106	基於回應狀態碼錯誤頁面的呈現（提供異常處理器）
	S2107	基於回應狀態碼錯誤頁面的呈現（利用中介軟體建立異常處理器）
	S2108	利用 IDeveloperPageExceptionFilter 客製化開發者異常頁面
	S2109	針對編譯異常的處理（預設）
	S2110	針對編譯異常的處理（定義原始碼輸出行數）
	S2111	利用 IExceptionHandlerFeature 特性提供錯誤訊息
	S2112	清除快取回應標頭
	S2113	針對狀態碼 404 回應的處理
	S2114	利用 IStatusCodePagesFeature 特性忽略異常處理
	S2115	針對錯誤頁面的用戶端重定向
	S2116	針對錯誤頁面的伺服端重定向
第 22 章	S2201	基於路徑的回應快取
	S2202	基於指定的查詢字串快取回應
	S2203	基於指定的請求標頭快取回應

章節	編號	描述
第 23 章	S2301	設定和擷取工作階段狀態
	S2302	查看儲存的工作階段狀態
第 24 章	S2401	建構 HTTPS 網站
	S2402	HTTPS 終節點重定向
	S2403	註冊 HstsMiddleware 中介軟體
	S2404	設定 HSTS 組態選項
第 25 章	S2501	用戶端重定向
	S2502	伺服端重定向
	S2503	採用 IIS 重寫規則實作重定向
	S2504	採用 Apache 重寫規則實作重定向
	S2505	基於 HTTPS 終節點的重定向
第 26 章	S2601	設定並行和等待請求門限值
	S2602	基於佇列的限流策略
	S2603	基於堆疊的限流策略
	S2604	處理拒絕的請求
第 27 章	S2701	採用極簡程式實作登錄、認證和登出
第 28 章	S2801	基於「要求」的授權
	S2802	基於「策略」的授權
	S2803	將「角色」繫結到路由終節點
	S2804	將「授權策略」繫結到路由終節點
第 29 章	S2901	跨來源呼叫 API
	S2902	明確指定授權 Origin 清單
	S2903	手動檢驗指定 Origin 的權限
	S2904	基於策略的資源授權（匿名策略）
	S2905	基於策略的資源授權（具名策略）
	S2906	將 CORS 策略應用到路由終節點（程式碼設計形式）
	S2907	將 CORS 策略應用到路由終節點（特性標註形式）
第 30 章	S3001	確定應用程式可用狀態
	S3002	客製化健康檢查邏輯
	S3003	改變健康狀態對應的回應狀態碼

章節	編號	描述
	S3004	提供細微性的健康檢查
	S3005	客製化健康報告回應內容
	S3006	IHealthCheck 物件的過濾
	S3007	定期發佈健康報告

博碩文化

博碩文化